JN233199

成人病予防食品

Development of Food Factors for The Disease Prevention

編集／二木鋭雄，吉川敏一，大澤俊彦

シーエムシー出版

普及版の刊行にあたって

　高齢化社会に入ったわが国では，健康長寿を達成し質の高い生活を実現するための科学・技術の研究・開発の重要性がますます大きくなってきている．政府の総合科学技術会議においても，総合健康産業の創生が最重要かつ緊急課題の一つとして位置づけられている．

　一方，社会そして個人の健康に対する関心も極めて大きくなってきており，専門書ばかりでなく，新聞，テレビなどでの報道も日常的に多くなっている．

　特に，加齢に伴って増える生活習慣病が注目されているが，治療から予防へとターゲットは移りつつある．その実現のために，薬物よりも食品の重要性が再認識されている．また，市中に出回っている多種のサプリメントの効能，安全性についても議論が多い．

　『成人病予防食品の開発』は１９９８年に刊行され，多くの方々に読んでいただく事ができた．上に述べたことからも分るように，本書の先見性，重要性は大きかったと考えられる．この度，より多くの人々に活用していただくことを念頭に，普及版を刊行することとなった．幅広い分野の方々にとってお役に立つことを期待している．

２００５年７月

編集者一同

緒　　言

　今から46億年前地球が誕生したとき，大気には酸素がなかった。それから何億年か時がたって地球に生物が誕生したが，それは酸素を利用しない嫌気性生物であった。さらに何億年か時が経過し，植物の光合成作用により地球上の酸素濃度が増えていくにつれ，嫌気性生物は酸素毒性のために滅びていき，酸素の毒性に対する防御機能を備えた好気性生物が代わって現れてきた。酸素は両刃の剣であり，善悪の両面がある。好気性生物は酸素を利用することにより効率よくエネルギーをつくりだすばかりでなく，必須生理活性物質の合成，食作用，さらには情報伝達にも利用している。しかしそれと同時に酸素は種々の酸化傷害を引き起こすことも明らかになってきた。このように生命の誕生以来，生物の進化は酸素の利用とその毒性に対する防御システム構築の歴史と言うことができる。

　1775年，酸素が発見されたときプリーストリーはいみじくも次のように述べた。

　「脱フロギストン空気（注：酸素のこと）で満たしたびんに火のついたロウソクを入れると，大変美しいものを見ることができる。このガスの中でロウソクがこんなに力強く，勢いよく燃えているのを見ると，病に冒された肺にはこのガスはよい治療効果を与えるように考えられもする。しかし，このガスが薬としてはよくても，通常の健康状態にあるヒトにとって適切なものとは言いにくいところもある。なぜなら，ロウソクが早く燃えつきるのと同じように，ヒトもまたこのガスの中ではあまりに早く生命を使いすぎてしまうかもしれない。今のこの空気がちょうどいいところかもしれないのだ」。

　これは，正に箴言であり，現在の大きな課題となっている「酸素傷害」について正しく予見したものである。現在，科学的な事実が次々と見出され，興味深いデータが蓄積されてきている。このいわゆる酸化ストレスがどのようにして起こるのか，それをどのようにして防ぐことができるかなどに関する基礎，臨床，疫学の研究が国の内外できわめて活発に研究されている。その結果，この酸化傷害を防ぐことの意義が明らかになり，なかでもそれを未然に防ぐことにより疾病を予防することの重要性が認識されてきている。現在，すでに抗酸化能をもつ薬物が使用され，また多く開発されつつあるが，安全性その他の観点から天然物，特に食品の機能が注目されている。反面，多くの商品が抗酸化機能をもつものとして市場に出回っているが，それらの効果が正しく確認されていないものも少なくない。抗酸化物の作用機序，活性，効果をきちんと科学的に解明，理解することが今こそ大切であると思われる。

二木鋭雄（東京大学先端科学技術研究センター）

執筆者一覧（執筆順）

二木　鋭雄	東京大学　先端科学技術研究センター　教授
	(現) (独)産業技術総合研究所　ヒューマンストレスシグナル研究センター　センター長
西野　輔翼	京都府立医科大学　生化学教室　教授
森　　秀樹	岐阜大学　医学部　教授
	(現) 岐阜大学　大学院医学研究科　教授／副学長
杉江　茂幸	岐阜大学　医学部　助教授
	(現) 金沢医科大学　医学部　教授
吉見　直己	岐阜大学　医学部　助教授
	(現) 琉球大学　医学部　教授
近藤　和雄	国立健康・栄養研究所　臨床栄養部
	(現) お茶の水女子大学　生活環境研究センター　センター長
大澤　俊彦	名古屋大学　大学院生命農学研究科　教授
横井　　功	岡山大学　医学部　助教授
森　　昭胤	カリフォルニア大学　バークレー校　教授
	(現) 岡山大学名誉教授
岡部　栄逸朗	神奈川歯科大学　薬理学教室　教授
	(現) エイペックス歯科医学教育研究所　代表
荒金　久美	㈱コーセー　基礎研究所　主任研究員
	(現) ㈱コーセー　商品開発部　部長
松尾　光芳	甲南大学　理工学部　教授
佐藤　充克	メルシャン㈱　酒類技術センター　基盤研究室　室長
	(現) (独)新エネルギー・産業技術総合開発機構　アルコール事業本部　研究開発センター　所長
住吉　博道	湧永製薬㈱　ＯＴＣ開発部　次長
滝沢　登志雄	明治製菓㈱　栄養機能開発研究所　室長
	(現) 帝京大学　医真菌研究センター　研究員
姜　　明花	名古屋大学　大学院生命農学研究科
	(現) Hoseo University, Department of Food Science and Nutrition
富田　　勲	静岡産業大学　情報学部　客員教授
	(現) 日研ザイル㈱　日本老化制御研究所　研究所長
奥田　拓男	岡山大学名誉教授
村上　　明	近畿大学　生物理工学部　助手
	(現) 京都大学　大学院農学研究科　助手
大東　　肇	京都大学　大学院農学研究科　教授
中谷　延二	大阪市立大学　大学院生活科学研究科　教授
	(現) 放送大学　教養学部　教授／大阪市立大学名誉教授
村本　光二	東北大学　大学院農学研究科　教授
	(現) 東北大学　大学院生命科学研究科　教授
軒原　清史	(現) ㈱ハイペップ研究所　代表取締役／南京医科大学　客座教授
藤田　裕之	(現) 日本サプリメント㈱　研究開発部　部長
吉川　正明	京都大学　食糧科学研究所　教授
	(現) 京都大学　大学院農学研究科　教授
村越　倫明	ライオン㈱　研究開発本部　主任研究員
	(現) ライオン㈱　オーラルケア研究所　主任研究員

有賀　敏明		キッコーマン㈱　研究本部　第2研究部
	(現)	キッコーマン㈱　知的財産部　部長
細山　　浩		キッコーマン㈱　研究本部　第2研究部
	(現)	㈱エム・エイチ・ピー　代表取締役副社長
福澤　健治		徳島大学　薬学部　教授
	(現)	徳島大学　大学院　ヘルスバイオサイエンス研究部　教授
寺尾　純二		徳島大学　医学部　助教授
	(現)	徳島大学　大学院　ヘルスバイオサイエンス研究部　教授
吉城　由美子		東北大学　大学院農学研究科　環境植物工学研究室
大久保　一良		東北大学　大学院農学研究科　環境植物工学研究室
水野　　卓		静岡大学名誉教授
吉川　敏一	(現)	京都府立医科大学　内科学教室　教授
一石　英一郎		京都府立医科大学　第一内科学教室
	(現)	東北大学　未来科学技術共同研究センター　助教授
吉田　憲正		京都府立医科大学　第一内科学教室
	(現)	京都府立医科大学　消化器病態制御学　講師
津田　孝範		東海学園女子短期大学　生活学科　講師
	(現)	同志社大学　研究開発推進機構　助教授
坂田　完三		静岡大学　農学部　教授
	(現)	京都大学　化学研究所　教授
三宅　義明		㈱ポッカコーポレーション　中央研究所
	(現)	東海学園大学　人間健康学部　管理栄養学科　専任講師
金枝　　純		アピ㈱　顧問
江崎　秀男		椙山女学園大学　生活科学部　助教授
矢澤　一良		㈶相模中央化学研究所　主席研究員
	(現)	東京海洋大学　大学院　ヘルスフード科学講座　教授
増井　康治		京都府立医科大学　第一内科学教室
内藤　裕二		京都府立医科大学　第一内科学教室　助手
	(現)	京都府立医科大学　大学院医学研究科　学内講師
藤本　大三郎		東京農工大学　農学部　教授
	(現)	東京農工大学名誉教授
石川　行弘		鳥取大学　教育学部　教授
	(現)	鳥取大学　地域学部　教授
渡辺　　昌		東京農業大学　応用生物科学部　教授
	(現)	国立健康・栄養研究所　理事長
谷川　　徹		京都府立医科大学　第一内科学教室
	(現)	同志社大学　工学部　環境システム学科　教授

執筆者の所属は，注記以外は1998年当時のものです。

目　次

緒　言　　二木鋭雄

【第1編　成人病予防食品開発の基盤的研究の動向】

第1章　フリーラジカル障害の分子メカニズム　　二木鋭雄

1　はじめに …………………………… 1
2　脂質の酸化とその生理的影響 …… 1
3　低比重リポタンパク質(LDL)の酸化変性
　　……………………………………… 2
4　タンパク質の酸化変性 …………… 4
5　糖，核酸の酸化 …………………… 4
6　酸化傷害の予防と除去 …………… 4

第2章　発がん予防食品　　西野輔翼

1　はじめに …………………………… 7
2　フリーラジカルをコントロールする機能をもつ発がん予防食品の開発 …… 7
3　おわりに …………………………… 11

第3章　フリーラジカルスカベンジャーによるがん発生とその予防　　森　秀樹，杉江茂幸，吉見直己

1　フリーラジカルの発がんにおける役割
　　……………………………………… 13
2　ラジカルスカベンジャーによるがん予防
　　……………………………………… 15
3　ラジカルスカベンジャーの問題点 …… 18

第4章　フリーラジカルによる動脈硬化の発症と抗酸化物　　近藤和雄

1　はじめに ……………………… 22
2　フリーラジカルと動脈硬化 …… 23
3　抗酸化物の動脈硬化における役割 …… 26
4　フラボノイド ………………… 26
5　"フレンチ・パラドックス" …… 26
6　赤ワインはどのように動脈硬化を予防するのか ……………………… 30
7　抗酸化物は体内に取り込まれるか …… 31
8　抗酸化物は動脈硬化を予防するか …… 32
9　おわりに ……………………… 33

第5章　糖尿病合併症とフリーラジカル　　大澤俊彦

1　はじめに ……………………… 34
2　糖尿病とフリーラジカル ……… 34
3　糖尿病合併症と酸化ストレス …… 39
4　動脈硬化と脂質過酸化 ………… 40
5　おわりに ……………………… 41

第6章　脳疾患とフリーラジカル　　横井 功, 森 昭胤

1　はじめに ……………………… 45
2　エネルギー代謝障害と神経細胞 … 45
3　アラキドン酸カスケード ……… 47
4　フリーラジカルとパーキンソン病 …… 48
5　フリーラジカルとアルツハイマー病 … 50
6　おわりに ……………………… 51

第7章　心疾患とフリーラジカル　　岡部栄逸朗

1　はじめに ……………………… 54
2　活性酸素・フリーラジカルによる心筋細胞機能障害のメカニズム ……… 56
3　プレコンディショニングと活性酸素・フリーラジカル ……………………… 59
4　虚血-再灌流とアデノシン ……… 60
5　おわりに ……………………… 61

第8章　皮膚の酸化とフリーラジカル　　荒金久美

1　はじめに …………………………… 63
2　紫外線によって発生する活性酸素と皮膚障害 ……………………………… 63
3　皮表脂質の過酸化 ………………… 66
4　光加齢現象とフリーラジカル …… 67
5　おわりに …………………………… 69

第9章　老化とフリーラジカル　　松尾光芳

1　はじめに …………………………… 71
2　老化に伴う生体高分子物質酸化傷害の蓄積 ………………………………… 71
3　ミトコンドリアの老年変化 ……… 73
4　アルツハイマー病に対する酸化的ストレスの関与 ………………………… 75
5　おわりに …………………………… 76

【第2編　動・植物化学成分の有効成分と素材開発】

第1章　各種食品，薬物による成人病予防と機構

1　ブドウ種子，果皮 ……… 佐藤充克 79
　1.1　リスベラトロールについて …… 80
　1.2　ワインの活性酸素ラジカル消去能（SOSA） ………………………… 82
　1.3　ワイン・ポリフェノールの分画と活性酸素消去活性の所在 ………… 84
　1.4　アントシアニンとカテキンの相互作用 ……………………………… 85
　1.5　アントシアニン-カテキン重合体の生理活性 ………………………… 86
　1.6　赤ワイン粕からのポリフェノールの回収 …………………………… 88
2　ニンニクの抗酸化作用 … 住吉博道 91
　2.1　はじめに ……………………… 91
　2.2　in vitro ………………………… 91
　2.3　他の野菜との抗酸化能の比較 … 94
　2.4　in vivo ………………………… 95
　2.5　臨床研究 ……………………… 96
　2.6　おわりに ……………………… 97
3　ココア …………… 滝沢登志雄 … 99
　3.1　はじめに ……………………… 99
　3.2　ココアの製造法 ……………… 99
　3.3　カカオ豆の成分 ……………… 99
　3.4　カカオポリフェノールと抗酸化活性 ……………………………… 100
　3.5　カカオポリフェノールの生理作用

		……………………………… 103
3.6	おわりに	……………………… 108

4 ゴマの抗酸化性とその生理活性
　　　　…………… 姜　明花，大澤俊彦 … 110
- 4.1 はじめに ……………………… 110
- 4.2 動脈硬化症の発生 …………… 110
- 4.3 ゴマの栄養化学 ……………… 111
- 4.4 In vitro 系でのLDL酸化に対するゴマリグナン類の抗酸化性について …… 113
- 4.5 ゴマ脱脂粕投与による高コレステロールウサギの動脈硬化抑制について …………………………… 116
- 4.6 おわりに ……………………… 120

5 茶 …………………… 富田　勲 … 122
- 5.1 茶に含まれる成分 …………… 122
- 5.2 ポリフェノール化合物の抗酸化作用 ……………………………… 123
- 5.3 ポリフェノール化合物の抗発がん作用 …………………………… 126
- 5.4 ポリフェノール化合物のその他の作用 …………………………… 127
- 5.5 ポリフェノール化合物の体内吸収 ……………………………… 128

6 和漢薬 ……………… 奥田拓男 … 133
- 6.1 はじめに ……………………… 133
- 6.2 和漢薬の抗酸化成分 ………… 133
- 6.3 日本の薬用植物の抗酸化成分 …… 134
- 6.4 漢方薬の抗酸化能の主役探索 … 136
- 6.5 各漢方処方を構成する生薬の抗酸化能と有効成分例 ……………… 136
- 6.6 その他の処方中の抗酸化性生薬とその成分 ……………………… 139

- 6.7 薬食両用植物とその抗酸化成分の例 ……………………………… 140

7 亜熱帯産野菜類：発がん予防物質の新しい検索対象-東南アジア産野菜類
　　　　………… 村上　明，大東　肇 … 142
- 7.1 はじめに ……………………… 142
- 7.2 東南アジア産野菜類の発がん抑制活性スクリーニング ……………… 142
- 7.3 ACAの動物試験結果 ………… 144
- 7.4 ACAの作用機構解析 ………… 145
- 7.5 今後の展望と海外の動向 …… 146

8 香辛料 ……………… 中谷延二 … 149
- 8.1 香辛料の抗酸化性 …………… 149
- 8.2 香辛料の抗酸化成分 ………… 149
- 8.3 香辛料由来の抗酸化成分の生体系での機能 …………………………… 155
- 8.4 おわりに ……………………… 157

9 抗酸化ペプチド
　　　　………… 村本光二，軒原清史 … 159
- 9.1 はじめに ……………………… 159
- 9.2 ペプチドの酸化と抗酸化作用 …… 159
- 9.3 食品タンパク質分解物の抗酸化性 ……………………………… 160
- 9.4 大豆抗酸化ペプチドの構造と活性の相関 ……………………… 161
- 9.5 既知抗酸化剤に対するペプチドの相乗作用 …………………… 162
- 9.6 抗酸化ペプチドの作用機構 ……… 162
- 9.7 抗酸化ペプチドライブラリー …… 164
- 9.8 おわりに ……………………… 165

10 ACE阻害ペプチド
　　　　………… 藤田裕之，吉川正明 … 167

| 10.1 | 背景 …………………… 167 |
| 10.2 | かつお節由来のACE阻害ペプチドの |

| | 開発 …………………………… 170 |
| 10.3 | おわりに …………………… 176 |

第2章 植物由来素材の機能と開発

1 カロチノイド類：パーム油カロチンの生体内抗酸化作用 ……… 村越倫明 … 178
  1.1 はじめに ………………………… 178
  1.2 紫外線による皮脂の過酸化抑制作用 ………………………………… 180
  1.3 紫外線によるメラニン色素沈着の抑制作用 …………………… 184
  1.4 紫外線皮膚発がんの予防作用 …… 184
  1.5 おわりに …………………… 186
2 プロアントシアニジン
      …………… 有賀敏明, 細山 浩 … 189
  2.1 はじめに ……………………… 189
  2.2 プロアントシアニジンの化学構造と性質 ……………………… 189
  2.3 プロアントシアニジンの食品における分布 ……………………… 190
  2.4 プロシアニジンの抗酸化性 ……………………………… 190
  2.5 プロアントシアニジンの抗酸化機構 ……………………… 191
  2.6 プロアントシアニジンの機能 …… 191
  2.7 プロアントシアニジンの製造法開発 ……………………… 191
  2.8 プロアントシアニジンの用途開発 ……………………… 193
3 抗酸化ビタミン類 ……… 福澤健治 … 195

  3.1 はじめに ……………………… 195
  3.2 ビタミンE(α-トコフェロール) ……………………………… 195
  3.3 ビタミンC(アスコルビン酸) …… 197
  3.4 ユビキノン(コエンザイムQ) …… 198
  3.5 ビタミンA(レチノール, レチノイン酸) ……………………… 199
  3.6 ビタミンB_2(リボフラビン) …… 200
  3.7 抗酸化ビタミン構造類似体 …… 201
4 フラボノイド類 ………… 寺尾純二 … 205
  4.1 はじめに ……………………… 205
  4.2 フラボノイドの活性酸素消去作用 ……………………………… 205
  4.3 リン脂質二重層におけるフラボノイドの脂質過酸化抑制作用 …… 206
  4.4 フラボノイドの抗酸化作用と動脈硬化予防 ……………………… 207
  4.5 フラボノイドの吸収 …………… 208
  4.6 代謝変換と体内循環 …………… 209
  4.7 おわりに ……………………… 211
5 大豆サポニンとその活性酸素消去機構, 特に微弱発光(XYZ)系について
    ………… 吉城由美子, 大久保一良 … 213
  5.1 大豆サポニンの化学 …………… 213
  5.2 X(活性酸素種)Y(触媒種)Z(受容種)微弱発光系 ……………… 216

5.3 大豆サポニン活性酸素消去能 …… 217	8 アントシアニン ………… 津田孝範 … 246
5.4 おわりに ………………………… 221	8.1 アントシアニンの構造と植物におけ
6 霊芝ヘテロ多糖 ………… 水野 卓 … 223	る存在 …………………………… 246
6.1 霊芝の食効と薬効 ……………… 223	8.2 アントシアニンの生理活性 ……… 247
6.2 ヘテロ多糖の抽出・分画・精製 … 224	8.3 おわりに ………………………… 252
6.3 ヘテロ多糖の抗腫瘍活性 ……… 225	9 クロロフィル誘導体 …… 坂田完三 … 254
6.4 子実体と菌系体の多糖分子種 …… 227	9.1 海産藻類の抗酸化成分として単離さ
6.5 ヘテロ多糖の化学修飾 ………… 228	れたクロロフィル関連化合物 … 256
6.6 ヘテロ多糖の血糖降下作用 …… 228	9.2 アサリ内臓からの微細藻由来の抗酸
6.7 食物繊維とAHCCの生理機能 … 230	化成分 …………………………… 256
6.8 おわりに ………………………… 232	9.3 クロロフィル関連化合物の生理活性
7 イチョウ葉エキス	……………………………………… 259
… 吉川敏一, 一石英一郎, 吉田憲正 … 235	10 レモンフラボノイド …… 三宅義明 … 263
7.1 はじめに ………………………… 235	10.1 緒言・研究動向 ……………… 263
7.2 イチョウ葉の歴史 ……………… 235	10.2 抗酸化成分エリオシトリン ……… 263
7.3 イチョウ葉の伝統的用法 ………… 237	10.3 レモン果実に含まれる抗酸化フラボ
7.4 現代のイチョウ葉の用法 ……… 237	ノイド化合物 …………………… 264
7.5 今後のイチョウ葉による健康, 疫病	10.4 エリオシトリン代謝過程の推測 … 267
予防 …………………………… 241	10.5 抗酸化測定；LDL酸化抑制 ……… 269
7.6 欧米の動向 …………………… 242	

第3章　動物・微生物由来素材の機能と開発

1 プロポリス ……………… 金枝 純 … 271	2 大豆発酵食品の抗酸化性 … 江崎秀男 … 282
1.1 はじめに ………………………… 271	2.1 はじめに ………………………… 282
1.2 プロポリスの起源植物 ………… 271	2.2 納豆, テンペ, 味噌の抗酸化性 … 282
1.3 プロポリスの組成・成分 ………… 272	2.3 イソフラボン類の抗酸化性 ……… 282
1.4 プロポリス抽出物の製造方法 … 274	2.4 テンペ中の抗酸化物質 ………… 284
1.5 プロポリス製品 ………………… 276	2.5 味噌中の抗酸化物質 …………… 285
1.6 生理活性および薬理活性 ……… 276	2.6 *Aspergillus spp.*大豆発酵物の抗酸化性
1.7 安全性 ………………………… 279	……………………………………… 286

- 2.7 *Aspergillus saitoi*大豆発酵物中の抗酸化物質 ……… 286
- 2.8 8-OHDおよび8-OHGの生成機構 … 287
- 2.9 微生物（胞子）変換による抗酸化物質の生産 ……… 288
- 2.10 おわりに ……… 289
- 3 DHA・EPA ……… 矢澤一良 … 291
  - 3.1 魚食の疫学調査と魚油摂取の臨床研究 ……… 291
  - 3.2 EPAの薬理作用と医薬品開発 …… 292
  - 3.3 DHAの生理活性と臨床研究 ……… 293
  - 3.4 DHA・EPAの安全性 ……… 299
- 4 カキ肉エキス ……… 吉川敏一，増井康治，内藤裕二 ……… 302
  - 4.1 はじめに ……… 302
  - 4.2 JCOE(*Crassostera gigas* extract)とは？ ……… 302
  - 4.3 JCOEのフリーラジカル消去作用 ……… 304
- 4.4 活性酸素種による細胞障害に対するJCOEの保護作用 ……… 304
- 4.5 胃癌培養細胞の増殖に及ぼすJCOEの影響 ……… 306
- 4.6 おわりに ……… 307
- 5 コラーゲン ……… 藤本大三郎 … 309
  - 5.1 はじめに ……… 309
  - 5.2 コラーゲンとは ……… 309
  - 5.3 コラーゲンの組成と栄養価 ……… 310
  - 5.4 骨・関節疾患への効果 ……… 311
  - 5.5 毛髪への効果 ……… 311
  - 5.6 皮膚への効果 ……… 312
  - 5.7 その他の効果 ……… 313
  - 5.8 投与コラーゲンの作用メカニズム ……… 313
- 6 魚類発酵物質 ……… 石川行弘 … 316
  - 6.1 魚類発酵製品 ……… 316
  - 6.2 魚類由来の生理活性物質 ……… 318

【第3編　フリーラジカル理論と予防医学の今後】

第1章　今後のフリーラジカルの理論の発展と諸課題　　二木鋭雄

1 酸素ラジカル ……… 323
2 抗酸化物質 ……… 325
3 おわりに ……… 327

第2章　がん予防・海外の動向　　渡辺 昌

1 がん予防の最近の動き ……… 328
2 化学予防 ……… 330
3 β-カロチン介入試験の反省 ……… 333
4 今後の試験計画 ……… 334

| 5 | 新たな成人病予防薬の開発 …………… 336 | 7 | 成人病予防への行動変容 ……………… 338 |
| 6 | 成人病予防食品の評価と食品表示 …… 337 | 8 | おわりに ………………………………… 339 |

第3章　わが国における成人病予防の今後　　吉川敏一，谷川　徹

1	はじめに …………………………… 341	4	成人病予防のケモプリベンション－その夢と
2	成人病予防優等国日本 ……………… 342		現状 ……………………………………… 345
3	成人病予防の日本的問題 …………… 344	5	おわりに ………………………………… 348

第1編　成人病予防食品開発の基盤的研究の動向

第1章　フリーラジカル障害の分子メカニズム

二木鋭雄*

1　はじめに

　われわれ好気性生物は，いわゆる酸素の毒性に対して優れた防御システムを構築している。フリーラジカルや活性酸素種，さらには活性窒素種に由来する酸化ストレス（oxidative and nitrosative stress）に対して，防御機能が十分でないとき，酸化傷害として現れてくる。そのメカニズムとして，表1に概略を示したように，活性種が生体を構成する脂質，糖質，タンパク質，核酸を攻撃して酸化し，それが細胞，組織の傷害になり，遂には種々の疾病，発癌，老化などにつながるということができようが，その分子レベルの機序はきわめて多種多様で複雑である。

2　脂質の酸化とその生理的影響

　脂質の酸化反応についてはこれまでに膨大な研究報告がすでになされ，比較的よく理解されている。それはラジカル連鎖的に酸化されるばかりでなく，一重項酸素によって非ラジカル的に酸化されたり，リポキシゲナーゼにより酵素的にも酸化される。in vivoにおいて何が脂質の酸化を

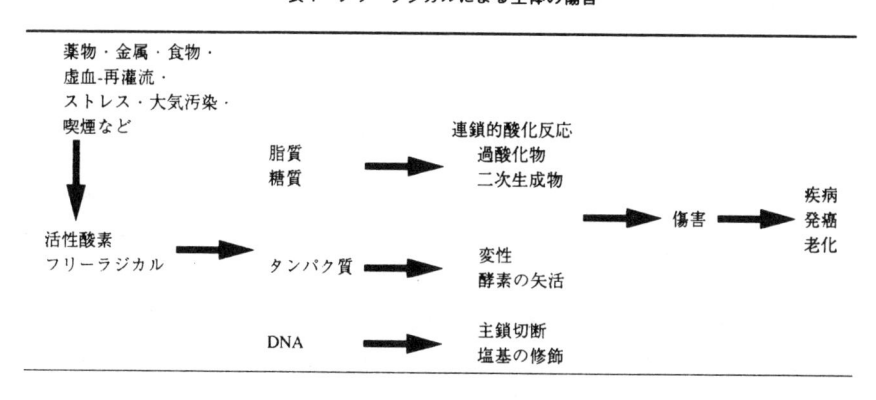

表1　フリーラジカルによる生体の傷害

薬物・金属・食物・虚血-再灌流・ストレス・大気汚染・喫煙など	→	活性酸素フリーラジカル	→	脂質糖質	→	連鎖的酸化反応過酸化物二次生成物	→	傷害	→	疾病発癌老化
				タンパク質	→	変性酵素の失活				
				DNA	→	主鎖切断塩基の修飾				

＊　Etsuo Niki　東京大学　先端科学技術研究センター　教授

起こしているのか，実はいまだはっきりとしていない。ただ，何によって酸化反応が開始されようとも，脂質のヒドロペルオキシドが第1次生成物として生成することが多い（図1）。これは細胞膜の流動性や透過性に影響を与えるという物理的毒性があるばかりでなく，分解してラジカル反応を引き起こしたり，生理的影響の大きいアルデヒド，エポキシドを生成する。また，タンパク質の変性も誘起する。さらに，細胞情報伝達にも影響する。低比重リポタンパク質（LDL）の酸化を例にとって考えてみたい。

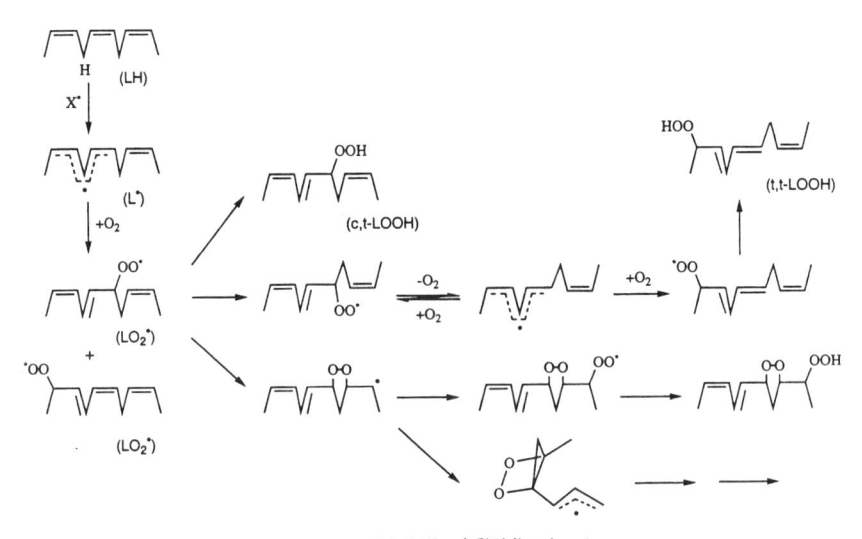

図1　高度不飽和脂質の自動酸化スキーム

3　低比重リポタンパク質（LDL）の酸化変性

　冠心疾患は，現在およびこれからますます重大なものとなると考えられるが，LDLの酸化変性はその原因である動脈硬化症の引き金として近年広く注目されている。LDLは文字どおり多種の脂質とアポリポタンパクB-100からなる球状の粒子であるが，これのラジカル連鎖的酸化，あるいはリポキシゲナーゼによる酵素的酸化により脂質ヒドロペルオキシドを与える。これは安定な最終生成物でなく，分解，還元，酸化，加水分解など多様な2次反応を起こす。4-ヒドロキシ-2-ノネナール（HNE），マロンアルデヒド（MDA），アクロレインなどのアルデヒドはそれ自身で生理活性を有しているばかりでなく，アポタンパク質のリジンなどと反応して変性を起こす。これ

が通常のLDL受容体による認識を失わせ，代わりにマクロファージのスカベンジャー受容体による認識，コレステロールのコントロールのきかない取り込み，そして泡沫細胞の生成へとつながっていく。

　LDLには遊離のコレステロールが多く含まれているが，この酸化生成物である7-ヒドロペルオキシコレステロール（図2）に強い細胞毒性が認められる。また、LDLを構成する重要な脂質であるホスファチジルコリンのヒドロペルオキシドがホスホリパーゼA_2（PLA_2）と反応して加水分解されると，リゾホスファチジルコリン（リゾPC）を与える。このリゾPCにも強い生理活性が認められている。さらにホスファチジルコリンの酸化生成物に血小板活性化因子（PAF）様活性を示すものが認められている。これらは種々のサイトカインの発生を促進し，それが単球の内皮細胞への接着，内皮下へのもぐりこみ，保持を促進する。また，内皮細胞の傷害も起こす。

　このように，LDL中の脂質の酸化は単に脂質酸化物を与えるだけでなく，その影響は格段に広

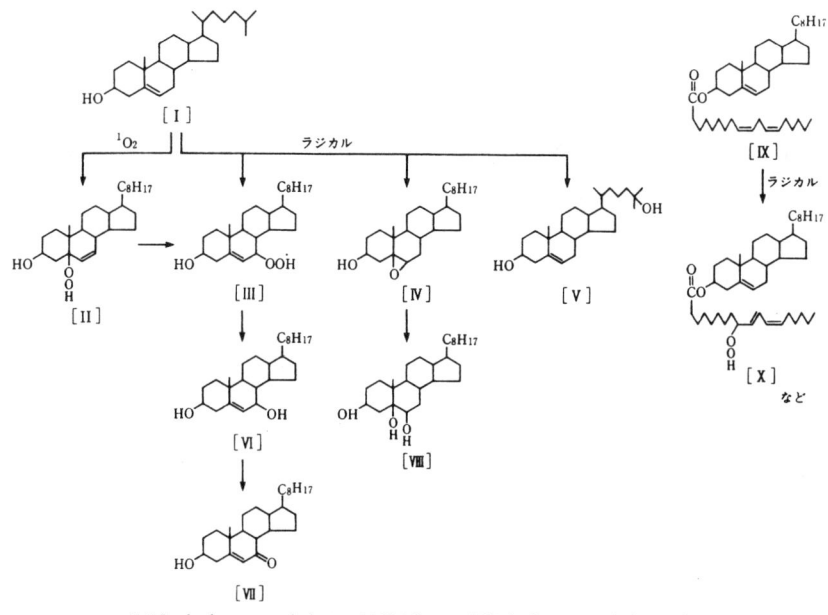

II：5α-hydroperoxycholesterol；III：7α- and 7β-hydroperoxycholesterol；
IV：5α- and 5β-epoxycholesterol；V：25-hydroxycholesterol；
VI：7α- and 7β-hydroxycholesterol；VII：7-ketocholesterol；
VIII：5α-cholestane-$3\beta,5\alpha,6\beta$-triol；IX：cholesteryl linoleate；
X：cholesteryl linoleate hydroperoxide

図2　遊離コレステロール（I）とコレステロールエステル（IX）の酸化

い範囲に及ぶことになる。このことからも、LDLの酸化を抑えることの意義の深さがわかる。しかし、生体内においてLDLが最初何によって酸化が始まるのかについてはよくわかっていないというのが現状である。

4 タンパク質の酸化変性

　脂質の酸化反応については素反応レベルでよく理解されているのに対して、タンパク質の酸化についてはまだよく解明されていない。それでも最近の研究により、タンパク質の酸化に伴い、脂質と同様にヒドロペルオキシドやカルボニル化合物が生成すること、特定のアミノ酸が反応して減少すること、チオル化合物(-SH)が酸化され、ジスルフィド(-SS-)を生成することなどが認められている。これらの反応によってタンパク質の開裂、架橋反応が起こり、その結果3次元構造の変化、酵素活性の失活などにつながる。そういった意味で、タンパク質の酸化の生理的意義は大きい。今後のさらなる研究の発展が期待されるところである。

5 糖, 核酸の酸化

　糖の酸化についても研究が多くはないが、ヒドロキシル基のカルボニルへの酸化が主反応と思われる。その生理的意義については、たとえばDNAの主鎖切断の誘起などは知られているが、その他についてはよくわかっていない。糖化LDLの酸化変性なども含めて今後の課題と言えよう。
　核酸の酸化については放射線の影響と関連して古くから多くの研究がなされている。特にヒドロキシルラジカルとDNAの反応については報告例も多い。塩基の酸化生成物として8-ヒドロキシグアニン、チミングリコールが特によく知られ、その高感度検出法の開発とともに研究がさらに発展した。しかし、たとえば8-ヒドロキシグアニンの分析法の信頼性についてもまだ多くの議論があること、DNA塩基の酸化生成物は決してこれら2つが主生成物というわけではなく、膨大な数になることなども忘れてはならない。
　いずれにしろ、酸素ラジカルや一酸化窒素由来のペルオキシナイトライト($ONOO^-$)によってDNAが酸化的傷害を受けることは確実で、これが発癌につながることも間違いないことである。

6 酸化傷害の予防と除去

　フリーラジカルなどによる酸化傷害が生体内で重要であり、それが多くの成人病と深く関わっていることが明らかになるにつれて、これを防ぐことの重要性が認識され、かつその役目を担う

第1編　成人病予防食品開発の基盤的研究の動向

表2　生体の酸化ストレスに対する抗酸化物

I　予防的抗酸化物（Preventive antioxidants）：フリーラジカル，活性酸素の生成の抑制	
（a）ヒドロペルオキシド，過酸化水素の非ラジカル的分解	
カタラーゼ	過酸化水素の分解：$2H_2O_2 \rightarrow 2H_2O + O_2$
グルタチオンペルオキシダーゼ（細胞質）	過酸化水素，脂肪酸ヒドロペルオキシドの分解： $LOOH + 2GSH \rightarrow LOH + H_2O + GSSG$ $H_2O_2 + 2GSH \rightarrow 2H_2O + GSSG$
グルタチオンペルオキシダーゼ（血漿）	過酸化水素，リン脂質ヒドロペルオキシドの分解
リン脂質ヒドロペルオキシド 　　　　　グルタチオンペルオキシダーゼ	リン脂質ヒドロペルオキシドの分解： $PLOOH + 2GSH \rightarrow PLOH + H_2O + GSSG$
ペルオキシダーゼ	過酸化水素，脂質ヒドロペルオキシドの分解： $LOOH + AH_2 \rightarrow LOH + H_2O + A$ $H_2O_2 + AH_2 \rightarrow 2H_2O + A$
グルタチオン-S-トランスフェラーゼ	脂質ヒドロペルオキシドの分解
（b）金属イオンのキレート化，不活性化	
トランスフェリン，ラクトフェリン	鉄イオンの安定化
ハプトグロビン	ヘモグロビンの安定化
ヘモペキシン	ヘムの安定化
セルロプラスミン，アルブミン	銅イオンの安定化，鉄イオンの酸化
（c）活性酸素の消去，不均化	
スーパーオキシドディスムターゼ（SOD）	スーパーオキシドの不均化： $2O_2^{\cdot -} + 2H^+ \rightarrow H_2O_2 + O_2$
カロテノイド	一重項酸素の消去
II　ラジカル捕捉型抗酸化物（Radical-scavenging antioxidants） 　　ラジカルを捕捉して連鎖開始反応を抑制し，また連鎖成長反応を断つ 　　水溶性	
ビタミンC，尿酸，ビリルビン， 　　　　アルブミン	水溶性ラジカルの捕捉，ビタミンEなど脂溶性ラジカル捕捉型抗酸化物の再生
脂溶性	
ビタミンE，ユビキノール， 　　　　カロテノイド，フラボノイド	脂溶性ラジカルおよび水溶性ラジカルの捕捉安定化
III　修復・再生機能（Repair and de novo） 　　リパーゼ，プロテアーゼ，DNA修復酵素などによる損傷した膜脂質，タンパク，遺伝子の修復， 　　アシルトランスフェラーゼなどによる再生	
IV　適応機能（Adaptation） 　　必要に応じて抗酸化酵素など産生し，特定の場に遊走させる	

いわゆる抗酸化物に広く着目されている。好気性生物は億という単位の長い年月をかけて酸素毒性に対する防御システムを築いてきたと思われる。実際，生物の進化とこの防御システムの構築の度合には深い相関があることがうかがわれる。防御システムの見方にはいくつかあるが，抗酸化物の機能からみると表2のようにまとめることができよう。種々のタンパク質，酵素，小分子化合物がそれぞれ固有の機能をもって，1つのシステムを構成していることがわかる。要は，①

成人病予防食品の開発

フリーラジカルや活性種の生成を抑えること，②ラジカルや活性種を速やかに捕捉して安定化してしまうこと，③傷を生じる原因となりうるものを速く消去し，また生じた傷を修復し，失ったものを再生すること，これらが抗酸化物に要求される。実際には生体はさらに進んだ適応機能 (adaptation mechanism) を有しており，必要な抗酸化物を，必要な時に，適正な量を産生して障害が起こっている場に運ぶということもやってのけるのである。

抗酸化物について研究することは，1つはもちろん障害とそれより生ずる疾病の予防，治療の点で重要であり，上に述べたようにいまだ不明のことが多く，障害発生のメカニズムについての知見を得る点でも有効である。すなわち，ある特定の機能を有する抗酸化物が有効に障害を抑えるのか，ある特定の機能を有する酵素なりタンパク質を欠損または高めたトランスジェニック動物がどのように対応するか，などを研究することにより，有用な知見が得られ，解釈が進むことが期待される。疫学研究，介入試験もそういった観点から興味深い。

確かに好気性生物，その中でもヒトは優れた防御システムをもっている。しかしそれでも不足することがある。また通常の防御力では防ぎきれない大きさの酸化ストレスにあうときもあろう。そのためにも常に防御力を高めておくことが肝要であり，必要に応じて抗酸化物を補充することも望まれる。特に今後治療よりも重要となると考えられる予防の力を高めるためにも，常に防御力を昂進しておくことが望まれる。そういった意味で食品のもつ重要性が改めて認識されるのである。

文　　献

本章に関する総説，成書のいくつかを記す。

1) 二木鋭雄，島崎弘幸，美濃真，抗酸化物－フリーラジカルと生体防御－，学会出版センター (1994)
2) E. Cadenas, L. Packer, "Handbook of Antioxidants", New York Dekker (1996)
3) E. Cadenas, L. Packer, "Handbook of Synthetic Antioxidants", Dekker, New York (1997)
4) K. Yagi, "Pathophysiology of Lipid Peroxides and Related Free Radicals", Japan Scientific Societies Press and S. Karger AG, Tokyo and Basel (1998)
5) B. Frei, "Natural Antioxidants in Human Health and Disease", Academic Press, San Diego (1994)
6) 日本化学会編，季刊化学総説No. 7, 1990　活性酸素種の化学，学会出版センター (1990)
7) H. Sies編，真鍋雅信，内海耕慥監訳，酸化ストレス－活性酸素障害と疾病－，真興交易医書出版部 (1996)

第2章　発がん予防食品

西野輔翼[*]

1　はじめに

　がんなどの成人病の発生にはフリーラジカルが関与しているのではないかと考えられており，その仮説を支持するデータが蓄積されてきている。もし，この仮説が真に正しいとすれば，フリーラジカルへの対策はきわめて重要になる。実は，すでに現在，たとえばがんの場合，その予防対策の重点課題としてフリーラジカルをコントロールすることが取り上げられており，多くの研究が進行中である。すなわち，はじめに記した仮説が正しいものと予測して，研究を先行させているわけである。そして，フリーラジカル対策を行うことが実際にがんなどの成人病発生を減少させることにつながることを証明できれば，はじめの仮説が正しかったことを証明したことにもなるわけである。現在行われている研究は，このような位置づけで進められていることに注意を払う必要があり，はじめから不確定な要素を含んでいることを十分認識しておく必要がある。

　さて，成人病のなかで，がんへの関心は社会的にきわめて高く，その対策を研究することが強く求められている。対策方法はいろいろあるが，日本においては最近になって，その中でも発がんを予防することは特に重要であろうと考えられるようになってきた。世界的にみればこのような考え方はすでにかなり以前から重要視されてきたが，日本においてもやっと注目されるようになってきたわけである。

　がん予防を考える場合，食品の問題はたいへん重要であることは言うまでもない。そして，フリーラジカル対策を視野に入れた発がん予防食品の開発が始められたことは，上に述べたような背景をみれば，研究の流れとして当然であったということが容易に理解できるであろう。今後，このような研究がますます広い範囲で行われるようになることは確実である。

2　フリーラジカルをコントロールする機能をもつ発がん予防食品の開発

　食品にフリーラジカルをコントロールする機能をもたせるにはどのような方法が考えられるであろうか？

---

　[*]　Hoyoku Nishino　京都府立医科大学　生化学教室　教授

成人病予防食品の開発

　最も簡単な方法は，フリーラジカルをコントロールする物質を食品に添加するという方法である。事実，フリーラジカルスカベンジャーを添加した食品は多くのものが開発を完了し，すでに市場に出されている。もちろん，これらの食品が発がんを予防できることはまだ証明されていないため，現時点ではがん予防効果をうたった商品はない（まぎらわしい表示をしている商品もあるが，それらは論外である）。いずれにしても，このような製品は，いつでもがん予防に応用できる段階まで準備されている状況にあるわけで，問題はその有効性を証明するにはこれから先まだまだ時間がかかるという点である。

　さて，それではどのような化合物が食品に添加されている，あるいはされようとしているのであろうか？　これまでのところ，ビタミン類，カロチノイド，フェノール性化合物（フラボノイド，緑茶ポリフェノールなど），香辛料成分などが多く使われてきたが，今後さらに多様な化合物の応用が試みられるものと予測される。特に，食品および生薬に含まれる化合物の利用に重点が置かれているのが現状である。もちろん，一部では合成化合物も候補物質として考えられているが，それらはまだまだ少数派である。

　先にも述べたように，がん予防効果をうたうことはできないわけであるが，そのほかのヘルスクレームが現時点でも可能なものがあり，当面はそのような素材を用いた製品の開発に重点が置かれるであろう。また，少なくとも製品の鮮度保持には有効であることが確実であり，それだけでも利用価値が十分にある，というような素材であれば応用される範囲が広がることは当然である。

　ところで，以上に述べてきたようなオーソドックスなアプローチが主流であることは当然であるが，さらに新しい技術を応用したがん予防食品の開発も始まっている。すなわち，バイオテクノロジーを応用して，既存の食品に新規のフリーラジカルコントロール機能を付加し，同時に発がん予防効果を獲得させるという試みである。このような試みは，われわれのグループが世界にさきがけて提唱してきた「がん予防のための bio-chemoprevention」という新しい概念に適合するものである。したがって，われわれが，この分野で貢献できる部分は大きいと考えているが，現在どのような発想で研究を進めているかを実験例を示して以下に紹介したい。

　われわれ日本人にとって「お米」はきわめて重要な食品ではないであろうか？　現在お米離れが進み，消費量が低下の一方であるが，ここでもう一度お米の重要性を洗い直し，その重要性を再確認する必要があるのではないかと考えている。その一環として，お米の発がん抑制効果について調査を進めることにした。その結果，お米が有用である可能性が十分にあることが明らかになってきた。そして，お米の新しい利用法もいろいろと開発されつつあることも明らかとなった。そこで，われわれは，さらにもう一歩先へ進ませて，バイオテクノロジーを応用してお米に新しい機能を獲得させる戦略を提案している（われわれはこの戦略を「お米プロジェクト」と呼んで

第1編　成人病予防食品開発の基盤的研究の動向

いる)。このプロジェクトで取り上げる試みは多岐にわたっているが，酸化防止機能の付加は最重点課題である。その理由は，お米の品質低下 (すなわち味の低下) に決定的なのは，脂質の酸化であるという事実があるからである。もし，このような品質低下を防御することができれば，まずはじめに，古米の問題に対する明るい見通しが展開できるであろう。そして，それと同時に，このような新しいお米が既存のお米の発がん予防効果を超える効力を示すことを証明することができれば，さらに有用性が高まることになる。

このようなアプローチは，お米に限ったものではなく，多くの植物性食品に展開できるものであることは言うまでもない。さらに，植物性食品ではなく，動物性食品においても重要な意味をもつと考えている。むしろ，その重要性は動物性食品において，より高いものであるかもしれないのである。すなわち，動物性食品で問題なのは脂質であり，特に脂質が過酸化を起こした場合には問題は深刻である (過酸化脂質は発がんを促進させる要因の1つであると考えられている)。このような動物性食品の脂質過酸化をコントロールできればメリットが大きいことは明らかである。そこで，われわれは，このような目標を達成するために必要な基盤技術の開発に着手した。以下に，その試みについて紹介する。

カロチノイドのいくつかのものはラジカルスカベンジャーとして作用することが証明されており，実際に動物の臓器においても脂質過酸化を抑制する作用を示すことが明らかにされている。また，発がんを抑制する作用も有していると考えられており，注目されてきた化合物である。さて，動物はカロチノイドを合成できないが，遺伝子操作によって産生させることが可能になれば応用範囲は広く，その意義は大きい。そこでわれわれは，まず，発がん抑制作用をもっていることが明らかにされているフィトエンを産生させることを試みた。すなわち，フィトエン合成酵素をコードしている遺伝子 *crt*B を動物細胞内で発現しやすいように修飾してプラスミドに組み込み (図1)，リポフェクションあるいはエレクトロポレーションによって細胞内へ導入した。その結果，フィトエンを動物細胞内で産生させることに世界で初めて成功したのである[1]。そして，フィトエンを産生できるようになった細胞は，発がんしにくくなる特性を獲得することが細胞レベルで明らかとなった。すなわち，活性化したがん遺伝子を導入したときに引き起こされるトランスフォーメーションが，フィトエンを産生できるようになった細胞では減少することが証明されたのである (表1)。この実験を通して，フィトエンの発がん抑制効果が再確認されたことになる。また，フィトエンを産生できるようになった細胞が酸化的ストレスに対する抵抗性を獲得することも証明できた (表2)。将来，フィトエンを内在させた動物性食品を創生する (すなわちフィトエン合成酵素遺伝子を導入したトランスジェニック家畜を作成する) 計画であるが，そのための基盤技術が確立したことになる。

ところで，フィトエンはほとんど無色に近いカロチノイドであるためどのような食品でも問題

成人病予防食品の開発

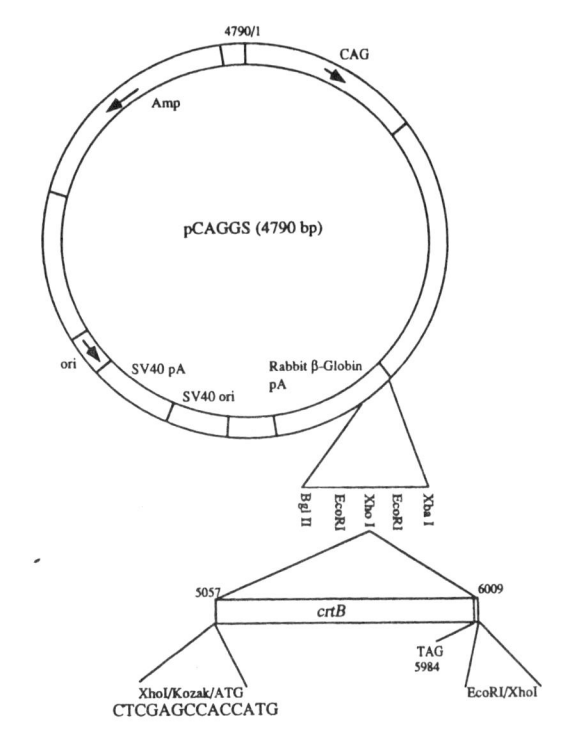

pCAcrtB

[pCAGGS (4790 bp) プラスミド図。4790/1、CAG、Amp、ori、SV40 pA、SV40 ori、Rabbit β-Globin pA の各要素を含む。マルチクローニング部位：Bgl II、EcoRI、Xho I、EcoRI、Xba I。5057〜6009に crtB 遺伝子挿入。XhoI/Kozak/ATG: CTCGAGCCACCATG、TAG 5984、EcoRI/XhoI]

図1 crt B（フィトエン合成酵素遺伝子）組み込みプラスミドの構築

表1 フィトエン合成酵素遺伝子 crt B の導入による細胞のトランスフォーメーションの抑制

がん遺伝子	Transformed Foci 数	
	コントロール	+crtB
ras (pNCO602)	79.5	15.0
hst (pKOHST1-6)	90.5	54.5

なく産生させることができ，応用範囲は広い。一方，さらにもう1つ遺伝子を組み込むことによってフィトエンからリコピンを産生させることも可能であるが，リコピンの赤色色調が許容できる食品（たとえば養殖タイなど）であればこのような試みも価値がある。リコピンの発がん抑制効

表2 フィトエン合成酵素遺伝子 crt B の導入による細胞の脂質過酸化の抑制

実験条件	PCOOH+PEOOH/PC+PE	（阻害%）
コントロール	13.7	
+ crt B	2.8	(79.6)

HeLa 細胞に crt B を導入した場合に phosphatidylcholine（PC）および phosphatidylethanolamine （PE） の過酸化が抑制される割合を化学発光 HPLC 法を用いて測定した。

果ならびに抗酸化作用は，種々のカロチノイドと比較した場合特に優れていることが明らかになっているので，次の研究課題として取り上げる計画である。

いずれにしても，このようなアプローチは，動物性食品の鮮度ならびに安全性を向上させ，さらに発がん抑制機能も内在させることを達成するための新規性の高い技術開発として注目されている。

3 おわりに

最近，動物の発がん実験モデルにおいて，発がんした個体では，臓器の自動酸化の進行速度が，発がんしなかった個体に比べて有意に高いことが明らかになった（一石ら，未発表データ）。このデータは，臓器内の酸化抑制機構が十分に機能しておれば，発がんが起こりにくいことを示唆している。そして，臓器における酸化抑制機能を食品によって高めることができれば，がん予防を達成できる可能性があることを示唆している。現時点においては，このような考え方は仮説にすぎないが，それが正しいことを実証する努力を続けている。

ところで，このような仮説を証明することがきわめて困難な課題であることに注意を払っておく必要がある。フリーラジカルによる酸化的障害を防御する化合物として，ビタミンEやβ-カロチンが注目され，これまで多くの研究が行われてきた。その研究過程で，いずれの化合物においても，条件によっては発がんを促進する場合があることが明らかとなった。たとえば，ビタミンEの場合，皮膚発がんを促進する場合のあることが動物実験で明らかにされた。また，もっと深刻なケースとして世界中に大きな衝撃を与えたのは，喫煙者に大量のβ-カロチンを長期にわたって投与すると，肺発がんを促進するという報告であった[2~4]。ビタミンEおよびβ-カロチンはいずれもきわめて安全性の高い化合物と考えられてきたものであり，この分野の研究に従事している研究者は，このような意外な結果に正直言ってとまどっているというのが現状であろう。いずれにしても，なぜこのような予想とは正反対の結果が出たのかを解明することが，当面の最重要課題である。なぜなら，抗酸化物質を利用する場合には，ビタミンEやβ-カロチンのみな

らず，すべてのものに関してこの問題は常につきまとってくるわけであり，避けて通ることはできないからである。原因を究明し，その対策を確立することなしには，前に進めないのである。まずはじめにこの問題を解決し，続いてがんなどの成人病予防に有効であることをヒトを対象として証明しなければならないわけである。そして，それを証明するためには少なくとも10年はかかる。このように，越えるべきハードルは数も多く，またその高さも高い。そのことを十分認識したうえで研究に取り組む必要があり，決して急がないで危険性を的確に回避しながら着実に前進することが重要であろう。

なお，危険性を回避するという観点からみた場合，抗酸化物質を食品の形態で利用する方法は優れていると考えられる。抗酸化物質をカプセルに詰め込んで，薬品のように摂取することは例外を除いて避けるべきであろう(例外とは，たとえば発がんのハイリスクグループに試験的に投与する場合などである)。食品に含まれている一成分として抗酸化物質を利用するのであれば，摂取する量も極端に大量になることもないわけで，安全性が確保できる。逆に言えば，新規の食品を開発する場合には，通常の利用方法をしておれば極端な大量摂取には陥らないことを保証できるように設計するべきであることを意味している。

このように困難な点や考慮すべき点は多いが，抗酸化物質を用いた発がん予防食品の開発に関する研究はいろいろなところへ波及する重要な分野であり，ますます多くの研究者に参加してもらいたいと希望している。

文　　献

1) Y. Satomi, T. Yoshida, K. Aoki, N. Misawa, M. Masuda, M. Murakoshi, N. Takasuka, T. Sugimura, H. Nishino, *Proc. Japan Acad.*, 71, Ser. B, 236-240 (1995)
2) The Alpha-Tocopherol, Beta Carotene Cancer prevention Study Group, *New Engl. J. Med.*, 330, 1029-1035 (1994)
3) G.S. Omenn, G.E. Goodmann, M.D. Thornquist, J. Balmes, M.R. Cullenn, A. Glass, J.P. Keogh, F.L. Meyskens, Jr., B. Valanis, J.H. Willium, Jr., S. Barnhart, M. G. Cherniack, C.A. Brodkin, S. Hammar, *J. Natl. Cancer Inst.*, 88, 1550-1559 (1996)
4) G.S. Omenn, G.E. Goodmann, M.D. Thornquist, J. Balmes, M.R. Cullenn, A. Glass, J.P. Keogh, F.L. Meyskens, Jr., B. Valanis, J. H. Willium, Jr., S. Barnhart, S. Hammar, *New Engl. J. Med.*, 334, 1150-1155 (1996)

第3章 フリーラジカルスカベンジャーによるがん発生とその予防

森　秀樹[*1]，杉江茂幸[*2]，吉見直己[*3]

1　フリーラジカルの発がんにおける役割

　がんの発生にはいくつかのステップがあり，一般に第1の段階はイニシエーション期と呼ばれ，発がん物質が代謝活性化され，DNAと結合し，がん遺伝子の活性化，突然変異の誘導が惹起される時期とされる。第2の段階はプロモーション期と呼ばれ，イニシエートされた細胞（大腸発がんにおける変異陰窩増殖巣や肝発がんにおける酵素変異増殖巣など）の成長を促進し，腫瘍の発生に至るまでを言う。プロモーション期に対し，発生したがんの遺伝子変異を伴って，より悪性度の高いものに進展する時期を第3の段階，プログレッション期と呼んでいる。フリーラジカルはこれらの時期のうち，主としてイニシエーション期，プロモーション期に関与するとされる。
　フリーラジカルには放射線や紫外線のような物理的要因によるもの，DNA傷害型の発がん物質，発がんプロモーター，ホルモンなどの化学的要因によるもの，炎症や虚血などの生物学的要因によるものがあり，ヒドロキシラジカル，スーパーオキシドラジカル，過酸化水素，一重項酸素などいくつかのラジカル種が知られている。
　いくつかの発がん様式のうち，放射線発がんの場合，放射線による直接的な遺伝子傷害よりも，放射線の水分子衝突によって生じるフリーラジカル（主としてヒドロキシラジカル）によって惹起される遺伝子の2次的傷害が重要とされている。化学発がんにおいても，発がん物質の代謝活性体によって生じるフリーラジカルは，イニシエーションとプロモーションの両者に関与する。4-Nitroquinoline 1-oxide(4NQO)，N-methyl-N-nitro-N,-nitrosoguanidine(MNNG)，benzo(a)pyrene，aflatoxin B_1などのDNA傷害型の発がん物質が生じるフリーラジカルは，DNA塩基に作用してチミングリコールや8-ヒドロキシデオキシグアノシン（8-OHdG）を産生させ遺伝子変異を誘導する[1]。この場合，フリーラジカルの産生性の高い物質ほど，強い発がん性を示すとされている。喫煙とがんの発生（特に肺がん）の関係は多くの疫学的研究から明らかであるし，いくつかの発がん物質がタバコタールから検出されている。一方，タバコの煙がフリーラジカルの発生により

---

*1　Hideki Mori　岐阜大学医学部　病理学第1講座　教授
*2　Shigeyuki Sugie　岐阜大学医学部　動物実験施設　助教授
*3　Naoki Yoshimi　岐阜大学医学部　病理学第1講座　助教授

成人病予防食品の開発

DNA鎖の切断を起こすこと，タバコ煙成分とDNAとの反応より8-OHdGが生じることも証明されている[2]。

発がんプロモーターとされているいくつかがフリーラジカルを産生することも知られている。発がんプロモーターの場合，プロモーターにより生じるフリーラジカルによって細胞膜などの変化の持続が作用機序として重要と考えられている。フリーラジカルの1つである過酸化水素は，それ自身，低濃度，長期間投与によりマウスにおいて小腸腫瘍を誘発し[3]，methylazoxymethanol (MAM) acetateによる小腸発がんを促進する[4]。過酸化水素は微量の二価鉄の存在下でヒドロキシラジカルを生じる一方，DNAと反応として8-OHdGを誘発する[2]。ヒドロキシラジカル自身はタンパク質のSH基と反応すれば，生体内において細胞膜を構成する脂肪酸に作用して脂質過酸化を誘導する[5]。この脂質過酸化はがんの発生機序の1つとして重要と考えられる。過酸化脂質はがん遺伝子タンパク質の活性化を生じ，チトクロームp450を誘導して発がん物質の代謝活性化を促し，細胞増殖に関連するオルニチン脱炭酸酵素（ODC）の誘導にも関わる[6]。

脂質過酸化は大腸がんの発生に特に重要な意味をもつと考えられる。高脂肪食は総胆汁量の増加，腸内細菌の変動による2次胆汁酸の増加を起こす。2次胆汁酸は1次胆汁酸より細胞障害作用が強く，大腸粘膜での過酸化脂質を増量させ，プロスタグランディンの活性化と関連する。過酸化脂質ラジカルの存在下で，デオキシコール酸，リトコール酸などの2次胆汁酸はDNAグアニン塩基と共有結合する[6]。胆汁酸によるODC活性の誘導は抗酸化剤で抑制され，胆汁酸による線維芽細胞のDNA鎖の切断はスーパーオキシドジスムターゼ（SOD）やカタラーゼで阻害される[7]。このような成績は胆汁酸が大腸発がんにおいてプロモーターとしてばかりでなく，弱いイニシエーターとして働いている可能性を示唆している。

鉄のような遷移金属はFenton反応にみられるようなフリーラジカル発生時の重要な触媒となる。鉄ニトリロ三酢酸のような鉄キレートは，動物実験では近位尿細管上皮に選択的に脂質過酸化によってDNA傷害を伴う細胞傷害を惹起し，rasがん遺伝子やp53がん抑制遺伝子の変異を誘導し，腎細胞がんを誘発することが知られている[8]。

特殊な栄養欠乏状態が存在する場合，フリーラジカルは強い細胞障害や発がん性を発揮する。コリンおよびメチオニンの欠乏を誘導するラットモデルでは，エチオニンが誘発するのと類似する肝がんの発生がみられる。この場合，脂質過酸化が発がんの原動力となっていると考えられる。このモデルでは比較的早期から8－OHdGの出現が起こり，酸化性DNA傷害に続いてc-myc, c-Ha-rasなどの過剰発現が起こり，cyclooxigenaseを介するアラキドン酸代謝が活性化され，内因性に肝がんが誘発されるとされている[9]。

生体内においてフリーラジカルは好中球を中心とする食細胞から，かなりのものが産生される。活性型好中球は過酸化水素やスーパーオキシドラジカルのようなフリーラジカルを産出し，異物

第1編　成人病予防食品開発の基盤的研究の動向

発がんや炎症介在型発がんと呼ばれている慢性炎症の関与するがんの発生に意味を有している。今日, helicobacter pyloriは胃がん発生の一要因とされているが，この場合もこの細菌が介在する慢性炎がフリーラジカルを産生することが可能性の1つとなっている[10]。著者のグループはヒドロキシアンスラキノン類の長期投与による大腸発がんモデルを開発しているが，このモデルでは腫瘍の発生に先行して，粘膜細胞障害を伴う潰瘍性大腸炎類似の炎症状態がみられる[11]。したがってこのような発がんではフリーラジカルの関与の可能性があり，このモデルではTNF-αやIL-1αのようなサイトカインの強い発現がみられ，このようなサイトカイン自身も細胞増殖に関連するなど発がん促進に関わっている可能性がある[12]。

生体内におけるフリーラジカルは自然突然変異の発生に重要な役割を果たしていると考えられる。最近，ミスマッチ修復系に関する研究が盛んになり，自然突然変異の分子機構が明らかになりつつある。なかでも生体内で自然発生する8-OHdGに起因する突然変異はかなりの割合を占めると考えられ，今後，生体内フリーラジカル産生とがん発生の関連に関わる研究情報がさらに多く寄せられると考えられる。

一方，最近，フリーラジカルががんの転移に関与することを示す成績も得られつつある。スーパーオキシドラジカルはがん細胞に入り込み，がんの浸潤性を促進させ，がんの転移能を増加させることが示唆されている。スーパーオキシドラジカルを消去するSODががん転移を抑制する報告もなされている[13]。今後，フリーラジカルの発がんのプログレッションに対する影響を示す研究成果がさらに出てくることが予想される。

2　ラジカルスカベンジャーによるがん予防

フリーラジカルの消去因子として，フリーラジカルの産生を抑えるものがあり，予防的抗酸化物と言われる[14]。生体内では種々の経路で，スーパーオキシドラジカル，過酸化水素，ヒドロキシラジカルなどが生じるが，カタラーゼは過酸化水素を分解し，グルタチオンペルオキシダーゼ，グルタチオン-S-トランスフェラーゼなども過酸化水素や脂質ヒドロペルオキシラジカルを還元する。ラジカル発生時に金属反応は重要条件となるので，金属を安定化させるものは予防的抗酸化物となりうる。トランスフェリン，フェリチン，ラクトフェリンなどがこれに入る。スーパーオキシドラジカルを不均化する SOD も予防的抗酸化物と言える。虚血状態などで，細胞内ATPが分解されてヒポキサンチンとなるが，ヒポキサンチンはキサンチンオキシダーゼにより，キサンチンとともにスーパーオキシドラジカルを生成する[15]。したがって，キサンチンオキシダーゼ阻害物質はヒポキサンチン由来のフリーラジカルの発生を抑制する。

予防的抗酸化物に対し，産生されたフリーラジカルが標的分子を攻撃する前に捕捉して，連鎖

反応を防止するものをラジカル捕捉型抗酸化物と呼ぶ[14]。ビタミンEやC,アルブミン,カロチノイド,ポリフェノールやフラボノイド類がある。ビタミンCは水溶性で,細胞質や細胞外液に存在し,水相で産生されるフリーラジカルを捕捉する。ビタミンEは脂溶性で,細胞膜に存在し,脂質ラジカルを捕捉する。一般に水溶性の抗酸化物は水相のラジカルを捕捉し,脂質相ラジカルを捕捉できないが,脂溶性の抗酸化物は脂質相ラジカルとともに水相ラジカルの捕捉もできる傾向を有している。

ポリフェノール化合物は食用性を含む天然植物に普遍的に存在するフェノール性水酸基を有する物質であり,クロロゲン酸,フェルラ酸,カフェー酸,エラグ酸など種類も多い。このような物質は水酸基によるラジカル捕捉作用を示し,MNNG や aflatoxin B_1 などの変異原性を失活させる[16]。このうち,クロロゲン酸はγ線による骨髄小核の抑制作用があり[17],経口投与によりハムスターにおけるMAM acetate誘発大腸および肝臓がんを抑制し[18],ラットにおいて4NQO誘発口腔発がんを抑制する[19]。クロロゲン酸を豊富に含むコーヒー抽出物がラットにおいてazoxymethane（AOM）により誘発される前がん性の変異陰窩増殖巣の出現を抑制することも知られている[20]。エラグ酸は benzo（a）pyrene 代謝物であるジオールエポキシ体のDNA付加体形成を阻害し[21],ラットにおいて benzo（a）pyrene による皮膚発がん[22],N-α-fluorenylacetamide による肝発がん[23],N-nitrosomethylbenzylamine による食道発がん[24],7,12-dimethylbenz（a）anthracene（DMBA）による乳腺発がん[25]を抑制し,マウスにおいても benzo（a）pyrene による皮膚や肺の発がんを抑制する[26]。フェルラ酸,カフェー酸もジオールエポキシ体の変異原性を抑制し[21],12-O-tetradecanoylphorbol 13 acetate（TPA）のマウス皮膚発がん促進を抑制し[27],エラグ酸とともに4NQO誘発口腔発がんを抑制する[19]。エピガロカテキンのような茶ポリフェノール類も骨髄染色体異常を抑制し,TPAの皮膚発がん促進を抑制し,マウスの乳がん自然発生などを抑制することが知られ[28],緑茶のポリフェノールを含む抽出物の大腸発がん抑制作用も報告されている[29]。プロトカテク酸のようなモノフェノール化合物もラジカル捕捉作用があり,プロトカテク酸はラットにおいてAOM誘発大腸発がん,diethylnitrosamine（DEN）誘発肝発がん,N-methyl-N-nitrosourea誘発胃がん,4NQO誘発口腔発がん,N-butyl-N-（4-hydroxybutyl）nitrosamine（BBN）誘発膀胱発がんを抑制する[30]。しかしながら,このようなフェノール系物質の発がん抑制作用はラジカル捕捉作用のみでは説明されず,発がん物質の代謝活性化の阻害や細胞増殖性の阻害作用を含む複雑な機序の関与が推定される。

フラボノイドはベンゼン核2個を炭素原子3個がつなぐ構造を基本骨格とするフェノール系化合物の総称であり,フラボン,イソフラボン,フラボノールなどのグループに分けられる。フラボノイドはフリーラジカル捕捉作用,脂質過酸化抑制作用,金属イオンキレート作用などの抗酸化作用を有する[31]。フラボノイドは aflatoxin B_1,benzo（a）pyrene などの変異原性を抑制し[32],

第1編　成人病予防食品開発の基盤的研究の動向

γ線などによる小核を抑制する[33]。ケルセチンなどのいくつかのフラボノイドはマウスにおいてTPA皮膚発がん促進を抑制し[34]，ラットにおいていくつかの臓器の発がんを抑制する。特にヘスペリジン，ディオスミンは4NQO誘発口腔発がん[35]，AOM誘発大腸発がん[36]，N-methyl-N-amylnitrosamine誘発食道発がん[37]を抑制し，カルコン，$α$-ヒドロキシカルコン，ケルセチンも4NQO誘発口腔発がんを抑制する[38]。ルテオリン，ダイゼイン，ケルセチン，フラボンなどのフラボノイド化合物ががん細胞の細胞周期をG_1期で停止させ，ゲニスタイン，アピゲニンなどのフラボノイドは同周期をG_2-M期にて停止させることも知られている[39]。

クルクミンはベータ・ジケトン構造を有する黄色色素化合物であるが，抗酸化性のほか，TPAが誘導するODC活性，c-fosやc-junなどのがん遺伝子の活性化，アラキドン酸が誘発するcyclooxygenaseやlipoxygenase活性を抑制し，抗突然変異活性を有することが知られている[40]。クルクミンの発がん予防作用としては，マウスにおける抗皮膚発がん促進作用[41]，benzo(a)pyrene誘発前胃発がん，ラットにおける4NQO誘発口腔発がん[42]やAOM誘発大腸発がんの抑制がある[43]。ショウガの主成分であるジンゲロールも抗酸化作用，抗プロモーション作用が知られているほか，経口投与により，ラットにてAOM誘発腸管発がんを抑制する[44]。

カロチノイドは天然に存在する代表的なラジカル捕捉型の抗酸化物質であり，脂質ペルオキシラジカルや一重項酸素を消去するとされている[14]。$β$-カロチンは実験的に肺がんなどの発生を抑制させることが報告されており，疫学的にも肺がんの発生率と$β$-カロチン摂取の逆相関の成績などが知られている。$α$-カロチンもマウスにおけるDMBA誘発皮膚発がん，4NQO誘発肺発がん，肝がんの自然発生を抑制することが知られている[45]。ルテイン，フコキサンチンはマウスにおける皮膚発がん促進やN-ethyl-N'-nitro-N-N-nitrosoguanidine誘発十二指腸発がんを抑制することが知られている[45]。アスタキサンチン，カンタキサンチンはラットにおいて4NQO誘発口腔発がん[46]やAOM誘発大腸発がんを抑制すること[47]，アスタキサンチンはマウスにおいてBBN誘発膀胱発がんを抑制すること[48]が報告されている。カロチノイドの発がん抑制の機序として，ラジカル捕捉以外に，がん遺伝子活性化の抑制，がん抑制遺伝子発現の促進，細胞増殖性の制御などが推定されている。

ニンニク系植物にはアリウム属硫化アリル類が含まれ，それらの抗酸化作用，がん予防作用も注目されている。これらはdiallyl sulfide，diallyl trisulfide，allyl methyltrisulfideなどで，マウスの前胃や肺の発がん[49]，ラットの食道[50]，肝[51]，乳腺[52]などの発がんを抑制する。これら物質の発がん予防作用の機序の1つとして，lipoxygenaseやcyclooxygenaseの活性阻害，ヒドロキシラジカル消去作用が考えられる[53]。

前述したように，キサンチンオキシダーゼ阻害物質はフリーラジカルの生成阻害作用を有する。1'-Acetoxychavicol acetateは阻害物質の例で，発がんプロモーター誘導Epstein-Barrウイルス初期

抗原の発現の抑制[54]や経口投与によるラットの4NQO誘発口腔発がん[55]やAOM誘発大腸前がん病変の出現[56]を抑制することが知られている。

ドコサヘキサエン酸（DHA）とエイコサペンタエン酸（EPA）はともに魚油に含まれるω3型不飽和脂肪酸であり，フリーラジカルの産生抑制とカタラーゼ，グルタチオンペルオキシダーゼ，SODなどの活性を誘導し，フリーラジカルの消去作用を有し，動脈硬化や心筋梗塞の予防のほか，発がん予防作用を有するとされる[57]。このような物質も動物実験の成績[58]から大腸がんの予防に有望と考えられる。

食物繊維類は便の希釈，便通の促進，発がん物質の捕捉，解毒の促進，粘膜上皮でのプロスタグランディンの上昇抑制などの作用のほか，鉄などの遷移金属をキレートすることによりフリーラジカル反応を抑制する作用を有し，大腸がんの発生予防に効果があるとされる。微量元素の1つであるセレニウムは，グルタチオンペルオキシダーゼ活性などによる解毒の亢進と脂質過酸化の抑制を行う。カルシウムは胆汁酸の捕捉による毒性の減弱を誘導するほか，脂質過酸化を抑制する。このような微量元素系物質もがん発生予防作用を有する[59]。

著者らは，最近，抗発がん作用の可能性のある多くの物質について，ウサギ赤血球膜，ラット肝細胞を用いて脂質過酸化抑制作用を検討した。その結果，抗酸化作用の明白であるフェノール系物質のほかに，含硫化合物その他の多くの物質にかなり強い脂質過酸化抑制作用を確認した[60]（図1）。このことは発がん予防作用の機序として，抗酸化性が普遍的に重要であることを示すものと考えられる。

3 ラジカルスカベンジャーの問題点

ポリフェノールやフラボノイド類は強い抗酸化性を有し，がんの化学予防物質として期待されているが，これらは条件によってはDNA切断を惹起したり，突然変異や染色体異常を誘導する[31]。ケルセチンやゲニスタインなどのフラボノイドは，がん細胞の細胞周期を停止させ，抗腫瘍作用，抗発がん作用が有望視されている[39]。しかしながら，最近ゲニスタインの長期投与によるラット大腸発がんの促進作用が報告されている[61]。強い抗酸化性を有するβ-カロチンもがんの化学予防物質の1つであるが，最近になってヘビースモーカーの肺がんリスクをβ-カロチンが増強させることを示す疫学成績も報告されている[62]。多くのラジカルスカベンジャーが抗酸化性を有しながら，それ自体がフリーラジカルを生じ，生体に障害を惹起する可能性がある。動物実験においても，投与量の相違によって異なった成績が生じることはしばしばみられ，低濃度のラジカルスカベンジャーが発がんを抑制し，高濃度のラジカルスカベンジャーが発がんを促進する可能性はありうると考えられる。多くのラジカルスカベンジャーが抗酸化性という側面以外に

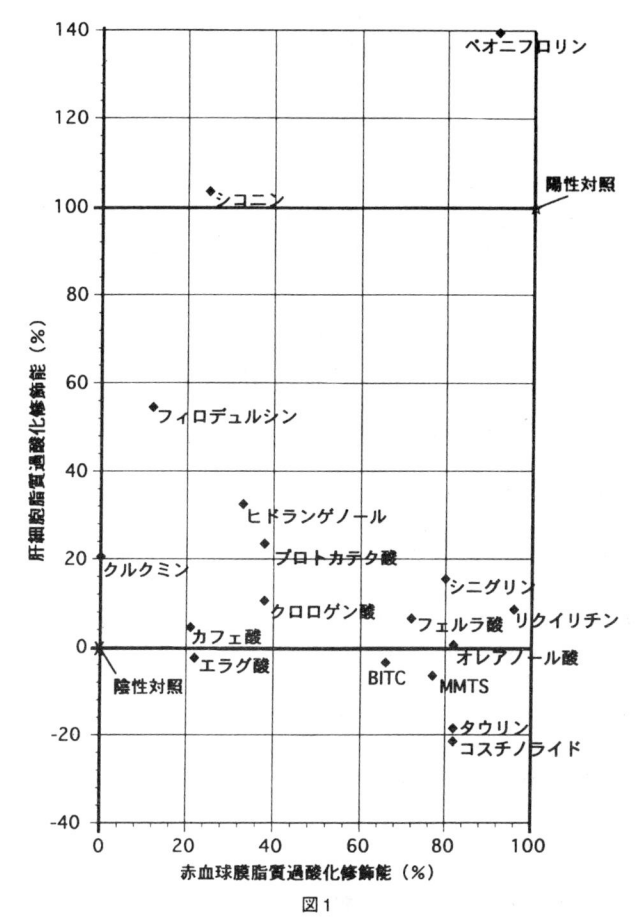

第1編　成人病予防食品開発の基盤的研究の動向

図1
TBA法によるt-ブチルヒドロペルオキサイド添加値を陽性対照群100%，無添加値を陰性対照群0%として算出した。
BITC：イソチオシアン酸ベンジル，MMTS：メタンチオスルホン酸メチル

　生物学的な多機能を有し，発がんの抑制という生体内の総合的かつ高次元の現象の機序に，ラジカルスカベンジャーがどこまで寄与しているか，現在のところ明らかではない。
　したがってラジカルスカベンジャーのがん予防作用の評価は生体内での吸収，代謝を含めた総合的な機序の解明とともに，十分な疫学的研究成績と合わせて慎重に行われるべきである。

成人病予防食品の開発

文　献

1) 児玉昌彦，フリーラジカル，p.116，メジカルレビュー社(1992)
2) 葛西宏ほか，癌'87, p.9，中山書店(1987)
3) A.Ito et al., Gann, 75, 17(1984)
4) N.Hirota et al., Gann, 72, 811(1981)
5) C.E.Wenner et al., "Oxidoreduction at the Plasma Membrane", p.171, CRC Press, Boca Raton(1990)
6) 児玉昌彦，活性酸素と医食同源，p.73，共立出版(1996)
7) 児玉昌彦，トキシコロジーフォーラム，p.166，サイエンスフォーラム(1985)
8) S.Okada, Pathol. Int., 46, 311(1996)
9) D.Nakae, "Food Factors for Cancer Prevention", p.92, Springer-Verlag, Tokyo(1997)
10) 吉川敏一，フリーラジカルの医学，p.93，診断と治療社(1997)
11) H.Mori et al., Carcinogenesis, 13, 2217(1992)
12) N.Yoshimi et al., Carcinogenesis, 15, 783(1994)
13) 田崎直人，実験医学，p.1039，羊土社(1994)
14) 二木鋭雄，フリーラジカル，p.22，メジカルレビュー社(1992)
15) D.A. Parles et al., Gastroenterol., 82, 9(1982)
16) R.H.C. San et al., Mutat. Res., 177, 229(1987)
17) S.K. Abraham et al., Mutat. Res., 303, 109(1993)
18) H.Mori et al., Cancer Lett., 30, 49(1986)
19) T.Tanaka et al., Carcinogenesis, 14, 132(1993)
20) H.Mori et al., Environ. Mutagen Res., 18, 73(1996)
21) A.W.Wood et al., Proc. Natl. Acad. Sci. U.S.A., 79, 5513(1982)
22) D.Tito et al., Biochem. Biophys. Res. Commun., 114, 388(1983)
23) T.Tanaka et al., Jpn. J. Cancer Res., 79, 1297(1983)
24) S.Mandal et al., Carcinogenesis, 11, 55(1990)
25) K.Singletary et al., In Vivo, 3, 173(1989)
26) J.L.Maas et al., Hort Science, 26, 10(1991)
27) H.U. Gali et al., Cancer Res., 51, 2820(1991)
28) 原征彦，がん予防食品の開発，p.136，シーエムシー(1995)
29) T. Yamane et al., Jpn. J. Cancer Res., 82, 1336(1991)
30) 田中卓二ほか，がん予防食品の開発，p.175，シーエムシー(1995)
31) 下位香代子，抗変異原・抗発がん物質とその検索法，p.88，講談社サイエンティフィク(1995)
32) M.-T. Huang et al., Carcinogenesis, 4, 163(1983)
33) M. Y. Hoe et al., Mutat. Res., 284, 243(1992)
34) H. Nishino et al., Cancer Lett., 21, 1(1983)
35) T. Tanaka et al., Cancer Res., 57, 246(1997)
36) T. Tanaka et al.. Carcinogenesis, 18, 957(1997)
37) T. Tanaka et al., Carcinogenesis, 18, 761(1997)
38) H. Makita et al., Cancer Res., 56, 4904(1996)

39) 松川義純ほか，がん予防食品の開発，p.101，シーエムシー(1995)
40) M.-T. Huang et al., "Cancer Chemoprevention", p.375, CRC Press, Boca Raton(1992)
41) M.-T. Huang et al., Cancer Res., 48, 5941(1988)
42) T. Tanaka et al., Cancer Res., 4653(1994)
43) C. V. Rao et al., Cancer Res., 55, 259(1995)
44) N. Yoshimi et al., Jpn. J. Cancer Res., 83, 1273(1992)
45) 西野輔翼，がん予防食品の開発，p.93，シーエムシー(1995)
46) T. Tanaka et al., Cancer Res., 55, 4059(1995)
47) T. Tanaka et al., Carcinogenesis, 16, 2957(1995)
48) T. Tanaka et al., Carcinogenesis, 15, 15(1994)
49) L. W. Wattenberg, "Antimutagenesis and Anticarcinogenesis Mechanisms II", p.155, Plenun Press, New York(1990)
50) M. T. Wargovich et al., Cancer Res., 48, 6872(1988)
51) D. Habermignard et al., Nut. Cancer, 25, 61(1996)
52) N. Suzui et al., Jpn. J. Cancer Res., 88, 705(1997)
53) H. Mori et al., "Nutrition and Chemistry", John Wiley & Sons, Baffin Lane, in press
54) A. Kondo et al., Biosci. Biotech. Biochem., 57, 1344(1993)
55) M. Ohnishi et al., Jpn. J. Cancer Res., 87 349(1996)
56) T. Tanaka et al., Carcinogenesis, 18, 1113(1997)
57) 浜崎智仁，活性酸素と医食同源，p.275，共立出版(1996)
58) M. Takahashi et al., Carcinogenesis, 18, 1927(1997)
59) 森秀樹ほか，Molecular Medicine, 33, 424(1996)
60) H. Mori et al., "Food Factors for Cancer Prevention", p.98, Springer-Verlag, Tokyo(1997)
61) C. V. Rao et al., Cancer Res., 57, 3717(1997)
62) The ATBC Cancer Prevention Study Group, Ann. Epidemiol., 4, 1(1994)

第4章 フリーラジカルによる動脈硬化の発症と抗酸化物

近藤和雄[*]

1 はじめに

　動脈硬化とは，血管壁が肥厚して血管の内腔が狭窄する状態を言い，心臓の血管で起これば心筋梗塞，頭の血管で起これば脳梗塞を引き起こす。動脈硬化とは，図1に示すように進行するが，内腔が75％以上狭窄するまで血流速度が変化しないため，無症状で経過する。したがって，動脈硬化が発症して，たとえ内腔が50％狭窄していても，気づかずに過ごしていることも多い。

　動脈硬化は，高脂血症，高血圧，喫煙をはじめとした危険因子によって発症することが知られている。危険因子として，このほかに糖尿病，肥満，ストレス，運動不足などがあげられ，こうした危険因子が2つ，3つと重なることにより，動脈硬化の生じる危険率が高まることも知られている(図2)。このため，無症状に進行する動脈硬化を抑制するためには，これらの危険因子を，食事などに注意して，1つでも取り除く努力が重要である。しかし，この動脈硬化の発症に，これら危険因子に加えてフリーラジカルの存在が密接に関連していることがわかってきて，その面での対策も必要になってきている。

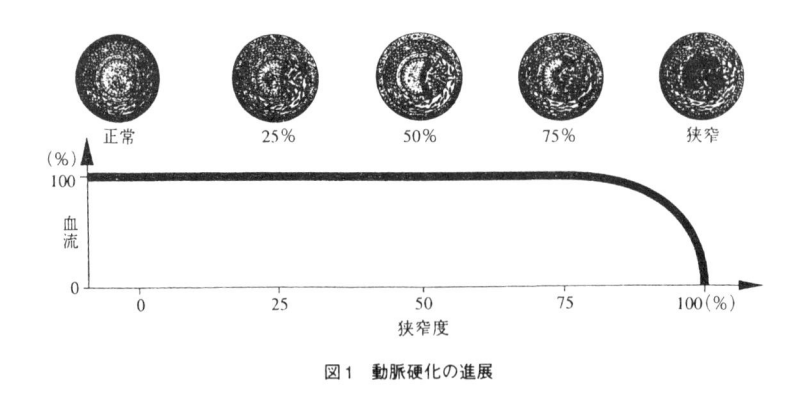

図1　動脈硬化の進展

---

[*]　Kazuo Kondo　国立健康・栄養研究所　臨床栄養部

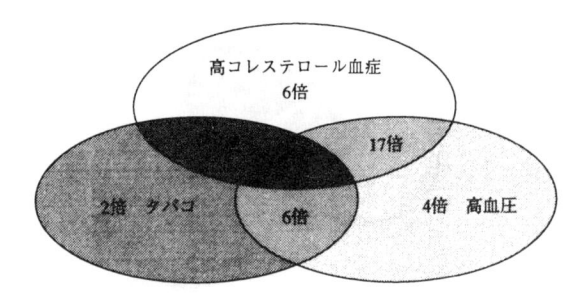

図2 動脈硬化による心疾患の危険度
40歳代で危険因子をもたない人の虚血性心疾患の発症を1とする

2 フリーラジカルと動脈硬化

　血液中のコレステロール（C），トリグリセリド（TG）などの高くなる高脂血症は，動脈硬化の危険因子として，最上位に位置している危険因子である。

　血液中のコレステロールが高いと動脈硬化を引き起こすということは，20世紀初頭より知られていた(図3)。その後，コレステロールは脂質であるため，血中ではリポタンパク中に存在することがわかってきた。しかも，コレステロールをもつリポタンパクには，動脈硬化を引き起こす悪玉（低比重リポタンパク：LDL）と動脈硬化を防ぐ善玉（高比重リポタンパク：HDL）があって，心臓病を防ぐには，悪玉LDLを減らし，善玉HDLを増加させることが重要であると強調されるようになった（図4）。

　しかし最近の研究では，LDLそのものが動脈硬化を引き起こすのではなく，酸化変性したLDLが問題であることがわかってきた(図5)。ヒトは酸素を吸って生命を保っている。しかし吸入し

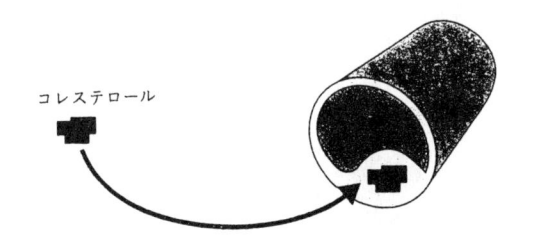

コレステロールの上昇………▶動脈硬化

図3 動脈硬化の発生メカニズム（昔）

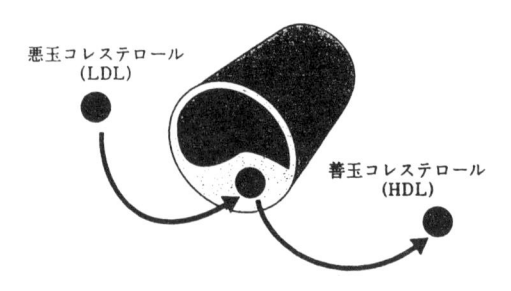

図4 動脈硬化の発生メカニズム（ちょっと昔）

た酸素の1%は活性酸素というフリーラジカルに転じる。活性酸素はウィルスなどの外的侵襲を防ぐのに威力を発揮するが，身体内にも攻撃を加える。LDLも例外ではない。LDLが高いと，LDL受容体のLDL受け入れには限度があるため，LDL受容体を介して組織にコレステロールを供給できないLDLが血液中で滞留する。滞留時間が長くなると，LDLは血管壁の内皮細胞間隙を通って内皮下に浸入したときに，フリーラジカルなどによる酸化をはじめとした外的侵襲を受ける機会が多くなって，酸化変性LDLへと変化する。この酸化変性LDLが，通常のルートであるLDL

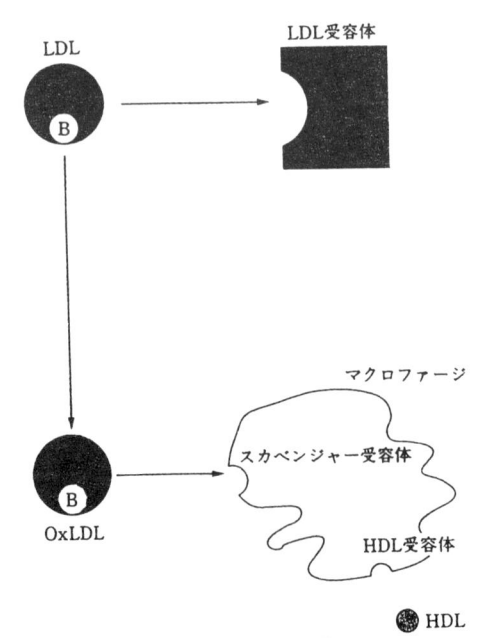

図5 LDL，変性LDLの処理

受容体を介して取り込まれず,マクロファージによって処理されることに問題があると考えられる。マクロファージは,酸化変性LDLを異物として認識し,際限なく取り込む。このため,マクロファージは泡沫化し,ついには死滅して,動脈硬化のもとになると考えられるようになった(図6)。

したがって,酸化変性したLDLの量を増さないために,悪玉とされてきたLDLの量を増加させないことは当然であるが,さらにこの悪玉LDLを本当の悪玉(酸化変性LDL)にしないことが,より重要であることがわかってきた(図7)。

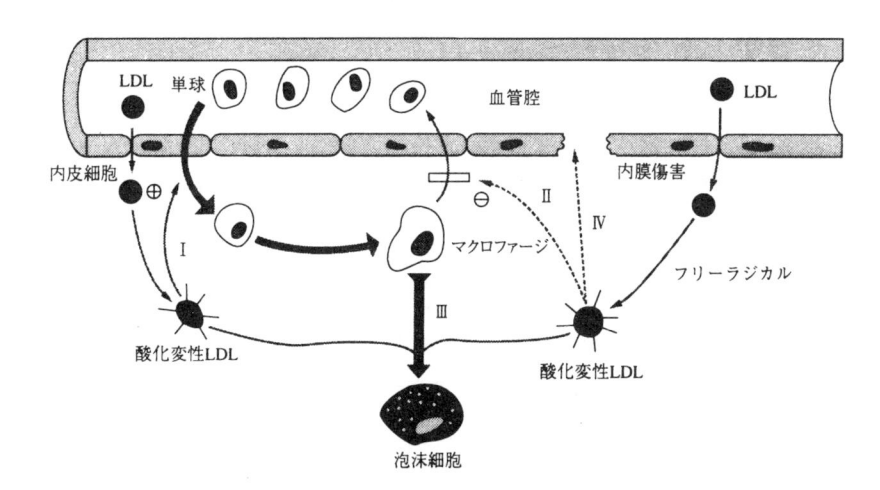

図6 動脈硬化の成り立ち

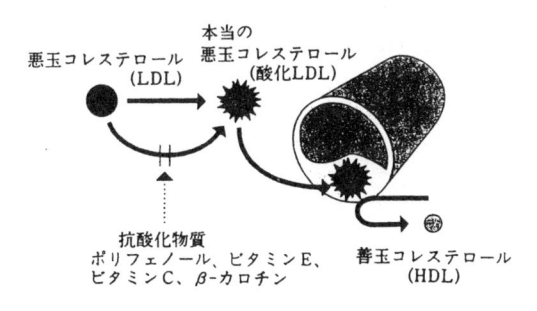

図7 動脈硬化の発生メカニズム(現在)

3 抗酸化物の動脈硬化における役割

動脈硬化の成因に関与する酸化変性LDLの重要性は，血中に存在する抗酸化物の意義を改めてわれわれに認識させてくれた。

血中にはビタミンE，カロテノイド，ユビキノールなどの脂溶性の抗酸化物と，ビタミンC，尿酸，アルブミン，ビリルビンなどの水溶性の抗酸化物が存在する。脂溶性抗酸化物はLDLの内において，水溶性抗酸化物はLDLの外において，LDLが酸化されるのを防いでいる。

こうした抗酸化物には，代表的なビタミンE，カロテノイド，ビタミンC以外にも，フラボノイド，コーヒー酸誘導体，セサミノール，フィチン酸などがあり，食物から摂取され，体内で酸化変性LDLの生成を抑制することが期待される。

4 フラボノイド

近年，抗酸化物の中で，フラボノイドが注目を集めている。フラボノイドとは，植物界に広く分布している共通した炭素骨格 (C6-C3-C6) をもつ化合物のことで，フラボン類，カテキン (フラバノール) 類，フラバノン類，アントシアニン類などが含まれる。

赤ワインはなかでも，赤色色素であるアントシアニン類をはじめとして，カテキン類などのフラボノイドを豊富に有している。フラボノイドは，フェノール水酸基をもつため，不飽和脂肪酸に対して *in vitro* で抗酸化性を示すことが古くから知られていた。

5 "フレンチ・パラドックス"

赤ワインが，フラボノイドとともに注目を集めるようになったのは，"フレンチ・パラドックス"と呼ばれる疫学的事実との関連からである。フレンチ・パラドックスとは，欧米諸国において高頻度にみられる冠動脈硬化疾患の死亡率と，高脂肪摂取，特に動物性脂肪の大量摂取との間に正の相関がみられているにもかかわらず，フランスにおいては，高脂肪摂取の割に，冠動脈硬化疾患の死亡率が低いことをいう（図8，9）。

確かに，フランスにおける冠動脈硬化疾患の死亡率は10万人当たり男性94人，女性20人と少なく，これは第1位の北アイルランド男性406人の約1/4，スコットランド女性142人の約1/7に当たる（表1）。

フランスにおける冠動脈硬化疾患の低い死亡率は，フランス人が愛飲し，世界一の消費量を誇る赤ワインによってよく説明された（表2，図10）。

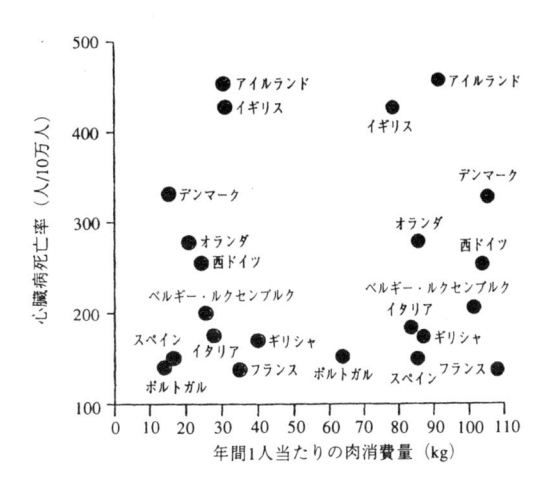

第1編　成人病予防食品開発の基盤的研究の動向

図8　心臓病死亡率と肉消費量

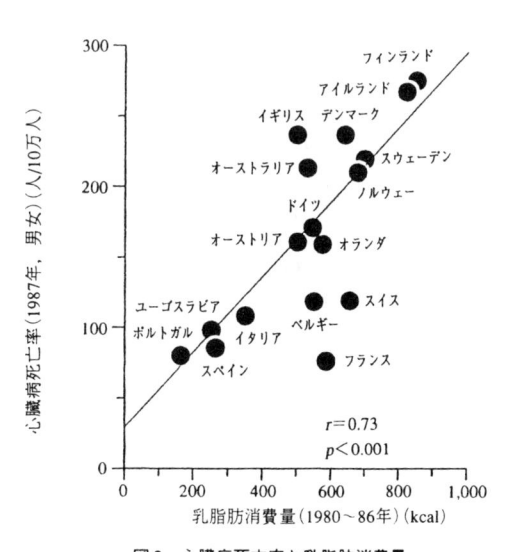

図9　心臓病死亡率と乳脂肪消費量

成人病予防食品の開発

表1　1985年における虚血性心疾患の年齢訂正死亡率の比較

(年間10万人当たりの率)

国	男性	女性	国
北アイルランド	406	142	スコットランド
スコットランド	398	130	北アイルライド
フィンランド	390	125	旧ソ連邦（1986年）
旧ソ連邦（1986年）	349	105	ハンガリー
チェコ	346	104	アイルランド
アイルランド	339	101	チェコ
ハンガリー	326	94	ニュージーランド
イングランド，ウェールズ	318	94	イングランド，ウェールズ
ニュージーランド	296	80	アメリカ
ノルウェー	266	79	フィンランド
デンマーク	251	76	オーストラリア
アイスランド	247	74	ルーマニア（1984年）
オーストラリア	247	73	イスラエル
スウェーデン	243	72	ブルガリア
アメリカ	235	69	デンマーク
ポーランド	230	66	カナダ
カナダ	230	62	アイスランド
オランダ	214	56	ルクセンブルク
ルクセンブルク	209	56	スウェーデン
ブルガリア	208	55	オランダ
マルタ	205	55	ノルウェー
西ドイツ	204	54	ポーランド
オーストリア	203	52	ユーゴスラビア（1984年）
イスラエル	183	52	オーストリア
東ドイツ	179	52	西ドイツ
ルーマニア（1984年）	176	51	東ドイツ
ベルギー（1984年）	166	46	マルタ
ユーゴスラビア（1984年）	154	46	ベルギー（1984年）
スイス	140	33	イタリア（1984年）
イタリア（1984年）	136	33	ギリシャ
ギリシャ	135	32	ポルトガル
スペイン（1983年）	104	30	スイス
ポルトガル	104	24	スペイン（1983年）
フランス	94	20	フランス
日本	38	13	日本

(K. Uemura, Z. Pisaより)

第1編　成人病予防食品開発の基盤的研究の動向

表2　国別1人当たりワイン消費量

順位	国	消費数量 (l)
1.	フランス	66.80
2.	ポルトガル	62.00
3.	イタリア	61.97
4.	ルクセンブルク	90.30
5.	アルゼンチン	55.01
6.	スイス	47.20
7.	スペイン	42.28
8.	オーストラリア	33.70
9.	ギリシャ	32.40
10.	ハンガリー	30.00
12.	ドイツ	26.10
25.	イギリス	10.29
28.	アメリカ	7.72
40.	日　本	0.94

（1991年O.I.V. 国際葡萄，葡萄酒機構調べ）

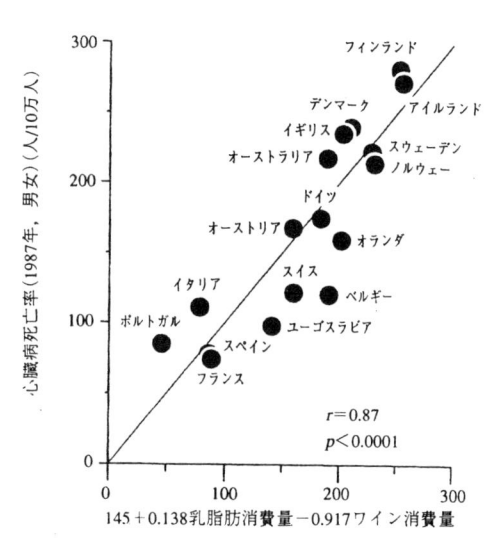

図10　心臓病死亡率と乳脂肪およびワイン消費量
S. Renaudのデータ[1]を改変

6 赤ワインはどのように動脈硬化を予防するのか

フレンチ・パラドックスの説明の1つとして赤ワインを指摘したのは，Renaudら[1]であるが，赤ワイン中の抗酸化物に注目して，*in vitro*の検討を行ったのはFrankelら[2]であった。

Frankelらは赤ワインからフェノール類を抽出して，LDLと混合したところ，LDLの酸化変性時に生じるヘキソナール生成物の発生するのを抑える抗酸化能が，α-トコフェロールよりも強いことを明らかにした。さらに，種々のワインのLDL抗酸化物を比較検討し，ワインのLDL抗酸化能が，ワイン中に含まれる総フェノール量と高い相関を示すことを報告した[3]。

筆者ら[4]は，この赤ワインのLDL抗酸化性の*in vitro*の検討結果をふまえて，10名の健常男性（33～57歳）を対象に，赤ワインのLDL被酸化能の*in vivo*の検討を行った。1日0.8gエタノール/kgの用量で，14日間ウォッカを飲酒させた後，赤ワインを14日間飲酒させた。実験期間中は，赤ワイン以外に由来する抗酸化物質をはじめとして，栄養素などの摂取量はすべて一定にした。LDL被酸化能は，酸化開始剤であるアゾ化合物（V-70）を添加後，共役ジエンが形成されるまでの時間（lag time：ラグタイム）として測定した。lag timeは，赤ワイン飲酒前49.1±2.2分であったのに対し，赤ワイン飲酒後では，54.7±2.6分と有意に延長したのが認められた（図11）。この結果は，ウォッカ飲酒前後において，lag timeに有意差がみられないことから，*in vivo*においてエタノール以外の赤ワイン成分によるLDL抗酸化能の亢進を，実証したものと考えられる。

この報告に前後して，赤ワイン摂取後の血清における抗酸化能の増加が，Maxwellら[5]，Serafini

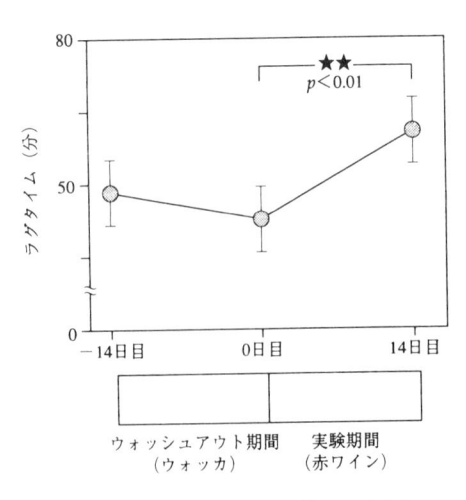

図11 赤ワイン飲用によるラグタイムの変化

ら[6]，Whiteheadら[7]によって報告された．

7 抗酸化物は体内に取り込まれるか

経口摂取したあとの赤ワインのフラボノイドをはじめとした抗酸化物の体内での動態については，現在のところ残念ながら不明な点が多い．

しかし，カテキン類を豊富に含む抹茶5gを服用させ，服用後のカテキン類の血中濃度を測定したところ，抹茶飲用後1時間，2時間でLDLのlag timeが延長するとともに，血中のエピガロカテキンガレート，エピカテキンガレートの有意の増加が認められた（図12）．このことから，茶類に含まれるカテキン類は，経口摂取後，消化管で吸収され，血中に出現してLDLの抗酸化能を高めていることが確認できた．同様の検討がLeeら[8]によっても行われている．

以上の研究によって，アントシアニン類やカテキン類を含む赤ワインについても，茶類と同様，腸管で吸収された後，LDLの抗酸化を高めていることが推察される．

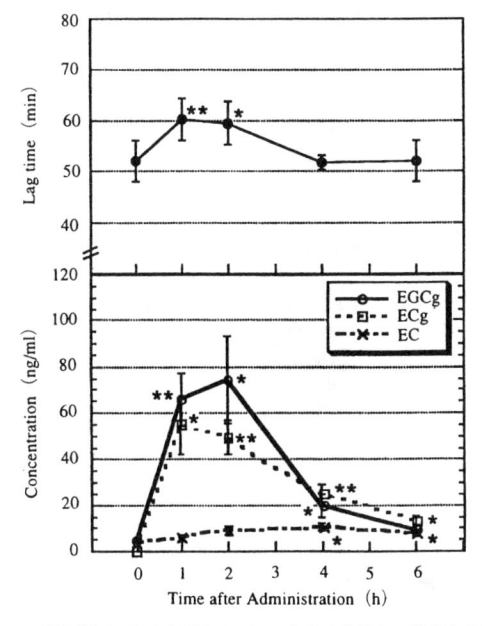

図12 抹茶投与におけるLDL lag timeと血中カテキン濃度の変化

8 抗酸化物は動脈硬化を予防するか

これまでの赤ワインに関する検討から，赤ワインに含まれている抗酸化成分によるLDLの酸化変性の抑制は確かであるが，このことが即，動脈硬化予防に直結するか否かについては，いま少し時間が必要である。

しかし，すでにZutphen elderly study, Seven countries study, Finlandのstudyが示すように，抗酸化物の摂取量と冠動脈硬化疾患の死亡率との間には逆相関が認められ，抗酸化物の摂取量の増加により，冠動脈硬化疾患による死亡率の低下することが疫学的に報告されている。特にZutphen elderly study[9]では，オランダのズッフェン市に在住の805名の男性（65〜84歳）を対象として，5年間のprospective studyを行ったところ，1日にフラボノイド量を19.1mg以上摂取する群では，19mg以下しか摂取しない群と比較して，冠動脈硬化疾患の相対危険率が1/3に低下することが認められた（図13）。また，このときのフラボノイドの供給源は，1位が紅茶（61％），2位がタマネギ（13％），3位がリンゴ（11％）で，もし，このstudyをフランスで行うと，赤ワインが重要な供給源となる可能性が高い。

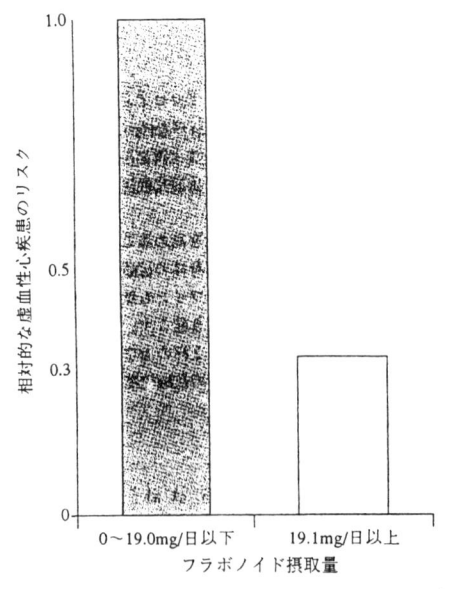

図13 フラボノイド摂取と虚血性心疾患のリスク[9]
フラボノイドを1日19.1mg以上とる人の虚血性心疾患のリスクは，19mg以下の人に比べ，1/3以下になるという結果が得られている

9 おわりに

赤ワインに次いで，茶，そしてココア[11]の抗酸化能が*in vivo*で明らかになり，その他にもLDLの抗酸化能に寄与する可能性のある抗酸化物が続いている。Zutphen elderly studyなどの教えているところでは，さまざまな抗酸化物を足し算のように摂取することで，十分に身体の抗酸化能は高められるということである。

とかく，赤ワインが抗酸化能を高めることが明らかになると，赤ワインだけを飲んで身体の抗酸化能を高めようとしがちである。しかし，赤ワインも飲みすぎればアルコール性肝障害，高血圧を引き起こす。

あくまでも現在の時点では，さまざまな抗酸化物の摂取が必要とされるなかで，グラス1～2杯の赤ワインが，ほかの抗酸化物とともに，身体の抗酸化能を高めると考えるべきである。

文　　献

1) S. Renaud, M. de Lorgeril, *Lancet*, 339, 1523-1526 (1992)
2) E. N. Frankel, J. Kanner, G.B.German, E. Parks, J. E. Kinsella, *Lancet*, 341, 454-457 (1993)
3) E. N. Frankel, A. L.Waterhouse, P. L. J. Teissedre, *Agric. Food Chem.*, 43, 890-898 (1995)
4) K. Kondo, A. Matsumoto, H. Kurata, H.Tanahashi, H. Koda, T. Amachi, H. Itakura, *Lancet*, 344, 1152 (1994)
5) S. Maxwell, A.Cruickshank, G.Thorpe, *Lancet*, 344, 193-194 (1994)
6) S. Serafini, A.Ghiselli, A.Ferro-Luzzi, *Lancet*, 344, 626 (1994)
7) T. P. Writehead *et al.*, *Clin.Chem.*, 41, 32-35 (1995)
8) M. -J. Lee, Z.-Y.Wang, H. Li, L. Chem, Y. Sun, S. Gobbo, D. A. Balentine, C. S. Yang, Analysis of Plasma and Urinary Tea Polyphenols in Human Subjects, *Cancer Epideminol.Biom.Prev.*, 4, 393-399 (1995)
9) M. G. Hertog *et al.*, *Lancet*, 342, 1007-1011 (1993)
10) K. Kondo, R. Hirano, A. Matsumoto, O. Igarashi, H. Itakura, *Lancet*, 348, 1514 (1996)

第5章　糖尿病合併症とフリーラジカル

大澤俊彦*

1　はじめに

　つい最近の報道(1998.3)では，日本人の糖尿病の患者は予備軍も含めると1,300万人以上にものぼるというショッキングなニュースが全国を駆け巡った。一般に糖尿病はインスリン依存型糖尿病（IDDM）とインスリン非依存型糖尿病（NIDDM）に大別することができる。IDDMは短期間に内因性インスリン分泌の急激な欠乏により生命維持が困難となってしまう病態であり，NIDDMは内因性インスリン分泌能が少なくとも保持されている点で異なっている。現在，世界的に糖尿病，特に，NIDDMが急増しており，工業化・近代化に伴う生活習慣，特に食習慣の変容，なかでも過食と運動不足，その結果の肥満が問題となっている。

　糖尿病が重大な病気として考えられている背景には，合併症の存在が問題とされるが，一般に，糖尿病の合併症としては，急性合併症と慢性合併症に大別され，代表的な急性合併症である糖尿病性昏睡や急性感染症などはインスリン療法の進歩により著しく改善されてきたが，高血糖が持続するために生じたさまざまな代謝異常によって引き起こされる慢性合併症は糖尿病合併症の主流となってきており，網膜症や腎症などの細小血管症や動脈硬化に基づく大血管症などの病態がますます重大な状況となってきている（表1）[1]。

　このような糖尿病の発症とフリーラジカルの関連性は，最近，特に注目を集めつつある分野であり，なかでも糖尿病の進展に活性酸素が大きく関与していると考えられている。最近，筆者らの研究室では動脈硬化症の発症の原因における酸化ストレスの役割について免疫化学的なアプローチを中心に解明を進めつつある。本稿では，このような酸化ストレスが本当に糖尿病合併症の原因となりうるのか，最近の著者らの研究室での研究の結果を中心に紹介してみたい。

2　糖尿病とフリーラジカル

　糖尿病とフリーラジカルの関連性には最近多くの注目が集められてきている。なぜ，糖尿病合

＊　Toshihiko Osawa　名古屋大学大学院　生命農学研究科　教授

第1編　成人病予防食品開発の基盤的研究の動向

表1　糖尿病性合併症の分類

A. 急性合併症	B. 慢性合併症
1. 糖尿病性昏睡 　1) ケトン性昏睡 　2) 高浸透圧非ケトン性昏睡 　3) 乳酸アシドーシス 2. 急性感染症 3. 意識障害 　脳血管障害，尿毒症，肝性昏睡など 4. 低血糖性昏睡 　インスリン，スルフォニルウレア剤	I. 細小血管症 　1. 三大合併症 　　1) 網膜症 　　2) 腎症 　　3) 神経障害 　2. その他 　　血管新生緑内障，心筋症など II. 大血管症 　1) 脳血肝障害 　2) 虚血性心疾患 　3) 閉塞性動脈硬化症，壊疽 III. その他 　　高脂血症，高血圧，慢性感染症，皮膚疾患， 　　肝機能障害，胆石症，白内障など

併症の発症とともに酸化ストレスが昂進するのかと言えば，高血糖状態が続くと，生体構成タンパク質の糖化反応やポリオール代謝とレドックス，プロスタグランジン代謝などの経路とともに，グルコースの自動酸化などの経路により活性酸素が生成し，動脈硬化をはじめ腎障害，糖尿病性白内障などの原因となると考えられている(図1)。今までの多くの研究により，糖尿病の発症に

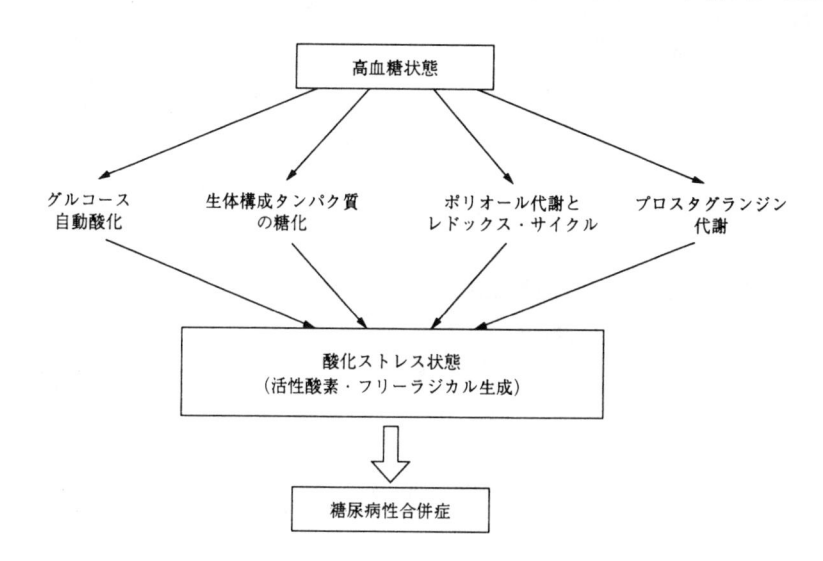

図1　高血糖状態における活性酸素・フリーラジカルの生成と糖尿病性合併症

おけるアミノカルボニル反応（メイラード反応）と呼ばれるタンパク質の非酵素的な糖付加反応の役割の重要性が明らかとなってきた。図2に示したように，グルコースに代表される還元糖がタンパク質のアミノ基を攻撃し，シッフ塩基やアマドリ転移生成物といったメイラード反応前期生成物を経て，後期反応の進展の結果，ピラリン（pyrraline）やペントシジン（Pentosidine），クロスリン（Crossline）などのAGE（Advanced Glycation End Products）と呼ばれるメイラード反応終期生成物を生成することが知られている[2]。著者らも，糖尿病患者や自然発症糖尿病ラットの血液中にアルギニンとシステインが関与した新しいAGE，MRXの構造を明らかにすることに成功している[3]。このメイラード反応の前期反応生成物であるアマドリ転移生成物は，試験管内でも生体内でも活性酸素を生成し，生体内タンパク質や脂質，DNAに傷害を与えることが明らかにされてきている。著者らは，糖尿病における酸化ストレスの傷害の役割を検討する目的で，ストレプトゾトシン（STZ）誘発糖尿病ラットを用い，フリーラジカル傷害バイオマーカーとして細胞膜脂質の過酸化物やDNAの酸化傷害物として近年注目を集めている8-ヒドロキシデオキシグアノシン（8-OH-dG）の検出を試みた[4]。

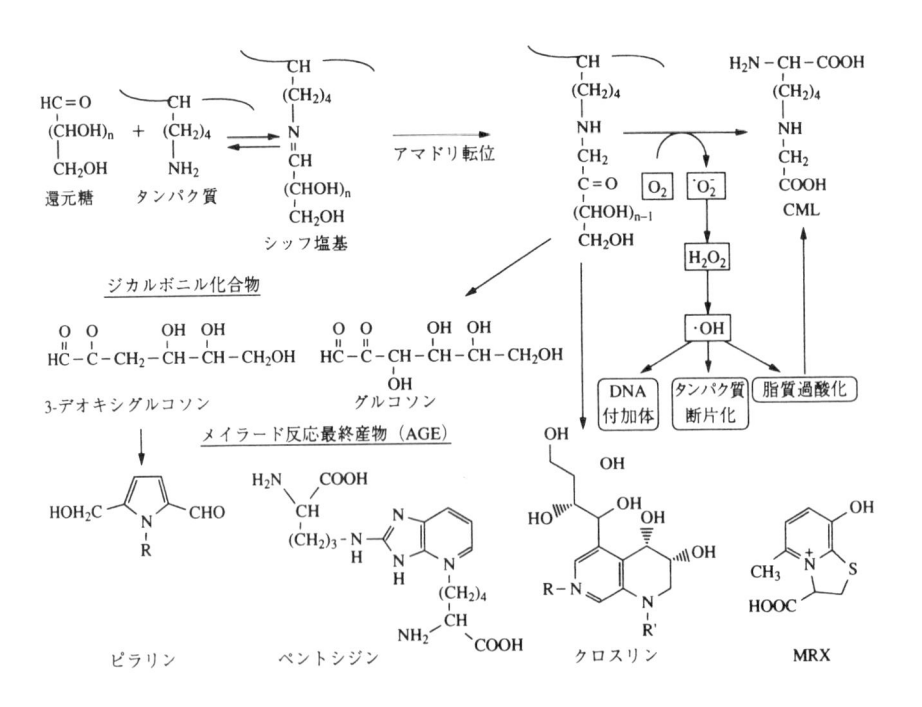

図2　生体内メイラード反応とフリーラジカル生成の関連性

第1編　成人病予防食品開発の基盤的研究の動向

　8-OH-dGは，がんをはじめ成人病のマーカーとしての遺伝子レベルにおける酸化的傷害の評価法として，最近，特に注目を集めてきている。今まで，放射線や紫外線をはじめさまざまな化学物質も生体内での酸化ストレスの原因であることが知られてきており，なかでも，DNAの核酸塩基の酸化修飾に多くの注目が集められてきている。たとえば，図3に示したように生体内脂質過酸化反応の結果生じた活性酸素によるDNA中の核酸塩基，デオキシグアノシンに対する攻撃の結果，8-ヒドロキシデオキシグアノシン（8-OHdG）が生成するというわけである。もちろん，8-OHdGは過剰な酸化ストレスを受けた皮膚細胞や腎細胞中でも蓄積することも明らかにされてきたが，このDNA中に生じた8-OHdGは，通常は修復酵素により切り取られ，血液を経て最終的に尿中に排出されることが明らかになってきた。したがって，血液や尿中の8-OHdG量を測定することは成人病予防の重要なバイオマーカーとなりうるわけで，日本老化制御研究所と共同でこの抗体を利用したELISA法による微量分析キットの作製にも成功することができた。この8-OH-dGは，紫外線照射による皮膚がんの発症や鉄キレート化合物の投与による腎臓がん発症の際に増加することを明らかにしてきており，また，ELISA法による微量定量法の確立にも成功している。このような免疫化学的なアプローチによる酸化ストレスの評価については，まだ始まったばかりであるが，今後の進展に興味がもたれる。

　しかしながら，最終的には遺伝子レベルに至る酸化傷害が問題となるが，まず最初の酸化ストレスのターゲットとなるのは，細胞の生体膜を構成する不飽和脂肪酸の過酸化物である。一般的には，不飽和脂肪酸の二重結合の間の活性メチレンが活性酸素による水素引き抜き反応を受け，脂質ラジカルを生成し，その後の分子状の酸素の付加によりヒドロペルオキシドが初期反応生成物として生じる。必須脂肪酸であるリノール酸は図4に示したようにヒドロペルオキシドはさらに生体内の金属やヘムタンパクなどの存在で酸化分解を引き起こし，マロンアルデヒド（MDA）や4-ヒドロキシ-2-ノネナール（HNE）などのアルデヒドをはじめとする多種多様なアルデヒド

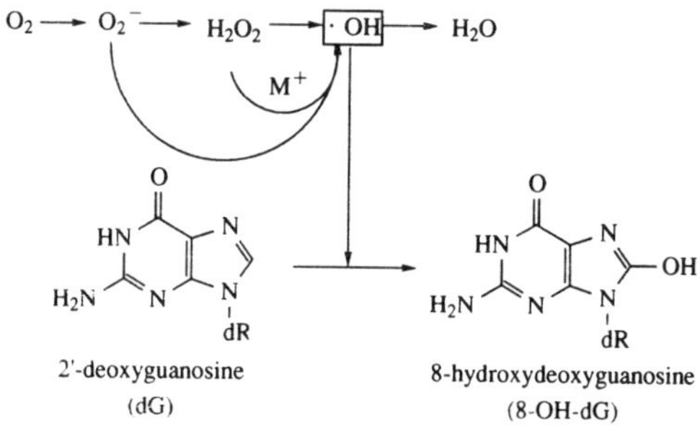

図3　活性酸素による8-ヒドロキシデオキシグアノシン（8-OH-dG）の生成機構

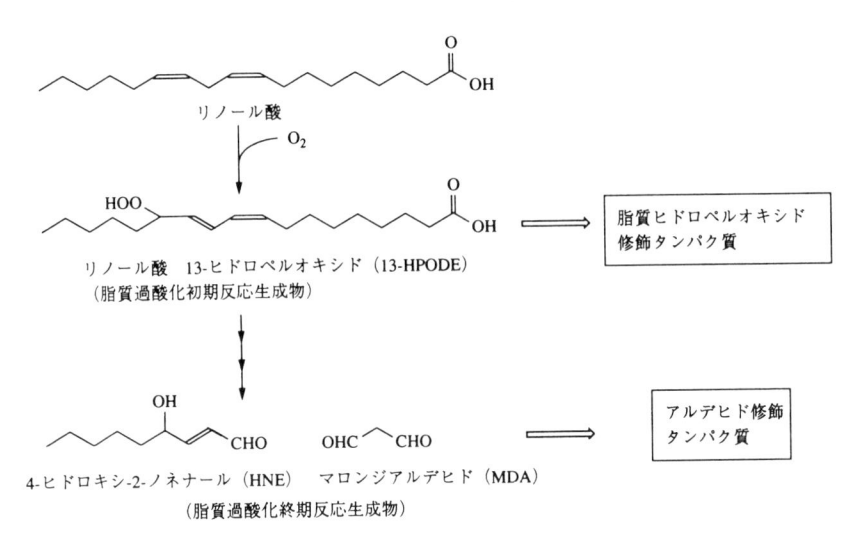

図4 脂質過酸化反応（リノール酸）と過酸化物によるタンパク質の修飾

類が生成される。いままでにさまざまな脂質過酸化測定法が開発されてきているが[5]、最近、われわれの研究室で特に注目してきたのは、酸化ストレスの高感度で簡便な評価法の開発であり、なかでも、重点的に研究を進めているのが脂質酸化分解物に特異的な抗体を利用した免疫化学的な微量定量法の確立である。特に著者らが注目したのは、攻撃の対象である脂質、タンパク質、核酸の酸化修飾物をエピトープとする免疫化学的な検出法の確立である。われわれの研究室では、最近、脂質過酸化初期反応生成物である13-リノール酸ヒドロペルオキシド（13-HPODE）をエピトープとするポリクローナル抗体を得ることに成功している[6]。今まで、生体内脂質過酸化反応終期生成物としてよく知られているMDAやHNEによる生体傷害については多くの研究が行われてきたが、脂質過酸化初期反応生成物であるヒドロペルオキシドのもつ酸化傷害に及ぼす影響についてはほとんど報告がなされていなかった。この抗体の特異性を検討したところ、エピトープの構造の1つの化学構造を明らかにすることができ、しかも、これらの抗体を用いたり化学的な解析の結果、LDL酸化によりヒドロペルオキシドが生成するという興味ある結果を得ることができた。また、最近では、アラキドン酸のヒドロペルオキシド（15-HPETE）の抗体の作製にも成功しており[7]、現在、動脈硬化発症における脂質ヒドロペルオキシドの関与の可能性についての検討を進めている。

さらに、われわれの研究室では、n-6系列脂肪酸の酸化終期生成物のMDAとHNEを化学的に

合成してタンパク質と反応させることで縮合物を合成し,ポリクローナル抗体を得ることに成功している[8]。また,最近では生体内脂質過酸化反応終期生成物であるHNEの場合はモノクローナル抗体を得ることにも成功しているが[9],このような抗体を用いる利点は,簡便かつ微量で定量できるELISA法を構築することができることであり,試験管レベルから培養細胞,個体レベルからヒトを対象とした臨床レベルでも適用することができる点である。これらの抗体はいずれもエピトープが分子レベルで明確にされており,免疫染色法へ応用することにより病態解析の有力な手段となりうる。

3 糖尿病合併症と酸化ストレス

現在,IDDMのモデルとして最も一般的に用いられているストレプトゾトシン(STZ)誘発による糖尿病ラットを用いて酸化ストレスに対する生体内応答をみたところ,特に,グルタチオン関連酵素であるグルタチオンペルオキシダーゼ(GPx)やグルタチオン-S-トランスフェラーゼ(GST)などが誘導されていた[10]。さらに興味ある結果として,STZ投与ラットの腎臓において脂質過酸化反応の亢進とともに,発がんマーカーとして最近注目を集めている8-OH-dGの尿中への排泄も急増した(図5)。この8-OH-dGは,著者らが最近モノクローナル抗体の作製に成功し,共同研究を進めている京都大学のグループは,紫外線照射による皮膚がんの発症[11]や鉄キレート化合物の投与による腎臓がん発症[12]の際に増加することを明らかにしてきており,また,ELISA法による微量定量法の確立にも成功し,肺がん患者に対する放射線治療や抗がん剤投与の効果を尿中への8-OH-dGの排泄をモニターすることに成功している[13]。このような免疫化学的な

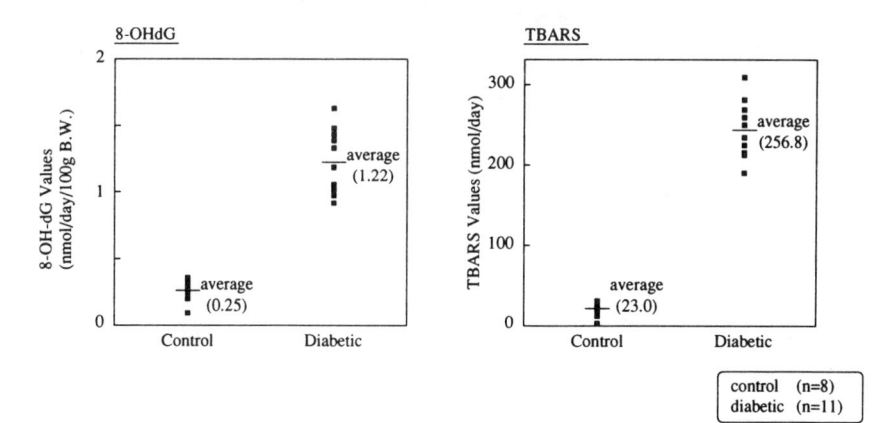

図5 ストレプトゾトシン(STZ)誘発糖尿病ラットの尿中への脂質過酸化物(TBARS)と8-OH-dGの排泄

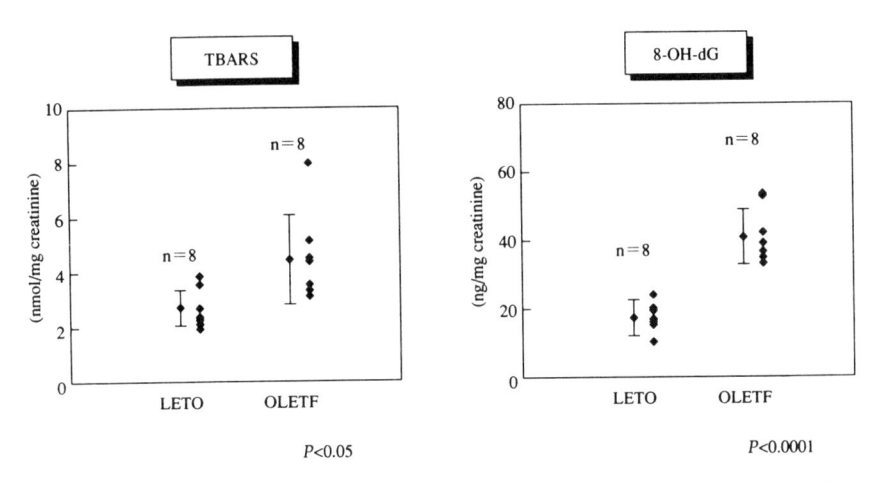

図6 自然発症糖尿病ラット（OLETF）と正常ラット（LETO）の尿中への脂質過酸化物（TBARS）と8-OH-dGの排泄量の変化

アプローチによる酸化ストレスの評価については，まだ始まったばかりであるが，今後の進展に興味がもたれる。

われわれは，インスリン非依存型糖尿病(NIDDM)のモデルとして注目を集めている自然発生糖尿病ラット(Otsuka Long-Evans Tokushima Fatty: OLETF)を用いて検討することとした。OLETFラットは，病態の進行が緩慢で，多飲，多尿，肥満を伴い，腎症の発症が知られている。72週における脂質過酸化物と8-OH-dGの排泄量の増加を見出している（図6）[2]。一方，著者らが見出した新しい糖尿病マーカー，MRXの尿中への排泄は，いずれの糖尿病モデルでも増加しており[3]，酸化ストレスとの相関性は今後の課題である。

4 動脈硬化と脂質過酸化

筆者の研究室での最近の一連の研究により，LDL中の標的であるヒスチジンは，LDL過酸化に伴い主にHNE修飾を受けることが化学的に立証された。また，LDLの過酸化過程にみられる重合化などのapoB部分の変性修飾についても検討したところ，in vitro系でのLDLの過酸化はapoBの重合化・断片化などの変性を伴い，さらに酸化LDLアポBには抗HNE-KLH抗体に陽性のHNE付加体を含むことが確認された[2]。また，ヒト腹部大動脈動脈硬化症病巣について免疫組織染色により修飾タンパク質の局在を解析し，マクロファージ由来泡沫細胞に陽性であることを明らか

第1編 成人病予防食品開発の基盤的研究の動向

にし，動脈硬化巣におけるHNE修飾タンパク質の存在を明らかにしている。このように，われわれの研究室では，抗HNE修飾タンパク質抗体による動脈硬化症病巣の免疫化学的解析を進めてきたが，最近特に注目を集めてきているcarboxymethyl-lysine (CML) の生成も脂質過酸化に由来することをポリクローナル抗体を用いて明らかにすることができた(図6)。CMLについては，加齢とともにコラーゲン中に蓄積し，また，糖尿病の発症との関連性から大きな注目が集められてきていたが，われわれは，CMLの生体内における生成を検出しうる手段として，CMLに特異的なポリクローナル抗体を開発することができた[14]。交差性は，競争的ELISA法により検討が行われ，CML-BSAに対する高い特異性が確認されたが，従来，CMLはタンパク質と還元糖との反応で生成したアマドリ転移生成物が金属イオンの存在下で分解反応を受け生成するものと考えられていた。ところが，in vitroでヒトのLDLを銅を添加して反応を行ったところ，TBARSを指標とした過酸化反応の進行とともに酸化LDL中のアポBには抗CML-KLH抗体への反応性の増加が確認された。これらの結果から，CMLが脂質の過酸化反応でも生成することは免疫化学的な手法でも明らかとなったが，どのような前駆物質を経てCMLが生成するのか明確ではなかった。そこで，種々のアルデヒド類により修飾されたBSAを用いて抗CML-KLH抗体との交差性をELISA法により検討したところ，酸化LDL中で生成するCMLの前駆体はglyoxalであることが明らかにされた。しかも，glyoxalは，リノール酸，α-リノレン酸，γ-リノレン酸やアラキドン酸，さらには1,2-dilinoleyl PCなどではリジンの減少量とCMLの生成量との間に高い相関性が見出された。

これらの結果は，CMLは糖化タンパク質のみならず脂質過酸化反応によって生成したglyoxalがリジンと反応して生成するというメカニズムを免疫化学的な手法で明らかにすることができ(図7)，また，このポリクローナル抗体を用いた免疫染色については現在検討中である。また，最近では，glyoxalとともに糖化タンパク質より生成する代表的なジカルボニル化合物であるメチルグリオキザール(methylglyoxal)に注目が集められている(図8)。Baynesらは[15]，このmethylglyoxalがリジンと反応してカルボキシエチルリジン（CEL: carboxyethyl-lysine）が生成し，このCELも酸化ストレスの結果であることが明らかにされ，また，methylglyoxal自身も酸化ストレスの結果生成することが報告されている[16]。著者らの研究室でも最近，methylglyoxal修飾タンパク質に特異的なポリクローナル抗体の作製に成功しているので[17]，この分野の研究の今後の発展が期待される。

5 おわりに

著者の研究室では20年近くもの間，植物性食品素材をはじめとする天然物由来の抗酸化成分の

成人病予防食品の開発

[グラフ: 抗CML-KLH抗体の各種アルデヒド修飾BSAに対する反応性。縦軸: 抗体価 (O.D. 492nm)、横軸: 各種アルデヒド修飾BSA (Malondialdehyde, Glyoxal, Methylglyoxal, 1-Hexanal, 2-Hexenal, 1-Nonanal, 2-Nonenal, 4-Hydroxy-2-nonenal, 4-Decenal, 2,4-Decadienal)]

各種アルデヒド修飾BSA
(Aldehyde-BSAs)

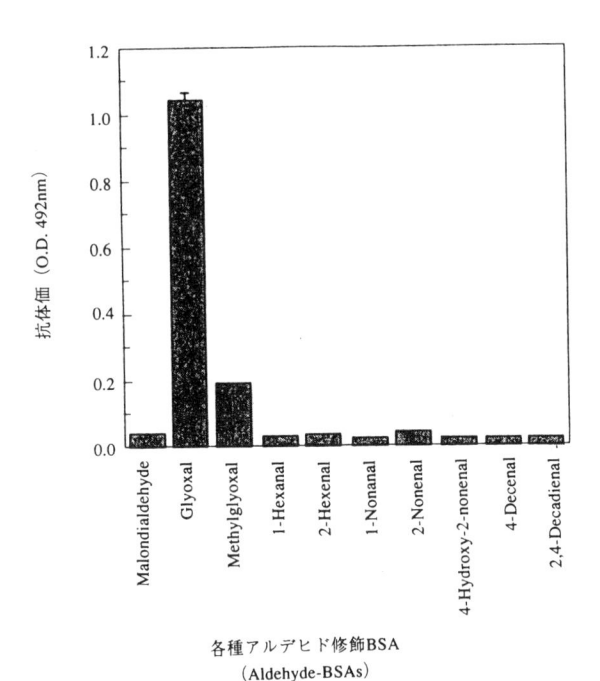

図7　抗CML-KLH抗体の各種アルデヒド修飾BSAに対する特異性

検索を進めている[18]。この研究の目的は、糖尿病合併症をはじめとする生活習慣病と呼ばれる疾病の予防に抗酸化成分が大きな役割を果たしているのではないかという期待感からである。このような背景から、最近の糖尿病合併症における酸化ストレスの役割に対する大きな注目は、われわれにとってもきわめて魅力ある研究アプローチであると考えている。われわれがこのような免疫化学的な評価法の開発を進めてきたのは、「食品による疾病の予防」という明解さに欠ける研究アプローチに科学的に誰もが納得しうる評価手法を開発することにより、「予防」の概念が一般的になりうるのではないかという期待感からである。このようなアプローチにより、糖尿病患者の腎不全や白内障、粥状動脈硬化症など多くの合併症の発症のメカニズムにおける酸化ストレスの関与が

$$\begin{array}{cc} & CH_3 \\ & | \\ CHO & C=O \\ | & | \\ CHO & CHO \end{array}$$

グリオキザール　メチルグリオキザール
(Glyoxal)　　　(Methylglyoxal)

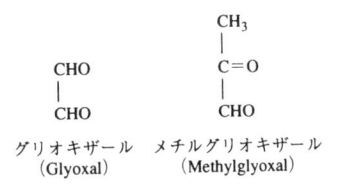

図8　グリオキザール、メチルグリオキザールの化学構造

第1編　成人病予防食品開発の基盤的研究の動向

分子レベルで解析されるとともに，近い将来に科学的な基盤に立った「糖尿病合併症の予防食品」
が開発されるものと期待されている。

文　　献

1) 繁田幸夫，糖尿病合併症—定義，分類と疫学的事項—，内分泌・糖尿病科(特集，糖尿病合併症の分子医学)，5(5), 719-730 (1997)
2) 大澤俊彦，酸化ストレス，内分泌・糖尿病科(特集，糖尿病合併症の分子医学)，5(5), 448-455 (1997)
3) Oya, T., Kumon, H., Kobayashi, H. et al., A novel biomarker for hyperglycemia, MRX isolated from hydrosate of glycated proteins, Biochem. Biophys. Res. Comm., 印刷中
4) Osawa,T.,Yoshida,A., Kawakishi,S. et al., Protective role of dietary antioxidants in oxidative stress, Oxidative Stress and Aging, R.G. Cutler, J. Bertman, L. Packer and A. Mori, eds.,p.367-377, Birkhauser Verlag Basel/Switzerland (1995)
5) 大澤俊彦，食品抗酸化成分の最新の評価系の開発，フードケミカル，11,19-26 (1994)
6) Kato, Y., Makino, Y., Osawa, T., Characterization of a specific polyclonal antibody against 13-hydroperoxyoctadecanoic acid-modified protein: formation of lipid hydroperoxide-modified apoB-100 in oxidized LDL, J. Lipid Res., 38, 1334-1346 (1997)
7) Kato, Y.,Osawa, T., Detection of oxidized phospholipid-protein adducts using anti-15-hydroperoxyeicosateraenoic acid-modified fatty acid-protein adduct to oxidative modification of LDL, Arch. Biochem. Biophys., 351(1), 106-114 (1998)
8) Uchida, K., Szweda, L.I., Chae, H.Z. et al., Immunochemical detection of 4-Hydroxy-2-nonenal-modified Proteins in Oxidized Hepatocytes, Proc. Natl. Acad. Sci. U.S.A., 90, 8742-8746 (1993)
9) Toyokuni, S., Miyake, N., Hiai, H., et al.: The monoclonal antibody specific for the 4-Hydroxy-2-nonenal histidine adduct, FEBS Lett., 359, 189-191 (1995)
10) 大澤俊彦，内田浩二，酸化LDL，脂質過酸化物と粥状動脈硬化症，Diabete Frontier, 8, 313-318 (1997)
11) Hattori, Y., Nishigori, C., Tanaka, T. et al., 8-Hydroxy-2'-deoxyguanosine Is Increased in Epidermal Cells of Hairless Mice after Chronic Ultraviolet B Exposure, J. of Invest. Dermat., 107, 733-737 (1997)
12) Toyokuni, S., Tanaka, T., Hattori, Y. et al., Quantitative immuno-histochemical determination of 8-Hydroxy-2'-deoxyguanosine by a monoclonal antibody N.45.1:Its Application to ferric nitrilo-triacetate-induced renal carcinogenesis Model, Laboratory Invest., 76, 365-374 (1996)
13) Erhola, M., Toyokuni, S., Okada, K. et al., Biomarker evidence of DNA oxidation in lung cancer patients: association of urinary 8-hydroxy-2'-deoxyguanosine excretion with radiotherapy, chemo-therapy and response to treatment, FEBS Letters, 409, 287-291 (1997)
14) Kato, Y., Tomonaga, K., Osawa, T., Immunochemical detection of carboxymethylated apo B-100 in Copper-Oxidized LDL, Biochem. Biophys. Res. Comm., 226, 923-927 (1996)

15) Ahmed, M.U., Frye, E.B., Degenhardt, T.P. et al., N-(Carboxymethyl)lysine, a product of the chemical modification of proteins by methylglyoxal, increases with Age in human lens proteins.
16) Che, W., Asai, M., Takahashi, M. et al., Selective induction of heparin-binding epidermal growth factor-like growth factor by methylglyoxal and 3-deoxyglucosone in rat aortic smooth muscle cells, J.Biol.Chem., 272, 18453-18459 (1997)
17) Uchida, K., Khor, O.T., Oya, T. et al., Protein modification by a maillard reaction intermediate Methylglyoxal, FEBS Lett., 410, 313 (1997)
18) 大澤俊彦：食品によるフリーラジカル消去，フリーラジカルと疾病予防（日本栄養・食糧学会監修），建帛社，東京，1997, p.68-88

第6章 脳疾患とフリーラジカル

横井　功[*1], 森　昭胤[*2]

1　はじめに

　脳疾患とフリーラジカルの関係を考えるにあたって，他の臓器とは異なる脳の特殊性を考慮しなければならない。その第1は，脳のエネルギー代謝はきわめて活発で，そのエネルギー生成をほとんどグルコースの酸化的代謝に依存している，つまり酸素代謝が活発であることである。第2には，脳は不飽和脂質や神経伝達物質であるドーパミンなどの容易に酸化されやすい，換言すれば，フリーラジカルの攻撃を受けやすい物質を豊富に含有していることである。第3には，脳には神経細胞，グリア細胞，血管などのいろいろな細胞が一定の相互関係と調和をもって存在しているが，神経細胞は脆弱で再生能がないことである。第4には，脳は周囲を頭蓋骨で保護されているため，脳浮腫などで頭蓋内圧が高まると，血流低下や機械的な圧迫などの影響が脳内のすべての細胞系に及ぶことである。このため，フリーラジカルのもたらす反応はそれらの発生した時と場所によって大きく異なり，それらが関与する中枢神経疾患やその程度は異なる。したがって，フリーラジカルによる中枢神経機能の障害を考える場合，神経細胞へのフリーラジカルの直接的影響ばかりでなく，上記のことを加味して総合的な視点から考えなければいけない。

　さて，フリーラジカル，特に活性酸素種は多くの神経疾患の病態に関与することが想定されている(表1)。これらの疾患のうち，頭部外傷や脳虚血などでは比較的短い時間に強烈なフリーラジカル傷害を受けるが，パーキンソン病やアルツハイマー病などは始まりが捉えにくく潜行性にゆっくりと進行するため，神経細胞は長期にわたって緩やかに傷害を受けると考えられている。

2　エネルギー代謝障害と神経細胞

　興奮性組織である神経細胞は，その細胞膜電位(膜電位)を$-60 \sim -90$mVに維持するために大量のエネルギーを消費している。図1に示すように，神経細胞はATPをエネルギーとしてNa$^+$を細胞外に放出し，K$^+$を細胞内に取り込むことによって膜電位を維持している。このため，脳血

[*1]　Isao Yokoi　岡山大学　医学部　分子細胞医学研究施設　神経情報学部門　助教授
[*2]　Akitane Mori　UC Berkeley　教授

表1 フリーラジカルがその病態に関与すると想定される疾患

1. パーキンソン病	12. ウェルナー症候群
2. アルツハイマー病	13. 網膜損傷
3. 脳内出血	14. 脊髄損傷
4. 脳虚血	15. 感染性疾患
5. 脳浮腫	16. 中毒性疾患
6. 脱髄性疾患	17. 遅発性ジスキネジア
7. 頭部外傷（脳損傷）	18. アルコール性脳炎
8. 精神分裂病	19. コカイン症候群
9. 早老症	20. 高圧酸素療法での脳損傷
10. ダウン症候群	21. ビタミンE欠乏症
11. てんかん発作	22. ショック

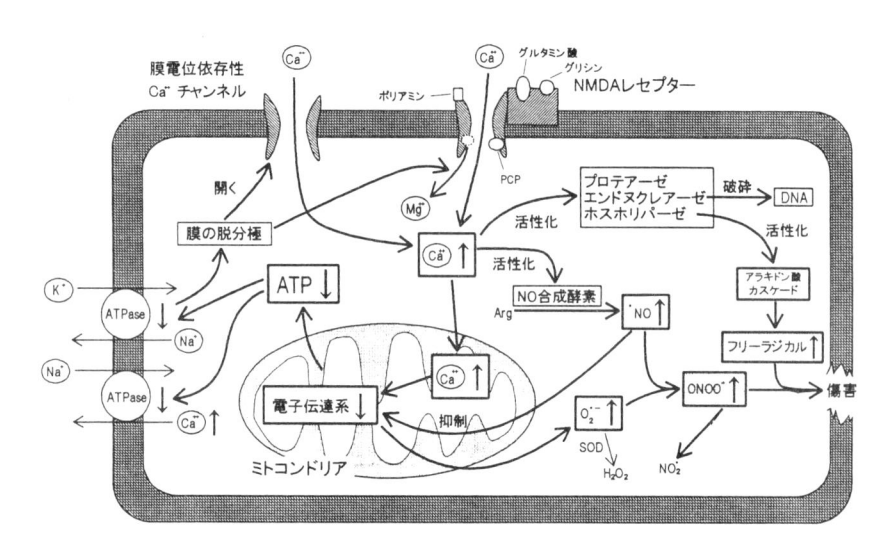

図1 神経細胞内エネルギー生成系異常による細胞障害
NMDAレセプター：N-メチル-D-アスパラギン酸型グルタミン酸レセプター，
PCP：フェンサイクリジン結合部位，SOD：スーパーオキシドジスムターゼ

流低下などにより組織へ酸素供給が低下したり，ミトコンドリアの障害などによりATPの生成が低下すると，膜電位維持機構は破綻して細胞は脱分極を起こす。この結果，膜電位依存性のCa^{++}ゲートを通り細胞内へCa^{++}が流入する。細胞内Ca^{++}濃度の増加によりミトコンドリア内のCa^{++}濃度も上昇するために，O_2^{-}などのフリーラジカルの生成が増加する[1,2]。また，細胞内Ca^{++}濃度の増加はエンドヌクレアーゼを賦活してDNAを破砕したり，後に述べるようにアラキドン酸

カスケードを介して$O_2^{・-}$などの生成を促進するなど，多くの酵素系を介して細胞を傷害する[3]。発生したフリーラジカルも遺伝子[4]，タンパク質やアミノ酸の-SH基，あるいは細胞膜の不飽和脂質などを攻撃して細胞を傷害する[5]。

特に，グルタミン酸（Glu）作動性神経細胞ではN-メチル-D-アスパラギン酸型Gluレセプター（NMDA-R）にGluが結合すると，細胞内にCa^{++}が流入して一酸化窒素合成酵素（NOS）などの酵素が活性化されて神経情報が伝達されるが[6]，脱分極した細胞ではCa^{++}チャンネルにある膜電位依存性Mg^{++}部位からMg^{++}が除去されるために，細胞内Ca^{++}濃度はさらに上昇する。一方，Ca^{++}はNOSの活性化を通してNOの過生成をもたらす。過剰のNOはミトコンドリアの電子伝達系酵素複合体ⅠおよびⅡを阻害して電子伝達系を障害したり[7]，解糖系酵素を阻害してエネルギーの枯渇をさらに悪化させる[8,9]。また，NOはフェリチンに結合したFe^{++}を遊離して$・OH$生成を助けたり[10]，$O_2^{・-}$と反応して反応性の高い$ONOO^-$や$・OH$を生成する[11]。

中枢神経系ではNOSを含有する細胞は約1％と言われているが，生成されたNOは細胞から湧出し周囲の細胞に入り込み，生理的・病理的反応を発揮しえる[12]。NOは神経伝達物質の細胞内への取り込みを阻害したり，細胞外への遊離を促進する[13,14]。また，$O_2^{・-}$もGlu蓄積量を増加し[15]，特に海馬においてはGluの放出をも増加するため[14]，NMDA-Rは長期間活性化され続けている。このため，正常な神経伝達も障害される。

3 アラキドン酸カスケード

アラキドン酸経路を介したフリーラジカルの発生は，脳内出血や脳虚血での脳微小血管傷害と脳浮腫の発生原因としても重要である。細胞内Ca^{++}濃度上昇はホスホリパーゼ活性を亢進して，細胞膜内のリン脂質からその構成成分であるアラキドン酸を切り出す[16]。次のステップでは図2のように反応は4経路に分かれる。

第1の経路では，アラキドン酸からプロスタグランジン（PG）が合成される。アラキドン酸は脂肪酸シクロオキシゲナーゼによりPGG_2となるが，この酵素はNOによっても直接活性化される[17]。PGG_2はさらにPGH_2となるが，このときに副産物としてフリーラジカルが生成される[18]。PGH_2から生成される$PGF_{2α}$とトロンボキサンA_2は血管収縮作用をもつ。実際，脂肪酸シクロオキシゲナーゼ阻害薬であるインドメタシン，あるいはフリーラジカル消去剤であるマニトールやSODなどを投与すると，実験的頭部外傷後の血管障害は弱められる[19]。

第2の経路では，アラキドン酸からロイコトリエンが合成される過程で$O_2^{・-}$が副産物として生成される[17]。ロイコトリエンA_4の脳内注入によって脳浮腫が発生し，5-リポキシゲナーゼの阻害剤により脳浮腫の発生が抑制されることから，ロイコトリエンは脳浮腫発生機構に直接関与し

成人病予防食品の開発

```
              細胞内Ca⁺⁺濃度↑
       cNOS活性↑   ホスホリパーゼA₂の活性化
         ↓           ↓
        NO       アラキドン酸の遊離
       活性化  ┌────┬────┬────┬────┐
       脂肪酸シクロ 5-リポキシ 12-リポキシ 15-リポキシ
       オキシゲナーゼ ゲナーゼ  ゲナーゼ  ゲナーゼ
        PG G₂    5-HPETE   12-HPETE   15-HPETE
    RH─┐ PGヒドロペル
        オキシゲナーゼ    ↓O₂⁻    ↓O₂⁻
       ·R    ↓
         PG H₂  ロイコトリエンA₄  12-HETE
```

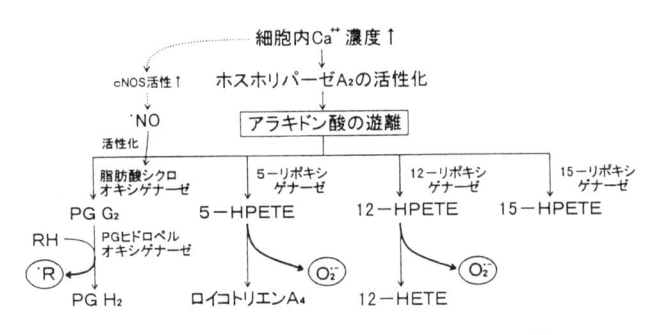

図2 アラキドン酸カスケードを介するフリーラジカルの発生

cNOS：constitutive型一酸化窒素合成酵素，NO：一酸化窒素，PGG₂：プロスタグランジンG₂，PGH₂：プロスタグランジンH₂，5-HPETE：5-ヒドロペルオキシエイコサテトラエン酸，12-HPETE：12-ヒドロペルオキシエイコサテトラエン酸，12-HETE：12-ヒドロエイコサテトラエン酸，15-HPETE：15-ヒドロペルオキシエイコサテトラエン酸

15-HPETEを経由する経路はフリーラジカル発生に関与しないが，脳浮腫や脳血管攣縮の原因となる。また，NO生成系はアラキドン酸カスケードには含まれないが，アラキドン酸カスケードと関連が深いので記す

ていると想定されている[20]。

第3の経路では，アラキドン酸が12-ヒドロエイコサテトラエン酸（12-HETE）に代謝される際にO_2^-が発生する[17]。また，12-HETEは1,2-ジアシルグリセロール（DAG）キナーゼを抑制する[21]。このために増加したDAGはプロテインキナーゼCを活性化し，血管平滑筋を収縮させることが報告されている[22]。

第4の経路では，フリーラジカルの直接的関与はないが脳浮腫と密接に関連しているので簡単に述べる。ここでは，アラキドン酸は15-ヒドロペルオキシエイコサテトラエン酸となり，脳微細血管壁のNa^+, K^+-ATPaseのみを特異的に活性化して脳浮腫や血管攣縮を起こす[23, 24]。

4 フリーラジカルとパーキンソン病

パーキンソン病（PD）の主病変は黒質線条体系のドーパミン（DA）作動性神経の脱落であるが，この過程にも活性酸素種が関与すると想定されている。すなわち，PDの黒質では，ミトコンドリアのコンプレックスIとIIIの機能低下[25]や，Ca^{++}結合タンパクであるカルビィンデンの減少が認められる[26]ことは，先に述べたようにエネルギー代謝障害によってフリーラジカルの生成が亢進していることを示唆する。また，Fe^{2+}/メラニン複合体含量の増加[27]，フェリチンの増加[27]，カタラーゼ活性とペルオキシダーゼ活性の低下[28]，還元型グルタチオン（GSH）含有量の

第1編　成人病予防食品開発の基盤的研究の動向

低下とその分解酵素（γ-GTP）活性の上昇[29,30]，SOD活性の亢進[31]，脂質過酸化の亢進を示すチオバルビツール酸反応物質[32]や4-ヒドロキシノネナール（4-HNE）の増加[33]，および，DNAの酸化的障害の亢進を示す8-ヒドロキシ-2-デオキシグアノシンの増加[34]などが認められる。

　DAは神経終末の小胞内に蓄えられ，神経伝達の際に放出される神経伝達物質であるが，その一部は細胞質にも存在し，小胞内DAとの間に一定の平衡状態を保っている。図3に示すように，細胞質にあるDAはモノアミン酸化酵素により酸化的脱アミノを受けるが，この際にH_2O_2が発生する。正常神経細胞ではカタラーゼなどの酵素の働きによってH_2O_2は消去されている。また，DA

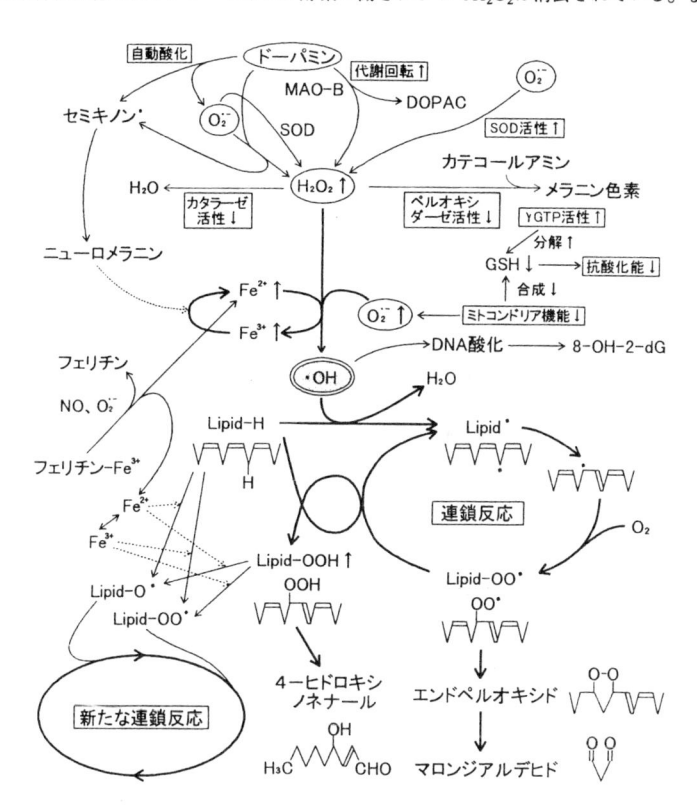

図3　パーキンソン病患者脳黒質のドーパミン含有神経細胞障害に関与する活性酸素種と脂質過酸化の連鎖反応
　DOPAC：ジヒドロキシフェニール酢酸，MAO-B：モノアミン酸化酵素B，SOD：スーパーオキシドジスムターゼ，γGTP：γ-グルタミルトランスペプチダーゼ，GSH：還元型グルタチオン，8-OH-2-dG：8-ヒドロキシ-2-デオキシグアノシン Lipid-H：不飽和脂質，Lipid・：アルキルラジカル，Lipid-OO・：ペルオキシルラジカル，Lipid-OOH：脂質ヒドロペルオキシド，Lipid-O・：アルコキシルラジカル

自身強い還元作用を有しているので，一部はDAによっても消去されている．一方，DAの代謝回転率は加齢により亢進する[35]ので，何らかの原因でH_2O_2消去機構に障害があると，生成されたH_2O_2は蓄積し，鉄イオンとの反応により・OHが発生する．また，慢性酸化ストレスに対する代償反応として亢進しているSOD活性により過剰に産生されるH_2O_2もこれに拍車をかける[31]．

図3に示すように，・OHは細胞膜を構成している2重層の不飽和脂質（Lipid-H）の水素原子（H）を引き抜いてアルキルラジカル（Lipid・）を生成するが，好気的条件下では酸素分子と反応してLipid-OO・となる．そしてLipid-OO・は新たに他分子のLipid-HからHを引き抜きLipid・とするとともに，自らは非ラジカルのLipid-OOHとなる．さらに，Lipid-OOHは鉄イオンにより1電子還元されてLipid-O・やLipid-OO・となり，ここからも新たなラジカル発生の連鎖反応が起こる．細胞膜の過酸化により生じたLipid-OO・やLipid-OOHはさらに酸化されて細胞毒性の強い4-HNEなどのアルデヒド類となって細胞機能を障害する[36]．これら脂質に由来するフリーラジカルのほとんどは非特異的フリーラジカル消去系で無毒化されるが，特にユビキノン（コエンザイムQ）やLipid-OO・を還元してLipid-OOHにするα-トコフェロールなどがchain-breakerとして注目をあびている．

一方，ミトコンドリア機能低下によりエネルギー生成は低下し，GSHの生成量は低下するとともに，γ-GTP活性の増加により分解も亢進する[29,30]．結局，GSH量は減少して抗酸化能や過酸化脂質処理機能が低下し，神経細胞膜脂質過酸化の過程に拍車がかかる．

しかし，DA含有神経細胞は脳の他の部分にもたくさん存在しているにもかかわらず，PDでは黒質線条体系がなぜ特異的に影響を受けるかの解明はなされていない．

5 フリーラジカルとアルツハイマー病

アルツハイマー病（AD）の脳機能不全の成因は脳のDNA損傷によると言われているが，その損傷の原因は活性酸素種にあるとされている[37]．また，早期発症の家族性AD患者には第21染色体が3本ある異常（21 trisomy）をもつものが多い．SODの遺伝子は第21染色体上にあるため[38]，21 trisomy患者のSOD活性は正常に比べ1.5倍になっている[37]．このため，H_2O_2の処理機能の亢進が伴わないとPDのときと同じ経路で細胞傷害をきたす．これに関して，21 trisomyをもつ者は30歳以上になると高率にADと同様の病理所見を発症することが報告されている[39]．

ADでの病理学的変化は，アルツハイマー神経原線維変化（NFT）と老人斑を特徴とする．老人斑はアミロイド（Aβ）の重合した物質が主要構成成分であるが，Aβの前駆体タンパク（APP）遺伝子も第21染色体上にある．Aβは血管内皮細胞で過剰のO_2^-を発生させること[40]，ミクログリア（MG）ではNOを発生させる[41]ことから，MG周辺ではONOO$^-$が生成されてタンパクの

チロシン残基をニトロ化してNFTを生成するのではないかと考えられている[42]。

一方, AD脳では分子内に2重結合を多く含むリン脂質が減少し[43], 過酸化脂質量が病理学的変化の激しい側頭葉内側部に高濃度存在する[53]。特に4-HNEはNa^+, K^+-ATPaseの活性を低下させ[54], Ca^{++}のホメオスタシスに破綻をきたすが, ユビキチンとともにNFTを形成するτタンパクに架橋反応を起こして難溶性の繊維を形成することが報告されている[46]。また, ADの海馬や側頭葉ではタンパク酸化物も増加し[47], さらに, ADの側頭葉のミトコンドリアDNAの酸化が激しいことも知られ[48], ADでも神経細胞の酸化傷害が示唆されている。

その他, 老人斑周囲のMGはフェリチンに富み[49], 老人斑の中心のコアにはケイ酸アルミニウムとしてアルミニウムが含まれていること[50], また, タンパク質のメイラード反応生成物はAβを凝集させたり[51], Aβやτタンパクの酸化的修飾に関係すること, さらに, 凝集したAβは直接フリーラジカルの発生源となりうること[52]などから, ADの病因にフリーラジカルが関与することが強く示唆されている。

6 おわりに

フリーラジカル反応は正常な生体反応の一部であり生命現象に欠くべからざるものではあるが, 中枢神経系はフリーラジカルの発生しやすい, またそれらにより傷害を受けやすい素地をもっている。本稿においては活性酸素種を含むフリーラジカルの中枢神経系での基礎的諸問題について解説し, それらの関与するいくつかの疾患についての研究の現況などを述べた。しかし, 中枢神経系疾患とフリーラジカルとの関わりの検討はまだ断片的にすぎず, 謎の部分が多い。

文　献

1) J. A. Dykens, *J. Neurochem.*, 63, 584 (1994)
2) L. L. Dogan et al., *Soc. Neurosci. Abstr.*, 20, 1532 (1994)
3) E. P. Wei et al., *J. Neurosurg.*, 56, 695 (1982)
4) P. Mecoci et al., *Ann. Neurol.*, 34, 609 (1993)
5) M. F. Beal, *Ann. Neurol.*, 38, 357 (1995)
6) D. S. Bredt et al., *Neuron*, 8, 3 (1992)
7) J. C. Drapier et al., *J. Immunol.*, 140, 2829 (1988)
8) C. Nathan, *FASEB J.*, 6, 3051 (1992)
9) Y. Tao et al., *Proc. Natl. Acad. Sci. USA*, 89, 5902 (1993)

10) D. W. Reif et al., *Arch. Biochem. Biophys.*, 283, 537 (1990)
11) J. S. Beckman et al., *Biochem. Soc. Trans.*, 21, 330 (1993)
12) S. H. Solomon et al., *Scientific American*, May, 28 (1992)
13) P. R. Montague et al., *Science*, 263, 973 (1994)
14) D. E. Pellegrini-Giampi et al., *J. Neurochem.*, 51, 1960 (1988)
15) N. F. Schor, *Brain Res.*, 456, 17 (1988)
16) H. A. Kontos et al., *CNS Trauma*, 3, 257 (1986)
17) D. Salvemini et al., *Proc. Natl. Acad. Sci. USA*, 90, 7240 (1993)
18) R. C. Kukreja et al., *Circ. Res.*, 59, 612 (1986)
19) E. P. Wei et al., *Circ. Res.*, 48, 95 (1981)
20) K. L. Black et al., *Ann. Neurol.*, 18, 349 (1985)
21) B. N. Y. Setty et al., *J. Biol. Chem.*, 262, 17613 (1987)
22) H. Rasmussen et al., *FASEB J.*, 1, 177 (1987)
23) T. Koide et al., *J. Neurochem.*, 46, 235 (1986)
24) K. Sano et al., *Neurol. Res.*, 2, 253 (1980)
25) P. Lestienne et al., *J. Neurochem.*, 55, 1810 (1990)
26) A. M. Iacopino et al., *Proc. Natl. Acad. Sci. USA*, 87, 4078 (1990)
27) P. Riederer et al., *J. Neurochem.*, 52, 515 (1989)
28) L. M. Ambani et al., *Arch. Neurol.*, 32, 114 (1990)
29) J. Sian et al., *Ann. Neurol.*, 36, 348 (1994)
30) J. Sian et al., *Ann. Neurol.*, 36, 356 (1994)
31) J. Poirier et al., *Ann. N.Y. Acad. Sci.*, 738, 116 (1994)
32) D. T. Dexter et al., *Mov. Disord.*, 9, 92 (1994)
33) A. Yoritake et al., *Proc. Natl. Acad. Sci. USA*, 93, 2696 (1996)
34) J. R. Sanchez-Ramos et al., *Neurodegeneration*, 3, 197 (1994)
35) M. B. Spina et al., *Proc. Natl. Acad. Sci. USA*, 86, 1398 (1989)
36) H. Easterbauer et al., *Prog. Clin. Biol. Res.*, 236A, 245 (1987)
37) W. R. Murkesberg, *Free Rad. Biol. Med.*, 23, 134 (1997)
38) D. R. Rosen et al., *Nature*, 369, 59 (1993)
39) K. V. Subbarao et al., *J. Neurochem.*, 55, 342 (1990)
40) T. Thomas et al., *Nature*, 380, 168 (1996)
41) J. L. Goodwin et al., *Brain Res.*, 692, 207 (1995)
42) P. F. Good et al., *Am. J. Pathol.*, 149, 21 (1996)
43) R. M. Nitsh et al., *Proc. Natl. Acad. Sci. USA*, 89, 1671 (1992)
44) M. A. Lovell et al., *Neurology*, 45, 1594 (1995)
45) W. G. Siems et al., *Free Rad. Biol. Med.*, 20, 215 (1996)
46) T. J. Montine et al., *Am. J. Pathol.*, 148, 89 (1996)
47) K. Hensley et al., *J. Neurochem.*, 65, 2146 (1995)
48) P. Mecocci et al., *Ann. Neurol.*, 36, 747 (1994)
49) I. Grundke-Iqbal et al., *Acta Neuropathol.*, 81, 105 (1990)
50) J. D. Birchal et al., *Lancet II*, 1008 (1988)

51) P. M. Vitelc *et al., Proc. Natl. Acad. Sci. USA*, **91**, 4766 (1994)
52) M. A. Smith *et al., Proc. Natl. Acad. Sci. USA*, **91**, 5710 (1994)
53) K. Hensley *et al., Proc. Natl. Acad. Sci. USA*, **91**, 3270 (1994)

第7章 心疾患とフリーラジカル

岡部栄逸朗[*]

1 はじめに

　多種多様の非生理的刺激や反応に応答して生成されるフリーラジカルの病態生理論が活発に展開されている。特に循環系疾患との関連性を血管-フリーラジカル相互の作用として捉えることにより，一酸化窒素（NO）から hydroxyl radical（HO˙）に至る活性酸素ラジカル種の連携反応に基づいた病因論の解明が期待されている。たとえば，これまで最も精力的に研究されている心筋虚血-再灌流障害は，まさに活性酸素・フリーラジカルが関与する冠循環障害の一病型として，また広義には「冠血管閉塞遮断後，血流再開通に際して生ずる心筋機能障害」として理解されている。臨床的には，冠動脈痙縮（spasm）の解除や血栓融解による血流再開通後にみられる心室性不整脈，梗塞組織内出血による心破裂などが代表例で，心臓手術時に遭遇する人工心肺離脱後の心機能回復不全やスタン心（stunned myocardium）もこれに含まれる。

1.1 虚血-再灌流障害因子の多様性

　虚血-再灌流障害の原因因子として，心筋組織ATPレベルの低下，Ca^{2+}過剰負荷（Ca^{2+} overload），活性酸素・フリーラジカル産生，そして冠灌流障害などが考えられてきた。主としてこれらは，心筋細胞内でのエピソードに関連した因子であるが，冠微小循環動態変化に連動した障害因子も再灌流性心筋壊死に関与する。心筋壊死領域やその周辺に白血球・血小板が集積している組織像が実験的にも剖検心でも確認されている事実は，白血球除去フィルターを用いた再灌流で再灌流障害を阻止できるという報告と併せて，冠微小循環系破綻が再灌流障害の大きな要素であることを示唆して興味深い。

　好中球が心筋虚血-再灌流過程の活性酸素・フリーラジカル産生源であると最初に指摘したのは，Romsonのグループ[1]である。彼らは，好中球枯渇動物で再灌流障害が軽減されることを見出し，この効果がスーパーオキシドジスムターゼ（SOD）やカタラーゼを用いた場合の効果に十分匹敵しうることを報告した。補体系の活性化や微生物の貪食，あるいはホルボールエステルのような刺激物で好中球を活性化すると，superoxide（O_2^{-}）産生のための急激な酸素消費が誘発

---

[*] Eiichiro Okabe　神奈川歯科大学　薬理学教室　教授

第1編　成人病予防食品開発の基盤的研究の動向

される。好中球によるこのラジカル産生は，NADPHを基質として酸素分子を1電子還元するNADPH酸化酵素によって達成される。産生された$O_2^{\cdot -}$は酵素的あるいは非酵素的にH_2O_2，$HO^{\cdot}$，一重項酸素（$^1O_2$），次亜塩素酸（HOCl）などの活性酸素ラジカル種や酸化物を生ずる（図1）。

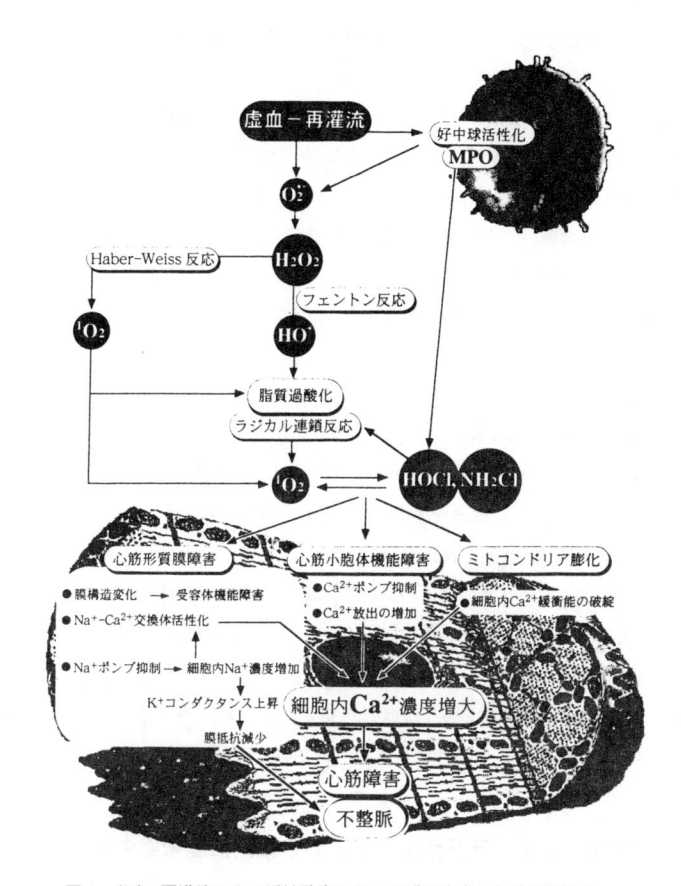

図1　虚血-再灌流による活性酸素ラジカル種の生成と心筋細胞障害

好中球から産生された$O_2^{\cdot -}$は，H_2O_2やHO$^{\cdot}$を経て$^1O_2$の生成に至る。また，好中球由来ミエロペルオキシダーゼ（MPO）の触媒下に次亜塩素酸（HOCl）が生じ，一方，HOClは窒素含有化合物（NH_4^+）と反応してモノクロラミン（NH_2Cl）が産生される。NH_2Clは脂質親和性が高く，細胞膜と容易に反応できるとともに細胞内へも移行できる。活性酸素ラジカル種は，心筋形質膜（細胞膜），心筋小胞体（細胞内Ca^{2+}ストア）およびミトコンドリアの機能を修飾し，Ca^{2+} overloadをもたらす。

1.2 再灌流不整脈

再灌流不整脈，特に心室細動の出現頻度と持続時間は，虚血時間との間に"つり鐘型"カーブ (bell-shaped curve) の関係を示す[2]。摘出ラット灌流心を用いた実験で，10〜20分の虚血後に再灌流すると約90％の頻度で心室細動が出現する。この場合，再灌流直後から心室頻拍が発生し短時間で心室細動に移行，これが持続する。麻酔イヌでも，冠動脈結紮時間と再灌流不整脈出現頻度との間には bell-shaped curve が認められ，特に20〜30分虚血後の再灌流によって不整脈が高頻度に現れる[2,3]。臨床的にも，冠 spasm に起因する異型狭心症[4]や，無症候性心筋虚血[5]において心室頻拍や心室細動などの重篤な再灌流不整脈が出現する。また，病院収容以前の急性心筋梗塞発症後，早期に血栓溶解薬を使用した例では心室細動の発生する頻度が高く[6]，致死的再灌流不整脈発現との関連でこれを軽視することはできない。

再灌流不整脈の発生には，K^+, Na^+ そして Ca^{2+} などイオンバランスの変化，Na^+/Ca^{2+} 交換系や Na^+/H^+ 交換系の活性増強，アドレナリン受容体活性化に伴う細胞内 cyclic AMP の増加，またリゾリン脂質の産生など多彩な因子が関与する[2,7,8]。一方，再灌流時に産生される活性酸素ラジカル種も不整脈を誘発できる因子として認識されている[9]。

1.3 Ca^{2+} overload

虚血時，心筋は乳酸蓄積に依存してアシドーシスとなる。しかし，細胞膜に局在する Na^+/H^+ 交換系の活性増強によって H^+ の汲み出しが促進されるとともに細胞内への Na^+ 流入が増加する。この細胞内 Na^+ 濃度の増加が Na^+/Ca^{2+} 交換系を介する Ca^{2+} 流入に拍車をかけることになる。細胞内 Na^+ は主として Na^+/Ca^{2+} 交換系と Na^+/K^+-ATPase（Na^+ ポンプ）を介して細胞外へ汲み出されるが，前者はエネルギー非依存性であるのに対し，後者は ATP 依存性であり，虚血に伴って組織 ATP レベルが低下するので，虚血心筋細胞内の Na^+ は Na^+/K^+-ATPase よりむしろ Na^+/Ca^{2+} 交換系を介して汲み出されると推測するほうが妥当である。しかも，$[Na^+]_i/[Na^+]_0$ の比率が増大し，かつ膜電位が上昇するような局面をもつ虚血心筋では，Na^+/Ca^{2+} 交換系は逆モードに作動すると考えるべきで，これが細胞内への Ca^{2+} 流入増大の引き金をひく。

2 活性酸素・フリーラジカルによる心筋細胞機能障害のメカニズム

2.1 虚血-再灌流障害と活性酸素・フリーラジカル

活性酸素ラジカル種のうち，さほど強い反応性をもたない O_2^{-} は，不均化反応を受けて H_2O_2 へ変換され，さらに遷移金属の触媒下で高い反応性をもつ $HO^{\cdot}$ を生成する。この一連の反応が虚血-再灌流障害に関連していると考えられていた。しかし，$HO^{\cdot}$ は脂質過酸化反応を介して $^1O_2$

を生成する。したがって，HO'によって直接もたらされると考えられていた組織障害が，実は$^1O_2$を介する間接的な障害であると考えることも可能である。$^1O_2$は，H_2O_2と好中球由来ミエロペルオキシダーゼ（MPO）の触媒を受けて産生されるHOClとの反応で以下の経路から生成される。

$$H_2O_2 + H^+ + Cl^- \xrightarrow{MPO} H_2O + HOCl$$
$$H_2O_2 + HOCl \longrightarrow H_2O + H^+ + Cl^- + {}^1O_2$$

2.2 Ca^{2+} overloadと活性酸素・フリーラジカル

活性酸素ラジカル種は再灌流性不整脈の主要なメディエーターであると考えられているが，虚血-再灌流障害の発生原因であるかどうかについては不明な点が多い。再灌流障害の原因として最重要視されているCa^{2+} overloadが活性酸素ラジカル種によって引き起こされることを説明できるならば，障害の発生原因として位置づけることが可能である。再灌流によって活性酸素ラジカル種が産生されるとすれば，直接あるいは間接的に心筋細胞膜を過酸化し膜局在酵素タンパク機能（Na^+ポンプやNa^+/Ca^{2+}交換体）を障害することができ，そのためCa^{2+}障壁である膜系機能を破綻させることによってCa^{2+} overloadが引き起こされると考えるのがより理論的である。特に細胞内Ca^{2+}制御に中心的役割を果たす心筋小胞体（sarcoplasmic reticulum, SR）のCa^{2+}ハンドリングを，活性酸素ラジカル種がどのような様式で修飾するのか理解することが重要である。

再灌流に際して，機能的にも超微細構造的にも障害を受けやすい心筋興奮-収縮連関（E-C coupling）のコンポーネントの1つがSRである[10]。SRは終末槽と縦走管の2つの部分に分かれ，この両者は形態学的にも機能的にも区別される。細胞質内へCa^{2+}を放出し心筋収縮を達成するための場が終末槽で，Ca^{2+}放出チャネルが密に分布している。最近，O_2^{-}が特異的にチャネルを通過するCa^{2+}放出を増加させることが見出された[11]。終末槽SRに分布するCa^{2+}放出チャネルのアミノ酸1次配列には，カルモジュリン（CaM）相互作用をもつ疎水結合部を乱す塩基性部分が存在する。CaMはこの部分でチャネル機能を抑制的に制御していると考えられている[12]。O_2^{-}はCaMによるCa^{2+}放出チャネルの抑制をはずし，チャネルの開口確率（P_o）を高める結果（図2），SRからのCa^{2+}流出を増加させ，細胞質内Ca^{2+}濃度を上昇させる（Ca^{2+} overload）という一連の反応経路が推測されるようになった（図3）。O_2^{-}に感受性を示すCa^{2+}放出はリアノジンに対しても高い感受性をもつので，O_2^{-}は特異的にリアノジン受容体Ca^{2+}チャネルを介するCa^{2+}放出を増加させることができると結論づけられる。活性酸素・フリーラジカルは障害性の因子としてだけではなく，もはや細胞内情報伝達系の一翼を担う普遍的シグナル伝達種であると考えるべきかもしれない。

成人病予防食品の開発

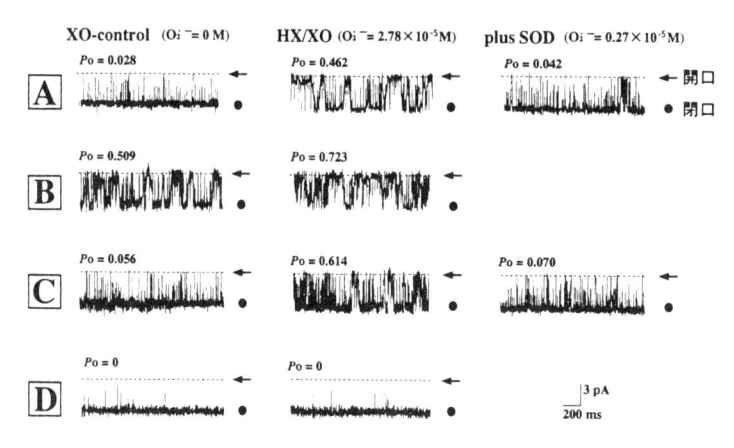

図2 $O_2^{\cdot-}$による終末槽SRのCa^{2+}放出チャネル開口

脂質平面膜にSRのCa^{2+}チャネルを融合してCa^{2+}チャネル活性を測定した実験結果を示す[11]。

A) ヒポキサンチン(HX, 20 μM)-キサンチン酸化酵素(XO, 0.1 U/ml)反応で産生される$O_2^{\cdot-}$は，Ca^{2+}チャネルの開口確率(P_o)を増加させる。この作用はSODによって消失する。

B) SRから内因性CaMを除去すると開口確率は上昇し，もはや$O_2^{\cdot-}$を反応させてもその効果は観察できない。このことは，$O_2^{\cdot-}$がCaMを除去した効果と同じ効果をもつことを意味しており，かつ，CaMが存在しない場合には効果を発現できないことを示している。つまり，$O_2^{\cdot-}$の標的はCaMによるCa^{2+}チャネルの抑制性制御系であることを示唆する。

C) 内因性CaMを除去したSRに外因性CaMを補充すると，$O_2^{\cdot-}$の効果を再び観察できる。

D) リアノジン(300 μM, 10分間処理)でCa^{2+}チャネルを閉口状態にロックすると$O_2^{\cdot-}$の効果が観察できなくなる。

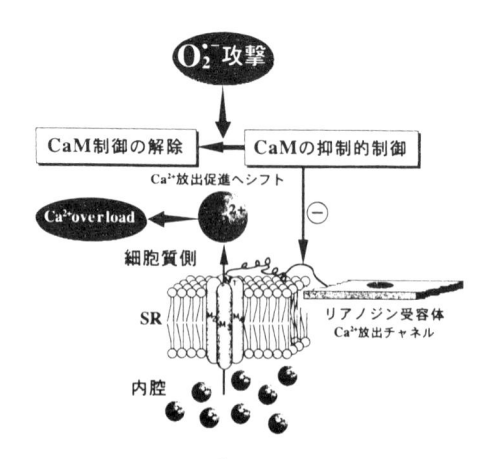

図3 $O_2^{\cdot-}$によるCa^{2+} overloadのメカニズム

3 プレコンディショニングと活性酸素・フリーラジカル

急性心筋梗塞で心筋壊死が生ずると，その程度に応じて心ポンプ機能が低下する。急性心筋梗塞の予後は心筋梗塞サイズや心ポンプ不全の程度に影響されることから，梗塞サイズ規定因子に関する研究が古くから行われてきた。その過程で，梗塞前狭心症が急性心筋梗塞による梗塞サイズを縮小するのみならず，さらには心ポンプ不全を軽減するという驚くべき現象が知られるようになった[13]。この現象は Ischemic Preconditioning（虚血プレコンディショニング）と呼ばれ，実験的にもその存在が証明されている。プレコンディショニング効果は，側副血行路の開通によるものではなく，心筋自体の質的適応現象によってもたらされることが明らかになってきた。

Downeyら[14]は，このプレコンディショニング効果がアデノシン受容体遮断薬を処置すると消失してしまうことから，アデノシンに関連する心筋の反応がプレコンディショニング効果の本体であると考えた。アデノシンはA_1〜A_3受容体を刺激することによって多彩な心筋保護効果を発揮する（表1）。さらに，プロテインキナーゼC（PKC）を阻害することによってもプレコンディショニング効果の消失が認められ，アデノシン-PKC相互の連携が心筋保護の"ひき金(trigger)"としてクローズアップされようとしている。PKCはATP感受性K^+チャネル（K_{ATP}チャネル）をリン酸化して開口確立を増加させる作用をもつ。K_{ATP}チャネルを活性化すると虚血-再灌流障害が抑制されることはすでに知られており，プレコンディショニングの標的タンパクの1つとしてK_{ATP}チャネルの重要性が指摘されているのもこのような背景に基づいている。一方，アデノシンはA_2受容体を介して活性化好中球のO_2^{-}産生を抑制する[15,16]。このため，血管内皮細胞のラジカル感受性機能（NO合成の阻害や生成されたNOの破壊）の障害が制限され，再灌流障害に対して保護的に働く。

表1 アデノシンの心血管作用

A_1受容体（Giタンパク）	A_2受容体（Gsタンパク）	A_3受容体（Go/Giタンパク）
・β受容体刺激による心筋収縮力増加を抑制	・冠血管弛緩	・肥満細胞の脱顆粒促進
・交感神経終末からのノルアドレナリン遊離を抑制	・好中球活性化に伴うO_2^{-}産生を抑制	・抗酸化酵素活性の増加
・Na^+/Ca^{2+}交換系の調節	・血小板活性化・凝集作用を抑制	

4 虚血-再灌流とアデノシン

4.1 アデノシン代謝

虚血など細胞に代謝性ストレスが負荷されると、急速にATPが分解され、代謝産物であるアデノシンが細胞外へ放出される。これに伴って細胞外のアデノシンレベルが劇的に増加する(図4)。これは、虚血などの細胞外刺激に対して細胞機能を補償する反応として認識されている。つまり"補償代謝物(retaliatory metabolite)"としてのアデノシン[17]が心筋保護作用や抗炎症性作用をもつことからもそれを理解することができる。

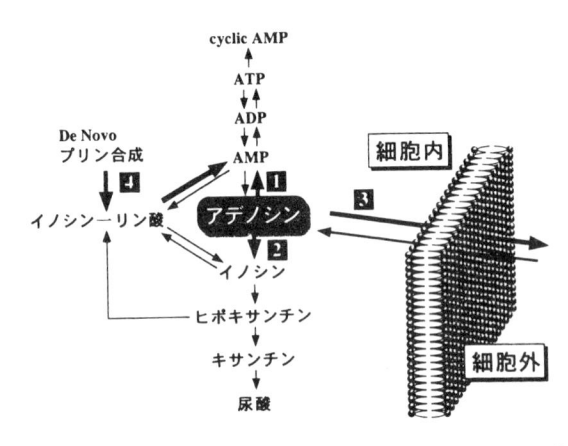

図4 アデノシンの細胞内代謝と目的局所への量的集中のための薬理学的可能性
1: アデノシンキナーゼを阻害することによる内因性アデノシンの蓄積(阻害薬GP515は細胞外にアデノシンを増加させ、好中球関連の再灌流障害を抑制する[21])
2: アデノシンデアミナーゼ阻害によるイノシンへの分解阻止(deoxycoformycinは心筋虚血-再灌流障害を軽減する[22])
3: ヌクレオチド輸送の阻害(再灌流によるアデノシン洗い流しの阻止。特に輸送系は冠血管内皮に多く分布するため、効率の高い保護剤となりうる[23]。propentofyllineが代表薬)
4: プリン合成の促進(acadesineは細胞内に取り込まれ、イノシン一リン酸に変換され、AMP合成に与る。虚血-再灌流障害に抑制的に作用する[24])

4.2 アデノシンと活性酸素・フリーラジカル

血漿アデノシンレベルの高い患者ではT-細胞に対する毒性効果のため、細胞性免疫が低下していることはよく知られている。しかし、アデノシンがA_1～A_3受容体を刺激することによって抗炎症効果を現すことから、生理的な内因性炎症モジュレーターとして注目されるようになった。

特に好中球機能に対するアデノシンの作用は，抗炎症作用や虚血-再灌流障害抑制作用メカニズムと共通する点で多彩を極める。第1は，好中球からの$O_2^{\cdot-}$産生がA_2アデノシン受容体刺激によって強力に抑制されることである。好中球のA_{2a}受容体にアデノシンが結合すると，セリン/スレオニン タンパク ホスファターゼがcyclic AMP非依存性に活性化を受け，NADPH酸化酵素を阻害するか，または好中球細胞骨格と遊走に関連する受容体との相互作用を妨害するため，$O_2^{\cdot-}$産生が阻止される[18]。第2は，好中球の内皮細胞接着を抑制し，虚血-再灌流障害を軽減することである。これも，A_2受容体をアデノシンが刺激することによって達成される[19]。

最近，アデノシンの新しい作用が提案されている。活性酸素ラジカル種に仲介される再灌流障害をアデノシンが抑制できるのは，細胞自体の抗酸化能が強化されたためであるという見解である[20]。これによれば，内因性アデノシンは，ヒト血管内皮細胞からラット好中球に至る種々の細胞でSOD，カタラーゼ，グルタチオンペルオキシダーゼなどの抗酸化酵素活性を上昇させる結果，広範な細胞保護効果を引き出すと推定されている。この効果はA_3アデノシン受容体の活性化と密接に連関している。

5 おわりに

活性酸素・フリーラジカルのもつ心筋細胞に対する作用様式について，最新の知見をまじえて概説した。特に，$O_2^{\cdot-}$やこれから派生する活性酸素ラジカル種が心筋細胞内Ca^{2+}ストアであるSRに特異的に作用してCa^{2+}放出を促進させる，そのメカニズムに焦点を当てた。また，Ca^{2+}放出増大によってCa^{2+} overloadが引き起こされ，これが再灌流不整脈発現とリンクしている心筋細胞レベルでの自動反復放電の原因となる可能性についても考察を加えた。

虚血-再灌流では，心筋細胞内のATP分解に端を発する代謝イベントが心筋保護を語るうえで重要である。虚血-再灌流に呼応して産生される活性酸素ラジカル種の最初の標的は心血管系であり，ATP代謝産物であるアデノシンはこの標的と巧妙な連携反応を営む。特に，炎症反応と虚血-再灌流や活性酸素ラジカル種産生との重複領域で果たすアデノシンの役割を重要視しなければならない。内因性アデノシンの量的増加と目的局所への集中，活性酸素ラジカル種に対する質的な薬理学的メカニズムの解明と評価が明確に説明されるならば，虚血-再灌流心筋障害の治療戦略に大きく貢献できるであろう。

文　献

1) J. L. Romson et al., *Circulation*, 67, 1016 (1983)
2) A. S. Manning, D. J. Hearse, *J. Mol. Cell. Cardiol.*, 16, 497 (1984)
3) C. W. Balke et al., *Am. Heart J.*, 101, 449 (1981)
4) D. Tzivoni et al., *Am. Heart J.*, 105, 323 (1983)
5) R. J. Myerburg et al., *N. Engl. J. Med.*, 326, 1451 (1992)
6) The European Myocardia Infarction Project Group, *N. Engl. J. Med.*, 329, 383 (1993)
7) D. J. Hearse, R. Bolli, *Cardiovasc. Res.*, 26, 101 (1992)
8) D. J. Hearse, A. Tosaki, *J. Mol. Cell. Cardiol.*, 20, 213 (1987)
9) A. S. Manning, *Free Radic. Biol. Med.*, 4, 305 (1988)
10) L. P. McCallister et al., *J. Mol. Cell. Cardiol.*, 10, 67 (1978)
11) M. Kawakami, E. Okabe, *Mol. Pharmacol.*, (1998, in press)
12) H. Takeshima et al., *Nature*, 339, 439 (1989)
13) C. E. Murry et al., *Circulation*, 74, 1124 (1986)
14) J. M. Downey et al., *Ann. NY Acad. Sci.*, 723, 82 (1994)
15) B. N. Cronstein et al., *J. Immunol.*, 135, 1366 (1985)
16) B. N. Cronstein et al., *J. Clin. Invest.*, 85, 1150 (1990)
17) A. C. Newby et al., *Trends Biochem. Sci.*, 9, 42 (1984)
18) S. Revan et al., *J. Biol. Chem.*, 271, 17114 (1996)
19) B. N. Cronstein et al., *J. Immunol.*, 148, 2201 (1992)
20) S. B. Maggirwar et al., *Biochem. Biophys. Res. Commun.*, 201, 508 (1994)
21) M. G. Bouma et al., *J. Immunol.*, 158, 5400 (1997)
22) G. S. Sandhu et al., *Am. J. Physiol.*, 265, H1249 (1993)
23) H. Van Belle, *Cardiovasc. Res.*, 27, 68 (1993)
24) K. Mullane, *Cardiovasc. Res.*, 27, 43 (1993)

第8章　皮膚の酸化とフリーラジカル

荒金久美*

1　はじめに

　皮膚は身体の最外層にあり，紫外線などの環境因子の影響を絶えず受ける臓器であるため，眼や歯などと並んで「老徴」の現れやすい臓器の1つとして認知されている。また，皮膚は直接外気に接触しており，酸素ストレスの面からみるときわめて特殊な臓器であるとも言える。紫外線や酸素ストレスは活性酸素やフリーラジカルを発生させ，皮膚の重要な構成成分を酸化させることでさまざまな皮膚障害を引き起こす。現在では，アトピー性皮膚炎などの皮膚疾患や皮膚加齢現象にも酸化反応や酸化生成物が関与していることが明らかになっており，皮膚の老化因子としての「酸化」の位置は揺るぎないものになっている。すなわち，常に酸素と紫外線に暴露されている皮膚は，紫外線により発生する活性酸素やフリーラジカルによる酸化の第一のターゲットになっているわけである。それに対して，皮膚には非常に精緻な抗酸化機構が備わっているが，この抗酸化機構が破壊されるとさらなる酸化反応が加速され，それが皮膚の慢性障害を引き起こし，最終的には老化につながると考えられる。

　ここでは，皮膚で発生する活性酸素やフリーラジカル(活性酸素とフリーラジカルの区別については本章では明確でないことをご了承いただきたい)がどのような皮膚の酸化を引き起こすのかということを中心に，皮膚障害や皮膚疾患，皮膚加齢現象との関連について解説する。

2　紫外線によって発生する活性酸素と皮膚障害

　皮膚で発生する活性酸素やフリーラジカルを考える場合，その発生源として紫外線を無視することはできない。表1に活性酸素の関与が示唆されている皮膚疾患を示したが，ほとんどのものが紫外線と関係している[1～3]。紫外線によって発生した活性酸素は，脂質の過酸化，タンパク変性，DNA損傷などの酸化障害を引き起こし，それらの酸化障害の蓄積が皮膚の老化現象の要因となると考えられている。

　ポルフィリアとフェオフォルバイトによる光過敏症は代表的な皮膚疾患として知られている。

---

　*　Kumi Arakane　㈱コーセー　基礎研究所　主任研究員

成人病予防食品の開発

表1 活性酸素の関与が示唆されている皮膚疾患

A)	急性皮膚障害	日焼け細胞の形成, UVAによる即時型黒化, ランゲルハンス細胞への障害
B)	慢性皮膚障害	過酸化脂質の生成, 光老化, 光発癌
C)	薬剤性光毒性反応	ソラレン, テトラサイクリン, クロロプロマジン, アントラセン
D)	光過敏症	ポルフィリア, フェオフォルバイト
E)	光アレルギー性反応	光接触アレルギー皮膚炎における光抗原の形成
F)	アトピー性皮膚炎	
G)	乾癬	

いずれも一重項酸素消去剤である β -カロチンの経口投与によりその症状が著しく抑制されることから, 光増感過程により生成した一重項酸素が原因物質として推定されている。抗生物質のテトラサイクリンは副作用として光毒性を示す代表的な薬剤であるが, テトラサイクリン系列の薬剤が紫外線照射時に一重項酸素を発生すること, 薬剤からの一重項酸素の発生量と光毒性の強さとの間に良好な相関関係がみられることから[4], 一重項酸素がテトラサイクリンの光毒性を引き起こす反応活性種であることが証明されている。

表2に紫外線によって発生する主な活性酸素種を示した。紫外線によって発生する活性酸素種としては, スーパーオキシドが早くから注目されてきた。たとえば, 紫外線による急性皮膚障害として観察される日焼け細胞（表皮内に好酸性に染色され, 核濃縮がみられる角化細胞の個別死を示す細胞）の形成や, 皮膚免疫機能を担うランゲルハンス細胞の減少にスーパーオキシドの関与が示唆されている[5,6]。また, 慢性皮膚障害の要因となる過酸化脂質は紫外線照射によって増加するが, この過酸化脂質の増加を抑制するうえでスーパーオキシドの消去酵素であるSODが有効であることも報告されている[7]。ヒドロキシラジカルも紫外線によって発生し, コラーゲンやエラスチンなどの細胞外マトリックスの分解や生体内酵素の失活などを引き起こす[8〜11]。

表2 紫外線によって発生する主な活性酸素

スーパーオキシド	日焼け細胞の形成, 過酸化脂質の増加, ランゲルハンス細胞の減少
ヒドロキシラジカル	細胞外マトリックスの分解, 酵素の失活 （UVBにて発生）
過酸化水素	ヒドロキシラジカルの前駆体 （UVA, UVBにて発生）

近年,中波長紫外線(UV-B, 290～320 nm)と長波長紫外線(UV-A, 320～400 nm)のそれぞれ波長の異なる光を照射したときに発生する活性酸素の同定も行われている。UV-Bを照射したマウスおよびヒトの真皮線維芽細胞では,ESRスペクトル測定によりヒドロキシラジカルが検出されている。これは,UV-B照射によって細胞内に蓄積した過酸化水素が金属イオン存在下,ヒドロキシラジカルに変化するためと推測されている[12]。さらにカタラーゼの特異的阻害剤であるアミノトリアゾールで処理した場合にも,UV-B照射時と同様の過酸化水素レベルの増加と細胞障害の増強が確認されたことから,細胞内の過酸化水素消去系におけるカタラーゼの重要性が指摘されている[13]。

また,UV-Aを照射した場合には主に過酸化水素が発生する。これは,過酸化水素の消去酵素であるカタラーゼの活性がUV-Aによって特異的に低下し[14],細胞内の過酸化水素の濃度が急激に上昇することによるものである。

このように紫外線による活性酸素の発生は,過酸化水素の場合に限らず,皮膚に存在する活性酸素の消去酵素の失活などによる抗酸化機構の破壊と連動したものが多く,この繰り返しが皮膚老化につながる慢性障害を引き起こしていくと言える。

一重項酸素は,生体への障害の主要な活性中間体と推定されているにもかかわらず,前述のポルフィリアでの光過敏症,テトラサイクリンによる光毒性症状など特殊な例において活性種として同定されているのみであった。しかし近年われわれは,皮膚表面に存在する*Propionibacterium acnes*(*P. acnes*)の代謝物,コプロポルフィリンが紫外線照射時に一重項酸素を発生することを,一重項酸素由来の近赤外発光(1,268 nm)を直接観測する方法で明らかにした。さらに,紫外線照射時にコプロポルフィリンから発生する一重項酸素の量を他の光増感物質と比較した結果,リボフラビンやローズベンガルの約5倍,またヘマトポルフィリンに匹敵する発生量であることがわかった(図1)[15]。

これまで一重項酸素は,ポルフィリアにみられる光過敏症のような特殊な例にだけ関係していると考えられていたが,皮膚上に多量の一重項酸素を発生することのできる光増感物質が実際に存在していることが明らかになり,健常人にみられる皮膚の障害や疾患にも深く関与している可能性が広がったと言える。

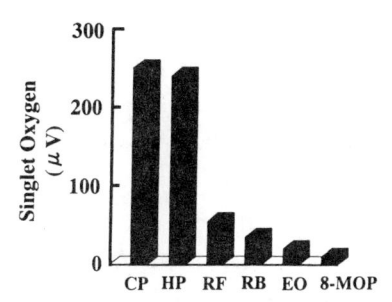

Photosensitizers(10 μ M);
CP: coproporphyrin, PP: protoporphyrin,
HP: hematoporphyrin, RF: riboflavin, EO: eosin,
RB: rose bengal, 8-MOP: 8-methoxypsoralen

図1 各種光増感剤からの紫外線照射による一重項酸素発生量の比較

活性酸素による障害は，活性酸素の種類によってかなり異なることが知られている。特に一重項酸素は毒性が強いことに加えて，他の活性酸素とは異なる反応性を示すという特徴がある。したがって，今後はスーパーオキシド，ヒドロキシラジカル，過酸化水素に加えて，一重項酸素による障害も視野に入れながら，皮膚の酸化を考えていく必要があると言えよう。

3 皮表脂質の過酸化

皮膚構成成分の酸化としてまず第1にあげられるのは，皮表脂質の過酸化であろう。皮表脂質の過酸化については，古くから精力的に研究が行われている。

たとえば大城戸，吉野らは，生体の皮表が抗酸化力を有していること[16,17]，皮表における脂質過酸化物は紫外線照射などによって増加し，脂質過酸化物の主な起源はスクワレンと推定されることを報告している[18,19]。また，ヒト，ウサギ，マウスで，ある一定以上の年齢を越すと，急激に皮表のヒドロペルオキシド量が増大するという現象も報告されている[20]。早川らは女子顔面黒皮症，肝斑などの症状において，総脂質量に対する脂質過酸化物量が正常の10～10数倍に上昇していること[21]，河野らは，アトピー性皮膚炎では健常人と比較して皮表の酸化防御能が劣っており，皮膚の状態と皮表脂質過酸化の進行度合とは相関があることを報告している[22]。

このように皮膚表面で脂質過酸化物が生成しており，それが紫外線照射や老化に伴い蓄積するという現象や，脂質過酸化物と疾病との関連を示唆する報告は古くからあるにもかかわらず，その生成メカニズムに関する報告はこれまであまりみられなかった。

われわれは主皮表脂質のスクワレンと一重項酸素との反応性を反応速度論的に検討した結果，その反応速度定数は $2.8 \sim 5.6 \times 10^6 M^{-1} s^{-1}$ であり，他の皮表脂質に比べてきわめて高い反応速度定数であることに加え，スクワレンの過酸化は紫外線のみでは非常に進行が遅いという知見を得ている[23]。皮表に存在するコプロポルフィリンに紫外線があたったときに一重項酸素が発生することはすでに述べたが，これらの結果をもとに想定される皮膚での皮表脂質過酸化反応を図2にまとめた。

ヒト皮表には皮脂腺から排出されたスクワレンなどの皮脂に表皮細胞由来の脂質が混ざり，常時，$50 \sim 400 \mu g/cm^2$ の脂質が存在している[24]。皮膚表面ではこれらの皮表脂質と前述のように一重項酸素の発生源となりうる P. acnes 由来のコプロポルフィリンが混ざり合って存在している。皮表脂質の過酸化は，紫外線が直接に皮表脂質を酸化させて進行するのではなく，紫外線によりコプロポルフィリンから発生した一重項酸素が皮表脂質の中のスクワレンを第1の標的として進行させると考えられる。

$1 \mu M$ のコプロポルフィリンと紫外線存在下で生成するスクワレンの過酸化物量が，4月から

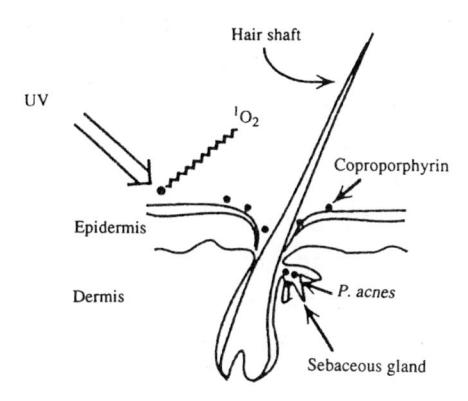

図2　皮膚における皮表脂質過酸化の模式図

7月までの晴天または曇りの日に5分から30分の太陽光照射によって生成するスクワレン過酸化物の量に相当する値であることも[25,26]，健常人の一般生活環境下の皮表脂質の過酸化反応が，コプロポルフィリンから発生する一重項酸素によるものであることを強く支持するものである。

スクワレンは紫外線照射時に発生する一重項酸素に対して非常に速やかに反応するため，過酸化脂質を生成しやすい反面，一重項酸素が他の生体成分と反応するのを防ぎ，一重項酸素による損傷を皮膚表面でくい止めるという防御に寄与しているという考え方もできる。実際，スクワレンとラジカルとの反応性は一重項酸素に比べるとかなり低いことからも[27]，スクワレンが一重項酸素と速やかに反応することでそれを消去し，皮膚での酸化反応をくい止める役割を担っていると推察される。

近年では紫外線や酸化ストレスによって，コラーゲンやエラスチンなどの構成タンパク質の酸化や抗酸化酵素活性の低下が起こることが報告されている[28,29]。今後はこのような酸化障害と脂質過酸化との関連についても検討が進むと考えられる。

4　光加齢現象とフリーラジカル

戸外活動の機会が多く，長時間日光に暴露された人の皮膚は萎縮し，しわが目立ち，色素沈着がみられる（光線性弾力線維変性）が，症状が重度となると深い皮溝が斜めに交差し菱形の図形状のしわとなって現れる菱形皮膚やFavre-Racouchot症候群となる。

これらの症状は日光暴露部位のみに顕著に現れることから，紫外線によるダメージが蓄積された慢性障害が原因であることは明らかであり，単なる加齢現象とは区別して光加齢現象と呼ばれ

ている（表3）。現在，長時間日光暴露された人の皮膚の組織学的，生化学的解析に加えて，ヘアレスマウスに長時間紫外線を照射することで光加齢現象を再現したモデルを用い，光加齢現象の解明と効果的な防御方法の検討が進められている。

光加齢の症状を予防するうえで，紫外線吸収剤の塗布が有効であることに加えて，ビタミンEなどの抗酸化剤と抗炎症剤の併用が効果的であることが示されている[30]。これは光加齢の過程に活性酸素やフリーラジカルによる酸化反応が関与していることを示唆するものである。また，露光部位の皮膚では慢性的な真皮血管透過性の上昇に起因する鉄イオンの沈着が認められ（図3），キレート剤の塗布で光加齢症状を予防できることも報告されている[31]。そのメカニズムとしては，活性酸素やラジカルの発生源となる鉄イオンをキレート剤が封印してしまうためと推測されている。

表3 加齢による皮膚の変化と光加齢現象との違い

	光加齢	本来の加齢
表 皮	厚い	薄い
真 皮		
エラスチン	きわめて増加 変性	増加 正常
コラーゲン	著明に減少	線維束は太い
線維芽細胞	増加 活性増大	減少 不活性
グリコサミノグリカン	著明に増加	やや減少

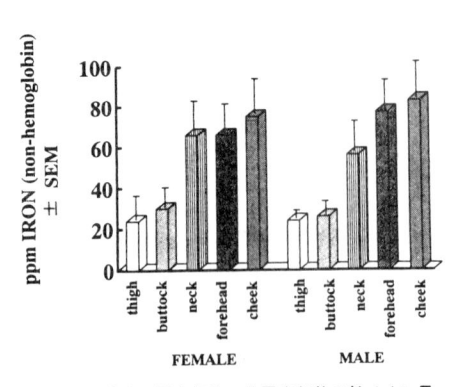

図3 ヒト皮膚の露光部位，非露光部位の鉄イオン量

さらに最近，光線性弾力線維変性を示す部位に一致して，メイラード反応の後期生成物であるAGE（advanced glycation endproducts）の局在化が認められ，光加齢におけるAGEの関与が示唆されている[32]。AGEはそれ自身が複雑なラジカルであるとともに，UV-A照射によってヒドロキシラジカルなどの活性酸素を発生することが知られており[33]，AGEの生成過程およびAGEが弾力線維の変性を加速する過程においてもフリーラジカルの介在が推察される。

5 おわりに

皮膚の状態を左右する因子として，紫外線，水分保持機能に加えて酸化ストレスが重要な因子であることは，現在では広く受け入れられている。紫外線や酸化ストレスによって発生するフリーラジカルは，皮膚障害やしわ，色素沈着といった外観上の変化を引き起こすのみではなく，皮膚の防御機構や恒常性維持機能にも影響を及ぼし，皮膚老化と深く関係している。紫外線対策や水分補給とともに，酸化ストレスに対しても適切な防御を心掛けることが，美しく若々しい容貌と健康な身体を維持するうえで重要であることは言うまでもないが，今後はさまざまな角度からの皮膚の酸化に対する研究が進展し，安全で有用な酸化防止剤が開発されることを期待したい。

文　献

1) 松尾聿朗ほか，香粧会誌, **10**, 138 (1986)
2) "The Biological Role of Reactive Oxygen Species in Skin", ed. by O. Hayaishi et al., University of Tokyo Press (1987)
3) M. D. Carbonare et al., J. Photochem. Photobiol., **14**, 105 (1992)
4) T. Hasan et al., Proc. Natl. Acad. Sci. USA, **83**, 4604 (1986)
5) Y. Miyachi, Clin. Exp. Dermatol., **8**, 305 (1983)
6) T. Horio et al., J. Invest. Dermatol., **88**, 699 (1987)
7) 小倉良平ほか，活性酸素・フリーラジカル, **3**, 270 (1992)
8) E. R. Stadman, Free Radical Biol. Med., **9**, 315 (1990)
9) K. J. A. Davies, Biol. Chem., **262**, 9895 (1987)
10) K. Kim et al., J. Biol. Chem., **260**, 15394 (1985)
11) K. Uchida et al., Biochem. Biophys. Res. Commun., **169**, 265 (1990)
12) H. Masaki et al., Biochem. Biophys. Res. Commun., **206**, 474 (1995)
13) 正木仁ほか，第18回日本光医学・光生物学会，群馬，1996年7月
14) M. Takisada et al., J. Soc. Cosmet. Chem. Japan, **31**, 396 (1997)

15) K. Arakane et al., *Biochem. Biophys. Res. Commun.*, 223, 578 (1996)
16) 吉野和宏ほか，日皮会誌，91, 1175 (1981)
17) 吉野和宏，皮膚と美容，17, 2693 (1985)
18) 吉野和宏，日皮会誌，90, 1081 (1980)
19) 吉野和宏ほか，日皮会誌，91, 53 (1981)
20) R. D. Lippman, *Exp.Geront.*, 20, 1 (1985)
21) 早川律子，日皮会誌，81, 11 (1971)
22) 河野善行ほか，油化学，44, 248 (1995)
23) 笠明美ほか，日本香粧品科学会誌，19, 1 (1995)
24) 旭正一，"皮膚の機能"，皮膚科学，p.26, 南山堂 (1990)
25) 河野善行ほか，油化学，42, 204 (1993)
26) 河野善行ほか，油化学，40, 715 (1991)
27) 河野善行ほか，油化学，44, 248 (1995)
28) A. Ryu et al., *Chem. Pharm. Bull.*, 45, 1243 (1997)
29) Y. Shindo et al., *J. Invest. Dermatol.*, 100, 260 (1993)
30) D. L. Bissett et al., *J. Soc. Cosmet. Chem.*, 43, 85 (1992)
31) D. L. Bissett et al., *Photochem. Photobiol.*, 54, 215 (1991)
32) K. Mizutari et al., *J. Invest. Dermatol.*, 108, 797 (1997)
33) H. Masaki et al., *Biochem. Biophys. Res. Commun.*, 235, 306 (1997)

第9章　老化とフリーラジカル

松尾光芳[*]

1　はじめに

　老化は誰にとっても無関心ではいられない現象である。しかし，いまだ老化機構は明らかにされていない。このような状況を反映して，これまでに数多くの老化機構仮説が提唱されてきた。老化機構仮説は，大別してプログラム説と確率事象説に分けることができる。確率事象説の1つに，老化の特徴的な性質である機能や構造の退行的変化を起こす因子がフリーラジカルであるとする，老化のフリーラジカル説がある。老化のフリーラジカル説は，生体内に生ずるフリーラジカル（以後ラジカルという）による連続的な有害反応の結果の集積が老化過程であるとする説であり，1956年にHarmanによって提唱された[1]。現在では，この仮説はラジカルや活性酸素を含む酸化因子の作用，すなわち酸化的ストレスに起因する酸化傷害の蓄積を重視する，老化の酸化的ストレス説に拡張されている[2]。

　就中，ミトコンドリア電子伝達系からのスーパーオキシドラジカルや過酸化水素の漏出が観察されており，代謝過程から生ずるラジカルや活性酸素の老化に対する関与が注目されている。好気性生物は抗酸化防御機構や酸化傷害修復機構によって，ラジカルや活性酸素の害を巧みに免れているとはいうものの，これらの機構が終始完璧に機能するとは考えにくい。代謝過程に起因する酸化的ストレスが老化に関与するかもしれない。

　ここでは，生理的老化の研究から，老化の酸化的ストレス説の前提となる生体高分子物質における酸化傷害の蓄積および酸化因子発生源とされるミトコンドリアの老年変化，また病的老化の研究から，アルツハイマー病に対する酸化的ストレスの関与を取り上げる。なお，研究に用いられている動物系は哺乳類に限定した。

2　老化に伴う生体高分子物質酸化傷害の蓄積

2.1　DNA

　DNAは，酸化因子によって多様な酸化傷害を受ける。これらの酸化傷害には，リン酸エステ

---

[*]　Mitsuyoshi Matsuo　甲南大学　理学部　教授

ル鎖切断，グリコシド結合開裂による塩基の遊離，塩基部位の酸化，糖部位の酸化分解などがある。細胞内にある DNA も内因性酸化因子によって酸化傷害を受ける。近年，分析法の進歩により，DNA 中の酸化塩基や酸化塩基を含むヌクレオシドを定量的に測定できるようになってきた。なかでも，8-ヒドロキシグアニンのヌクレオシドである 8-ヒドロキシ-2'-デオキシグアノシンは，高速液体クロマトグラフィー-電気化学検出法の開発により精度よく定量できる。これまでに，DNA の 2'-デオキシグアノシン残基に対する 8-ヒドロキシ-2'-デオキシグアノシン残基の比率(8-OHdG/dG)の老年変化が調べられている。ただし，今のところ研究結果は必ずしも一致していない。

　Fischer 344 ラットを用いた初期の研究では[3,4]，8-OHdG/dG は雄ラットの肝臓，腎臓，および小腸，ならびに雌ラットの肝臓，腎臓，肺，および脾臓で月齢に比例して 1 月齢から 30 月齢の間に 2～5 倍に増加するが，雄ラットの脳，睾丸，肺，および脾臓，ならびに雌ラットの脳では変化しなかった。ただし，これらの研究では，核 DNA とミトコンドリア DNA の混合物について測定されている。筆者らは，ミトコンドリア DNA を除いた核 DNA について測定した[5]。8-OHdG/dG は Fischer 344 雄ラットの肝臓，腎臓，心臓，および脳において 27～30 月齢になってから約 2 倍に増加する。著者らの結果は，8-OHdG/dG が老齢期の終わりに初めて増加する，また脳においても増加するという点で異なる。ラットやマウスの寿命は，自由摂餌条件で飼育された場合よりも制限摂餌条件で飼育された場合に格段に延長することがよく知られている。Fischer 344 雄ラットが摂餌制限条件で飼育された場合には，老化に伴う核 DNA 8-OHdG/dG の増加は明らかに遅延する[6]。一方，Sprague-Dawley 雄ラットでは，肝臓，腎臓，脳，肺，脾臓，および小腸のいずれにおいても核 DNA 8-OHdG/dG の老年変化は認められていない[7]。また，ヒト脳の核 DNA 8-OHdG/dG は年齢とともに増加するという[8]。

　8-OHdG/dG の老年変化はミトコンドリア DNA についても調べられている。ミトコンドリア DNA における酸化傷害は，マウス脳および肝臓[9]，ラット肝臓[9,10]，ヒト横隔膜筋[11]，およびヒト脳[8]において年齢とともに蓄積すると報告されている。C57BL/6J 雄マウスでは 8-OHdG/dG は 6 月齢から 24 月齢の間に肝臓で 3.3 倍，脳で 1.6 倍に[9]，また Wistar 雄ラットでは 3 月齢から 24 月齢の間に肝臓で 4.4 倍に増加する[9]。ヒト横隔膜筋ミトコンドリア DNA における 8-ヒドロキシ-2'-デオキシグアノシン残基量は，85 歳で 2'-デオキシグアノシン残基量の約 0.5 % に達する[11]。この比率は，若齢者のそれの約 25 倍に相当する。また，90 歳の高齢者の脳から分離されたミトコンドリア DNA についても，0.87 % という高い比率が観察されている[8]。

　DNA には，老化に伴い酸化傷害が蓄積する。しかし，今のところこの酸化傷害と老化機構との関係は明らかでない。酸化傷害の程度から考えると，分裂終了細胞におけるミトコンドリア DNA の酸化傷害が重要であるようにみえる。

第1編　成人病予防食品開発の基盤的研究の動向

2.2　タンパク質

　老齢動物における変異酵素の蓄積が報告されている。老化に伴い蓄積する変異酵素は，精製酵素の比活性低下，免疫交差反応物質の生成，熱不安定性の増大などの変化を調べることにより検出される。一方，これらの変化は，金属触媒存在下で酵素を酸化した場合に起こる変化と酷似している。したがって，老化に伴い蓄積する変異酵素は，酸化的ストレスにより酸化された酵素である可能性がある。

　いくつかのタンパク質アミノ酸残基は酸化的ストレスによって酸化される。たとえば，リシン残基，プロリン残基，アルギニン残基などが酸化されるとカルボニル基を含む残基に変化すると考えられる。老化に伴うタンパク質カルボニル基含量の増加に関する研究は，多くの研究室で検討されている。老齢動物のタンパク質カルボニル基含量は，若齢動物と比較して，変化しないあるいは低下するという報告もあるが，～3倍増加するという報告が多い[12]。老化に伴うタンパク質カルボニル基含量の増加は，マウス脳および腎臓，ラット肝細胞，スナネズミ脳，ヒト脳，ヒト水晶体などについて観察されている。また，培養ヒト線維芽細胞では，細胞提供者の年齢とともに増加する[13]。一方，ウエルナー症患者の細胞[13]やアルツハイマー病患者の脳[14]では，同一年齢の健常者のものと比較して，タンパク質カルボニル基含量が増加する。また，寿命延長効果を示す摂餌制限は，マウス[15]やラット[16]の臓器タンパク質カルボニル基含量を低下させる。

　老化に伴うタンパク質の酸化傷害としては，糖化後続反応最終産物，いわゆる AGE (advanced glycosylation endproducts) の蓄積も注目されている。AGE は発色団となる複素環をもつ種々の安定な化合物の総称であり，還元糖アルデヒド基とタンパク質アミノ基との間で Schiff 塩基生成，Amadori 転移，さらに酸化，脱水，転位，断片化，縮合など複雑な後続反応を経て生成する。AGE の生成には糖化と酸化が重視され，AGE 生成反応はタンパク質の糖化酸化反応（glycoxidation）と言われる。AGE はコラーゲン，クリスタリン，ミエリンなど代謝回転の遅いタンパク質に蓄積する。その代表的なものの1つが，7H-イミダゾ[5,4-b]ピリジニウム基をもつペントシジン（pentosidine）である。ヒト，アカゲザル，リスザル，ミニブタ，ウシ，イヌ，ラット，およびトガリネズミのいずれにおいても，年齢の上昇に伴い皮膚コラーゲンペントシジン含量が増加し，その増加率は動物種の最長寿命に逆相関する[17]。

3　ミトコンドリアの老年変化

　冒頭に述べたように，老化に関与する内因性酸化因子発生源としてミトコンドリアが有力視されている。その根拠として，次の諸点が考えられる。

① ミトコンドリア電子伝達系は細胞が使う分子状酸素の約 90 % を消費する。

② ミトコンドリア電子伝達系複合体Ⅳ中のシトクロム c オキシダーゼによって分子状酸素が水に還元される過程で，スーパーオキシドラジカル，過酸化水素，およびヒドロキシルラジカルが生成する。
③ これらの活性酸素は複合体Ⅳ内に保持されているが，わずかながら系外に漏出する。
④ ミトコンドリアはすべての細胞に多数存在する。
⑤ ミトコンドリアは ATP を生産する細胞内小器官である。ミトコンドリア機能の低下に起因するエネルギー不足は細胞活性を低下させ，抗酸化防御能や酸化傷害修復能を低下させる。

一方，ミトコンドリアの老年変化として，次のような現象が観察されている[18]。老化に伴い増加する現象として，活性酸素の漏出，DNA 酸化傷害，DNA 欠失，DNA 点突然変異，DNA 環状2量体生成，DNA-タンパク質架橋結合，タンパク質酸化傷害，生体膜コレステロール/リン脂質比率，脂質過酸化がある。また，減少する現象として，複合体Ⅰ，Ⅲ，および Ⅴ の活性，シトクロム c オキシダーゼ免疫活性，カルジオリピン量，カルニチン-アシルカルニチントランスロカーゼ活性，ピルビン酸トランスロカーゼ活性，生体膜流動性，水分含量，状態 3/状態 4 比率がある。さらに，形態学的変化として，肥大化，基質空胞化，クリステの短縮，ならびに高密度顆粒の減少がある。これらの老年変化の多くには，酸化傷害が関係していると考えられる。

ミトコンドリアからの活性酸素漏出の老年変化としては，C57BL/6NNia 雄マウスが 9 月齢から 23 月齢になるまでに，スーパーオキシドラジカルの漏出が脳で 42 %，心臓で 28 %，腎臓で 50 % 増加し，過酸化水素の漏出が脳で 86 %，心臓で 54 %，腎臓で 64 % 増加する[15]。また，ミトコンドリアにおける老化に伴う酸化状態の亢進も見出されている。還元型グルタチオン濃度に対する酸化型グルタチオン濃度の比率（GSSG/GSH）は，C57BL/6J 雄マウスが 6 月齢から 24 月齢になるまでに，肝臓で 3.2 倍，脳で 2.1 倍に，また Wistar 雄ラットが 3 月齢から 24 月齢になるまでに，肝臓で 2.7 倍，脳で 6.0 倍，肺で 6.1 倍に増加する[9]。3 ～ 5 月齢と 20 ～ 28 月齢の Fischer 344 雄ラットを比較した場合に，老齢ラットの分離肝細胞では，活性酸素濃度が 2 倍に上昇し，ミトコンドリア膜電位が 1/2 以下に低下する[19]。

ミトコンドリア DNA 酸化傷害についてはすでに述べたが，ミトコンドリアタンパク質酸化傷害の老年変化も研究されている。C57BL/6NNia 雄マウスが 9 月齢から 23 月齢になるまでに，タンパク質カルボニル基含量が脳で 33 %，心臓で 55 %，腎臓で 83 % 増加する[15]。

核 DNA と異なり，ミトコンドリア DNA には除去修復や組み換え修復の機構がなく，また防御的な役割を担うと考えられるヒストンも共存しない。一方，ミトコンドリア DNA の変異率は高く，ミトコンドリアゲノムは同一生物の核ゲノムよりも 5 ～ 10 倍も早く進化する。すでに述べたように，ミトコンドリアは細胞に取り込まれる分子状酸素の約 90 % を消費する。消費される分子状酸素の 1 % がスーパーオキシドラジカルになると仮定すると，ラットの 1 個のミトコ

ンドリア当たり1日に10^7分子のスーパーオキシドが生成することになるという[20]。これらのことを考慮すると，ミトコンドリアDNAには酸化傷害が蓄積しやすいことが推測される。実際，ラット肝臓やヒト脳から分離されたミトコンドリアDNAに対する酸化傷害の程度は，核DNAのそれより少なくとも10倍高い。Richterは，ミトコンドリアDNAの傷害が老化の原因となるという仮説を提唱している[20]。彼の説によれば，ミトコンドリアDNAには塩基の酸化や鎖切断などの酸化傷害に起因する断片化が起こり，生成するDNA断片がミトコンドリアから漏出して細胞核に移動し，核DNAに取り込まれることによって細胞の形質変換が起こるとされる。

4 アルツハイマー病に対する酸化的ストレスの関与

アルツハイマー病（Alzheimer's disease）は記憶，発語，認知機能，および行動能力の喪失を伴う深刻な痴呆症である。アルツハイマー病患者の脳では，神経細胞の消失，β-アミロイド前駆体タンパク質（APP）の過剰産生，細胞内カルシウムイオン濃度の上昇，タンパク質異常リン酸化，酵素活性の異常あるいは低下，β-アミロイドタンパク質（Aβ）などからなる老人斑（neurotic plaques）の増加，タウタンパク質（τ）を含む対合螺旋状細糸（PHF: paired helical filament）などからなる神経原線維変化（neurofibrillary tangles）の増加などが観察される[21]。アルツハイマー病に対する活性酸素の関与は，アルツハイマー病患者におけるニトロチロシン[22]，タンパク質カルボニル基[23〜25]やマロンジアルデヒド[26]の増加などにより示唆された。

β-アミロイド前駆体タンパク質の40－43アミノ酸残基断片であるβ-アミロイドペプチド〔Aβ(1-40)，Aβ(1-43)〕は凝集型で老人斑に存在する。さらに，凝集型Aβは培養神経細胞に致死作用を示す[27]。したがって，凝集型Aβはアルツハイマー病の原因物質である可能性がある。Aβの細胞毒性発現には，活性酸素が関与していることが見出されている。このことは，細胞としてラットの大脳皮質神経細胞，脳腫瘍由来細胞B12，および副腎皮質由来クロム親和性細胞PC12を，またβ-アミロイドペプチドとしてAβ(1-40)およびそのカルボキシル基側末端部分に相当するAβ(25-35)を用いた実験から得られた次のような知見によって支持される[28]。①Aβは細胞内過酸化水素濃度を上昇させる。②過酸化水素消去酵素カタラーゼはAβ細胞毒性を阻止する。③Aβ細胞毒性に抵抗性をもつ細胞集団は過酸化水素にも抵抗性がある。④活性酸素生成系であるNADPHオキシダーゼの阻害剤は細胞におけるAβ依存性過酸化水素生成を阻害する。⑤抗酸化剤はAβ細胞毒性を防止する。⑥Aβは転写因子NF-κBの活性を誘導する。なお，NF-κBは細胞に対する活性酸素刺激によって活性化されることがわかっている。⑦Aβは脂質過酸化を亢進させる。

Aβ(1-40)は，ラット海馬細胞における細胞死，高酸化感受性酵素グルタミンシンターゼ

の不活性化，細胞内カルシウム濃度上昇，および細胞内活性酸素濃度上昇を起こす[29]。

　Aβは，リン酸緩衝液中 37 ℃で温置するだけでもラジカルを生成する[30]。Aβ（1－40）またはAβ（25－35）とスピン捕捉剤 N-tert-ブチル-α-ニトロン（PBN）を温置すると，ラジカルの生成を示す電子スピン共鳴スペクトルが観察される。なお，スピン捕捉剤とはラジカルが付加すると安定なラジカルに変化する物質を言う。さらに，Aβ（25－35）とサリチル酸塩をリン酸緩衝液中で温置すると，2,3-ジヒドロキシ安息香酸が得られる。サリチル酸は，活性酸素（おそらくヒドロキシルラジカル）により 2,3-ジヒドロキシ安息香酸を生成することがわかっている。Aβ（25-35）はグルタミンシンターゼやクレアチンキナーゼを不活性化する。

　一方，AGE は PHF やAβとも関係しているらしい。AGE は，神経原線維変化の PHF 中に含まれているタウタンパク質（PHF-τ）に存在する[31]。AGE を含むτを取り込んだヒト神経芽細胞腫細胞 SH-SY5Y では，酸化的ストレスを示唆するマロンジアルデヒド抗原決定基およびヘムオキシゲナーゼ 1 抗原が誘導される。アルツハイマー病患者の PHF-τ および試験官内糖化反応により調製されたτ（AGE-τ）は，活性酸素やラジカルを生成する。また，AGE-τ を取り込んだ神経芽細胞腫細胞 SK-N-SH では，NF-κβが活性化され，APP が増加し，Aβが放出される[32]。

　マウス脳毛細血管内皮細胞，PC 12 細胞，またはラット脳皮質神経細胞に，Aβを投与すると，脂質過酸化の指標であるチオバルビツール酸（TBA）値が上昇する。Aβは細胞表面にある AGE 受容体（RAGE）に特異的に結合する[33]。RAGE は，細胞表面に存在する免疫グロブリンスーパーファミリーの一員であり，本来は神経細胞突起誘導タンパク質アンホテリン（amphoterin）の受容体として働くことがわかっている。RAGE は細胞表面に存在するのみならず，その発現がアルツハイマー病患者脳皮質神経細胞，特にAβ蓄積部位近傍の細胞や神経原線維変化を起こした細胞で増加している。AβがRAGEに結合すると，TBA 値の上昇，活性酸素の発生，NF-κβの活性化，ミクログリアの活性化などが起こる。

5　おわりに

　老齢動物に酸化傷害が蓄積することは明らかになりつつある。しかし，酸化傷害が老化過程にどのように関与しているか，すなわち酸化傷害がどのような機構で経時的な構造および機能の退行現象を起こすのか全くわかっていない。老化機構が明らかなるまでにはまだまだ時間がかかりそうである。老化研究では，方法論が確立されているとは言いがたい。研究目的により対象とする生物系を厳選し，手持ちの技術を種々応用して地道に研究成果を積み重ねることが重要であろう。

文　　献

1) D. Harman, *J. Gerontol.*, 11, 298 (1956)
2) 松尾光芳 編著, 老化と環境因子, 学会出版センター, 東京 (1994)
3) C. G. Fraga et al., *Proc. Natl. Acad. Sci. USA*, 87, 4533 (1990)
4) K. Sai et al., *J. Environ. Pathol. Toxicol. Oncol.*, 11, 139 (1992)
5) T. Kaneko et al., *Mutation Res.*, 316, 277 (1996)
6) T. Kaneko et al., *Free Radical Biol. Med.*, 23, 76 (1997)
7) T. Hirano et al., *J. Gerontol.*, 51A, B303 (1996)
8) P. Mecocci et al., *Ann. Neurol.*, 34, 609 (1993)
9) J. Garcia de la Asuncion et al., *FASEB J.*, 10, 333 (1996)
10) B.N. Ames et al., *Proc. Natl. Acad. Sci. USA*, 90, 7915 (1993)
11) M. Hayakawa et al., *Biochem. Biophys. Res. Commun.*, 179, 1023 (1991)
12) S. Goto, A. Nakamura, *Age*, 20, 81 (1997)
13) C.N. Oliver et al., *J. Biol. Chem.*, 262, 5488 (1987)
14) C.D. Smith et al., *Proc. Natl. Acad. Sci. USA*, 88, 10540 (1991)
15) R.S. Sohal et al., *Mech. Ageing Dev.*, 74, 121 (1994)
16) L.D. Youngman et al., *Proc. Natl. Acad. Sci. USA*, 89, 9112 (1992)
17) D.R. Sell et al., *Proc. Natl. Acad. Sci. USA*, 93, 485 (1996)
18) M.K. Shigenaga et al., *Proc. Natl. Acad. Sci. USA*, 91, 10771 (1994)
19) T.M. Hagen et al., *Proc. Natl. Acad. Sci. USA*, 94, 3064 (1997)
20) C. Richter, *FEBS Letter*, 241, 1 (1988)
21) R.D. Terry et al. eds., Alzheimer's Disease, Raven Press, New York (1994)
22) P.F. Good et al., *Am. J. Pathol.*, 149, 21 (1996)
23) C.D. Smith et al., *Proc. Natl. Acad. Sci. USA*, 88, 10540 (1991)
24) M.A. Smith et al., *J. Neurochem.*, 64, 2660 (1995)
25) M.A. Smith et al., *Nature*, 382, 120 (1996)
26) L. Balaze, M. Leon, *Neurochem. Res.*, 19, 1131 (1994)
27) L.L. Iversen et al., *Biochem. J.*, 311, 1 (1995)
28) C. Behl et al., *Cell*, 77, 815 (1994)
29) M.E. Harris et al., *Exp. Neurol.*, 131, 193 (1995)
30) K. Hensley et al., *Proc. Natl. Acad. Sci. USA*, 91, 3270 (1994)
31) S.-D. Yan et al., *Proc. Natl. Acad. Sci. USA*, 91, 7787 (1994)
32) S.-D. Yan et al., *Nature Med.*, 1, 693 (1995)
33) S.-D. Yan et al., *Nature*, 382, 685 (1996)

第2編　動・植物化学成分の有効成分と素材開発

第1章　各種食品，薬物による成人病予防と機構

1　ブドウ種子，果皮

佐藤充克[*]

　フリーラジカル消去活性のあるポリフェノールは，ブドウ種子，次いで果皮に多く，果実のパルプおよび果汁の部分には少ない（図1）。ブドウ中のポリフェノールの含量はブドウの品種，栽培場所，その年の天候などにより大きく左右される。ブドウから醸造される赤ワインは，ブドウを除梗破砕し，果汁，果皮および種子込みでアルコール発酵を行い，発酵終了後に，果皮および種子からの種々の成分を抽出する醸し期間を置く。したがって，発酵および醸し期間中にブドウの果皮と種子のポリフェノールが十分抽出され，赤ワインには多量のポリフェノールが含まれる。参考のため，赤ワインの製造方法[1]を図2に示す。典型的な醸造用ブドウである *Vitis vinifera* から醸造された赤ワインには，非フラボノイドが200 mg/l，フラボノイドとしてはアントシアニンが150 mg/l，縮合タンニンが750 mg/l，カテキンなどその他のフラボノイドが250 mg/l，フラボ

果皮 25～50%　アントシアニン類／フラボノイド／リスベラトロール（約1%程度）
パルプ 2～5%
果汁　カフタリック酸／クータリック酸／ガリック酸など
種子 50～70%　カテキン類／ケルセチン／プロシアニジン／タンニン

図1　ブドウのポリフェノール存在比

---

[*] Michikatsu Sato　メルシャン㈱　酒類技術センター　基盤研究室　室長

ノールが 50 mg/l 含まれる[2]。

ブドウに含まれるフラボノイド，プロアントシアニジン，アントシアニンについては第2編第2章「植物由来素材の機能と開発」に解説があるので，本稿では抗癌性が話題になっており，ブドウ果皮に比較的多く含まれるリスベラトロール，ワインの活性酸素ラジカル消去能（SOSA），ワインのSOSAに寄与する成分，さらに発酵終了後の赤ワイン粕（果皮と種子）からのポリフェノールの抽出物について，われわれの研究を主として解説する。

1.1 リスベラトロールについて

ワインにおける Resveratrol の存在は，1992年に SiemannとCreasy[3]が初めて報告した。ブドウ樹体で最も存在量の多いのは葉であり，次に果皮に多く，種子にも存在する[4]が，果実のパルプにはほとんど存在しない。この物質はブドウがカビに汚染されると自分を守るために作る，ファイトアレキシンの一種である。95年までに Resveratrol は悪玉コレステロールである LDL

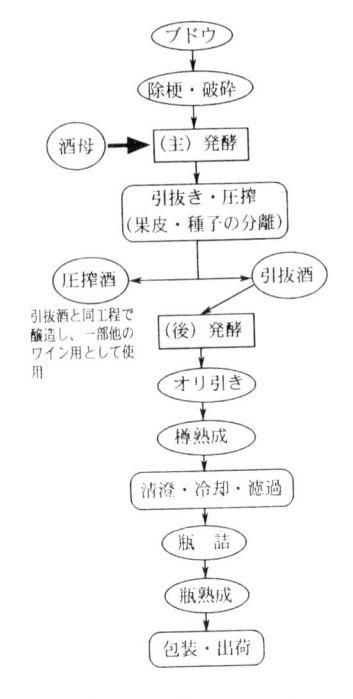

図2 赤ワインの醸造工程

の酸化を阻害し[5]，血小板凝集を抑制し[6,7]，血栓症を予防することが報告されていた。最近になって，イリノイ大学のグループがResveratrolは癌発症のイニシエーション，プロモーション，プログレッションの3段階に作用し，癌抑制に働き，マウスの実験では皮膚癌を最大98％抑制するという研究を報告[8]した。彼らはResveratrolの抗炎症作用も検討しており，市販のインドメタシンと同等の浮腫抑制効果を報告した。

以上のResveratrolに関する効果は，ワインに存在するスティルベン（Stilbene）化合物のうち，メイン物質である trans-Resveratrol のものであるが，ワイン中にはその異性体である cis-Resveratrol，さらにそれらの配糖体である trans- および cis-Piceid（パイシード）も存在する（図3）。trans- Resveratrolに紫外線を照射すると，容易に異性化しcis体となる。cis- Resveratrolも trans体と同様，protein- tyrosinase kinase を阻害し[9]，抗腫瘍性を示すことが報告されている。配糖体である Piceid は腸内で容易に分解され，Resveratrolとなる[10]。Piceid も血小板凝集を阻害することが報告されている[11,12]。ワインの中には，ResveratrolよりもPiceidのほうが多いものもある[13]。したがって，Resveratrolの有効濃度を考えるときは，その異性体および配糖体含量も考慮する必

第2編 動・植物化学成分の有効成分と素材開発

要がある。

われわれは山梨大学との共同研究[14]で，日本で栽培されたブドウから醸造されたワインに含まれるResveratrol含量を，その異性体および配糖体を含め調べた。その結果，白ワインにおけるResveratrolの含量は0.12 ppm，赤ワインでは1.04 ppmであった。図4に異性体，配糖体を含むワインにおける平均値を示す。白ワインはブドウを搾汁したジュースから醸造されるため，赤ワインに比べ含量は少ない。ワインの品種についてみると，trans-Resveratrolが最も多かったのは，外国の報告と同じくPinot noirであり，2.25 ppmであった。次いで多かったのはMerlotであり，Zweigeltrebe，Seibelにも多く，日本で比較的多く栽培されているMuscat Bailey Aにも比較的含量が多かった。図5に含量の多かった品種のStilbene化合物含量を示す。複数の醸造所から入手できた同一品種ブドウから醸造されたワインについては，平均値を示した。

図3 スチィルベン化合物の構造

R=H, *trans*-Resveratrol;
R=Glc, *trans*-Piceid

R=H, *cis*-Resveratrol;
R=Glc, *cis*-Piceid

Resveratrolの作用は，その報告のほとんどが約10 μM（2.3 ppm）レベルであり，赤ワインから癌などに有効な濃度を摂取するためには，吸収率もあるので多量の赤ワインを飲まねばならず，アルコールの害が問題となる。ただし，Bertelliら[6]によれば，*trans*-Resveratrolはワインを1,000倍希釈した濃度（ppbレベル）でも血小板凝集を抑制する。したがって，適量の赤ワイン飲酒（グ

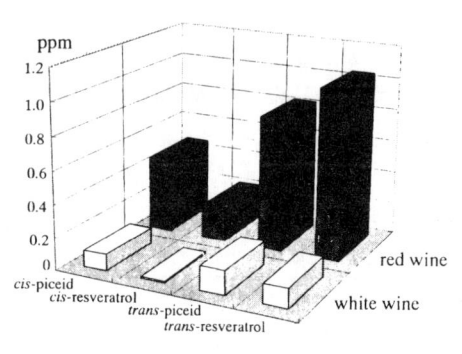

図4 赤および白ワインのスチィルベン化合物含量平均値

成人病予防食品の開発

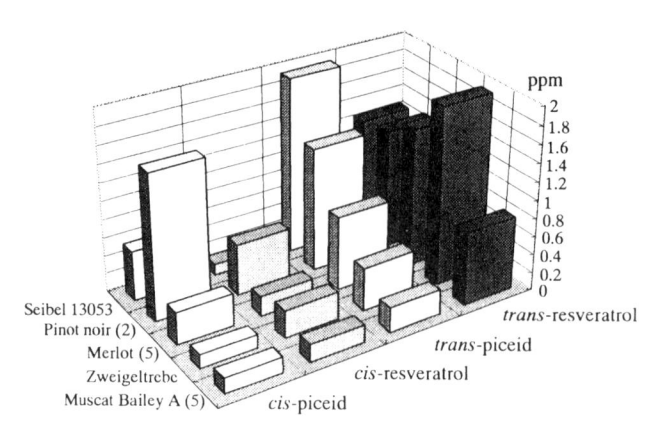

図5　各品種にて醸造されたワイン中のスティルベン化合物含量
　　（　）内は調べたワイン（醸造所）の数を示す。

ラス2～3杯）により血小板凝集を抑制する濃度は摂取できると考えられる。しかし，最近の抗癌性に関する報告[8]でも，0.7～5.7 ppmが有効濃度であり，ワインを飲用して短期的に癌に対し有効な濃度を摂取することには無理があると考えられる。

1.2　ワインの活性酸素ラジカル消去能（SOSA）

われわれは活性酸素に注目し，ワインの活性酸素消去について研究した。これは日研フード㈱日本老化制御研究所との共同研究[15～18]である。

メルシャンで輸入しているワインおよび国産ワイン43点につき，ポリフェノール含量，亜硫酸量，さらに活性酸素ラジカル消去能（SOSA）を測定した。活性酸素はヒトの消化器系細胞で働くキサンチンオキシダーゼを用い，活性酸素はESR（電子スピン共鳴測定装置）を用いた直接測定系で行った。結果を図6に示すが，SOSAが最も高かったのは，マーカム・カベルネ'83（カリフォルニア産），次いでバローロ'82であった。チリ産のカベルネも非常に高かった。同じ銘柄で製造年の違いをみると，少し古いほうが活性が高い傾向が認められた。シャトー・ポンテカネ，シャトー・ディサンなども活性が高く，ポリフェノール含量も多かった。

SOSAとワインに含まれる成分の相関を調べた（図7）。まずワインの健全性を保つために使用している亜硫酸はSOSAと全く相関が認められなかった。ワインの抗酸化能と亜硫酸の関係を調べたのは，われわれが初めてである。赤ワインは抗酸化能が高いが，添加している亜硫酸とは関係がないことがわかった。また，ワインは色の濃いものほどSOSAが高い傾向ではあったが，ワインの赤色を示す520 nmの吸収値との相関係数は0.7517であった[19]。驚くべきことに，ワイン

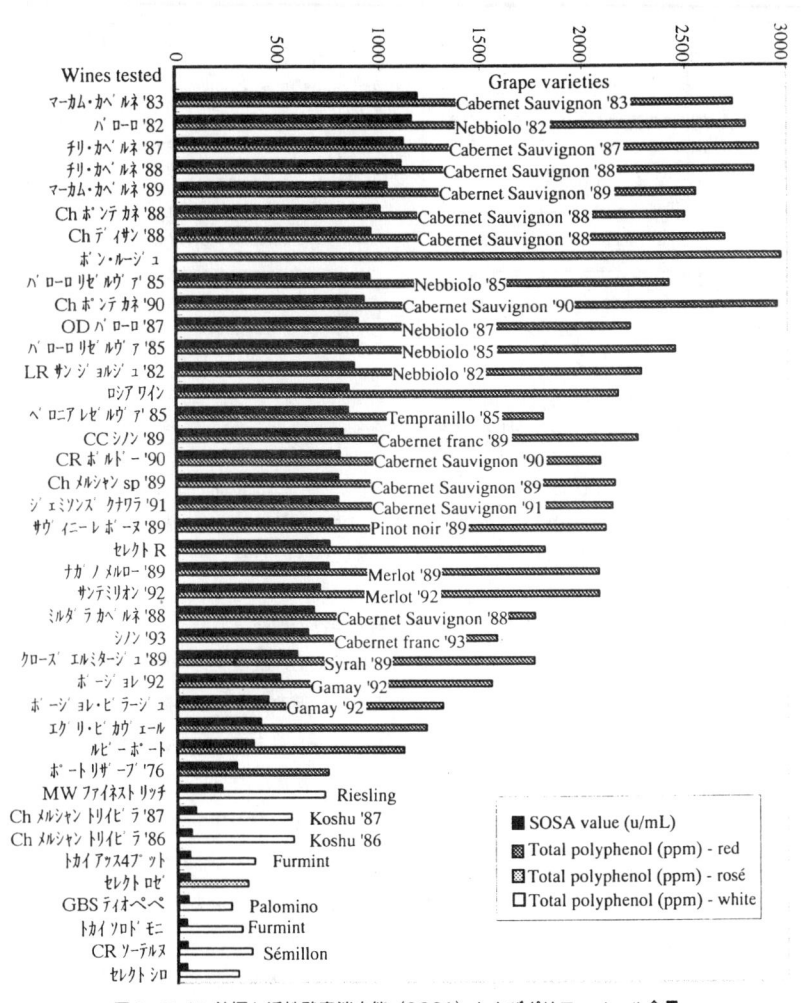

第2編　動・植物化学成分の有効成分と素材開発

図6　ワイン銘柄と活性酸素消去能（SOSA）およびポリフェノール含量

のポリフェノール含量とSOSAの相関係数は0.9686（$n=43, p<0.001$）ときわめて高いことが判明した。したがって，ワインの活性酸素ラジカル消去能は含まれるポリフェノールによることが明らかになった。

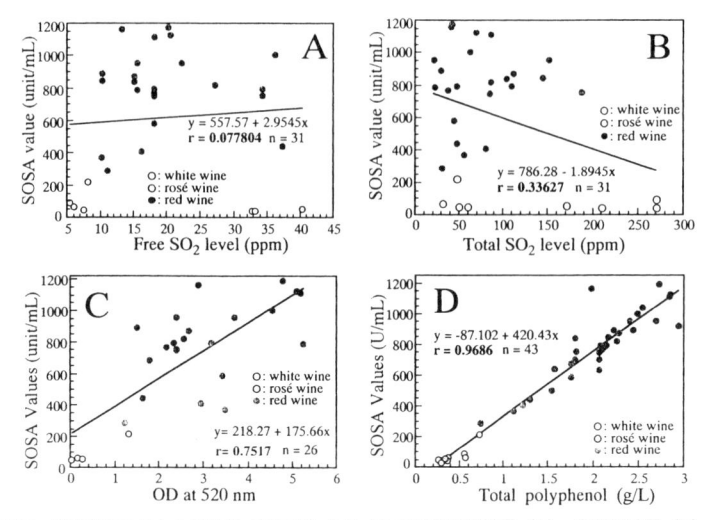

図7 活性酸素ラジカル消去能 (SOSA) とワインの遊離亜硫酸量 (A), 全亜硫酸量 (B), ワインカラー (C), およびポリフェノール量 (D) との相関

1.3 ワイン・ポリフェノールの分画と活性酸素消去活性の所在

われわれはさらにワインのポリフェノールのどの画分に活性酸素ラジカル消去活性が最も強いかを調べた[20]。先の研究で使用したワインから代表的な12種のワインを選択し, C_{18} Sep-pak カートリッジにてワインを3分画し, 各画分と活性酸素ラジカル消去能 (SOSA) の相関を調べた (図8)。図中Fr. Aは単純フェノール, 糖, 有機酸, アミノ酸, 無機塩類など, 非吸着画分であり, Fr. Bはプロシアニジン類, フラボノール類を含む画分で, Fr. Cはアントシアニン・モノマー, ポリマーおよびタンニンを含む画分である。図より, ワインのSOSAを一番よく説明するのはFr. Cであることがわかった。われわれは, さらに各画分をHPLCに掛け, 含まれる成分とSOSAの相関を調べた。その結果, プロシアニジン類に活性の高い成分を認めたが, 赤ワインの活性酸素ラジカル消去活性の半分以下しか説明できないことがわかった。寄与率の最も高いFr. Cの各成分の活性酸素ラジカル消去能との相関をみたところ, アントシアニン・モノマーは相関が低く, 相関の高いのは比較的多量に含まれるアントシアニン・オリゴマーあるいはポリマー (重合体) であり, これがワインのSOSAを代表するものであると考えられた (表1)。

以上の結果は, 同じ銘柄でヴィンテージの異なるワインでは, 年代の古いほうが活性酸素ラジカル消去活性が例外なく高いこと (図6) をよく説明している。したがって, 赤ワインは若いうちに飲むより, 多少なりとも熟成したほうが味も良くなり, 抗酸化能も上がることを示唆している。

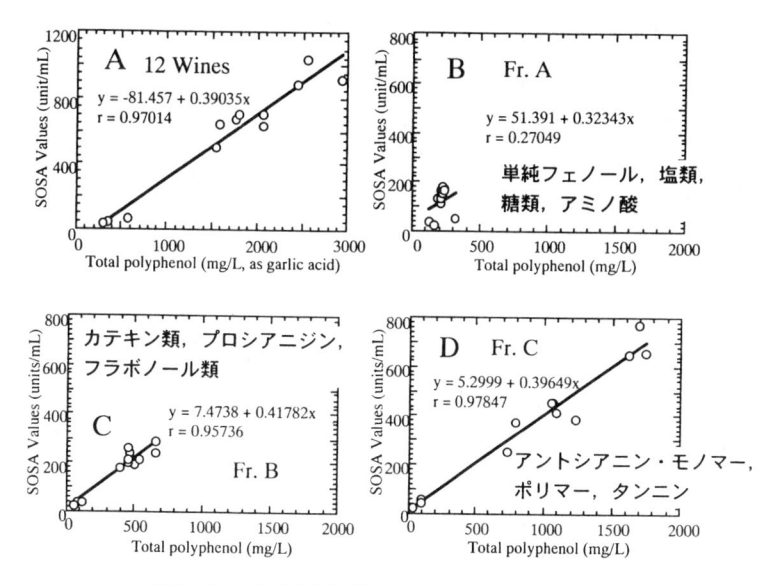

第2編　動・植物化学成分の有効成分と素材開発

図8　ワインの各画分のポリフェノール含量とSOSAの関係

表1　アントシアニン画分（Fr. C）の各物質のSOSAの相関

溶出時間（分）	物質名	相関係数（r）	検出波長
22.5	デルフィニジン・グルコシド	0.5301	525 nm
24.1	シアニジン・グルコシド	0.5334	〃
25.4	ペチュニジン・グルコシド	0.3311	〃
27.3	ペオニジン・グルコシド	0.1705	〃
28.6	マルビジン・グルコシド	0.5154	〃
30.0	不明	0.8021	〃
45.0	ペオニジン・グルコシドクマレート	0.1982	〃
45.2	マルビジン・グルコシドクマレート	0.3009	〃
	単量体（モノマー）	0.5351	〃
	重合体（ポリマー）	0.8582	〃

アントシアニン画分中、SOSAの高いのはアントシアニン・ポリマーであった。

1.4　アントシアニンとカテキンの相互作用

　アントシアニン重合体がワインの活性酸素消去活性を代表するものであることがわかったので、ワイン中で、アントシアニン・モノマーがアントシアニンどうしまたは他の物質と重合すること

85

が考えられた。そこで，モデルワイン系（エタノール12％，酒石酸0.5％，pH 3.2）に，malvidin-3-glucoside および（－）-epicatechin を添加し，その挙動を調べた。本研究は名古屋大学農学部大澤俊彦教授のグループとの共同研究[21]である。

最初に，アントシアニンがワイン発酵中に変化するかどうかを，スクロース20％，酒石酸5％の水溶液に前記のmalvidin-3-glucoside 0.3 mMおよび（－）-epicatechin 2 mMを添加し，ワイン酵母にてアルコール発酵を行った。その結果，ワイン発酵中にはアントシアニンは何ら変化を受けないことが判明した。次に，ワイン熟成中の変化を調べた。モデルワイン系にmalvidin-3-glucoside 0.3 mMおよび（－）-epicatechin 2 mM，さらにアセトアルデヒド 35 mMを添加し，常温にて放置した。経時的HPLC分析の結果，4日目からmalvidin-3-glucoside以外のピーク2本が出現し，9日目にはピーク強度が最大となり，さらに放置すると，重合が進んだと思われる多数のピークが現れた。アセトアルデヒド無添加でも，40日後には非常に微小ではあるが同様の2本のピークが出現した。一方，アントシアニンとアセトアルデヒドだけでは何ら変化は認められなかった。

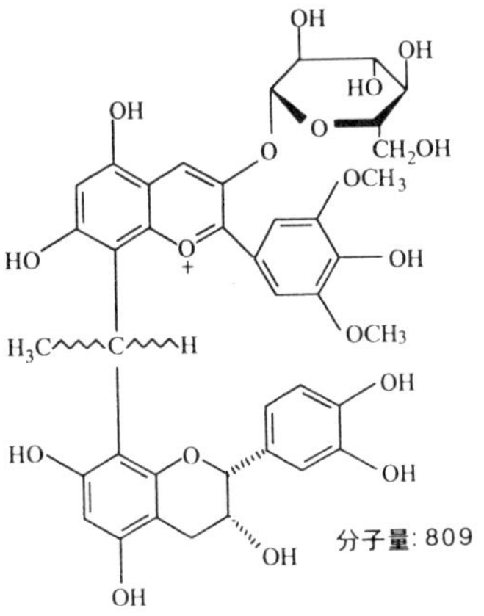

図9 アントシアニン重合体（ピーク1およびピーク2）の構造

すなわち，同じアントシアニンどうしでは重合体を生成しないが，malvidin-3-glucoside は epicatechin と重合体を形成することが示唆された。

そこで，新たに出現した2物質をHPLCにて分取し，各種機器分析にて構造を検討した。主としてNMRおよびMS分析にて，図9に示す構造であることがわかった。本物質は存在は示唆されていたが，物質と単離し，構造を決定したのはわれわれが初めてであると思われる。ピーク1およびピーク2は立体異性体である。市販ワインの分析を行ったところ，本ピークはワイン中からも検出され，実際にワイン中で熟成中に生成することが確かめられた。

1.5 アントシアニン‐カテキン重合体の生理活性

分取して得られたピーク1およびピーク2について，血小板凝集阻害活性および活性酸素ラジカル消去活性を調べた[21]。

ヒト血液を使用しアラキドン酸およびADPにて血小板凝集を誘導する系に，種々の濃度のピーク1およびピーク2物質を添加し，その50％凝集阻害濃度（IC_{50}）を求めた。同時に原料として使用したmalvidin-3-glucoside および epicatechin も測定した。結果を表2に示す。その結果，エピ

表2 血小板凝集阻害性（IC$_{50}$, μM）

	凝集誘導剤	
	アラキドン酸	ADP
マルビジン-3-グルコシド	300	411
エピカテキン	>1000	>1000
ピーク1	105	109
ピーク2	170	138

ピーク1および2物質はマルビジン-3-グルコシドよりも活性が3～4倍高かった。

　カテキンにはほとんど血小板凝集阻害活性がなく，ピーク1およびピーク2は原料のマルビジン-グルコシドより3～4倍高い活性が認められた。

　次に，ヒポキサンチン-キサンチンオキシダーゼ系でO_2^-を発生させ，定法どおりESRにて各物質の活性酸素ラジカル消去活性（SOSA）を測定した。結果を50%消去濃度（IC$_{50}$）にて表3に示す。表から明らかなように，エピカテキンが最も高い活性を示したが，ピーク1およびピーク2はほとんどエピカテキンと同レベルの活性を示した。この活性はマルビジン-グルコシドと比較すると，4～5倍高かった。

　アントシアニン・モノマーであるマルビジン-グルコシドは，ワインの熟成中にワイン中に存在するカテキンと重合体を形成し，その重合体の活性はモノマーよりはるかに高いことが判明した。赤ワインはヌーボーのように醸造直後には，多量のアントシアニン・モノマーを含むが，2～3年熟成するとモノマーはほとんど検出できなくなることが知られている。今回の結果から，ワインは熟成中に含まれるアントシアニン・モノマーはカテキン類と反応し，抗酸化活性の高い重合体になることが示された。この結果は，ワインの活性酸素ラジカル消去活性を代表する物質はアントシアニン・ポリマーであるとした，先のワインの分画による結果に確証を与えるものと考えられる。

表3 活性酸素ラジカル消去活性

	SOSA（IC$_{50}$, μM）
マルビジン-3-グルコシド	78
エピカテキン	13
ピーク1	20
ピーク2	16

ピーク1および2物質は原料のカテキンと同程度で，マルビジン-3-グルコシドよりも活性が4～5倍高かった。

1.6 赤ワイン粕からのポリフェノールの回収

　赤ワインの原料となる赤あるいは黒ブドウの果粒には，品種あるいは栽培地により異なるが，ガリック酸換算のフェノール化合物が4,000～6,000 mg/kg含まれる。しかし，ワインの製造過程ではこのうちの30～60％しか抽出されない。したがって，抗酸化能の高いポリフェノールが，ワイン製造粕に著量残存していると考えられる。われわれは日研フード㈱，日本老化制御研究所との共同研究[20]により，メルロー・ワインの製造粕からポリフェノール含有物の抽出を試み，得られた抽出物の抗酸化能を調べた。

　ブドウの果皮と種子を含む，メルシャン勝沼ワイナリーで製造したメルロー・ワインの発酵粕100 kgに250 kgの水を添加・懸濁し，セルラーゼを0.2％添加後，50℃で5時間反応し，細胞壁溶解の操作後，エタノールを添加（終濃度50％），常温で16時間抽出した。得られた抽出液を減圧濃縮し，濃縮物 19.6 kgを得た。濃縮物の水溶性固形分は 60％であった。

　得られた濃縮物の活性酸素ラジカル消去活性（SOSA），PBNをスピントラップ剤とするESR法によるOHラジカル消去活性，デオキシリボースの酸化により生ずるマロンジアルデヒド（MDA）

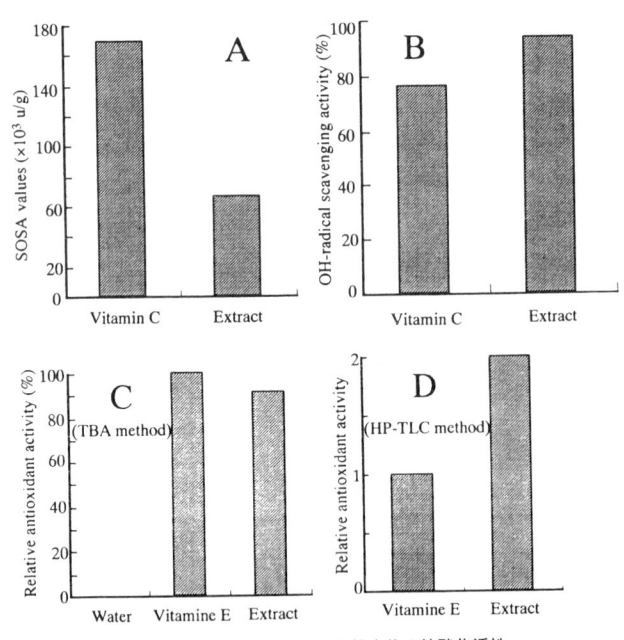

図10　メルロー・ワイン粕抽出物の抗酸化活性
A：活性酸素ラジカル消去能（SOSA），B：OHラジカル消去活性，
C：TBA法による抗酸化能，D：HP-TLCによる脂質に対する抗酸化能

第2編　動・植物化学成分の有効成分と素材開発

を測定して評価するチオバルビツール酸（TBA）法による抗酸化能，さらにリノレン酸の酸化をTLCで測定する脂質酸化に対する抗酸化能を測定した。比較対照としてビタミンCとビタミンEを用いた。結果[20]を図10に示す。

　メルロー・ワイン粕からの抽出濃縮物はビタミンC純品の約半分のSOSA値を示し，OHラジカル消去能はビタミンCより若干高く，TBA法によるMDAの生成はビタミンEと同等の活性を示し，リノレン酸による脂質の抗酸化能はビタミンEの2倍であった。以上，赤ワイン粕からの抽出物は，高い抗酸化能を有することが判明した。

　最近では，ブドウ粕（種子，果皮）抽出物，ブドウ種子抽出物が外国で生産され，健康素材として注目を集めている。また，ワインそのものを濃縮した商品（例：メルシャン・ワインエキス[22]）もあり，調理加工用だけではなく，高いポリフェノール含量を利用した健康を意識した商品開発も行われている。

文　献

1) 佐藤充克，酒類の発酵技術，月刊フードケミカル，9月号，30～37 (1996)
2) V.L. Singleton, A.C. Noble, "Phenolic, Sulfur, and Nitrogen Compounds in Flavors", I. Kats (ed.), ACS Symposium Series, 26, p. 47～70 (1976)
3) E.H. Sieman, L.L. Creasy, *Am. J. Enol. Vitic.*, 43, 49～52 (1992)
4) R. Perez, P. Cuenat, *Am. J. Enol. Vitic.*, 47, 4287～4290 (1996)
5) E.N. Frankel *et al.*, *Lancet*, 341, 1103～1104 (1993)
6) A.A.E. Bertelli *et al.*, *Int. Tissue React.*, 17, 1～3 (1995)
7) C.R. Pace-Asciak *et al.*, *Clin. Chim. Acta*, 235, 207～219 (1995)
8) M. Jang *et al.*, *Science*, 275, 218～220 (1997)
9) G.S. Jayatilake *et al.*, *J. Nat. Prod.*, 56, 1805～1810 (1993)
10) A.M. Hackett, "Plant Flavonoid in Biology and Medicine", Progress in Clinical and Biological Research, 213, V. Cody *et al.* (Eds.), p. 177～194 , Liss, New York (1986)
11) Y. Kimura *et al.*, *Biochim. Biophys. Acta*, 483, 275～278 (1985)
12) C.W. Shan *et al.*, *Acta Pharmacol. Sin.*, 11, 527～530 (1990)
13) 佐藤充克ほか，*ASEV Jpn. Rep.*, 6, 233～236 (1995)
14) M. Sato *et al.*, *Biosci. Biotech. Biochem.*, 61, 1800～1805 (1997)
15) 佐藤充克ほか，日本農芸化学会1995年大会，講演要旨集，p. 366 (1995)
16) 佐藤充克ほか，*ASEV Jpn. Rep.*, 6, 233～236 (1995)
17) M. Sato *et al.*, Abstract papers of ICoFF (Hamamatsu), p. 81 (1995)
18) M. Sato *et al.*, *J. Agric. Food Chem.*, 44, 37～41 (1996)

19) 佐藤充克, 醸協, 91 (10), 口絵, ワインの色 (1996)
20) M. Sato et al., "Food Factors for Cancer Prevention", H. Ohigashi, T. Osawa et al. (Eds.), p. 359〜364, Springer-Verlag, Tokyo (1997)
21) 森光康次郎ほか, 日本農芸化学会1997年大会, 講演要旨集, p. 58 (1997)
22) 佐藤充克, 食品加工と調味用ワイン, 食品と科学, 38, 96〜100 (1996)

2 ニンニクの抗酸化作用

住吉博道*

2.1 はじめに

われわれが日常摂取している食物に病気の予防効果のあることが提唱されて以来，この分野の研究は急速な展開を遂げている。これらの一連の研究において，最も注目された素材が「ニンニク」。たとえば，発がん実験や疫学研究を通じ，ニンニクおよびその成分のがん予防効果はよく知られるところとなった。そして，米国国立がん研究所が1990年より実施したデザイナーフードプログラムでは，がん予防に最も期待ができる食物としてニンニクが位置づけられた。また，ヨーロッパ・アメリカを中心に，ニンニクのもつコレステロールおよび中性脂肪低下作用・血小板凝集抑制が注目され，循環器疾患，特に心疾患の予防に応用されている。最近の報告によると，痴呆モデルマウスを用いた実験で，ニンニクによる寿命の延長・学習能と記憶の改善が認められており[1,2]，社会問題となっている老人性痴呆の予防にも，その効果が期待されている。

このようなニンニクの病気の予防効果は，その多岐にわたる薬理作用，コレステロール低下作用・血小板凝集抑制作用・抗酸化作用・解毒促進作用・免疫能賦活作用・抗ストレス作用などに基づいている。とりわけ，抗酸化作用は，硫黄に富むニンニクの特徴の1つと言え，数十種類に及ぶ硫黄化合物の相乗・相加作用によるものと考えられている。そして，フリーラジカル・活性酸素が関与する疾患の予防にきわめて重要な役割を果たすと考えられる。

本節では，ニンニクおよびその成分の抗酸化作用，ニンニクの調製法による抗酸化能の相違，さらには臨床研究での知見について概説する。

2.2 in vitro

ニンニクの抗酸化・ラジカル消去作用については，種々の実験系にて検討されており，以下にその結果を示す。

(1) 過酸化脂質の生成抑制

ニンニクは，不飽和脂肪酸（リノール酸・魚油・コーンオイル）の自動酸化を抑制する[3,4]。市販の熟成ニンニクエキス製品およびニンニク粉末製品にも，同様な自動酸化の抑制作用が認められている。さらに，ニンニク中成分のスルフィド類・システイン誘導体に広く効果が認められるが，側鎖のアルキル基により活性は異なり，アリル基を含む硫黄化合物に活性の強い傾向がある[5]。

アスコルビン酸と鉄により惹起される肝マイクロソームの脂質の過酸化が熟成ニンニク抽出液

---

* Hiromichi Sumiyoshi　湧永製薬㈱ OTC開発部 次長

により抑制されることが，T. Horieらにより最初に報告された[6]。その後，ニンニク粉末にも，同様な抗酸化作用が示されている[7]。

J. Imaiらはニンニクの加工法と抗酸化作用の比較を行っており，t-ブチルハイドロパーオキサイドにより惹起される肝マイクロソームの脂質の過酸化は熟成ニンニク抽出液では抑制されるが，生ニンニクあるいは加熱処理したニンニクの抽出液では抑制が認められず，逆に酸化が促進するとの結果が得られている（図1）[8]。さらに，S-アリルシステインに代表されるシステイン誘導体およびγ-グルタミルシステイン誘導体などのニンニク由来の水溶性硫黄化合物についても検討されており，抗酸化力に程度の差があるものの，いずれの化合物にも過酸化脂質生成抑制作用が認められている。

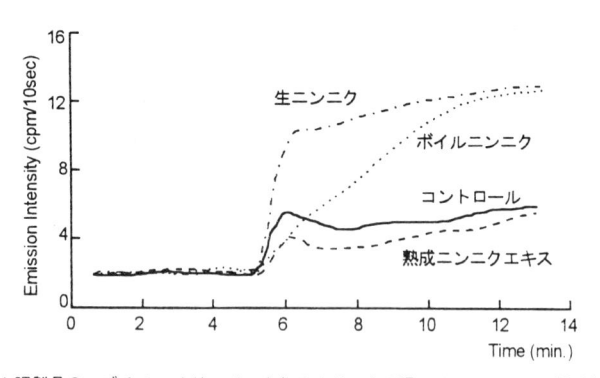

図1　ニンニク調製品のt-ブチルハイドロパーオキサイドによる肝マイクロソームの過酸化への影響[8]

脂溶性の硫黄化合物であるポリスルフィド類については，含まれる硫黄の数に比例し，抗酸化力の増すことが示されている[9]。一方，E. Rekkaらは，試験に用いた3種類のスルフィド類（硫黄数1～3）のうち，ジアリルジスルフィドのみに抗酸化作用を認めたと報告している[10]。

(2) **ラジカル消去作用**

ニンニクのOHラジカル消去作用が，種々の方法にて確認されている[3,7,10〜13]。消去作用の認められているニンニク調製品としては，生ニンニクジュース・ニンニク粉末・ニンニクエキスなどが報告されている。ニンニク中の成分では，アリインには活性が認められているが[7]，スルフィド類（硫黄数1～3）には活性が認められていない[10]。

安定なラジカルである1,1-ジフェニル-2-ピクリルヒドラジル（DPPH）との反応性も検討されており，ニンニク由来のシステイン誘導体（S-アリルシステイン，S-アリルメルカプトシステインなど）および硫黄数が4以上のスルフィド類が反応する[8,13]。興味あることに，フェノール

化合物であるアリキシンに非常に強い反応性が認められている。

(3) 放射線障害抑制

放射線や紫外線は,フリーラジカル・活性酸素の発生を惹起し,種々の傷害を引き起こすことが知られている。培養リンパ球に放射線を照射し,生存細胞数を指標としてニンニクの効果が検討されている[14]。放射線照射72時間後における対照群の生存率は約30％であったが,熟成ニンニクエキス添加群では80％と,著しい改善が認められている。ところが,生ニンニクの抽出液を培地に添加した場合は,照射24時間後においてすべての細胞が死滅しており,防御作用が認められないばかりか,増悪するとの結果が得られている。

(4) LDLの酸化抑制

ニンニクのコレステロール低下作用はよく知られているところであるが,動脈硬化の発生に深く関与しているLDLの酸化的修飾も抑制することが報告されている。N. Ideらの報告によると,Cu^{2+}により惹起されるLDLの酸化が,熟成ニンニクエキスの添加により,用量依存的に抑制されている(図2)[15]。ニンニク中の成分としては,S-アリルシステイン・S-アリルメルカプトシステインおよびアリインなどの水溶性硫黄化合物,さらにはアリキシンに酸化抑制効果が認められている。同様の抑制効果は,ニンニク粉末においても報告されている[16]。

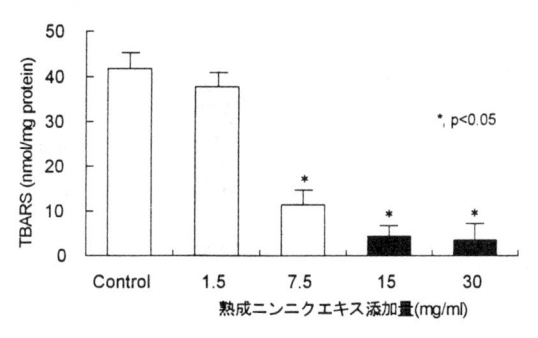

図2 熟成ニンニク抽出液のCu^{2+}によるLDL酸化抑制効果[15]

(5) 培養血管内皮細胞の防護作用

動脈硬化の初期変化である血管内皮細胞の酸化傷害に対しても,ニンニクが効果を示す可能性が示唆されている[17,18]。培養血管内皮細胞に過酸化水素あるいは酸化LDLを添加すると,LDHが内皮細胞から漏出するが,熟成ニンニクエキスは,この漏出を用量依存的に抑制する(図3)。同時に,細胞生存率の改善および過酸化脂質の生成抑制も認められる。さらには,熟成ニンニク

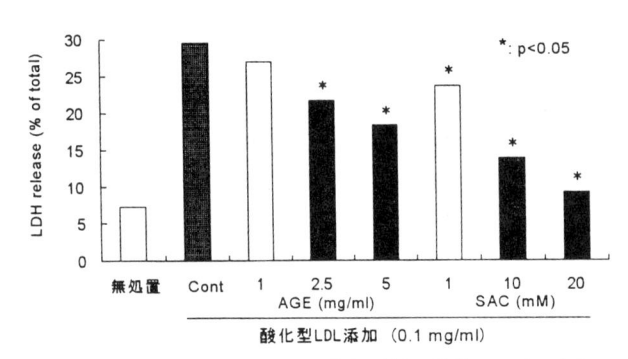

図3 酸化LDLによる血管内皮細胞傷害に対する熟成ニンニクエキスおよびS-アリルシステインの抑制効果[18]

エキスの主要な硫黄化合物，S-アリルシステインにも，用量依存的な効果が示されている。Z. Gengらの報告によると，熟成ニンニクエキスの防護作用は，血管内皮細胞内のグルタチオン量を増加すること，グルタチオンリダクターゼおよびSOD活性を上昇させることによることが示唆されている[19]。

2.3 他の野菜との抗酸化能の比較

ほとんどの野菜に抗酸化作用のあることは，よく知られているところである。その抗酸化力の比較が，G. Caoらにより報告されている[20]。パーオキシラジカル・ハイドロキシラジカルおよび銅イオンによる酸化に対する抗酸化力が，22種類の野菜について検討されている。その結果は，効果の強い順に，

① パーオキシラジカル：ニンニクに次いでケール・ホウレンソウ・芽キャベツ・アルファルファの芽

② ハイドロキシラジカル：ケールに次いで芽キャベツ・アルファルファの芽・ビート・ホウレンソウ

③ 銅イオン：ニンニクに次いでホウレンソウ・ブロッコリー・トウモロコシ

などに抗酸化作用が認められている。これに基づいた総合的な抗酸化指数は，表1のとおりである（通常食する野菜に限定）。

また，内藤らは，リノール酸の酸化抑制を指標として，アリウム属植物の抗酸化能を比較している[4]。試験された6種類（ニンニク，タマネギ，ネギ，ニラ，ワケギ，ラッキョウ）の植物では，ニンニクに最も強い抗酸化力が認められている。興味あることに，ニンニクを加熱処理（煮

第2編 動・植物化学成分の有効成分と素材開発

表1 野菜の抗酸化能の比較

野菜の種類	抗酸化指数*1
1. ニンニク	23.2
2. ホウレンソウ	17.0
3. 芽キャベツ	15.8
4. ブロッコリー	12.9
5. トウモロコシ	7.2
6. タマネギ	5.6
7. ナス	5.1
8. カリフラワー	5.1
9. キャベツ	4.8
10. ジャガイモ	4.6
11. サツマイモ	4.3
12. レタス	4.1
13. ニンジン	3.4
14. セロリ	1.1
15. キュウリ	1.1

*1：抗酸化指数は，パーオキシラジカル・ハイドロキシラジカルおよび銅イオンに対する抗酸化能の総和で算出。
(G. Caoらの報告[20]より，通常食する野菜のみを取り上げた)

沸あるいはマイクロウェーブ処理)することにより，抗酸化能が増強されるとの結果も示されている。さらに，実際に肉だんごにこれらの植物を加え，抗酸化力を検討したところ，ニンニクとタマネギのみが抗酸化作用を示している。

2.4 in vivo

　虚血により誘発される脳障害には，フリーラジカルの関与が示唆されており，抗酸化物質が有効であるとされている。虚血により誘発される脳浮腫が，熟成ニンニクエキスの前投与により抑制されることが，Y. Nimagamiらにより報告されている[21]。水溶性硫黄化合物，S-アリルシステインの前投与では，脳浮腫の顕著な抑制とともに，生存率の改善（投与群では死亡例なし）も認められている。さらに，脳内の活性酸素の生成量の顕著な低下も認められており，ラジカルの産生抑制により障害が改善されたものと考えられる。なお，同時に検討されたアリルスルフィドおよびジアリルジスルフィドでは，虚血による脳障害の改善は認められていない。

　四塩化炭素を動物に投与すると，フリーラジカルが産生され，肝障害が誘発されることが知られている。水溶性硫黄化合物であるS-アリルシステインおよびS-アリルメルカプトシステインは，この肝障害を予防する[22]。また，フリーラジカルを産生し心毒性を引き起こす抗がん剤，ドキソルビシンの副作用も熟成ニンニクエキスにより軽減される[23]。

放射線障害の予防にも，ニンニクは有効である。放射線照射により誘発される小核を有する正染赤血球の出現が，ニンニクの照射前投与により抑制されることが報告されている[24]。

フリーラジカルや活性酸素の関与が提唱されている老化の進展にも，ニンニクが有効である可能性が示唆されている。老化促進マウス（SAM）を用いた実験で，熟成ニンニク抽出液投与により，寿命の延長とともに，老化の促進に伴う学習および記憶の障害が改善することが報告されている[1,2]。

また，アロキサン誘発糖尿病ラットでは，肝臓・腎臓・心臓のグルタチオン量の減少が認められるが，アリインによる減少の抑制が報告されている。また，アリインによる肝臓のSOD活性の低下の抑制も認められている[25]。

2.5 臨床研究

血清中マロンジアルデヒドおよび赤血球中のグルタチオンに対するニンニクの影響について，T. Gruneらにより検討されている[26]。健常人25人に9週間ニンニクを服用させたところ，血清中のマロンジアルデヒドは，服用前は0.91 μ mol/lであったのが，服用後は0.33 μ mol/lへと有意な減少が認められている。さらに，服用者の年齢との比較において，40歳以上でより顕著な減少を認めている。赤血球中のグルタチオン量は，ニンニク服用により増加することが示されている。

動脈硬化の進展に酸化型LDLの関与が示されており，リポタンパクの酸化に対する抵抗性へのニンニクの作用の検討が行われている。M. Steinerらは，熟成ニンニクエキスの血清コレステロール低下作用を検討した二重盲検クロスオーバー臨床試験にて，血清LDL/VLDLを分画し，Cu^{2+}による酸化に対する抵抗性を測定している[27]。表2に示すように，プラセボ群ではマロンジアルデヒドの産生が74nmol/mgであるのに対し，熟成ニンニクエキス服用群では54nmol/mgと抑制されている。また，同様の傾向は，ニンニク粉末の製品での臨床試験でも認められている[28]。つまり，ニンニクの摂取は，動脈硬化の危険因子の1つである酸化型のLDLの生成抑制につながると考えられる。

表2 血清リポタンパクの酸化に対する抵抗性への熟成ニンニクエキスの影響[27]

グループ	症例数	TBARS 生成量 （nmol MDA/mg リポタンパク）
プラセボ薬服用群	10	74±25
熟成ニンニクエキス服用群	12	54±19

熟成ニンニクエキスを4あるいは6カ月間服用後，血清リポタンパク（LDL/VLDL）画分にCu^{2+}を添加し，生成したTBARSを測定。

2.6 おわりに

　抗酸化の試験法には種々の方法があり，ニンニクについてもいろいろな角度から，検討がなされている。この一連の実験には種々のニンニク調製品が用いられており，生ニンニクでは，試験法により相反する結果が報告されている。たとえば，肝マイクロソームを用いた実験において，アスコルビン酸と鉄による脂質の過酸化は抑制するが，t-ブチルハイドロパーオキサイドによる過酸化は促進する。これには，生ニンニクを切ったり・潰した際に生成される［S→O］基を有し，非常に不安定で反応性に富むアリシンに起因するとも考えられる。一方，熟成ニンニクエキスは，いずれの実験系においても抗酸化作用が認められている。図4に示すように，米国で市販されているニンニク製品について，抗酸化能を比較したところ，抗酸化作用を示したのは熟成ニンニク製品のみであり，他の製品はいずれも酸化作用を示した。つまり，ニンニクに抗酸化作用を期待する場合は，熟成法が最も優れた加工法であると言える。

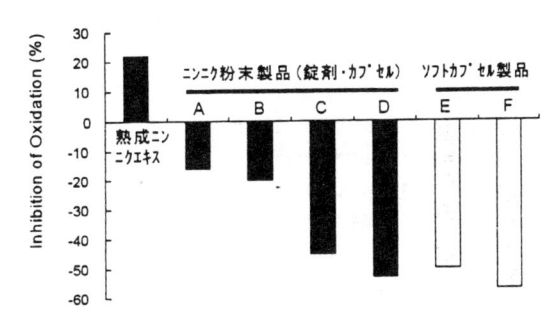

図4 t-ブチルハイドロパーオキサイドによる肝マイクロソームの過酸化に対する市販ニンニク製品の抗酸化能の比較
被検物質を添加しないときの過酸化物質生成量に対する抑制の割合で表示(%)。過酸化を促進した製品は，マイナスで表示。なお，ニンニク製品は，いずれも米国市場で市販されているものを用いた。

　ニンニクの特徴の1つである硫黄に富むことが，抗酸化作用と密接に関係しており，脂溶性硫黄化合物のスルフィド類・水溶性化合物のシステイン誘導体などが，抗酸化作用を有する。また，フェノール化合物のアリキシンにも，強い抗酸化作用が認められている。
　ところで，ニンニクのコレステロール低下作用はよく知られているところである。加えて，最近の研究からLDLの酸化抑制・酸化型LDLからの血管内皮細胞の防護作用などが明らかにされており，動脈硬化ひいては循環器疾患の発生抑制に有効であると考えられる。また，ニンニクは野菜の中で最も抗酸化作用が強く，がんや老化などラジカルや活性酸素が関与している疾病の予防への応用も期待されている。

文　献

1) N. Nishiyama et al., Int. Acad. Biomed. Drug Res., 11, 253-258 (1996)
2) T. Moriguchi et al., Biol. Pharm. Bull., 19, 305-307 (1996)
3) G.C. Yang et al., J. Food & Drug Analysis, 1, 357-364 (1993)
4) 内藤茂三ほか, 日本食品工業学会誌, 28, 291-296 (1981)
5) 内藤茂三ほか, 日本食品工業学会誌, 28, 465-470 (1981)
6) T. Horie et al., Planta Medica, 55, 506-508 (1989)
7) P. Kourounakis et al., Res. Comm. Chem. Pathol. Pharmacol., 74, 249-252 (1991)
8) J. Imai et al., Planta Medica, 60, 417-420 (1994)
9) T. Horie et al., Planta Medica, 58, 468-469 (1992)
10) E. Rekka et al., Pharmazie, 49, 539-540 (1994)
11) I. Popov et al., Arzeim.-Forsch./Drug Res., 44, 602-604 (1994)
12) K. Prasad et al., Mol. Cell. Biochem., 154, 55-63 (1996)
13) N. Ide et al., Phytother. Res., 10, 340-341 (1996)
14) B.H.S. Lau et al., Int. Natl. Clin. Nutr. Rev., 9, 27 (1989)
15) N. Ide et al., Planta Medica, 63, 263-264 (1997)
16) G. Lewin et al., Arzeim.-Forsch./Drug Res., 44, 604-607 (1994)
17) T. Yamasaki et al., Phytother. Res., 8, 408-412 (1994)
18) N. Ide et al., J. Pharm. Pharmacol., 49, 908-911 (1997)
19) Z. Geng et al., Phytother. Res., 11, 54-56 (1997)
20) G. Cao et al., J. Agric. Food Chem., 44, 3426-3431 (1996)
21) Y. Nimagami et al., Neurochem. Int., 29, 135-143 (1996)
22) S. Nakagawa et al., Phyto Res., 1, 1-4 (1988)
23) R. Kojima et al., Nutr. Cancer, 22, 163-173 (1994)
24) S. P. Singh et al., Bri. J. Cancer, 74, S102-S104 (1996)
25) K. T. Augusti et al., Experimentia, 52, 115-119 (1996)
26) T. Grune et al., Phytomed., 2, 205-207 (1996)
27) M. Steiner et al., 新薬と臨床, 45, 456-466 (1995)
28) S. Phelps et al., Lipids, 28, 475-477 (1993)

3 ココア

滝沢登志雄[*]

3.1 はじめに

ココアはチョコレートと同じくカカオ豆を原料に製造される。カカオ豆は主に西アフリカ，中南米，東南アジアの熱帯雨林地域において大量に生産されている。カカオ樹は学名をテオブロマ・カカオと言いアオギリ科テオブロマ属の一種で，原産地は南米のアマゾン川，オリノコ川流域と考えられている。この地域はマヤ，アステカ，インカなどの古代文明が繁栄したところであり，カカオ樹も栽培されていた。テオブロマとはギリシャ語で「神様の食べ物」という意味で，カカオ豆が当時は王侯や富裕階級だけの貴重な食べ物であったことを反映している。カカオ豆は栄養価が高く，また，アルカロイドやポリフェノールなどの機能成分が含まれており，当時は強壮効果を期待して摂取されていた。

カカオ豆についてはこれまで成分的な研究が進められてきてはいたが，抗酸化性や成人病予防といった機能的な研究はほとんど行われてこなかった。チョコレートやココアの菓子または食品としての地位を考えると，今後，世界各国でさまざまな機能研究が進展するものと思われる。

3.2 ココアの製造法

カカオ豆を焙焼，粉砕してシェル（皮）とジャーム（胚芽）を除去するとニブ（実）が得られる。次にアルカリ処理の工程に移るが，一般的にはカカオニブに炭酸カリウムの溶液を加え数時間から一昼夜加熱することにより行う。この工程はココアの製造に特有のもので，味や香り，色の改良を主たる目的に行われる。アルカリ処理の終わったカカオニブを磨砕するとペースト状のカカオマスになる。それを圧搾して脂肪分を減らし，粉砕するとココアパウダーになる。カカオマスには55％前後の脂肪が含まれているが，ココアパウダーではそれが通常22～24％まで減らされている。カカオ豆の種類を異にするココアパウダーを数種類ブレンドし，さらに砂糖，粉乳，香料などを加えて最終的にわれわれが口にする調整ココアが製造される。

3.3 カカオ豆の成分

カカオニブから製造されるカカオマスの成分を表1に示す。主要な栄養成分の1つは油脂（ココアバター）である。ココアバターに含まれる脂肪酸はパルミチン酸，ステアリン酸，オレイン酸が主成分であり，3成分の合計は90％を超える。タンパク質の含量は20％前後である。糖質の含量は高くないが，その中ではデンプンの含量が高い。食物繊維の含量は20％を超え，食品の中

---

[*] Toshio Takizawa　明治製菓㈱　栄養機能開発研究所　一室長

成人病予防食品の開発

表1 カカオマス（ガーナ産）の成分

成　分	組成（%）	特記事項
脂　質	54.5	主要脂肪酸：ステアリン酸，オレイン酸，パルミチン酸
タンパク質	11.6	主要アミノ酸：グルタミン酸，アスパラギン酸，アルギニン，ロイシン
糖　質	7.3	デンプン：6.1%，ショ糖：0.26%，果糖：0.06%
食物繊維	17.2	リグニン：9.4%，ヘミセルロース：4.0%，セルロース：2.7%，水溶性多糖：1.1%
成　分	3.2	カリウム：925mg，マグネシウム：315mg，カルシウム：82.8mg，リン：407mg
ビタミン	0.02	ビタミンE：13.4mg，ナイアシン：1.1mg
有機酸	1.5	酢酸：2.3%，クエン酸：0.61%，シュウ酸：0.46%，乳酸：0.13%
ポリフェノール	3.3	エピカテキン：140mg，カテキン：31mg，ケルセチン：1.3mg
アルカロイド	1.4	テオブロミン：1.3%，カフェイン：0.09%

では高い部類に属する。カカオの食物繊維はリグニン，セルロース，ヘミセルロースなどよりなるが，そのうちリグニンが最も多い。ミネラルの中ではカリウム，マグネシウム，リンの含量が高い。

以上のようにカカオ豆は栄養学的にもいくつかの優れた特長がある。また，カカオ豆にはアルカロイドやポリフェノールなどの機能成分が含まれている。カカオ豆のアルカロイド含量は茶葉やコーヒー豆，コーラ果実などと同じく他の食品よりも著しく高い。カカオ豆のアルカロイド組成はテオブロミンの比率が著しく高いのが特徴である。カカオ豆には著量のポリフェノールが含まれており，近年成分および機能性に関する研究が進んできた。

以下に最近の知見のいくつかを述べる。

3.4 カカオポリフェノールと抗酸化活性

カカオマスを脱脂して得られる脱脂カカオマスには10%前後のポリフェノールが含まれている。脱脂カカオマスをn-ヘキサンで完全に脱脂し，80%エタノールにより抽出する。抽出画分を吸着樹脂カラムに負荷し，水-エタノールのステップグラジエントで分画した。そのうち抗酸化活性の強い画分（カカオマス粗ポリフェノール画分：CMP）をHPLCにより精製し，いくつかの純品を得て機能分析を実施した。

その結果，以下のポリフェノールが含まれていることが明らかとなった。カテキン，エピカテキン，ケルセチン，ケルセチン-3-グルコシド，ケルセチン-3-アラビノシド，クロバミド，ジデオキシクロバミド。それらを図1に示す。しかしながらカカオマス中にはプロシアニジンなど未同定の成分も数多く残されており，全容の解明は今後の研究に待つところが大きい。

(1) *in vitro* 試験における抗酸化活性の成績

各成分の抗酸化活性をリノール酸を基質にした変敗試験で評価したところ，クロバミドが最も

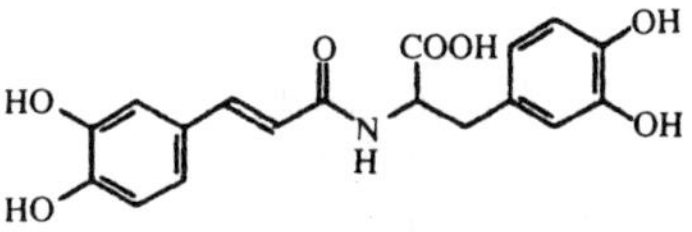

第2編　動・植物化学成分の有効成分と素材開発

図1　カカオマスに含まれるポリフェノール類

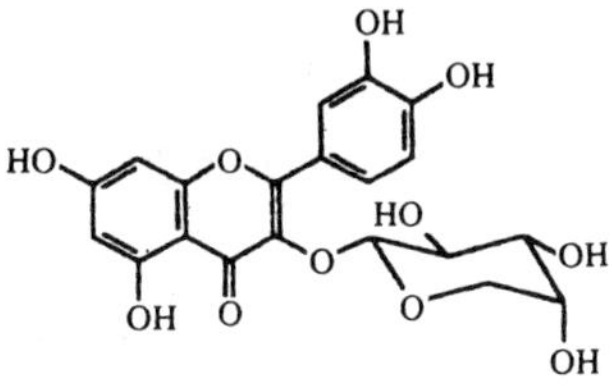

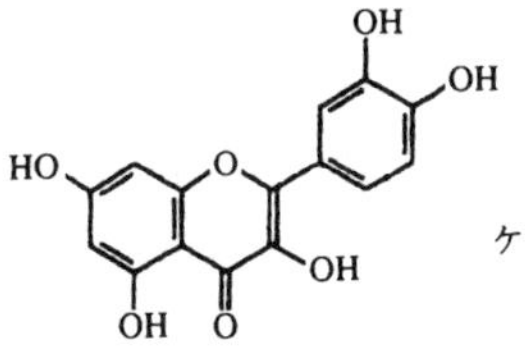

強く，次いでエピカテキン，カテキン，ケルセチンの順に活性を示すことが明らかになった。その結果を図2に示す。また，生体サンプルとしてラット肝ミクロゾームを基質にして抗酸化活性を調べたところ，ケルセチンが最も強く，次いでエピカテキン，カテキン，クロバミドの順に活性を示すことが明らかになった。

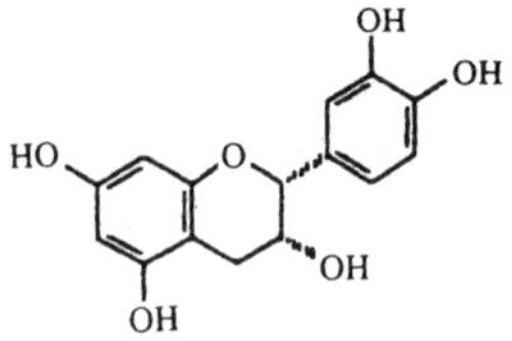

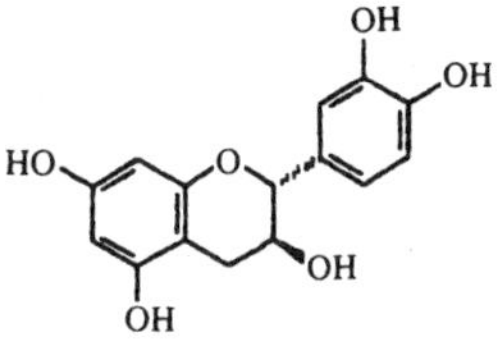

さらに，スーパーオキサイドに対する消去活性をESRにより測定したところ，カテキン，エピカテキンが最も強く，次いで，ケルセチン，クロバミドの順に活性を示すことが明らかになった。ケルセチン-3-グルコシド，ケルセチン-3-アラビノシドおよびジデオキシクロバミドは，いずれ

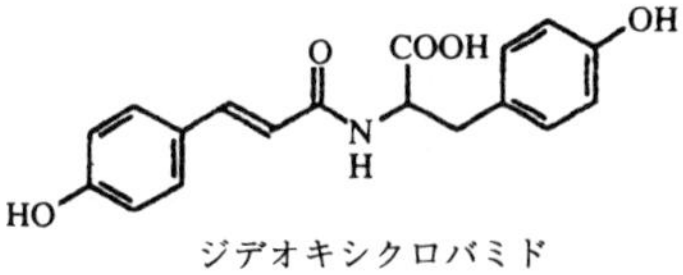

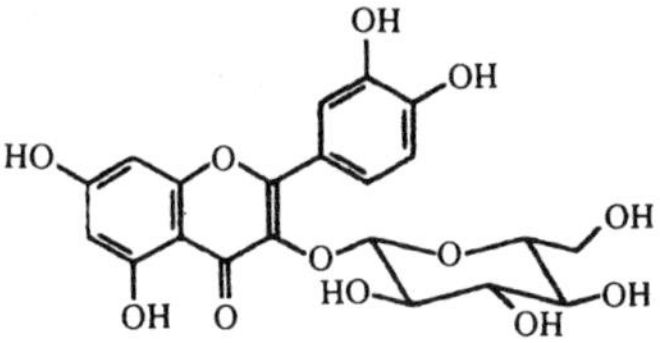

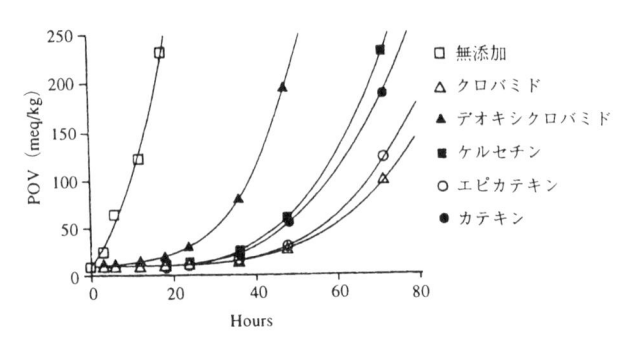

図2 リノール酸の変敗に対するカカオポリフェノールの作用

の系においても強い活性は示さなかった。
(2) ビタミンE欠乏時の酸化ストレスに対する予防作用

3週齢のSD系雄性ラットを5群に分け，それぞれ通常飼料，ビタミンE欠乏飼料およびCMP添加飼料3種類を給与して7週間飼育した。CMPはビタミンE欠乏飼料に0.25，0.50，1.00%の3水準で添加した。最終日に屠殺，採血し，肝臓，腎臓，心臓および脳をそれぞれ摘出した。血漿中の過酸化脂質レベルはビタミンE欠乏により著しく上昇したが，CMP給与により量依存的な低下傾向を示した。肝臓，腎臓，心臓および脳の過酸化脂質レベルもCMP給与によりそれぞれ量依存的な低下を認めたが，その効果は特に肝臓で顕著であった。肝臓における結果を図3に示す。以上の成績から，摂取されたカカオポリフェノールは吸収されて広く全身に分布し，各部位で抗酸化作用を発揮することが明らかとなった。

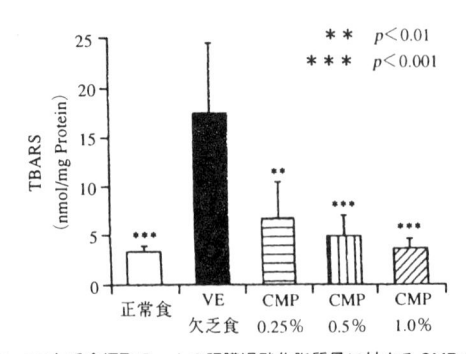

図3 VE欠乏食摂取ラットの肝臓過酸化脂質量に対するCMPの作用

3.5 カカオポリフェノールの生理作用

 in vitro および in vivo 試験においてカカオポリフェノールの抗酸化作用が確認できたので、いくつかの病態モデルにより生理作用を検証した。以下にそのいくつかを紹介する。

(1) アルコール性胃粘膜障害に対する予防作用

 一晩絶食した9週齢のSD系雄性ラットにCMPを500mg/kg前投与し、30分後にエタノールを5ml/kg経口投与した。さらに1時間後に胃を摘出し、ホルマリンで固定して腺胃部に発生した損傷面積を画像解析装置を用いて測定した。その結果を図4に示す。エタノール投与により鬱血性の損傷が発生するが、CMP投与により著しい抑制が認められた。その効果は陽性対照として用いたシメチジン、スクラルファートと比較して遜色がなかった。その際、同時に胃粘膜を剥離し、その中の過酸化脂質を測定したところ、エタノール投与による上昇がCMP前投与により有意に抑制されていた。また、胃粘膜の過酸化脂質上昇の機作の1つと考えられているキサンチンオキシダーゼ活性を測定したところ、CMP前投与により活性の低下が認められた。さらに好中球に特異的な酵素であるミエロパーオキシダーゼ活性を測定したところ、エタノール投与による上昇がCMP前投与により著しく抑制されていた。

 以上の成績から、アルコール性胃粘膜障害に対するCMPの予防作用には活性酸素に対する消去作用が関わっていることが強く示唆された。

(2) 動脈硬化予防作用

 近年の研究により、LDLそのものが動脈硬化を引き起こすのではなく酸化変成したLDLが問題であることがわかってきた。それにより動脈硬化の予防には抗酸化作用のあるビタミンEやポリフェノールなどの摂取が意味あるものと考えられるに至っている。

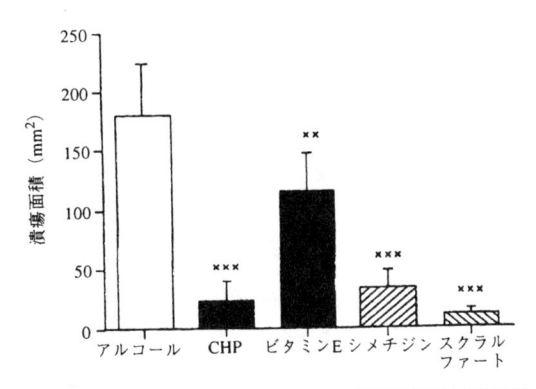

図4 カカオポリフェノールのアルコール性胃潰瘍に対する作用

そこでカカオポリフェノールの効果を in vitro 試験により予備的に評価した。すなわち分画したヒトLDLに開始剤を加えて酸化を起こさせ，この系にCMPを添加して効果を調べた。その結果CMPの添加量に依存してLDLの抗酸化性が高まることが確認された。そこでウサギを用いた試験により効果の検証を試みた。ウサギに1%コレステロール飼料を給与し，途中から，さらにCMPを1%加えた飼料を与えて飼育した。CMPの添加前，添加後4日目，7日目，10日目とそれぞれ採血してLDLを分画した。分画したLDLの抗酸化能を調べたところ，4日目から有意の上昇が認められ，同時に過酸化脂質の減少が認められた。次にヒトによる試験により効果の検証を試みた。すなわち12名の健常男性に対して脱脂カカオマスの負荷試験を行った。一晩絶食した被験者に脱脂カカオマス35gを摂取させ，摂取前，摂取後2時間，4時間とそれぞれ採血してLDLを分画した。分画したLDLに酸化開始剤を加え，過酸化脂質が立ち上がるまでのラグタイムを測定した。その結果を図5に示す。摂取前のラグタイム61.2 ± 6.4分に対し，摂取後2時間で70.3 ± 6.1分と有意の延長を認め，摂取後4時間で64.2 ± 5.6分と元の水準に戻ることが認められた。

以上の成績からカカオマスの摂取はLDLの抗酸化性を高め，それにより動脈硬化の予防に結びつく可能性が示唆された。

(3) **抗ストレス作用**

現代は社会が急速に複雑化，広域化し，従来の知識や価値観では対応できない場面が増えて，ストレスを受けやすい状況を作りだしている。一方，チョコレートについては昔からその抗鬱効果が言い伝えられてきた。

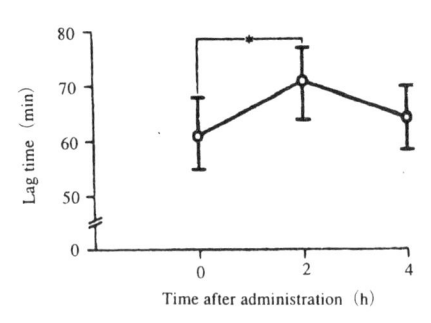

図5 脱脂カカオマス摂取によるLDL抗酸化能の推移

そこでカカオポリフェノールの抗ストレス効果について動物試験により効果の検証を試みた。すなわちラットを金網ケージに強制拘束してストレス負荷をかけ，拘束解除後ホールボード法により情動行動を評価した。ホールボード装置の基本は，穴の開いた板を底面にして箱型の構造に組み立てたもので，この中にラットを入れ行動を観察する。装置の概要を図6に示す。箱の中に入れられたラットは移動，立ち上がり，ホールの覗き込み（ヘッドディップ），脱糞などの行為を行うが，それらをビデオカメラおよび装置の側壁に取り付けた赤外線センサーにより観察し，集積されたデータをコンピューターで解析する。一連の行動は単位時間当たりの行動距離，立ち上がり回数，ヘッドディップ数，脱糞数などの項目別に評価される。8週齢のSD雄性ラットを2群に分け，それぞれ普通飼料および0.5%CMP添加飼料を給与して10日間飼育した。11日目より

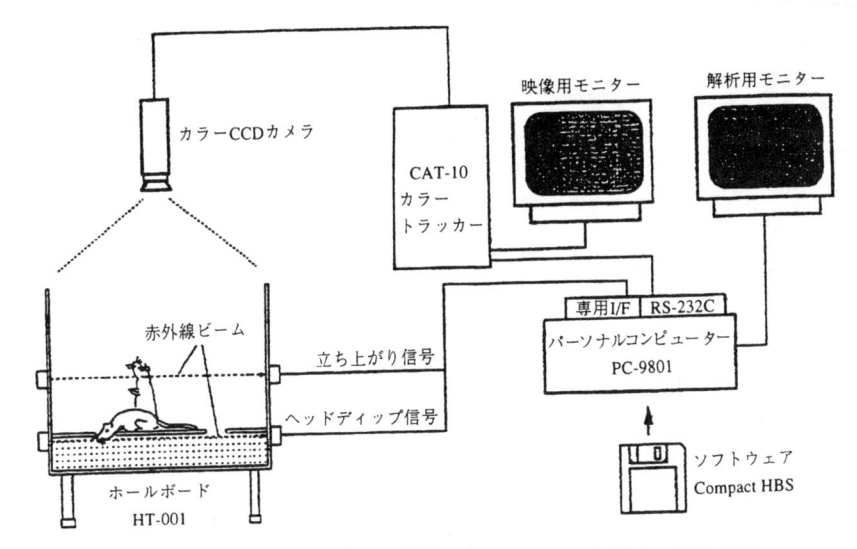

第2編　動・植物化学成分の有効成分と素材開発

図6　東京医大式自動ホールボード試験装置（model ST-1, 室町機械）の構成概要

　拘束ストレスを1日4時間，7日間反復して負荷し，その間の情動行動の変化を追跡した。本実験にはあらかじめ拘束ストレスに対して高感受性のラットを選別して用いた。
　その結果を図7に示す。普通飼料を与えた群では行動距離，立ち上がり回数，ヘッドディップ数のいずれもが有意に減少し，ストレスによりラットが鬱状態に陥ったことが認められた。一方，CMP添加飼料を与えた群ではいずれの項目にも変化は認められなかった。また，普通飼料群においては，血漿コルチコステロン濃度および肝臓，腎臓の過酸化脂質レベルが有意に上昇していた。しかしながらCMP添加飼料群ではこれらの項目に特に変化を認めなかった。
　以上の結果はCMPにはストレスに対し予防効果のあることを示している。また，別の実験によりCMPにはストレスからの回復効果があることも認められている。しかしながら，健常ラットに対しては特記すべき影響を認めなかった。以上の成績から，カカオポリフェノールは生体が健常な状態にあるときは特に作用を発現せず，ストレス状況において情動変化を抑制し，ストレスへの適応を促進する効果を有するものと考えられる。

(4)　免疫調節作用
　免疫系において活性酸素は重要な機能を果たしていることが知られている。食細胞は活性酸素を産生し，それによって体内に浸入した微生物を殺菌する。また，リンパ球などが刺激を受けると活性酸素が誘導され，それが細胞内刺激伝達系に関わって免疫細胞の活性化を惹起する。しか

成人病予防食品の開発

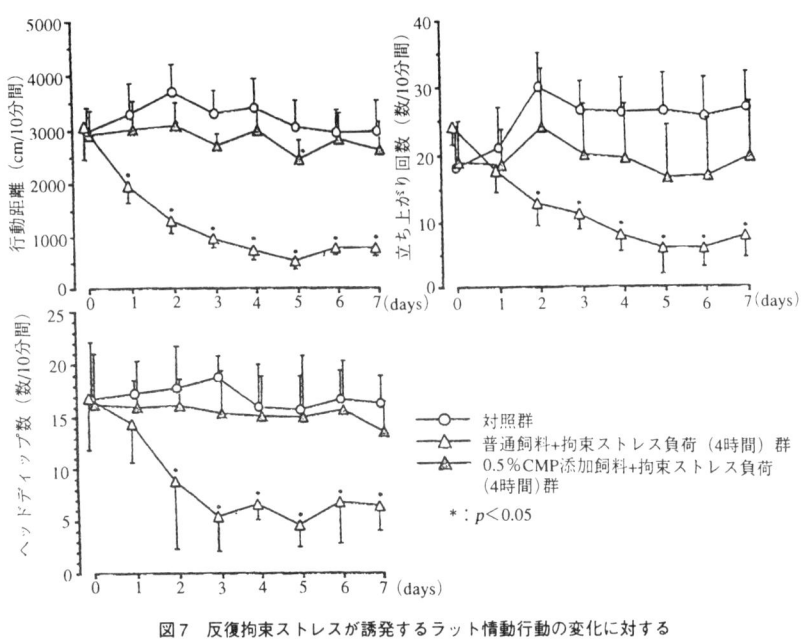

図7 反復拘束ストレスが誘発するラット情動行動の変化に対する
カカオマスポリフェノール（CMP）の予防効果

しながら活性酸素の産生が過剰になると，組織の障害を引き起こし，さまざまな疾患の発症の要因になる。カカオポリフェノールは活性酸素に対し消去能をもっていることから，免疫系に対する調節作用を検討した。

① CMPによる好中球の活性酸素の産生抑制

好中球はPMA（フォルボール ミリステイト アセテイト）で刺激すると過酸化水素を産生する。あらかじめ好中球にDCFH（2',7'-ジクロロフルオレッセイン）を取り込ませておくと，発生した過酸化水素はDCFHと反応し，DCFHはDCFに転換して蛍光を発する。この方法により過酸化水素を実際に産生している好中球をフローサイトメトリーで測定した。健常人の末梢血好中球をPMAで刺激すると過酸化水素が産生されるが，この系にCMP100 μ g/mlを添加すると過酸化水素の産生は著しく減少した。その結果を図8に示す。また，スーパーオキサイドアニオンの産生に対するCMPの影響についてNBT（ニトロブルーテトラゾリウム）還元法により調べた。好中球をNBT存在下でPMA刺激を行うと，スーパーオキサイドアニオンが産生され，NBTは濃い紫色に発色し顆粒が染まる。健常人の末梢血好中球をPMAで刺激すると紫色の顆粒が出現して

第2編 動・植物化学成分の有効成分と素材開発

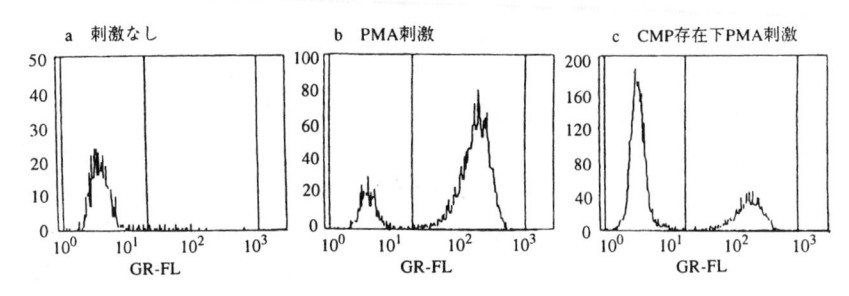

図8 CMPによる顆粒球の活性酸素産生抑制

NBT陽性になるが，この系にCMPを加えると顆粒は染まらずNBT陰性になる。以上の成績はCMPが好中球の過剰な活性酸素の産生を抑制し，組織障害を緩和する可能性があることを示唆している。

② 免疫系への作用

リンパ球をマイトゲンであるPHA（フィトヘムアグルチニン）で刺激すると細胞増殖の強い亢進が引き起こされるが，この系にCMPを加えてその効果を検討した。すなわち健常人の末梢血からフィコールハイパーク比重遠心法でリンパ球を分離し，培養系に移してPHAで刺激すると細胞増殖が亢進するが，この系にCMPを加えると増殖が強く抑制された。その結果を図9に示す。Tリンパ球が活性化されるとTリンパ球はそれ自身の増殖因子であるIL-2を産生する。そこで

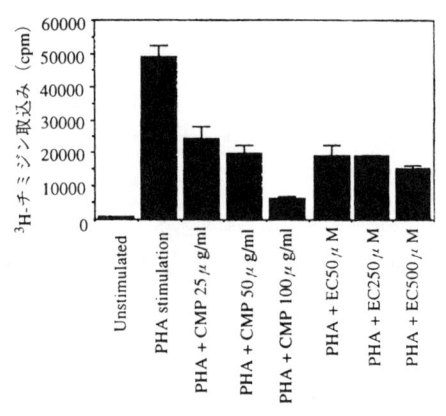

図9 CMPによるリンパ球の増殖抑制

CMP存在下でリンパ球にPHA刺激を行い培養上清中のIL-2タンパクを測定したところ，CMPは濃度依存的にリンパ球のIL-2産生を抑制していることが確かめられた。これによりCMPによるリンパ球の増殖抑制の機作の一部はIL-2の産生抑制を介したものであることが推定された。また，この抑制は遺伝子発現の転写レベルで起きていることが確認された。PWM (Pokeweed mitogen) はアメリカヤマゴボウ由来のマイトゲンでT細胞依存的にB細胞の抗体産生を誘導する。PWMを健常人の末梢血リンパ球に加えるとIgG産生が著しく亢進するが，この系にCMPを加えると濃度依存的にIgG産生を強く抑制した。その結果を図10に示す。以上の成績はCMPが過剰な細胞増殖や抗体産生を抑制し免疫調節作用を発揮する可能性を示唆している。

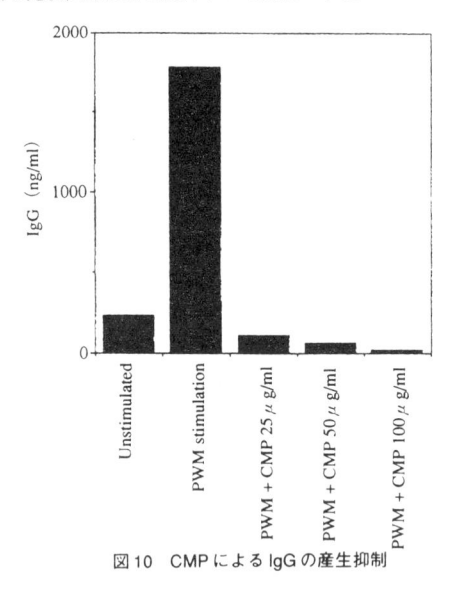

図10　CMPによるIgGの産生抑制

3.6 おわりに

以上のように，カカオ豆には著量のポリフェノールが含まれ，抗酸化，アルコール性胃粘膜障害予防，動脈硬化予防など多様な作用を示すことが明らかとなった。また，アレルギーなどの過剰な免疫反応が原因とされる病態への緩和効果も期待される。ここでは触れなかったが，カカオポリフェノールには抗う蝕作用や抗変異原作用などの効果も確認されている。言うまでもなくココアやチョコレートは食品であり，薬品のような強い効果を期待すべきものではない。しかしながら食品には薬品にない栄養機能，感覚機能があり，毎日おいしくバランスよく食べて健康が維

持される世界は，ただ食品にのみ与えられている。今後，カカオ豆の機能性が科学的にさらに解明され，その応用食品であるココアやチョコレートがおいしいだけでなく，健康増進にも寄与する食品として新たな地位を築くことを期待したい。

文　　献

1) 大澤俊彦，食の科学，2月号，15(1996)
2) K. Kondo, R. Hirano, A. Matumoto, O. Igarashi, H. Itakura, *Lancet*, 348, 1514(1996)
3) 武田弘志，食の科学，2月号，52(1997)
4) C. Sanbongi, N. Suzuki, T. Sakane, *Cellular Immunology*, 177, 129(1997)
5) 福島和雄，食の科学，3月号，48(1997)
6) 大澤俊彦，食の科学，2月号，58(1997)

4 ゴマの抗酸化性とその生理活性

姜　明花[*1]，大澤俊彦[*2]

4.1 はじめに

高齢化社会を迎え，動脈硬化によって起こる臓器障害を有する老年疾患が増加する一方で，子供の動脈硬化が増加して虚血性心疾患の若年発病が問題になっている。近年，生活習慣，特に食生活の欧米化に伴い，虚血性心疾患に代表される粥状動脈硬化性疾患は現在，わが国でも増加しつつあるライフスタイル，特に食習慣に関連した疾病として知られている。食生活と粥状動脈硬化症の因果関係もこれらの新しい概念の中で解明されようとしており，特に脂質過酸化反応を伴う酸化LDLや変性リポタンパク質の生成がその病変の進展に深く関与していることが明らかになっている[1,2]。

ゴマは古くから動脈硬化や高血圧をはじめとする老化予防などの薬効をもつ優れた伝統食品として知られているが，ゴマに含まれているどのような成分がこれらの薬効に関与しているのかを解明するために研究をスタートしたばかりである。そこで，われわれはゴマに含まれている微量成分であるリグナン類の抗酸化物質が動脈硬化症を防ぐ可能性を考えた。

ここでは，ゴマに含まれているリグナン類の in vitro 系での抗酸化能とともに，動物を用い in vivo 系で動脈硬化の発症を予防するか否かについて，今までの研究結果を紹介したい。

4.2 動脈硬化症の発生

血液中のコレステロールやトリグリセリドなどが高くなる高脂血症は，動脈硬化の危険因子として知られている。LDLは体の各組織にコレステロールを運ぶ働きをしている血清リポタンパクの一種である（図1）。LDLは生体にとって必要であるが，ある閾値を越えると血管壁に沈着し，粥状動脈硬化症を引き起こすことから，悪玉コレステロールと呼ばれている。LDLは主に肝臓のLDL受容体により，残りは末梢のLDL受容体により代謝を受ける。一部のLDLは血管壁で変性修飾され血管壁に存在するマクロファージに取り込まれると，泡沫細胞の凝集，つまりfatty streakになる[1]。

このように，内膜内にLDLが侵入し，酸化ストレスを受けるとLDLの酸化は進行し，化学的あるいは生化学的修飾を受け，いわゆる"酸化LDL"となり，酸化修飾を受けたLDLが動脈硬化の発症に深く関わっていることが明らかになっている（図2）[2]。最近，食品由来の抗酸化物質を摂取することにより，老年病や動脈硬化症を予防することができるのではないかという観点か

---

* 1　Myong-Hwa Kang　名古屋大学　大学院　生命農学研究科
* 2　Toshihiko Osawa　名古屋大学　大学院　生命農学研究科　教授

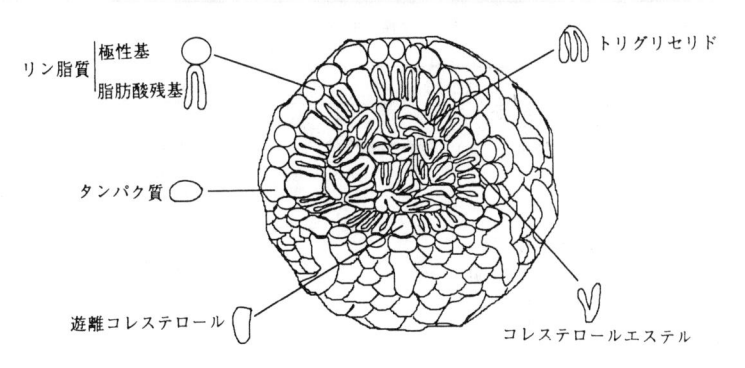

第2編　動・植物化学成分の有効成分と素材開発

図1　リポタンパク質の構造

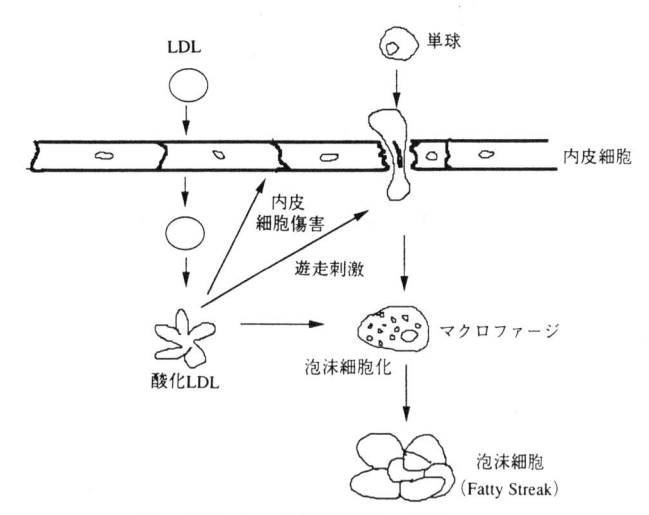

図2　酸化LDLの動脈硬化発生への関わり

ら，生体に及ぼすさまざまな機能性食品に多くの注目が集められている。

4.3　ゴマの栄養化学

4.3.1　ゴマ種子中の栄養成分について

　ゴマ種子中の油含量は品種によって異なるが，721品種の含油量の平均値は53.1％である。最も多く含まれているのはリノール酸で，動物体内で合成されず摂取しなければならない必須な脂

成人病予防食品の開発

表1　ゴマ種子中の主な成分

一般成分		（100g当たり）
脂 質（g）		53.1
脂肪酸組成（%）	パルミチン酸	（9.5）
	ステアリン酸	（4.4）
	オレイン酸	（39.6）
	リノール酸	（46.0）
タンパク質（g）		19.8
ビタミンB_1（mg）		1.5
ビタミンB_2（mg）		0.25
ビタミンE（mg）		28.0
ナイアシン（mg）		6.0
鉄（mg）		21.9
カルシウム（mg）		1121.0
リン（mg）		611.5
フィチン酸（mg）		2434.6
セレン（mg）		0.5

肪酸として知られている。次いでタンパク質が約20％を占め，糖質は少なく，ミネラル，特にカルシウムの含有量の多いのが特徴である。またビタミンとしてB_1，B_2，ナイアシンを比較的多く含む。また抗酸化物質として知られているリグナン類を1～1.5％含有している（表1）。

微量成分として，特に多く含まれているのはビタミンEである。ビタミンEにはトコフェロールという4種類が存在しているが，いわゆるビタミンE効果をもつα-トコフェロールは少なく，98％近くはγ-トコフェロールが占めている。γ-トコフェロールは抗酸化性に優れ，また，最近では「ゴマ微量成分」との間で相乗効果が発見され，新しい機能性として注目されている[3,4]。

ゴマのタンパク質を構成しているアミノ酸はとても豊富で，硫黄を含むアミノ酸であるメチオニンやシステインなど8種類のアミノ酸では大豆タンパクより優れている。大豆タンパク質は植物性タンパク質源として最も多く生産されており，その特徴はリジンには富むものの硫黄を含むアミノ酸はあまり多くないという特徴を備えている。このことから，国連では，大豆タンパク質の栄養的な不足はゴマタンパク質で補う，すなわち，大豆タンパクとゴマタンパクを1:1で混合することで理想的なアミノ酸組成となるとして推奨しており，また，米国でもゴマタンパクを製品化することにより，肉食中心の食習慣を変えていこうという動きがある。

4.3.2　ゴマ油脂の栄養

脂質の栄養素としての機能はまたエネルギー源である。したがって50％以上油脂を含有するゴマは当然高エネルギー食品として価値があるといえる。ゴマの油脂の脂肪酸組成はリノール酸，オレイン酸を多く含み，リノレン酸は少ない。ゴマ油は大豆，コーン油と比べ酸化に対して安定

第2編 動・植物化学成分の有効成分と素材開発

である。この理由としてトコフェロールやリグナン系抗酸化物質の関与も大きいと考えられるが，不飽和度の少ないオレイン酸の含有量が高いことも原因の1つと考えられる[5]。

ゴマ油中のリノール酸は体内に入るとアラキドン酸という重要な脂肪酸に変換され，血管などの平滑筋の収縮や弛緩，血小板の凝集作用などを示し，また重要なホルモンとして注目されているプロスタグランジン類となったり，生体膜のリン脂質の構成成分として膜機能に重要な役割を担っていることも知られている。リノール酸は大豆油やナタネ油にも多く含まれているが，これらの油の問題点は，繰り返し天ぷら油として使用すると酸化されて嫌な臭いをもち，粘度を増し，劣化してしまうことがあげられる。

それに対して，ゴマ油の特徴としては，最近注目を集めているオレイン酸の含量がリノール酸に匹敵していることがあげられている。オレイン酸はオリーブ油に多く含まれ，リノール酸に比べてはるかに酸化的劣化に対して安定なことで知られている。最近，オリーブ油を多く摂取する地中海沿岸の住民に心疾患や大腸がんが少ないという調査から，オレイン酸の役割が注目されている。ただ，血栓症の予防効果などで注目され，魚油に多く含まれているエイコサペンタエン酸やDHAのようなリノール酸とは異なった種類に属する脂肪酸も同時に摂ることも重要なので，ゴマ油を用いた魚の天ぷらやゴマ和えなど，脂肪酸もバランスよく摂取することが必要であると思われる。

4.3.3 ゴマ種子中の抗酸化成分について

ゴマ種子には多量の脂質が含まれているにもかかわらず，ゴマ種子は高温に長時間貯蔵した後でも，他の油脂植物種子とは異なり，高い発芽率を保つという特性をもっていることが知られている。今まで，われわれの研究室を中心にゴマ種子中の新しい機能性成分について研究を進めてきた結果，比較的に多く含まれているセサミンやセサモリン（0.3～0.5％）は弱い抗酸化性を示すことが明らかになったが[6]，セサミノールは強い抗酸化性を示した。当研究室ではゴマに含まれている抗酸化物質の探索を進めてきた結果，セサミノールをはじめとするセサモリノール，ピノレジノール，P1などの新しいタイプの脂溶性リグナン類とともに，セサミノールをアグリコンとする配糖体である水溶性抗酸化物質を見出すことに成功した[7～10]。

4.4 *In vitro*系でのLDL酸化に対するゴマリグナン類の抗酸化性について

LDLの酸化はラジカル連鎖反応機構により進行する，つまり1つの脂質のラジカルが発生すると連鎖的に次々と脂質が酸化されていくことになる。しかし生体には防御機構が備わっており，特に脂溶性のビタミンE，カロチノイド，水溶性のビタミンCや尿酸などがLDL酸化を抑制することが明らかになっている[11,12]。

そこで，われわれも脂溶性リグナン物質であるセサミノール，セサモリノール，P1，ピノレジ

成人病予防食品の開発

ノールなどがLDLの酸化を抑制するか否かについて検討を行った。LDLの酸化変性については，健康な成人から採血した後，LDLを分離し，酸化開始剤である銅イオンを$10\mu M$になるように加え，37℃で2時間インキュベーションした後，不飽和脂肪酸の過酸化反応より大量に生成するマロンジアルデヒド（MDA）を指標としてTBARSを測定した（図3）。その結果，脂溶性ゴマリグナンの中でもセサミノールは$0.1\mu M$の低濃度で（図4），また濃度依存的（図5）に銅イオンによるLDL過酸化反応を強く抑制する結果を得た。

そこで，われわれは最も強い抗酸化性を示したセサミノールを天然の抗酸化物質の代表であるα-トコフェロールや高脂血症の治療剤であるプロブコールを用い，銅イオンまたは水溶性熱加水分解によってラジカルを発生するAAPHによりラジカルを発生し，LDL過酸化に対する抗酸化能を比較することにした。その結果，セサミノールはα-トコフェロールやプロブコールよりLDL

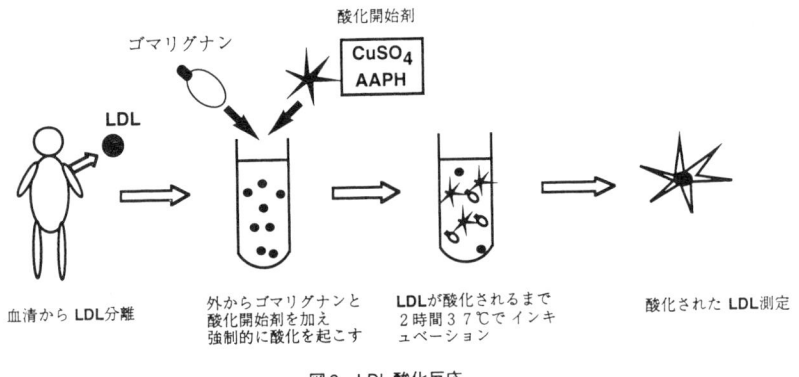

図3 LDL酸化反応

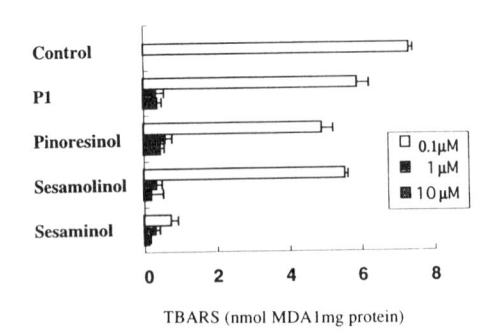

図4 銅イオンによるLDL酸化に対するTBARS生成にゴマリグナン類の抑制効果

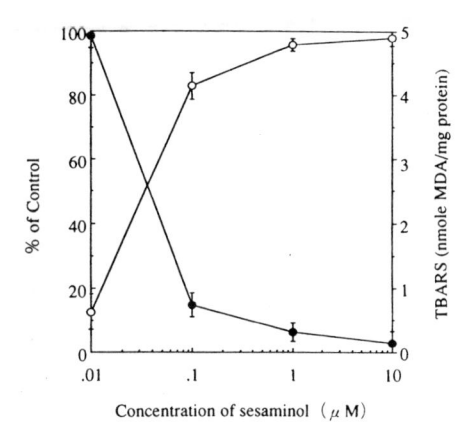

図5 銅イオンによるLDLの酸化に対するセサミノールの濃度依存的なTBARS生成の抑制効果

中の脂質過酸化反応を強く抑制した(図6)。脂質過酸化の2次生成物質である4-hydroxy-2-nonenal (4-HNE)やMDAがリポタンパク中のアポBのリジン残基のアミノグロフリンに結合することにより，アポBのタンパク質が分解されることが明らかになっている[13]。

われわれの研究室で特に着目したのは，脂質過酸化分解物を特異的に認識する抗体を開発して利用した免疫化学的定量方法(ELISA)である。LDLは45%以上のリノール酸で構成されており，リノール酸の過酸化初期生成物として生じる脂質ヒドロパルオキシド(13-HPODE)，さらにエポキシ体を経て酸化分解を起こし，最終的にはMDAや4-HNEなどのアルデヒドが生じ，これらの2次的に生成した過酸化生成物生成量を調べた結果，従来より用いられている比色法，TBARSとともに免疫化学的な評価法でもセサミノールが強く抑制効果を示した(図7)[14]。

LDLの酸化変性が起こるとアポBタンパク質の分解が起こり，低分子化することが明らかになっている。SDS-PAGEでアポBタンパク質の分解を調べた結果，図8で示したようにセサミノールは1 μ MではアポBタンパクの分解を抑制したが，α-トコフェロールやプロブコールではアポBの分解が起こり，フラグメンテーションが生じた。アポBのフラグメンテーションはMDAや4-HNEなどのアルデヒド以外の酸化生成物質の結合によって起こることが報告されている[2,13,14]。現在のところ，アポBのフラグメンテーションのメカニズムはよくわかっていないが，ヒドロキシルラジカル($\cdot$OH)による水素引き抜きに始まるラジカル的分解反応が推定されている。

以上の結果より，in vitro系でゴマ種子に微量に存在するリグナン成分により，LDLの酸化変性が強く抑制されることが示唆された。そこで，ゴマリグナンがLDLの酸化変性を抑制することに

(A) 銅イオンによるLDL酸化

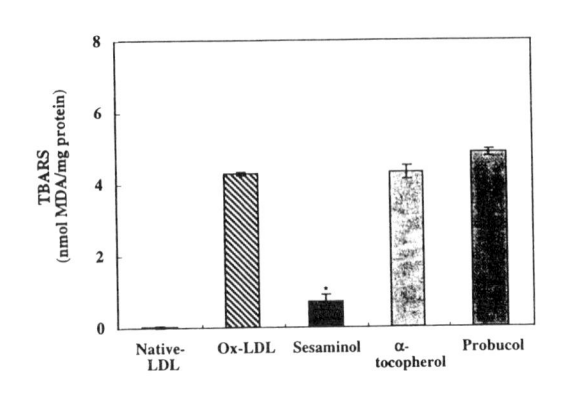

(B) AAPHによるLDL酸化

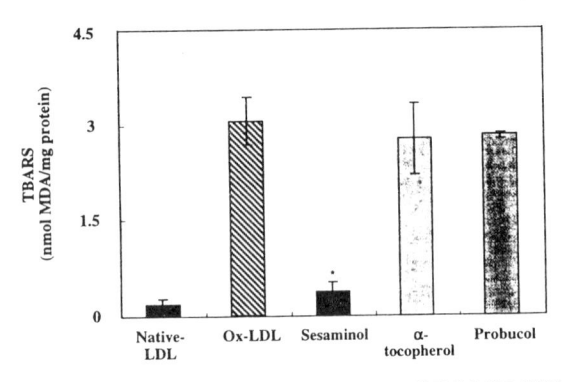

図6　銅イオンまた AAPH による LDL の酸化に対する抗酸化物質の抑制効果

より，動脈硬化の発症を予防しうるか否かについて，動物を用いた生体内での検討が重要な課題となり，特にウサギを用いた個体レベルでの検討を試みた。

4.5　ゴマ脱脂粕投与による高コレステロールウサギの動脈硬化抑制について

ゴマ種子にはセサミノールをはじめとする脂溶性抗酸化物質とは異なる大量の水溶性リグナン配糖体が存在していることが明らかとなった。ところがつい最近，筆者らはセサミノールの配糖体がゴマ種子中に大量に存在することを明らかにするとともに，油を搾った後，残りのゴマ脱脂

第2編 動・植物化学成分の有効成分と素材開発

粕から大量にセサミノール配糖体を単離することに成功した（表2）。

セサミノールはゴマ油の精製工程で2次的に生成するので、ゴマ種子にはほとんど含まれていないにもかかわらず、ゴマ種子を老化促進マウス（SAM）に28週間投与したところ、肝臓と腎臓では有意に過酸化が抑制された[15]。今までゴマ脱脂粕は動物や魚の餌などに使用されてきたが、大量に存在する抗酸化物質の有効な利用の可能性が期待されつつある。食品として摂取されたリグナン配糖体は、腸内細菌のβ-glucosidaseの作用で配糖体が加水分解を受けて生じるアグリコンが腸管から吸収され、最終的には脂溶性であるセサミノールが血液を経て各種臓器に至り、生体膜などの酸化的傷害を防御するということが考えられている（図9）[16]。

そこでわれわれはゴマ脱脂粕の有効利用の観点から、動脈硬化の予防食品として応用できるか否かを検討した。方法は体重2.3～2.7 kgの雌、New Zealand White Rabbit（各、$n=8$）に高コレステロール食を12週間与え、高コレステロール血症モデルを作成した。0、45、60、90日に採血しLDLを分離して、1%コレステロール食（コントロール群）に対して、1%コレステロール食に10%ゴマ脱脂粕を混ぜて投与した実験群を比較し、高コレステロールにおけるゴマ脱脂粕の動脈硬化症に対する抑制効果を検討した。コントロール群とゴマ脱脂粕を投与した実験群は高コレステロール血症を起こし、9週間で1,000 mg/dlを超える強い高コレステロール血症を起こした。コントロール群に対し実験群では、血清総コレステロールには差がなかった。またウサギの血清からLDLを分離し$CuSO_4$で酸化を起こし、TBARSを指標として脂質過酸化度を検討したところ（図3）、6週間の観察期間中ではあまり差が現れていなかったが、9週では強い抑制効果がみられた（図10）。また、4-HNEおよびMDA付加体の生成について抗体を用いたELISA法の結果、実験群から分離し

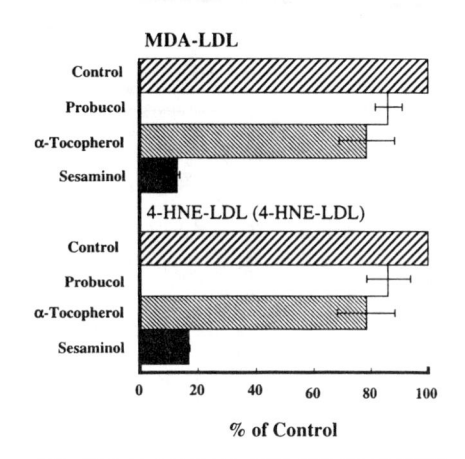

図7 銅イオンによるLDLの酸化に対する2次過酸化脂質産物の生成の抑制効果

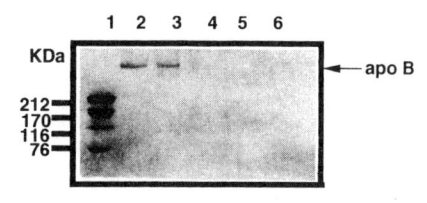

図8 SDS-PAGE電気泳動を用い抗酸化物質によるアポBの分解の抑制効果
1連：マーカー、2連：native-LDL、3連：セサミノール、4連：プロブコール、5連：α-トコフェロール、6連：(OX-LDL)

成人病予防食品の開発

表2　脱脂ゴマ粕の一般成分

一般成分	（100g当たり）
エネルギー（kcal）	345.0
水　分（g）	4.1
タンパク質（g）	53.7
脂　質（g）	3.2
糖　質（g）	27.4
繊　維（g）	5.1
ミネラル（g）	6.5
リグナン（mg）	
セサミノール配糖体	868.0
セサミン	58.0
セサモリン	30.0
セサミノール	―

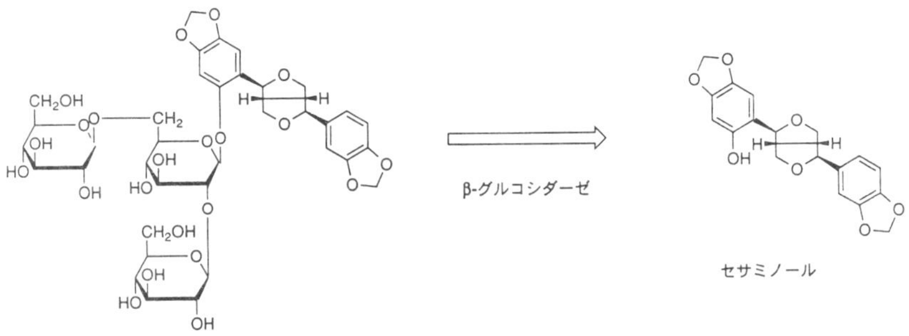

図9　β-グルコシダーゼによるセサミノール配糖体からセサミノールへの変換機構

たLDLはCuSO$_4$による4-HNEおよびMDAの付加体の生成を抑制した（図11）。大動脈におけるコレステロールの沈着を検討したところ，実験群の大動脈内のコレステロール沈着をコントロール群に比べて有意に抑制した（図12，$p<0.05$）。

　以上の結果から，ゴマ脱脂粕中に含まれるリグナン配糖体が，腸内細菌の作用により加水分解され，生成したセサミノールは，LDLの脂質過酸化反応を抑制すると同時に動脈硬化進展を防御する事実が明らかになった。ゴマ種子またゴマ脱脂粕は動脈硬化の治療ではなく，予防食品としての応用が期待されるようになっている。

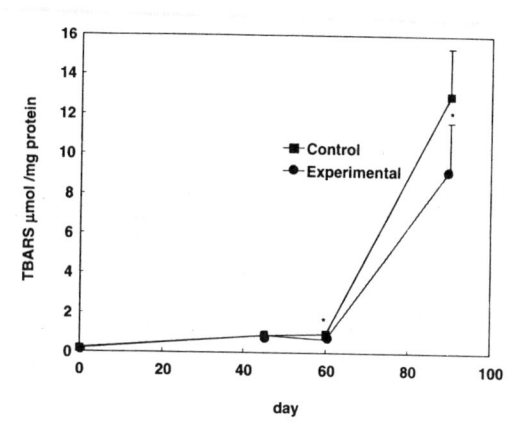

第2編 動・植物化学成分の有効成分と素材開発

図10 脱脂ゴマ粕投与ウサギにおけるLDL酸化反応の経時変化

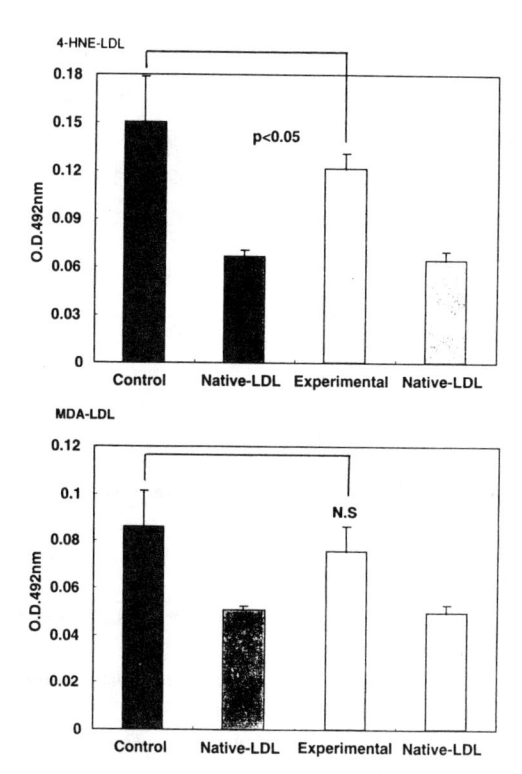

図11 脱脂ゴマ粕投与ウサギの血清から分離したLDLの脂質過酸化における2次生成物の抑制効果

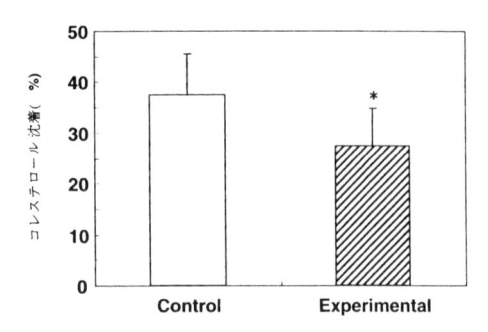

図12 脱脂ゴマ粕投与ウサギの大動脈内膜におけるコレステロール沈着の抑制効果

4.6 おわりに

　生体モデル系を用いてゴマリグナン類の抗酸化能について酸化ストレスに関連病，特に動脈硬化発症の予防の可能性について検討をしてきた。ライフスタイル関連病の治療論の基本的考え方は，現時点において危険因子への対策を講じての改善を目的としなければならないと思う。現在，動脈硬化の起きた組織に直接作用して病変の退縮，治療を起こしえる食品や医薬品は知られていない。ここで，治療的な薬品よりも食品により予防ができる可能性をもつゴマリグナン類の機能性が少し明らかになっており，今後，脱脂ゴマ粕の抗酸化性発現機構が明らかになれば，動脈硬化予防食品として開発に期待してもよいと考えられる。

文　献

1) UP. Steinbrech et al., Role of antioxidatively modified LDL in atherogenesis, Free Radic. Biol. Med., 9, 155-168 (1987)
2) D. Steinberg et al., Modifications of low-density lipoprotein that increase its atherogenicity, N. Engl. J. Med., 320, 915-924 (1989)
3) K-E. Afaf et al., Sesamin (a compound from sesame oil) increases tocopherol levels in rats fed et al, Lipids, 30, 499-505 (1995)
4) K. Yamashida et al., Sesame seed and its lignans produce marked enhancement of vitamin E activity in rats fed a low α-tocopherol diet, Lipids, 30, 1019-1028 (1995)
5) Y. Fukuda et al., Contribution of lignans to antioxidative of refined unroasted sesame seed oil, J. Am. Oil Chem., Soc., 63, 1027-1031 (1986)

6) M-H. Kang et al., Sesamolin inhibits lipid peroxidation in rat liver and kidney, *J. Nutr.*, in press (1998)
7) H. Katsuzaki et al., Structure of novel antioxidative lignan glucoside from sesame seed, *Biosci. Biotech. Biochem.*, 56, 2087-2088 (1992)
8) H. Katsuzaki et al., Structure of novel antioxidative triglucoside isolated from sesame seed, *Heterocycles*, 36, 933-936 (1993)
9) T. Osawa et al., Sesamolinol, a novel antioxidant isolated from sesame seeds, *Agric. Biol. Chem.*, 49, 3351-3352 (1985)
10) H. Katsuzaki et al., Sesaminol glucoside in sesame seeds, *Phytochem.*, 35, 773-776 (1994)
11) B. Frei et al., Antioxidant defenses and lipid peroxidation in human blood plasma, *Proc. Natl. Acad. Sci. USA.*, 85, 9748-9752 (1988)
12) A. Shaish et al., Beta-carotene inhibits atherosclerosis in hypercholesterolemic rabbits, *J. Clin. Invest.*, 96, 2075-2082 (1995)
13) U.P. Steinbrecher et al., recognition of otidited low density lipoprotein by the scavenger receptor of machophages results from derivatization of apolipoplotein B by Products of futty acid perotidation. *J. Biol. Chem.*, 264, 15216-15223 (1989)
14) HW. Gardner, E. Seike, Volatiles from thermal decomposition of isomeric methyl (12s, 13s), *Lipids*, 19, 375-380
15) K. Yamashita et al., Effects of sesame in the senescence accelerated mouse, *J. Jpn. Soc. Nutr. Food Sci.*, 43, 445-449 (1990)
16) T. Osawa et al., Food Factors of Cancer Prevention (1997)

5 茶

富田　勲[*]

5.1 茶に含まれる成分

茶にはいろいろな種類があり，その中に含まれる成分も，その種類によって異なる。茶が他の食品と基本的に異なる点はカフェインやテアニンを含むほか，カテキンをはじめとする多量のポリフェノール化合物を含むことである。緑茶に含まれるカテキン類は(+)-カテキン(C)，(+)-ガロカテキン(GC)，(−)-エピカテキン(EC)とその没食子酸エステル(ECG)，(−)-エピガロカテキン(EGC)とその没食子酸エステル(EGCG)で，一方，ウーロン茶や紅茶に含まれるものはこれら以外に，その重合物であるテアフラビン(TF)とその没食子酸エステル(TFG-A，BおよびTFDG)およびテアルビジン(プロシアニジン(PC)およびプロデルフィニジン(PD))とその没食子酸エステルなどである（化学構造については図1参照）[1]。

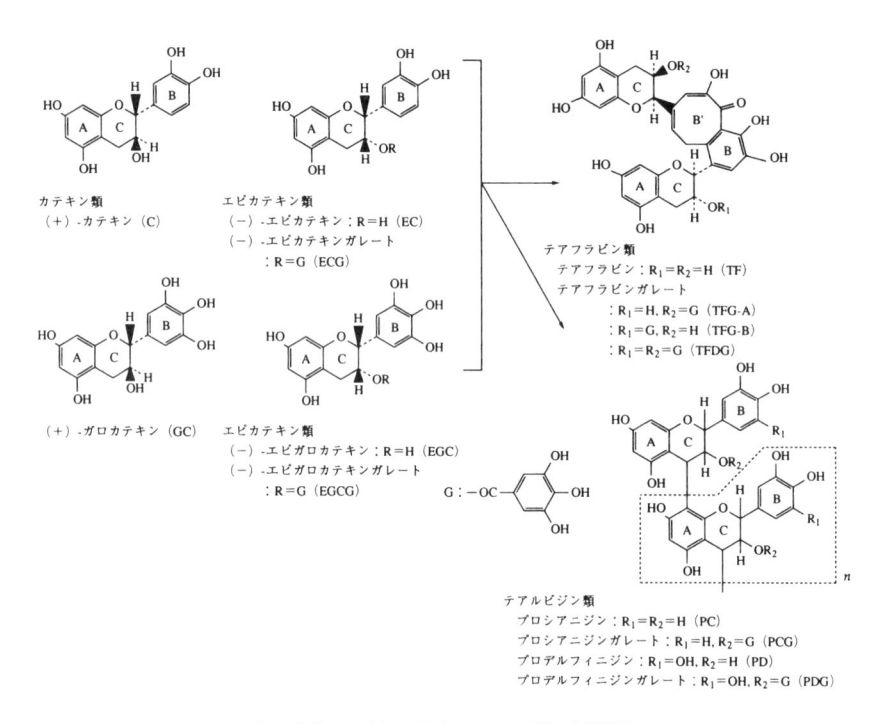

図1　茶葉に含まれるポリフェノール類の化学構造

---

[*]　Isao Tomita　静岡産業大学　情報学部

第2編　動・植物化学成分の有効成分と素材開発

　茶葉に含まれる成分の中, カフェインは加工によってあまり変化せず, どのような茶にも, ほぼ同程度含まれ, 味(苦さ)や薬理作用(中枢興奮, 強心, 利尿作用)に寄与しているが, カテキン類は容易に自動酸化や酵素酸化を受け重合体になるので, 茶によってそれらの含量が異なる。また, 微生物によって発酵を受けたプーアル茶(ポーレイ茶)ではカテキン類の量が少なく, 逆にその重合物や分解物(没食子酸)が多い(表1参照)。そして, これが茶の味(渋み)や色, 香りの違い, ひいては生物活性(後述)に差をもたらす原因となっている。

　茶葉にはこの他, ビタミン類(ビタミンA, C, Eなど)やαおよびβ-カロチンなどのカロチノイドも多量に含まれる。しかし, ビタミンA, E, カロチノイドは温湯に溶け出ないので, 一般に飲用される緑茶にはほとんど含まれることはない。

表1　種々の茶に含まれる各種成分量の比較 (茶葉100g中の量)

茶の種類	栄養素 (g)				非栄養素 (g)							カフェイン	ビタミン (mg)			
	タンパク質(アミノ酸)	糖質	脂質	繊維	ポリフェノール化合物								A		C	E
					EC	ECG	EGC	EGCG	TF	TR	G		カロチン	A効力(IU)		
緑茶(煎茶)	24.0	35.2	4.6	10.6	0.91	1.76	3.36	7.53	—	0.5	0.2	2.8	13.0	7,200	250	65.4
ウーロン茶(鉄観音)	19.4	39.8	2.8	12.4	0.62	2.90	0.44	6.85	0.1	0.7	0.2	2.3	—	—	8	—
紅茶(ダージリン)	20.6	32.1	2.5	10.9	0.67	3.92	tr	4.02	1.1	0.5	0.9	3.7	0.9	500	0	—
普洱茶(プーアル)	21.6	35.8	1.4	11.3	0.62	0.15	0.34	tr	—	0.1	3.3	3.4	—	—	0	—

四訂日本食品標準成分表(科学技術庁資源調査会編)より
ただし, ポリフェノールおよびカフェインの値は池ケ谷賢次郎および西岡五夫の茶の化学, 茶の科学(村松敬一郎編)朝倉書店より
　EC：(−)-エピカテキン, ECG：(−)-エピカテキンガレート, EGC：(−)-エピガロカテキン
　EGCG：(−)-エピガロカテキンガレート, TF：テアフラビン, TR：テアルビジン,
　G：没食子酸

5.2　ポリフェノール化合物の抗酸化作用

　茶には上述したようにカテキンをはじめとする多量のポリフェノール化合物が含まれるので, 強い抗酸化作用がある。その活性はラードに対する試験[2]や, 不飽和脂肪酸を用いた試験[3], さらにはラットの肝ミトコンドリアやミクロゾーム[4]や肝ホモジネート[5]あるいは血漿より調製した低密度リポタンパク質(LDL)[6]を用いた試験で詳しく検討され, これらいずれの場合もカテ

キン類はBHT（ジブチルヒドロキシトルエン）やビタミンE（dl-α-トコフェロール）に比べ、はるかに強い抗酸化力を示す（表2参照）。そしてその活性は一般にはEGCG>EGC>ECG>ECの順で、茶葉中に含まれるカテキン類の中で最も含有量の多いEGCGの活性が最も高いことは注目に値する。カテキン類のラジカル捕捉効果をDPPH（1,1-diphenyl-2-picrylhydrazyl）を用い、ESRで検討した南条らの研究[7]でも、その効果はpH4あるいはpH7のいずれでもEGCGが最も高い活性を示すことが認められている（表3参照）。興味あることに、カテキンのB環や、C環の3位に没食子酸としてのポリフェノール構造をもつEGC、ECGあるいはEGCGなどが、pHにかかわらず高いラジカル捕捉効果を示すのに対し、それをもたないCやECなどでは酸性域（pH4）では、レドックスポテンシャルの上昇（表3の（括弧内参照）に対応し、ラジカル捕捉効果が低い。

ただし、ガロイル基をもつECG、EGCあるいはEGCGなどはアルカリ性で不安定で、変化しやすく、また条件によっては水中の溶存酸素を還元し、O_2^-さらにはH_2O_2を産生し、プロオキシダントとして作用する可能性があることに注意する必要がある[8]。

さて上に述べたカテキンの抗酸化作用はすべて *in vitro* で得られた成績であるが、カテキンははたして動物体内でも同じように強い抗酸化能を発揮するのであろうか？　カテキン（カテキン

表2　ラット肝ホモジネートのBHT誘起過酸化反応における各種抗酸化剤の効果

抗酸化剤	IC_{50} (M)
ビタミンC	4.9×10^{-4}
グルタチオン	3.9×10^{-4}
ビタミンE	1.3×10^{-4}
BHT	9.7×10^{-5}
BHA	8.9×10^{-5}
C	6.0×10^{-5}
EC	3.8×10^{-5}
EG	2.4×10^{-5}
TF	8.7×10^{-6}
ECG	8.6×10^{-6}
EGC	8.5×10^{-6}
TFG-A	5.7×10^{-6}
EGCG	5.6×10^{-6}

ラット肝ホモジネートにBHP（t-ブチルヒドロパーオキシド）と被験物質を加え、pH7.4、37℃で15分インキュベートした後TBARSを測定

表3　カテキン類のDPPH捕捉効果に対するpHの影響

カテキンの種類	ラジカル捕捉効果SC_{50} (μM)		
	pH4	pH7	pH10
C	25.0 (0.74)	2.4 (0.57)	0.7 (0.47)
EC	21.0	2.2	0.7
EGC	3.3 (0.59)	1.1 (0.42)	0.9 (0.32)
ECG	2.6	0.7	0.4
EGCG	1.8	0.6	0.7

第2編　動・植物化学成分の有効成分と素材開発

1種とエピカテキン4種の混合物で，GC 1.4％，EC 5.8％，ECG 12.5％，EGC 17.6％，EGCG 53.9％を含む）を0.5％あるいは1.0％含有する飼料を約18カ月間にわたってラットに与え，その血漿や臓器（肝，腎）での脂質代謝に与える影響を調べた結果[9]では，4～6カ月の短期ではあまり影響が認められないが，12～18カ月後では少なくともカテキン1.0％含有飼料投与ラットの血液では，最大約25％のTBARS（過酸化脂質）の上昇抑制効果を認め，また血中総コレステロール値においても，約30％低い値が得られている（図2）。そしてこの際，血中総コレステロール量とTBARS値との間には高い相関性（$r = 0.95$）が認められている。この結果からカテキンはラット体内においても抗酸化的に働き，血中脂質の過酸化を防ぐのみでなく，血中コレステロールの上昇を抑制することが明らかである。ラット体内におけるこのような抗酸化効果は，茶（緑茶，紅茶）の粉末を餌に混入して与えた実験でも明らかになっている[10]。

また緑茶抽出物（三井農林㈱製，EC 6.6％，ECG 0.5％，EGC 11.7％，EGCG 58.4％，GCG 1.6％のほか，カフェイン0.4％を含む）300 mgずつを，1週間にわたって1日2回，朝，夕食前に摂取させた健常なヒト11名の実験で，その血中LDL（低密度リポタンパク質）のCu^{2+}による被酸化性を検討すると，緑茶抽出物を摂取していない対照の健常対照者（11名）の血中LDLの被酸

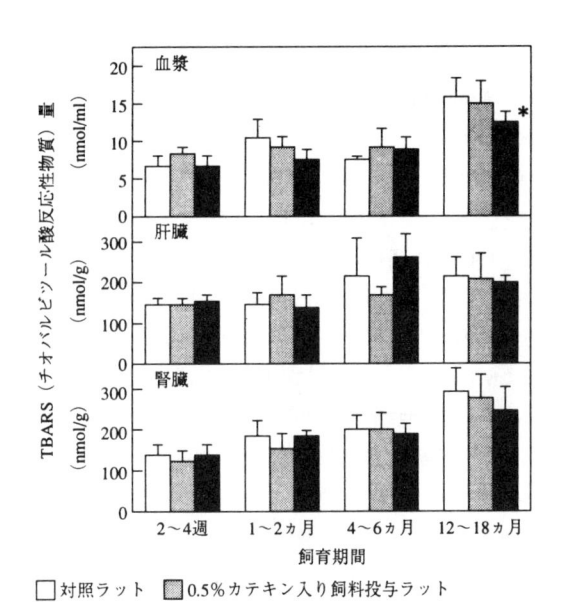

図2　ラット血漿および臓器脂質過酸化物に対するカテキン長期投与の影響

□ 対照ラット　▨ 0.5％カテキン入り飼料投与ラット
■ 1.0％カテキン入り飼料投与ラット
*$p < 0.05$で有意差あり

化性に比べ，酸化遅延時間の有意な延長（約14分）が認められている（図3参照）[11]。このことはカテキンが，動物体内のみならず，ヒトにおいてもその抗酸化性を発揮し，ひいては動脈硬化の発症を抑制する可能性を示したものとして大きな意義を有するものと思われる。

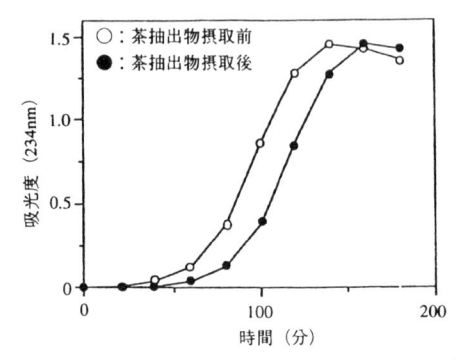

図3 茶抽出物を1日600mg摂取させた健常ヒト血中LDLの被酸化性
LDL（0.1mgタンパク/ml）を5μM CuSO$_4$により37℃で酸化

5.3 ポリフェノール化合物の抗発がん作用

　茶葉の熱湯抽出物やカテキン類，特にEGCGが，発がんプロモーションの抑制に有効であるとする研究発表が最初になされたのは，マウス（CD-1）皮膚への塗布実験[12]（イニシエーターとして7,12-ジメチルベンゾ[a]アントラセン，また，プロモーターとしてテレオシジンの使用）や，マウスの表皮細胞（JB6）[13]を通じての研究であったが，それ以来約10年の間に主にマウスやラットを用いた研究で，皮膚，胃，小腸，十二指腸，大腸，膵臓，肝臓，乳腺および肺などの化学発がんに対し，効果のあることが報告されてきた[14,15]。このうち，たとえばWangらはマウス（A/J）1群約30匹にNDEA（N-ニトロソジエチルアミン），10または20 mg/kgを1週間に1回，8週間経口投与した後，16週間飼育するという実験系で，緑茶抽出液の効果を検討し，NDEA 10 mg/kg投与実験で，緑茶の0.63％，1.25％抽出液をNDEA投与2週間前から，その後の24週間，計26週間にわたって与え続けた群で，肺がんの発生率が，それぞれ18％，44％，またマウス1匹当たりの腫瘍数もそれぞれ36％，60％減少したこと，さらに胃がん（前胃）についてもその発生率が18％，26％，また1匹当たりの腫瘍数もそれぞれ59％，63％も顕著に減少したことを報告している。そしてこのような緑茶抽出液の効果は，NDEA投与中の2週間と，投与後の1週間，あるいはNDEA投与1週間後から15週間緑茶投与群においても認められている。

　彼ら[16]はさらにタバコ由来の発がん物質であるNNK（4-（メチルニトロソアミノ）-1-（3-ピ

第2編 動・植物化学成分の有効成分と素材開発

リジル)-1-ブタノン) 103 mg/kg を1回腹腔内注射するマウス(雌,A/J)肺がん誘発実験系で,緑茶および紅茶抽出液の効果を検討し,その 0.6% 溶液を,NNK 投与中に与えた場合,がん発生率を緑茶,紅茶がそれぞれ約 17%,14%,またマウス1匹当たりの腫瘍数をそれぞれ約 67%,65% も抑えること,また NNK 投与後 15 週間与えた場合,緑茶,紅茶が,それぞれ,がん発生率を約 30%,7%,またマウス1匹当たりの腫瘍数を約 85%,63%,抑えることも明らかにした。

Chung ら[17]は上記 NNK 誘発肺がんに対する緑茶および紅茶の熱湯抽出物あるいは EGCG の作用について検討し,がんの発生率と,1匹当たりの腫瘍数のいずれにおいてもよく効果が表れ,その効果は肺 DNA の NNK による酸化障害の結果生成する 8-OH-dG (8-ヒドロキシデオキシグアノシン)の抑制効果と比例することを認め,報告している。同様の結果は培養細胞でマウス表皮での実験系でも証明されている。

さて,茶の抽出物あるいは EGCG がなぜいろいろな種類のがんに効果があるのかという点については,従来,発がん剤の投与によって誘起される活性酸素(フリーラジカル)の捕捉作用によるとする説,プロテインキナーゼCの阻害,cAMP レベルの上昇によるとする説,あるいは発がん物質の代謝に関わるチトクローム P450 やグルタチオン-S-トランスフェラーゼなどの酵素活性に影響を与えるとする説などが報告されてきていた[18]。藤木らは発がんプロモーターの細胞レセプターへの結合を EGCG がシールするといういわゆる"遮蔽効果",あるいは内因性の発がんプロモーターである腫瘍壊死因子(TNF-α)の産生を妨げることによってもたらされる効果ではないかとしている[19]。また Lin[20] らは,EGCG が上皮細胞増殖因子 (EGF) 受容体のリン酸化や,EGF による細胞外シグナル制御キナーゼ (ERK-1 や ERK-2) のリン酸化を阻害することによる,いわば細胞情報伝達のブロックを通じて発がんプロモーションの過程を阻害しているものと考え報告している。

最近,Dong ら[21]は,EGCG および TF の抗発がんプロモーション作用について,マウス表皮由来の JB6 細胞を用いて詳細に検討し,EGCG および TF が EGF (内皮由来増殖因子) および TPA 誘発による AP-1 (activator protein 1) の活性化を濃度依存的に阻害することを明らかにした(図4参照)。そしてこの阻害は $ErK_{1\,or\,2}$ (extracellular signal-regulated protein kinase) 依存ではなく,JNKs (c-Jun NH_2-terminal kinase) 依存性の経路を介して起こることも明らかにした。

5.4 ポリフェノール化合物のその他の作用

茶の抽出物あるいはカテキンを主とするポリフェノール化合物には,上記 5.2,5.3 で取り上げた抗酸化あるいは抗発がん作用以外に,種々の作用,たとえば,高脂血症,高血圧症,肥満,糖尿病,アレルギーなどの抑制に関連する作用,あるいは食中毒菌や歯周病関連の細菌に対する作用や,風邪などウイルスに対する作用などのあることが報告されている[1]。

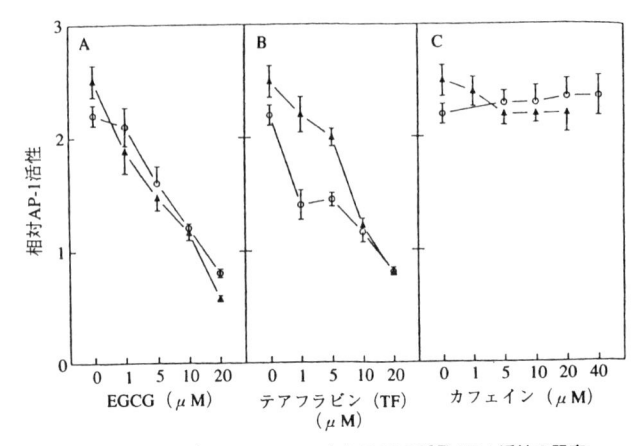

図4 EGCG および TF による TPA または EGF 誘発 AP-1 活性の阻害
マウス表皮由来 JB6 細胞を TPA (20ng/ml) ―○― または EGF (10ng/ml) ―▲― と，EGCG, TF またはカフェインと一緒にインキュベートした後，ルシフェラーゼ活性を測定

特に近年，全国各地に広がった病原性大腸菌 O-157 に対するカテキンの効果[22]や，胃炎や胃潰瘍との関わりが指摘されている胃内在性のヘリコバクター・ピロリ菌に対するカテキンの優れた除菌効果[23]は，大きな注目を集めている。

一方，茶を飲料としてではなく，葉を粉末としてそのすべて"まるごと"を利用しようとする動きが盛んになっている。粉末としての"まるごと"利用は，湯でその一部しか溶出されないカテキンや，全く溶出されない脂溶性ビタミン類（ビタミン A やその前駆物質の β-カロチン，ビタミン E など）の利用を可能にするので，いろいろな食品への添加素材として，また動物用飼料あるいは種々の家庭用品や衣類への添加物として利用されるようになってきている。著者らは茶葉の微粉末を鶏の飼料として与え，卵についてはその鮮度の指標であるハウユニット（濃厚卵白の高さと，卵の重量に関わる数値）の持続性が，また，肉については多汁性や抗酸化性などが有意に高まることを認めている[24]。

これらの機能を通じ，茶の粉末，抽出物，"だしがら"あるいは茶樹を利用しようとする動きの中で，いくつかの応用可能な例を参考までに表4に示した。

5.5 ポリフェノール化合物の体内吸収

従来，茶の抽出物あるいは EGCG がいろいろな臓器，組織で抗酸化的に作用するのは，それが吸収されて，臓器，組織に分布することによるのであろうと考えられてきた。

第2編 動・植物化学成分の有効成分と素材開発

表4 茶機能の多面性とその応用例

素材	機能	応用例
茶粉末	栄養（脂溶性，及び水溶性ビタミン，ミネラル，食物繊維） 抗酸化性 抗菌（除菌）	インスタントティー（急須不要） 茶料理 食材（めん類，ドレッシング，マヨネーズ） 空気および水の清浄化（フィルター）
茶抽出物	栄養（水溶性ビタミン，ミネラル）， 抗酸化性 抗菌，消臭，抗アレルギー作用	保健用食品（錠剤，カプセル剤） 添加加工食品，飲料（缶，ビン，ペットボトル），酒，ワイン，水割りなど うがい薬，消臭薬，化粧品，入浴剤，茶染衣類，紙おむつ，家庭用品（じゅうたん，カーテン，塗料など）
茶がら	栄養（脂溶性ビタミン，ミネラル及び食物繊維） 抗酸化性 抗菌，消臭作用	家畜，魚，ペット用飼料 鶏（卵），豚，魚の肉質，味の改善 鶏糞，豚糞などの臭気低減化 園芸用肥料 水虫治療
茶樹	常緑，花，実，	盆栽，室内空気の清浄化，アメニティ

すでに述べたように，カテキン（カテキン1種とエピカテキン4種の混合物；前出）を1.0%含有飼料をラットに与え，18カ月間飼育した後の血漿中TBA値には，対照ラットのそれに比べ有意な（$p < 0.05$）抑制効果が認められている[25]。この事実は緑茶カテキンが吸収され，血液を介して各臓器に移行し，そのままあるいは代謝産物として，抗酸化作用を示したものと推定することができる。マウス（CD-1，雌）にトリチウム標識したEGCG 0.05%溶液200 $\mu\ell$ を経口投与した菅沼らの研究[26]によれば，その吸収率は約2%で，血中では6時間後がピークで，肝臓，腎臓，脳，肺，子宮，膵臓，皮膚などで検出されたという。海野ら[27]はEGCG 50 mgをWistarラット（雄）に1回経口投与し，血漿中の推移を検討し，1時間後にピーク（約200 ng/ml）が現れ，4時間で消失することを認めている。同様な研究は，Okushioら[28]によってもなされている。

最近，Chenら[29]はラットに緑茶抽出物（1 g当たりEGCG 73 mg，EGC 68 mgおよびEC 27 mgを含む）あるいはEGCGを，静注または経口で投与し，その血中および臓器，あるいは組織（肝臓，肺，腎臓，腸管）中の推移について比較検討し，緑茶抽出物に含まれるEGCGのほうが，純粋なEGCGに比べ，より吸収されやすく，また，血漿中での滞留性が長いことを明らかにし

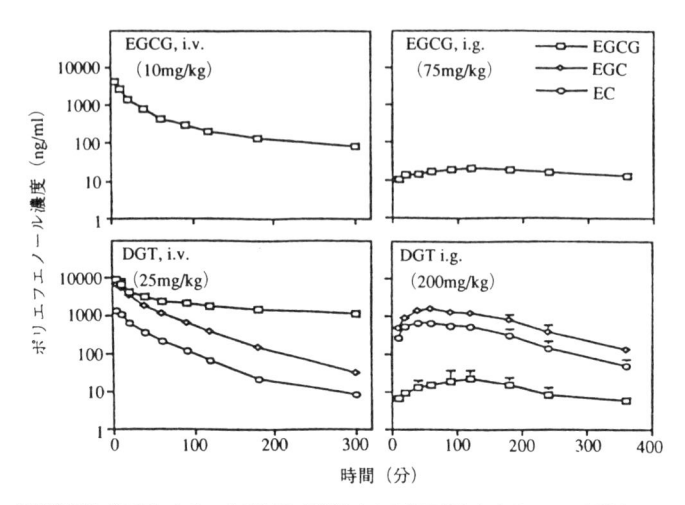

図5 緑茶抽出物（DGT）あるいは EGCG を静注または経口投与したラットの血漿中カテキンの変化

た（図5参照）。そして緑茶抽出物の経口投与（200 mg/kg）の場合，～13.7％の EGC と 31.2％の EC が血漿中に検出されたが，EGCG は 0.1％ しか検出されなかったという。このことは EGCG が主に胆汁中に移行し，排泄されるのに対し，EGC と EC は胆汁と尿に排泄されることと関係があるのかもしれない。

著者ら[30]は EGCG（100 mg/kg）を SD ラットに経口投与し，その血漿および胆汁中の推移について検討し，図6の結果を得ている。血漿および胆汁のいずれにおいても投与1時間後にピークが認められ，その後，血漿では急激に，また胆汁中ではやや緩やかに減少している。

そしてこの際，EGCG は血漿中においても，胆汁中においてもかなりの量が硫酸エステルおよびグルクロン酸エステルのいわゆる抱合体として存在することを認めた。EGCG をラットの血漿や胆汁とインキュベートすると P-1（theasinensin A）や P-2 と仮称する重合物（化学構造は図7参照）に変化するので，EGCG の体内動態を検討する場合には，この点につ

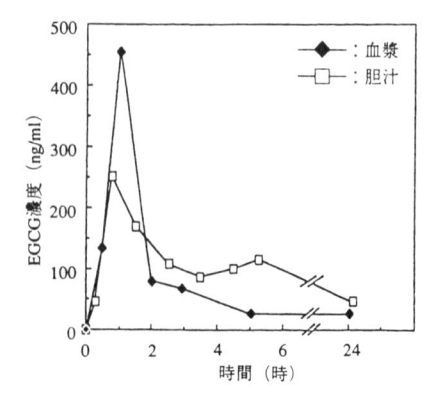

図6 EGCG（100mg/kg）を経口投与したラットの血漿および胆汁中 EGCG の変化

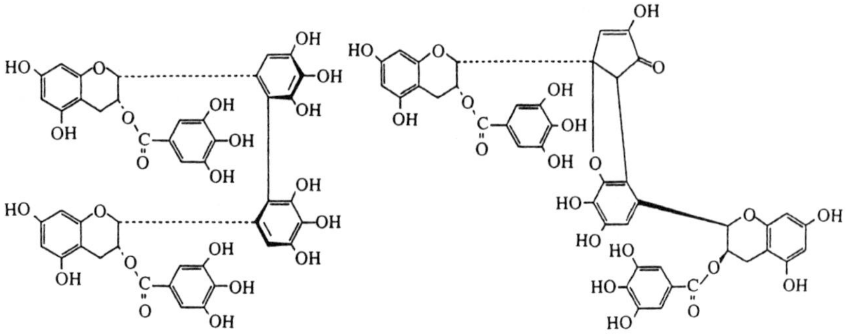

P-1（Theasinensin A）　　　　　　　P-2

図7　EGCGの重合物の化学構造

いても十分配慮することが必要であろうと思われる。

　一方，Serafiniら[31]はヒトに300 mlのお茶（緑茶および紅茶）を飲用させ，80分後までの血漿抗酸化活性（TRAP）を測定し，緑茶では30分後に，また紅茶では50分後に活性が対照（水）のそれぞれ40％，80％上昇したことを認めている。そしてこのようなお茶の効果はミルクの添加によって認められなくなったという。

　また，Leeら[32]は脱カフェインの緑茶（1.2 g）を飲用させたヒトで，1時間後の血漿中にEGCG（46〜268 ng/ml），EGC（82〜206 ng/ml），EC（48〜80 ng/ml）を認めたが，ECGは認められなかったという。そして尿中，EGCとECが投与3〜6時間後で最大であったと報告している。

文　　献

1) 富田　勲，ファルマシア（日本薬学会），**31**(1), 36 (1995)
2) 松崎妙子ほか，日本農芸化学会誌，**59**, 125 (1985)
3) M. Sano et al., *Chem. Pharm. Bull.*, **34**, 174 (1986)；食品と開発，**28**, 18 (1993)
4) T. Okuda et al., *Chem. Pharm. Bull.*, **31**, 1625 (1983)
5) K. Yoshino et al., *Biol. Pharm. Bull.*, **17**, 146 (1994)
6) S. Miura et al., *Biol. Pharm. Bull.*, **17**, 1567 (1994)
7) F. Nanjo et al., *Free Rad. Biol. Med.*, **21**(6), 895 (1996)
8) Y. H. Miura et al., *Biol. Pharm. Bull.*, **21**(2), 93 (1998)
9) K. Yoshino et al., *Age.*, **17**, 79 (1994)
10) M. Sano et al., *Biol. Pharm. Bull.*, **18**(7), 1006 (1995)

11) I. Tomita et al., Abst. of 2nd Int'l Symp. on Exp. and Clinical Ocular Pharmacol. and Pharmaceutics, p.2 Sept. 11～14, Munich, Germany (1997)
12) S. Yoshizawa et al., *Phytotherapy Res.*, 1, 44 (1987), H.Fujiki et al., Nutr. Rev. 54 s67 (1996)
13) A. K. Jain et al., *Ind. J. Cancer*, 26, 92 (1989) ; Y. Nakamura et al., Toxicol. lett. 31, 213 (1986), Proc, Int'l, Tea-Quality-Human -Health Symp. p.227 (1987)
14) C. S. Yang et al., *J. Natl. Cancer Inst.*, 58, 1038 (1993)
15) A. H. Conney et al., *Prev. Med.*, 21, 361 (1992) ; Cancer Res., 54, 3428 (1994)
16) Z. Y. Wang et al., *Cancer Res.*, 52, 1943 (1992) ; *ibid.*, 54, 4641 (1994)
17) F. L. Chung et al., Proc. Int'l, Conf. on Food Factors ; Chemistry and Cancer Prevention, p.98 (1995)
18) C. S. Yang et al., Proc. Int'l Conf. on Food Factors for Cancer Prevention, p.113, Tokyo : Springer-Verlag (1997)
19) H. Fujiki et al., *Prev. Med.*, 21, 503 (1992) ; *Jpn. J. Clin. Oncol.*, 23, 186 (1993)
20) J. K. Lin et al., Proc. Int'l. Conf. on Food Factors for Cancer Prevention, p.122 , Tokyo : Springer-Verlag (1997)
21) Z. Dong et al., *Cancer Res.*, 57, 4414 (1997)
22) 大久保幸枝ほか，感染症誌 72(3), 211(1998)
23) M. Yamada et al. 新消化性潰瘍研究 12, 22 (1996)
24) 佐野満昭ほか，食衛誌, 37(1), 38 (1996)
25) I. Tomita et al., Oxidative Stress and Aging ed.by R. G. Cutler et al., p. 355-365 (1995)
26) M. Suganuma et al., Food Factors for Cancer Prevention ed, by H. Ohigashi et al., Springer-Verlag, Tokyo. p.127(1997)
27) T. Unno et al., *Biosci. Biotech. Biochem.*, 59, 1558 (1995)
28) K. Okushio et al., *Biol. Pharm. Bull.*, 19, 326 (1996)
29) L. Chen et al., *Drug Metabolism and Disposition*, 25(9), 1045(1997)
30) I. Tomita et al., Abst. of ACS Symp. on Functional Foods p.29 at 213th Nat'l Meeting of ACS (1997), ACS Symp. Series, in press
31) M. Serafini et al., *Eur. J. Clin. Nutr.*, 50, 28 (1996)
32) M. J. Lee et al., *Cancer Epid. Biomar. Prev.*, 4(4), 393 (1995)

6 和漢薬

奥田拓男*

6.1 はじめに

和漢薬とは和薬,漢薬を併せた名であるが,ともに生薬(しょうやく)である。和薬は日本で古来使われてきた生薬であり,単一で使われることが多い。一方,漢薬は中国渡来の薬であり,一定の漢方処方(＝漢方薬)に配合されて用いられている。近年漢方薬は医療用漢方製剤として医療に使われる量が多く,その量は一般用漢方製剤(処方箋なく使われる)を大きく凌いでいる。一方和薬はゲンノショウコ,ジュウヤク,センブリなど,日本薬局方に登録された医薬品も数々ありながら,一般に家庭療法に使われることが多い。

和薬,漢薬ともに,その多くは作用が緩和であり,薬としてだけでなく,食品としても使われるものが数多くある。一方それぞれの成分の抗酸化能がその効能に関与しているとみられるものが多いこともこれらの生薬の共通点の一つである[1]。

6.2 和漢薬の抗酸化成分

野菜や果物などの食品の抗酸化成分と比べると,和漢薬にはアスコルビン酸や精油などが失われているものが多いとみられる。それでも和薬の場合は,身近で採集されて手際よく乾燥されたものには,アスコルビン酸や精油などがかなり残存しているものもあると考えられる。しかし漢方薬の場合は,その材料が主に中国など海外から輸入され,かつ煎じる過程,特に漢方製剤製造時の抽出,濃縮,エキスの乾燥などの過程を考慮すると,これらの成分はほとんど残存せず効能に寄与していないと考えなければならない。すなわち,長期保存に耐え,かつ揮発しにくい成分が多くの和漢薬の効能成分の主役を担っていることになる。

一方で,食品に含まれる抗酸化成分として効能の著しさが最近大きく認められてきたものにポリフェノール類がある[2]。緑茶の主成分である (-)-epigallocatechin gallate (＝EGCG)[3] (これは茶のタンニンであり,近年は緑茶カテキンと呼ばれることが多い)によって代表される茶のポリフェノール類や,赤ワインのポリフェノール類はその例である。なおフラボノイド,リグナンなどの骨格をもつ化合物も,その骨格上にフェノール性水酸基が複数存在するものは化学の定義上ポリフェノール類である。

薬用植物の場合は,野菜や果物と比べてポリフェノール類,特にタンニン(タンパク質などと結合しやすいもの)に富むものが多いことが一つの特徴である。これらの成分の分子内の複数のフェノール性水酸基は成分の揮発を妨げるから,ポリフェノール類は生薬煎用時や漢方製剤中で

---

* Takuo Okuda　岡山大学　名誉教授

も失われずに残留する性質をもつ成分である。また生薬を煎じて利用する場合に必要な，熱湯中に溶出する性質をもポリフェノール類の多くは備えている。

この節では特に，和漢薬に含まれる抗酸化成分のうちのポリフェノール類に焦点を当ててみたい。

6.3 日本の薬用植物の抗酸化成分

和薬の原料である日本の薬用植物については，単品が用いられることが多いため，その効能と有効成分との関係は比較的明瞭に解析できる傾向がある。抗酸化能をもつものの例として数種の和薬を拾い出して以下に記す。

(1) ゲンノショウコ

国内で最もよく用いられる薬草の一つである。整腸，止瀉が主効能であるが，単に収れん作用のみに帰属できない効能もみられる。かつて国内でみそ汁にして食べる用法もあった[4]。

主成分はgeraniinと名づけられたタンニン[5]で，ゲンノショウコ乾燥葉の重量の約10%を占めるほどの大量成分である[6]。加水分解性タンニン[7]の一種であるが，単離されたgeraniinは安定な黄色の結晶であり，この状態でなめたとき渋みが感じられない点でも，タンニンの既成概念を覆すものである。脂質過酸化[8]，スーパーオキシド[9]，アラキドン酸代謝でのリポキシゲナーゼ関与産物[10]などを抑制する。

(2) アカメガシワ

樹皮にbergenin, bergenin gallate[11]など，葉にgeraniin, mallotusinic acid[12]などのポリフェノール類を大量に含む。化学構造上bergeninはタンニンの植物体内での代謝産物とみられる。樹皮，葉ともに胃潰瘍に用いられ，樹皮エキスの医療用製剤が製造，使用されている。

(3) ドクダミ（ジュウヤク）

これも日本の民間薬の代表の一つである。新鮮なものは，抗菌力と臭いの強いdecanoyl-acetaldehydeなどの揮発成分を含むが，乾燥品に残留する主成分はquercitrin, isoquercitrinなどのフラボノール配糖体が主で，これらはポリフェノール類である。これらおよびこれらの加水分解で生じるアグリコンのquercetinにはスーパーオキシド消去作用[13]その他の抗酸化能が認められている。この作用はquercetinのほうが強い。

(4) ユキノシタ

てんぷらなどの山菜料理の材料に好適なユキノシタは，また民間薬としてもごく一般的で種々の炎症に用いられる。その主成分はepicatechin gallate（ECG）を構造単位とする縮合型タンニンで，化学構造上高度にガロイル化されており[14]，抗酸化能が強い[9]。

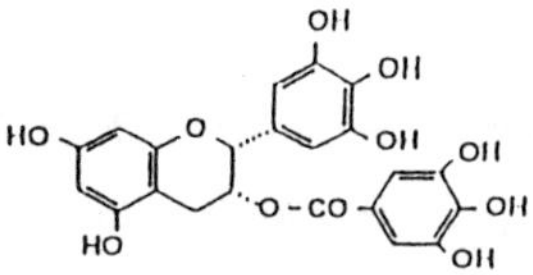

第2編　動・植物化学成分の有効成分と素材開発

EGCG

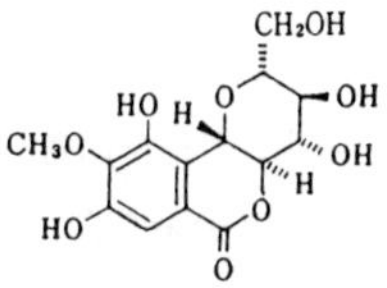

Bergenin

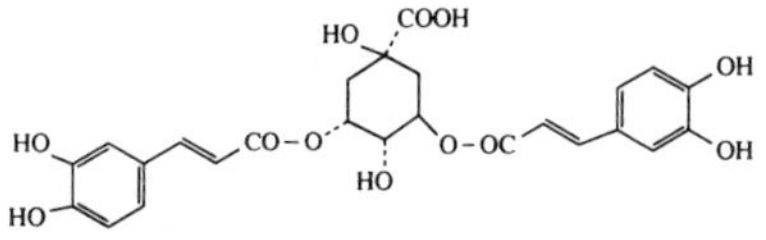

3, 5-di-*O*-caffeoylquinic acid

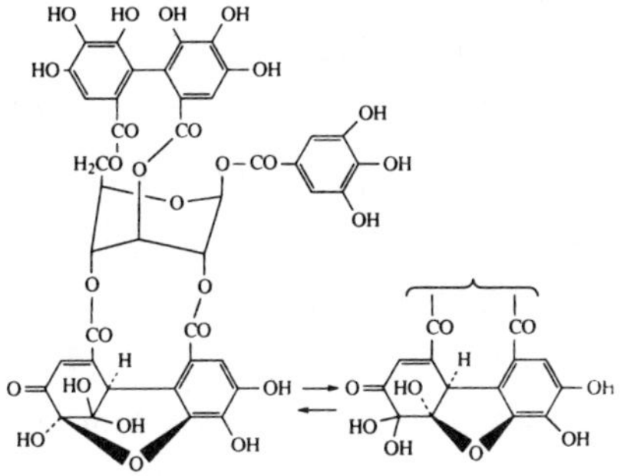

Geraniin

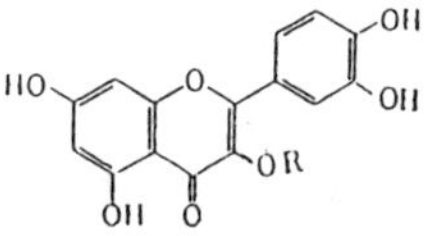

Quercetin (R = H)
Quercitrin (R = rhamnose)
Isoquercitrin (R = glucose)

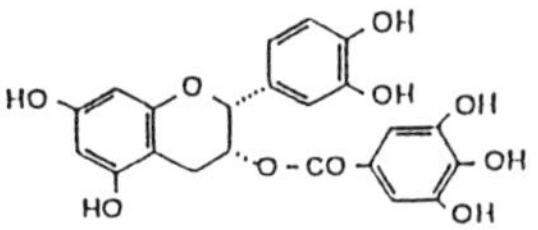

ECG

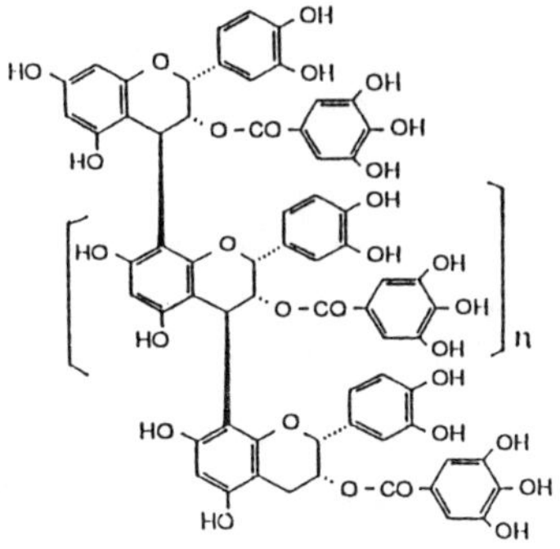

ユキノシタのタンニン主成分

(5) ヨモギ

　食品として，また漢方薬として艾葉（がいよう），熟艾（もぐさ）の名で用いられるが，日本の民間薬の中でも使用頻度の高い薬草である。精油も含むが，その主成分はカフェタンニンに属するポリフェノール類である。ただしコーヒーに含まれるカフェタンニンは，主に抗酸化能の比較的弱い chlorogenic acid であるが，ヨモギに含まれるのは 3, 5-di-*O*-caffeoylquinic acid その他の

活性度の高いものが主である[15]。

(6) カキ

未熟果実から得られる柿渋は高血圧の民間療法薬。主成分は部分的にガロイル化された縮合型タンニンであるが，その縮合分子内の構成単量体としては epicatechin, epigallocatechin が混在する[16]。

6.4 漢方薬の抗酸化能の主役探索

漢方薬のほとんどは数種類あるいはそれ以上の生薬で構成されている。したがってある漢方薬に抗酸化能が見出された場合，その処方を構成する各生薬のどれとどれが抗酸化作用の主役であるかを知ることが，重要かつ複雑な問題となる。

各処方を構成する生薬のうちで抗酸化作用のある生薬がどれであるか，次にその生薬のどの成分が有効成分であるかを順次見出さなければならないから，抗酸化能のある漢方薬の有効成分の解明は単品生薬のそれと比べて煩雑である[1]。

もし中国風に，まず各生薬の効能を頭に置いて，各患者の状態に合わせてそのいくつかを組み合わせ，オーダーメイドの漢方処方を作り投与する方法をたどって抗酸化成分の解明を試みるならば，抗酸化成分の解明はより簡明になると考えられる。

日本式漢方薬のどれかに抗酸化能を見つけた場合，漢方処方の効能→各構成生薬の効能→各生薬の成分のおのおのの効能，の順を追って解明していくルートは正攻法と言える。しかしこのルートをたどっていくと，あまりにも膨大な数の生薬成分の山の中で道を見失ってしまうことが多い。これに対する便法と言えるのは，別途植物化学的研究によってすでに各生薬から単離，構造決定されている成分の活性を測定し，そのデータに基づいて各生薬，さらに各漢方処方の効能の中での各成分の役割を解明するやり方である。

いずれにしても，漢方薬の特徴の一つとされている複数の成分による相乗効果などについては，このような研究段階をふまえた解明が期待される。

6.5 各漢方処方を構成する生薬の抗酸化能と有効成分例

抗酸化作用が報告されている十数例の漢方薬を中心に，前項に記した解明法を適用して，各処方の構成生薬に含まれる抗酸化成分としてのポリフェノール類に光を当ててみる。

(1) **黄連解毒湯**：黄連，黄柏，黄芩，梔子

フリーラジカル惹起脂質過酸化の抑制[17]，NO ラジカル生産抑制[18] などの抗酸化関連諸効能がたびたび報告されているこの処方を構成する4種の生薬のうち，黄連についてはリグナン骨格をもつポリフェノール類の lariciresinol その他の SOD 様活性成分が見出されている[19]。黄芩の主

第2編 動・植物化学成分の有効成分と素材開発

成分の baicalin (= baicalein-7-glucuronide) はフラボン骨格をもつポリフェノールであり，そのアグリコンの baicalein にはより強い抗酸化効果が，また分子内に4～5個のフェノール性水酸基をもつフラバン類に顕著な脂質過酸化抑制効果[20]が見出されている。梔子については，橙赤色の果皮のカロチノイド色素も抗酸化性の成分であるが，熱湯によってどれだけ抽出されるかが問題となる。

Baicalein (R = H)
Baicalin (R = glucuronic acid)

Hesperetin (R = H)
Hesperidin (R = rutinose)

[6]-Gingerol

(2) **当帰芍薬散**：当帰，川芎，芍薬，茯苓，朮，沢瀉

フリーラジカル消去作用と老人性痴呆などとの関係が報告されている[21]。この処方の6種の生薬のうち，芍薬には縮合型タンニンが多量含まれている[22]。

(3) **七物降下湯**：当帰，川芎，芍薬，地黄，黄耆，釣藤，黄柏

過酸化脂質量低下，XOD活性低下[23]などが報告されているが，芍薬のほか，釣藤にも縮合型タンニンが含まれており，これらの成分の抗酸化能への関与も考えられる。

(4) **小柴胡湯**：甘草，生姜，大棗，柴胡，黄芩，半夏，人参

この処方についても種々の抗酸化能が報告されているが[24]，黄芩はここにも含まれている。甘草は漢方薬の諸処方に最も高頻度に含まれる生薬である。その成分としては glycyrrhizin のほかに多種類のポリフェノール類があり，その多くはフラボノイド骨格をもっている。これらのポリフェノール類について XOD や MAO 抑制[25]，アラキドン酸代謝での 5-リポキシゲナーゼによる代謝産物の抑制などの効果が見出されている[26]。また生姜にも抗酸化能が認められ，その効果には辛味成分 [6]-gingerol の変化で生じる2次産物[27]が貢献しているとみられる。さらに主剤である柴胡の主要成分であるサイコサポニンについても，抗酸化能が報告されている[1]。

(5) **小柴胡湯合桂枝加芍薬湯**

小柴胡湯に桂枝と芍薬を多く加えたこの合方について，てんかん発作の抑制作用が報告されて

いる[28]が,桂枝,芍薬ともにポリフェノール(タンニン)に富む生薬である。芍薬を構成生薬の一つとする処方で抗酸化性のものとしては,他にも**加味逍遙散,芍薬甘草湯,四物湯**などがある。

さらに他の柴胡剤(柴胡を構成生薬の一つとする漢方薬の総称)についてみる。

(6) **大柴胡湯**

実証向きの処方で,小柴胡湯の処方から人参を除き大黄と枳実を加えたもの。スーパーオキシド消去活性とヒドロキシラジカル消去活性の報告された漢方処方の一つ[29]。大黄には瀉下成分のsennosideのみでなく,多量の縮合型タンニンの部分的にガロイル化されたものが含まれている[30]。枳実にはhesperidin (= hesperetin-7-rutinoside)などのポリフェノール性フラボノイド配糖体が含まれている。

(7) **柴胡桂枝湯**:柴胡,半夏,桂枝,黄芩,人参,芍薬,生姜,大棗,甘草

この処方について実験肝障害に対する効果なども報告されている[31]。小柴胡湯にポリフェノール含量の多い桂枝,芍薬が加えられている。桂枝(桂皮)は**柴苓湯**(柴胡,半夏,沢瀉,生姜,黄芩,大棗,人参,猪苓,茯苓,朮,甘草,桂枝)にも含まれている。

(8) **八味丸(八味地黄丸,腎気丸)**:地黄,山茱萸,山薬,沢瀉,茯苓,牡丹皮,桂枝,附子

老化対策に用いられるが,この処方中で抗酸化,ラジカル消去作用が明瞭な成分を含む生薬としては,山茱萸,牡丹皮,桂皮がある。これらはいずれも渋みがあり,ポリフェノール(タンニン)に富む。山茱萸はisoterchebin, tellimagrandin I, II, cornusiin A, B[32]などの,抗酸化作用の強い[9]加水分解性タンニンに富む。

(9) **防風通聖散**:当帰,芍薬,川芎,梔子,連翹,薄荷,生姜,荊芥,防風,麻黄,大黄,芒硝,白朮,桔梗,黄芩,石膏,甘草,滑石

スーパーオキシド消去活性などが認められており[1],処方内の芍薬,生姜,大黄,黄芩,甘草などは上述どおりの抗酸化性成分を含む生薬である。

(10) **十全大補湯**:人参,黄耆,朮,当帰,茯苓,熟地黄,川芎,芍薬,桂枝,甘草

スーパーオキシド,ヒドロキシラジカルに対する消去効果が報告されており[33],この処方を構成する生薬のうちの後3者の効果と成分については上述のとおりである。

(11) **シソを含む漢方処方**

シソは食品のみでなく,蘇葉,蘇子の名で漢薬としても使われ,これを含む漢方処方も**香蘇散**(香附子,蘇葉,甘草,陳皮),**半夏厚朴湯**(半夏,茯苓,生姜,厚朴,蘇葉)などがある。

紫蘇は精油も含み芳香を放つが,抗酸化性成分のロズマリン酸(rosmarinic acid)をも多量含んでいる[34]。

Tellimagrandin I

Tellimagrandin II

Isoterchebin

Rosmarinic acid

Cornusiin A

(12) ヨモギを含む漢方処方

　和薬としてよく使われるヨモギは，漢方薬としても芎帰膠艾湯（川芎，甘草，阿膠，艾葉，当帰，芍薬，乾地黄），柏葉湯（柏葉，乾姜，艾葉）などに配合して使われている。

6.6　その他の処方中の抗酸化性生薬とその成分

　ポリフェノール類およびその誘導体に富むものの例をあげてみると，五味子は小青竜湯，清肺湯などに配合されるが，抗肝障害その他の活性のあるリグナン類のgomisin, schizandrin類などを含む[35]。桑白皮はクワの根皮で，清肺湯などに配合されており，kuwanon A〜P [36]（＝moracenin類）などの抗酸化性のプレニルフラボノイドを含む。

Kuwanon G

Curcumin

6.7 薬食両用植物とその抗酸化成分の例

医食同源（＝薬食同源）の語に沿う生薬は数多いが，上述の漢方処方中のものをいくつか拾い出してみる。

桂皮：シナモンの名で菓子類に用いられ，八つ橋煎餅は有名。クッキー，飴に，またカレー粉などにも配合される。

生姜：国内で食用にされる新ショウガよりも辛味の強いヒネショウガとその乾燥品が薬用にされる。

近年民間で人気のあるウコン（鬱金）はカレー粉の主材料の1つであるが，抗肝炎などの作用のある生薬として鬱金丸などに配合される。成分は curcumin など。

山茱萸（果実）は薬酒にもされる。

食品としてのヨモギ，紫蘇葉についてはここで言及しない。

文　　献

1) 奥田拓男，吉川敏一，フリーラジカルと和漢薬，国際医書出版(1990)
2) T. Okuda, "Phenolic Antioxidants", in Food and Free Radicals (eds., M. Hiramatsu et al.), p.31, Plenum, New York (1997)
3) S. Yoshizawa et al., *Phytother. Res.*, 1, 44 (1987)
4) 松岡玄達，「用薬須知」続編(1776)
5) T. Okuda et al., *J. Chem. Soc. Perkin 1*, 9 (1982)
6) T. Okuda et al., *Phytochemistry*, 19, 547 (1980)
7) T. Okuda et al., "Hydrolyzable Tannins and Related Polyphenols", in Progress in the Chemistry of Organic Natural Products, 66 (eds., W. Herz et al.), p.1, Springer, Vienna (1995)

8) T. Okuda *et al., Chem. Pharm. Bull.*, 31, 1625 (1983)
9) T. Hatano *et al., Chem. Pharm. Bull.*, 37, 2016 (1989)
10) Y. Kimura *et al., Planta Medica*, 52, 337 (1986)
11) T. Yoshida *et al., Phytochem.*, 21, 1180 (1982)
12) 奥田拓男ほか, 日化, 671 (1981)
13) J. Robak *et al., Biochem. Pharmacology*, 37, 837 (1988)
14) 波多野力ほか, 和漢医薬学雑誌, 3, 434 (1987)
15) 奥田拓男ほか, 薬誌, 106, 894 (1986)
16) T. Matsuo *et al., Agric. Biol. Chem.*, 42, 1637 (1978)
17) 林高弘ほか, 和漢医薬学雑誌, 13, 378 (1996)
18) R. Suzuki *et al., J. Traditional Medicines*, 13, 165 (1996)
19) H. Hirano, *et al., Natural Medicines*, 51, 539 (1997)
20) Y. Kimura *et al., Chem. Pharm. Bull.*, 30, 1792 (1982)
21) 平松緑ほか, 和漢医薬学雑誌, 13, 422 (1996)
22) M. Nishizawa *et al., Chem. Pharm. Bull.*, 31, 2593 (1983)
23) 樋口行人ほか, 和漢医薬学雑誌, 13, 312 (1996)
24) M. Inoue *et al., Biol. Pharm. Bull.*, 19, 1468 (1996)
25) 波多野力ほか, 薬誌, 111, 311 (1991)
26) Y. Kimura *et al., Phytother. Res.*, 2, 140 (1988)
27) H. Kikuzaki *et al., J. Food Sci.*, 58, 1407 (1993)
28) 平松緑ほか, 基礎と臨床, 21, 4895 (1987)
29) 吉川敏一ほか, 医学のあゆみ, 152, 741 (1990)
30) Y. Kashiwada *et al., Chem. Pharm. Bull.*, 34, 4083 (1986)
31) 岡田一乗ほか, 和漢医薬学雑誌, 11, 318 (1994)
32) T. Okuda *et al., Chem. Pharm. Bull.*, 32, 4662 (1984)
33) 阿倍一豊ほか, *Natural Medicines*, 51, 528 (1997)
34) 奥田拓男ほか, 薬誌, 106, 1108 (1986)
35) Y. Ikeya *et al., Chem. Pharm. Bull.*, 36, 3974 (1988)
36) T. Nomura *et al., Chem. Pharm. Bull.*, 28, 2548 (1980)

7 亜熱帯産野菜類：発がん予防物質の新しい検索対象―東南アジア産野菜類
（1'-acetoxychavicol acetate を例として）

村上　明[*1]，大東　肇[*2]

7.1 はじめに

「食生活の多様化」という言葉は，われわれの日常にすっかり定着した感がある。栄養摂取過多が指摘されている今日，「何が美味か」という2次的ではあるが根源的な問題に加え，われわれは「何を食べて（あるいは食べずに）健康を維持し，生活習慣病を予防するか？」という新しい研究命題を突きつけられている。特に発がんと食生活様式との密接な関連性については古くから多数の論文があり，そのほとんどで野菜や果物の摂取ががん予防に効果があると結論づけられている。しかしながら，本稿の最後で触れるが，常食野菜類に普遍的に分布している β-carotene を用いたヒト介入試験では，その発がん予防効果はいまだ証明されていない[1]。それゆえ，発がん予防研究のブレークスルーのためには，野菜中の微量成分に着眼したり，非常食野菜類をスクリーニングする，といった独創的なアプローチも重要であろう。

本稿では稿者らが約5年前から着手している，東南アジア産野菜類の発がん予防効果に関する研究の概略について述べたい。食素材由来の新しい生理活性物質を見出すうえでのヒントとなれば幸甚である。

7.2 東南アジア産野菜類の発がん抑制活性スクリーニング

東南アジアは，高温多湿というその気候条件から，豊かな植物相を呈していることで有名である。また，タイにおけるWet Marketは観光スポットとして知られ，そこで販売されている現地独特の野菜類が，タイ料理に不可欠であることはご存じの方も多かろう[2]。しかし，東南アジア産の野菜類を，発がん予防物質の新しい検索対象として着眼した研究例はこれまでになかった。われわれは1993年，バンコクで開催された国際学会に出席した際に，現地の共同研究者とともに，バンコク，チェンマイの民間市場をつぶさに歩き回り，現地独特の種を中心に，日本での常食種を一部含め，総計122種の野菜類試料を収集した。発がん抑制活性のスクリーニング試験には，Epstein-Barr virus（EBV）活性化抑制試験を用いた。本法は，ヒトBリンパ芽球様細胞 Raji に潜在感染しているEBVが発がんプロモーターの作用により活性化する生化学的現象を利用したものである[3]。必要試料量は1mg以下であり，本試験で活性の認められた化合物が種々の動物試験でも有効であることをわれわれや西野博士ら（京都府立医大）のグループは立証している[4]。各新

---

* 1　Akira Murakami　　近畿大学　生物理工学部　生物工学科　助手
* 2　Hajime Ohigashi　京都大学大学院　農学研究科　応用生命科学専攻　教授

第2編 動・植物化学成分の有効成分と素材開発

鮮野菜類を細かく刻み, そのメタノール抽出物の200 μ g/ml におけるEBV活性化抑制活性を評価したところ, 全体の約4分の3に抑制率30%以上の有意な抑制活性が認められた(図1)[5]。この成績を, 以前にわれわれが行った和産野菜類のそれと比較すると, タイ産野菜類が優れた素材であることは明瞭である。続いて, インドネシア[6], マレーシア産野菜類(村上ら, 投稿準備中)をそれぞれ100種以上採集し, 全く同条件で試験を行ったところ, タイ産の場合と同等, あるいはそれ以上の結果が得られた。

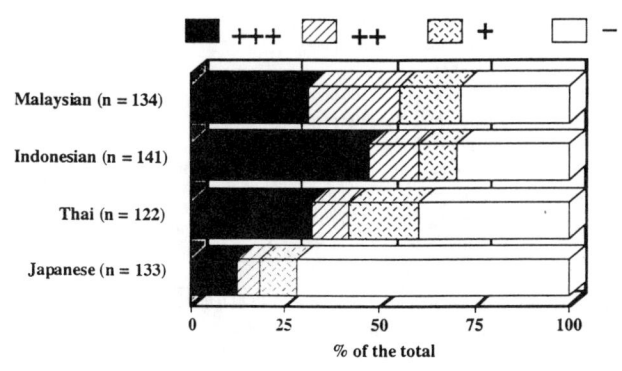

図1 東南アジア産および和産野菜類のEBV活性化抑制活性

東南アジア産野菜類からはなぜこのように高い活性が再現性よく検出できたのだろうか。品種の差, 栽培条件などいくつかの視点からの推論が可能である。しかし最も妥当な説明は, 植物の生育環境であろう。前述したように, 東南アジアは高温多湿地域である。現地の植物は, 周辺の微生物, 昆虫などの侵入・食害を防ぐ, あるいは強烈な日照から身を守る, といった点で温帯地域の植物よりも, 適応・生存のためのさまざまな2次代謝産物を豊富に生合成することを余儀なくされてきたと推測できる。そしてそのような生理活性の高い植物資源を野菜として伝統的に継承し, ときには薬用としても併用してきたという文化的背景も見逃せない。ところで, われわれ日本人にとっては意外なことであるかもしれないが, 東南アジア3国で採取した野菜の種類は, お互いに重複した種が少なかった(インドネシアとタイの例では重複種は27種)。すなわち, 3国それぞれに高い割合で独自の野菜資源を有していることは特筆に値する。また, 特に活性が高頻度で検出された植物科としては, ショウガ科 (Zingiberaceae), ミカン科 (Rutaceae), セリ科 (Umbelliferae), アブラナ科 (Cruciferae), シソ科 (Labiatae), トウダイグサ科 (Euphorbiaceae) などがあげられる。ただちに判断することは危険であるが, タイの年齢調整がん死亡率が日本や

成人病予防食品の開発

表1 ACA[a] の動物発がん抑制活性

動物組織	発がん条件	ACA投与時期(投与法)	投与量	エンドポイント	週数	抑制率（%）	文献No.
マウス皮膚	DMBA[b]/TPA[c]	promotion	1.6 nmol	papilloma	20	NS[d]（発生率）	9)
		promotion	1.6 nmol			44（数）	
		promotion	160 nmol			42（発生率）	
		promotion（背部塗布）	160 nmol			90（数）	
ラット口腔	4-NQO[e]	initiation	100 ppm	squamous cell carcinoma	32	100（発生率）	10)
		initiation	500 ppm			84（発生率）	
		post-initiation	100 ppm			100（発生率）	
		post-initiation（混餌）	500 ppm			100（発生率）	
ラット大腸	AOM[f]	initiation	100 ppm	aberrant crypt foci	5	40（数）	11)
		initiation（混餌）	200 ppm			40（数）	
ラット大腸	AOM[f]	initiation	100 ppm	adenocarcinoma	38	49（発生率）	12)
		initiation	500 ppm			38（発生率）	
		post-initiation	100 ppm			26（発生率）	
		post-initiation（混餌）	500 ppm			80（発生率）	

a) 1'-Acetoxychavicol acetate, b) Dimethylbenz[a]anthracene, c) 12-O-tetradecanoylphorbol-13-acetate, d) 統計学的有意差なし, e) 4-Nitroquinoline 1-oxide, f) Azoxymethane

米国の半分以下であるという事実[7,8]は，タイの野菜類が発がん予防効果に優れているという仮説を支持することにはならないだろうか。タイにおける乳がんと結腸がんの発生率がきわめて低いのは，食事中のカロリーが低いためであるとの疫学研究結果があるが，今後，その要因に加え，現地の独特の野菜類成分と発がんとの関連性についての本格的な疫学研究が待たれる。

7.3 ACAの動物試験結果

有望な発がん抑制活性を示したタイ産野菜類からその活性物質を同定することは，それらが発がん予防効果に優れているということを提唱するための基礎的データとして不可欠である。これまでに20種を超えるEBV活性化抑制物質を同定してきたが，ここでは，大量調製が可能で動物試験のデータも豊富な1'-acetoxychavicol acetate（ACA, 図2）について述べる。

ACAは香味用野菜ナンキョウ（*Languas galanga* Stuntz, ショウガ科）の根茎に含まれており，ナンキョウの刺激味，特徴的な香りを担っている主成分（新鮮重量の約0.1%）である。ACAは簡易な2段階の化学合成で調製することも可能であり，これまでに1kg以上のACAを動物試験用として合成した。表1に現在までに得たACA

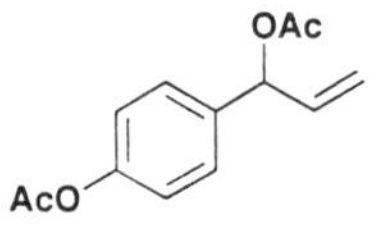

図2 ACAの構造

第2編　動・植物化学成分の有効成分と素材開発

の発がん抑制試験の結果をまとめた。主に田中博士ら（金沢医大・第一病理）との共同研究で、ACAはマウス皮膚［発がん条件：dimethylbenz [a] anthracene (DMBA) /12-O-tetradecanoylphorbol-13-acetate(TPA)]9)、ラット口腔［4-nitroquinoline 1-oxide (4-NQO)]10)、ラット大腸［azoxymethane (AOM)] 11, 12)で顕著に発がんを抑制することを確認した。ACAは元来、anti-tumor-promoterとして単離した化合物であったが、上記の実験では、post-initiation (promotion)期のみならず、多くの実験においてinitiation期でも有意な発がん抑制活性を示した結果は興味深い。特に、口腔がんの試験では、ACAを投与した4種の実験群のうち3群で腫瘍の形成が100%阻害されており、その効果の高さが注目される。マウス皮膚でも強力な発がんプロモーション抑制活性を示す事実を考え合わせると、ACAは代謝、吸収される以前で特に高い活性を発現する可能性が想定される。水溶液中で化学的に不安定であるというデータ（村上ら、投稿準備中）を考慮すれば、臓器での発がん抑制作用をさらに向上させるためには、体内での安定性を高めるための工夫（錠剤化、シクロデキストリン抱合など）が必要となるかもしれない。なお、これまでのすべての実験において、ACA投与群の動物に顕著な体重減少、副作用などの所見は認められなかった。またさらに最近、ACAはラット肝臓、腎臓、食道の発がん（あるいは腫瘍マーカー）をも抑制することが共同研究で見出されている。

7.4　ACAの作用機構解析

　上記の動物試験において、ACAには次の作用機構が関与していることが示唆されている。まず、initiation期での機序として、肝臓、大腸における、いわゆるxenobiotic (PhaseⅡ) enzymes (glutathione S-transferaseとquinone reductase) の誘導効果が確認されたこと12)は重要である。これら酵素群による解毒反応は、P-450などのphaseⅠ酵素群により生じる究極発がん物質によるDNAの修飾と競合していることから、PhaseⅡ酵素群の誘導は、究極発がん物質の抱合と排泄を促進するための重要なメカニズムと考えられる。一方、post-initiation期では、非腫瘍部位における細胞増殖マーカー（BrdU, AgNORs）の抑制、ornithine decarboxylase (ODC) 活性の抑制、血中ポリアミンレベルの減少、などが指摘できる10~12)。以上の知見は、発がん抑制試験と同時に検討した結果得られたことから、妥当性が高いと考えられるが、長いpost-initiation期においては、比較的後期での機構である。

　それでは、ACAのpost-initiation早期に関わる発がん抑制機構として、どのような生化学的現象が関与しているのだろうか。われわれは現在、post-initiation期に普遍的に関与する現象として、酸化ストレス、特に白血球におけるoxidative burstの抑制に注目している。発がん過程に炎症、タンパク質や脂質などの生体成分の過酸化反応が起こることは古くから知られていた。近年の具体例をあげると、①好中球由来のラジカルによって、発がん物質中間体から究極発がん物質が生成

成人病予防食品の開発

し，この現象はP-450非依存性であること[13]，また②DMBA/TPAを皮膚に塗布したマウスの末梢血白血球が，co-cultureシステムにおいてラジカルに起因する変異原性を示すこと[14]，などである。さらに③ *Helicobactor pylori* の胃内感染によって，マクロファージのiNOS誘導が起こる[15]ことから，NOと胃がんとの関連性も議論され始めている。特に，①と②のモデルでは，TPAによる発がんのプロモーション作用を"mutation rateの加速化"のプロセスとして捉えることができる。この説に基づけば，昨今提唱されている「ヒトの発がんは発がんプロモーションを経るというよりは，むしろmultiple mutationの蓄積の結果である」という説との接点をもつことが可能である。ヒトの発がんプロモーション段階の一部が，白血球による持続的oxidative burstによって起こると解釈すれば，その現象は内因性発がんプロモーターとしても有力である。

これまでに，ACAが分化HL-60細胞（ヒト前骨髄性白血病細胞）で，高いO_2^-[9]およびH_2O_2（中村ら，投稿準備中）産生抑制を示すこと，さらに，若林博士ら（国立がんセンター）との共同研究で，RAW264.7細胞（マウスマクロファージ）でNO産生抑制活性を示すこと（大畠ら，投稿準備中）などが明らかとなっている。重要なことは，いずれの系においてもACAは，radicalに対するscavenging効果は全く示さず，産生系を特異的に阻害することである。したがって，近時，指摘されている，radical scavengerのpro-oxidant的な危険性は考慮する必要がない点も特徴的である。

以上の実験は *in vitro* のものであるが，われわれは，2段階のTPA塗布によるマウス皮膚酸化ストレスモデル[16]を用いて，ACAの抗酸化性を *in vivo* で証明した。このモデルは，次の2段階に区別することができる。すなわち，①1回目のTPA塗布により，表皮細胞からleukotrieneなどの走化性因子が放出され，好中球などの白血球が集積するpriming段階，および②表皮に集積した白血球が2回目のTPA塗布により活性化し，過剰のO_2^-を産生するactivation段階である。ACAはpriming段階における事前塗布では，TPAによるH_2O_2と浮腫（edema）の生成をほとんど抑制しなかったが，activation段階での事前塗布では，両者のレベルをコントロールレベルにまで減少させた（中村ら，投稿準備中）。したがって， *in vitro* で示唆された，白血球による酸化ストレスに対するACAの抑制作用が *in vivo* で証明された。他の臓器系でも同様な機構が関与しているか否かは今後の重要な研究課題である。さらに，ACAの細胞内標的分子の同定は，最も興味ある課題として残されているが，protein kinase C，lipoxygenase，cyclooxygenaseには作用しないことが判明している（村上ら，未発表）。これまでのACAに関する作用機構の検討結果をまとめたものが表2である。

7.5 今後の展望と海外の動向

東南アジア産野菜類から単離した発がん物質に関する研究の概略について，ACAを例にとり紹

第2編　動・植物化学成分の有効成分と素材開発

表2　ACAの作用機構検討結果

抑制効果あり
EBV[a] 活性化（Raji細胞）
XOD[b] 活性
O_2^- とROOHの生成（分化HL-60細胞）
NO生成（RAW264.7細胞）
マウス皮膚における浮腫とH_2O_2の生成（TPA 2段階塗布モデル）
促進効果あり
ラット肝臓および大腸におけるGST[c]とQR[d]活性
抑制効果なし
PKC[e] 活性
5-および12-LOX[f] 活性
COX[g] 活性
マウス皮膚および耳炎症（TPA 1段階塗布モデル）
アラキドン酸の遊離およびPGE_2[h]の生成（C3H10T1/2細胞）
無機リン酸の細胞膜への取り込み（HeLa細胞）

a) Epstein-Barr virus, b) Xanthine oxidase, c) Glutathione *S*-transferase, d) Quinone reductase,
e) Protein kinase C, f) Lipoxygenase, g) Cyclooxygenase, h) Prostaglandin E_2

介した。400近い野菜種のスクリーニングによって，興味深い素材に関する基礎的データは整備されたと考えている。後はACAの例にならい，あるいはさらに発展した形で，動物試験→作用機構の検討というプロセスを踏めばよい。多数の化合物のデータが十分に揃えば，食と発がん予防を考えるうえでの興味深い情報を提供できるはずである。しかし，それはヒトへの応用には直結しない。臨床試験にあたっては，毒性，吸収・代謝，大量調製法，コストといった現実的な問題が山積しており，果たすべき検討課題の膨大さに圧倒される。それでもなお，決定的ながんの治療法が考案されていない現実を鑑みると，予防研究の重要性，将来性から眼を背けることはできない。

　ところで，がん予防学の最前線はどうなっているのだろうか。稿者の知る限りでは，β-caroteneを用いた介入試験は，すでに米国NCIにより4種類行われ，逆に発がんを促進した例を含み，単独での発がん予防効果は証明されていない（NCIによるがん予防研究の最近の情報はインターネットで閲覧できる：http://cancernet.nci.nih.gov/clinpdq/prevention.html）。

　発がん予防研究の先陣を切ったβ-caroteneの投与が失敗に終わったことは非常に残念ではある。しかし小規模な試験（対象：皮膚がん患者1,312人）ながら，seleniumを用いた最近のtrialで，肺，結腸，および前立腺がんに予防効果があったというepoch-makingな報告（上記URL参照）もあり，今後のがん予防研究のさらなる展開に期待したい。

成人病予防食品の開発

文　献

1) The Alpha-Tocopherol, Beta Carotene Cancer Prevention Study Group, *N. Engl. J. Med.*, 330, 1029-1035 (1994)
2) C. Jacquat, G. Bertossa, Plants from the markets of Thailand (Editions Duang Kamol, Bangkok, Thailand) (1990)
3) Y. Ito *et al.*, *Cancer Lett.*, 13, 29-37 (1981)
4) A. Murakami *et al.*, *Biosci. Biotechnol. Biochem.*, 60, 1-8 (1996)
5) A. Murakami *et al.*, *Cancer Lett.*, 95, 139-146 (1995)
6) A. Murakami *et al.*, *Cancer Detect. Prev.*, in press (1998)
7) S. Broder, *Jpn. J. Cancer Res.*, 84, 821-830 (1993)
8) V. Vatanasapt *et al.*, Cancer in Thailand (IARC Technical Report No. 16, Lyon) (1993)
9) A. Murakami *et al.*, *Oncology*, 53, 386-391 (1996)
10) M. Ohnishi *et al.*, *Jpn. J. Cancer Res.*, 87, 349-356 (1996)
11) T. Tanaka *et al.*. *Carcinogenesis*, 18, 1113-1118 (1997)
12) T. Tanaka *et al.*, *Jpn. J. Cancer Res.*, 88, 821-830 (1997)
13) Y. Li, M. A. Trush, Oxidative Stress and Aging, R.G.Cutler, L.Packer, and A. Mori, eds., p. 203-220 (Birkhauser Verlag, Basel) (1995)
14) M. E. Ariza *et al.*, *Cancer Lett.*, 106, 9-16 (1996)
15) K. B. Shapiro, J. H. Hotchkiss, *Cancer Lett.*, 102, 49-56 (1996)
16) H. Wei, K. Frenkel, *Cancer Res.*, 51, 4443-4449 (1991)

8 香辛料

中谷延二*

　人類が香辛料（スパイスおよびハーブ）を使用してきた歴史は古く，原始狩猟時代に遡る。捕獲した動物や魚介類が保存中に風味の低下や腐敗するのを抑えるために，香りや辛味のある植物の種子，果実，葉，茎，根などが経験的に選抜されてきた。古代エジプトにおいては薬草として記されているものもあり，人類は香辛植物を食用，薬用，香粧品，染料などに利用してきた。
　香辛料が食品の品質低下を防ぐ効果を示すことから，食品中の脂質の酸化的劣化を抑制する成分の存在が推定される。事実，抗酸化性を測定すると，かなり多くの種類の香辛料に活性がみられ，われわれは活性化合物の単離と化学構造の解析を行ってきた。ここでは香辛料から見出された抗酸化化合物を紹介する。

8.1　香辛料の抗酸化性

　香辛料の酸化抑制作用を系統的に調べた最初の報告はChipault[1]によるものであろう。78種の香辛料の粉砕物，石油エーテルやアルコール抽出物に関してActive Oxygen Method（AOM）で抗酸化活性を測定しており，各種食品や保存条件の異なる環境下での活性も調べている。著者ら[2]もロダン鉄法やTBA法を用いてスクリーニングした。他の研究者の結果も合わせてまとめると，抗酸化性の高い香辛料はシソ科に多く分布し，ローズマリー，セージ，タイム，オレガノ，マジョラムなどが顕著な活性を示した。フトモモ科のオールスパイス，クローブ，ショウガ科のショウガ，ウコン，ニクヅク科のナツメグ，メースなど，またトウガラシ，コショウなどの辛味香辛料にも活性がみられた。最近Chungら[3]は香辛料のヒドロキシラジカル消去能を測定し，上記シソ科やフトモモ科，ニクヅク科のほか，マスタード，タラゴンに強い活性を報告している。

8.2　香辛料の抗酸化成分

　Herrmann[4]はシソ科香辛植物を対象に抗酸化成分を探索し，ローズマリー（*Rosmarinus officinalis*）などにロスマリン酸〔1〕をはじめ多くのフェノール性カルボン酸が分布していることを見出した。著者ら[5,6]は極性の異なる溶媒でローズマリーの乾燥葉を抽出し，活性成分の単離を試みた。ヘキサン抽出物を水蒸気蒸留して分画した非揮発性区分からカルノソール〔2〕のほか新規化合物のロスマノール〔3〕，エピロスマノール〔4〕，イソロスマノール〔5〕を見出した。AOM試験では〔3〕および〔4〕は合成抗酸化剤のBHTの4倍の活性を示した。同じジテル

＊ Nobuji Nakatani　大阪市立大学　大学院生活科学研究科　教授

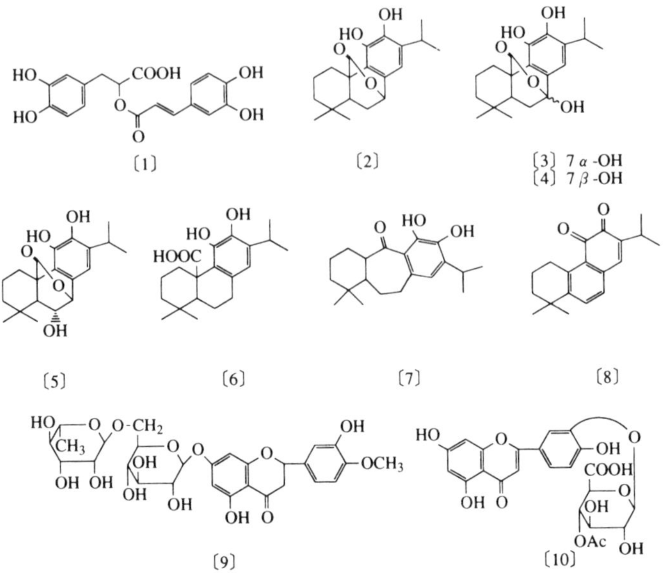

図1 ローズマリーに含まれる抗酸化成分

ペノイドに属するカルノシン酸〔6〕をBrieskornら[7]が，ロスマリジフェノール〔7〕，ロスマリキノン〔8〕をHoulihanら[8,9]が抗酸化物質として単離している。Okamuraら[10]はローズマリー葉を50%メタノール溶液で抽出してヘスペリジン〔9〕とルテオリン配糖体〔10〕を活性物質として明らかにした。

Frankelら[11]はロスマリン酸〔1〕，カルノソール〔2〕，カルノシン酸〔6〕の抗酸化性を比べているが，油系で〔1〕と〔6〕が〔2〕より強く，水を含むエマルジョン系では〔1〕が〔2〕，〔6〕より効果が高かった。この結果はPorterら[12]が提唱した"polar paradox"，すなわち極性の高い抗酸化剤は低極性の油脂のみの系で効力が強く，逆に低極性の抗酸化剤はエマルジョンのようなより高極性系で効果があるという説を支持する。ローズマリーの抽出物は抗酸化剤として実用化されているが，フェノール性ジテルペン類が活性に大きく寄与している[13]。

抗酸化活性の強いロスマノール〔3〕などのジテルペン類はセージ（*Salvia officinalis*）からも見出されており[2,14,15]，ローズマリーと並ぶ活性を示している。

著者ら[16,17]はオレガノ（*Origanum vulgare*）の高極性区分に強い抗酸化性を認め，ロスマリン酸〔1〕のほか，ロスマリン酸類縁体〔11〕およびプロトカテキュ酸配糖体〔12〕を新規化合物

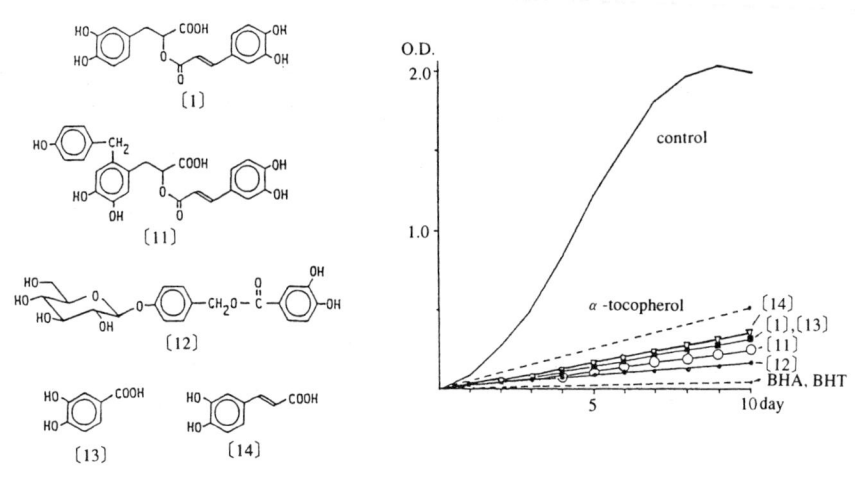

図2 オレガノの抗酸化成分と活性（ロダン鉄法，濃度0.02%）

として単離した。図2にオレガノからの高極性抗酸化化合物のリノール酸に対する抗酸化活性を示す。またフラボノイド類も単離されている[18]。オレガノに近縁のマジョラム（*Origanum majorana*）からもフェノール系カルボン酸やアルブチン類縁体〔15〕が得られている[2,19]。

タイム（*Thymus vulgaris*）の抗酸化性には多量に含まれるチモール，カルバクロールなどのフェノール系モノテルペンの精油が大きく寄与している。著者らは非揮発性区分からチモールの2量体のビフェニル化合物（〔16〕，〔17〕）[20~22]や，高度にメチル化されたフラボノイド（〔18〕，〔19〕）[23]を得た。

シソ科香辛料にはバジル（*Ocimum basilicum*），セイボリー（*Satureia hortensis*），ヒソップ（*Hyssopus officinalis*）など多くの種に抗酸化性が知られている[24]。

辛味香辛料にも酸化抑制機能を発現する種が多い。著者らはショウガ科植物に着目して熱帯産を含む約10種の根茎を抽出し，抗酸化性を測定した。いずれの粗抽出物も天然抗酸化剤の代表であるα-トコフェロールより強いか，ほぼ同等の活性を示した。そのなかでショウガ（*Zingiber officinale*）に最も高い効力をみた。

ショウガの塩化メチレン抽出物から約50種の化合物を単離，構造決定した[25~29]。その代表的なものを図4に掲げる。構造から分類すると2つに大別できる。一方は辛味成分であるジンゲロールと類縁の化合物群で，芳香核に長鎖の置換基を有するグループ，他方は2個の芳香核を炭素数7個のメチレン鎖で継ぐジアリールヘプタノイド化合物群である。双方のグループには側鎖上の置換様式や芳香核上の置換基に共通性がある。構造上の違いと抗酸化性とを比較すると，たとえ

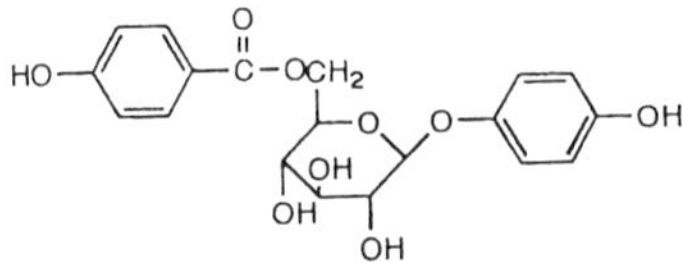

[15] 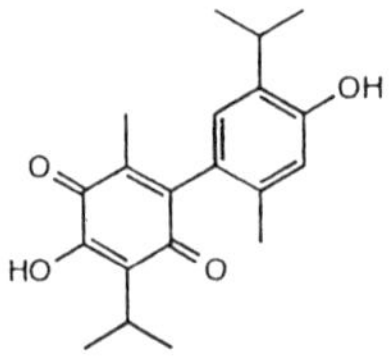　[16] 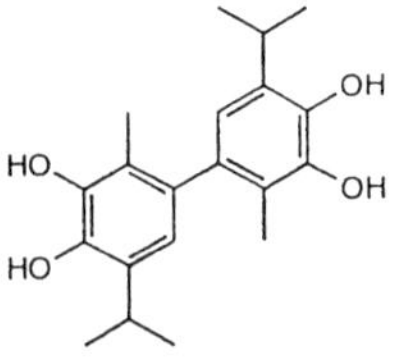　[17]

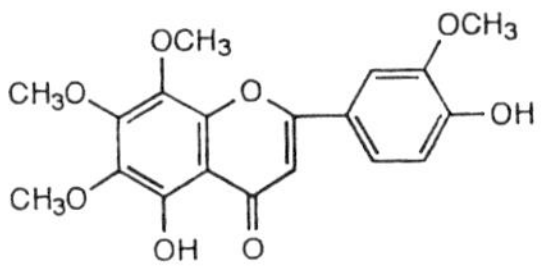

[18] 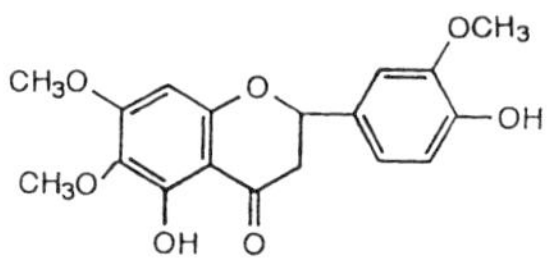　[19]

図3　シソ科のその他の抗酸化成分

ばジンゲロール類縁体で側鎖炭素が8個（[4]-ジンゲロール），10個（[6]-ジンゲロール），12個（[8]-ジンゲロール），14個（[10]-ジンゲロール）の抗酸化活性は，最長の側鎖もつ[10]-ジンゲロールが最も強く，短かくなるにつれて活性が低くなる傾向をみた。この活性の強弱はショウガオール類縁体（側鎖が4-エン-3-オン構造）でも同傾向を示した。いずれの化合物もα-トコフェロールよりはるかに優れた効力を示した[28]。また同じ10の炭素鎖[6]-ジンゲロール[20]）をもつ化合物群において，側鎖上の置換様式の違いで活性を比較すると図5に示すような結果となった[30]。わずかな差であるが3,5-ジアセテート[24]≧3,5-ジオール[22]＞4-エン-3-オン（[21]，[6]-ショウガオール）＞5-ヒドロキシ-3-オン（[20]，[6]-ジンゲロール）＞1-エン-3,5-ジオン[25]の順であった。3,5-ジオール体の場合$3R, 5S > 3S, 5S$と立体配置の違いにおいても活性に差がみられた。ジアリールヘプタノイド群においても同じ傾向がみられた。

　熱帯産ショウガの代表的なものにカレー粉に多量に用いられるウコン（ターメリック，*Curcuma domestica*）がある。ウコンは食用にも着色料としてよく使われており，民間薬としても種々の疾病に対して効果がある。クルクミン[26]，デスメトキシクルクミン[27]，ビスデスメトキシクルクミン[28]は主要な黄色色素で，抗酸化性も高い[31]。さらに2種のジアリールペンタノイドも見出された[32]。インドネシアでブングレと呼ばれるポンツクショウガ（*Zingiber cassumunar*）は内服または外用薬として効能がある根茎で，これも黄色を帯びている。3種のクルクミノイドのほかに新規化合物のクルクミン-フェニルブテノイド複合体を6種単離しカシュムニンA〜C

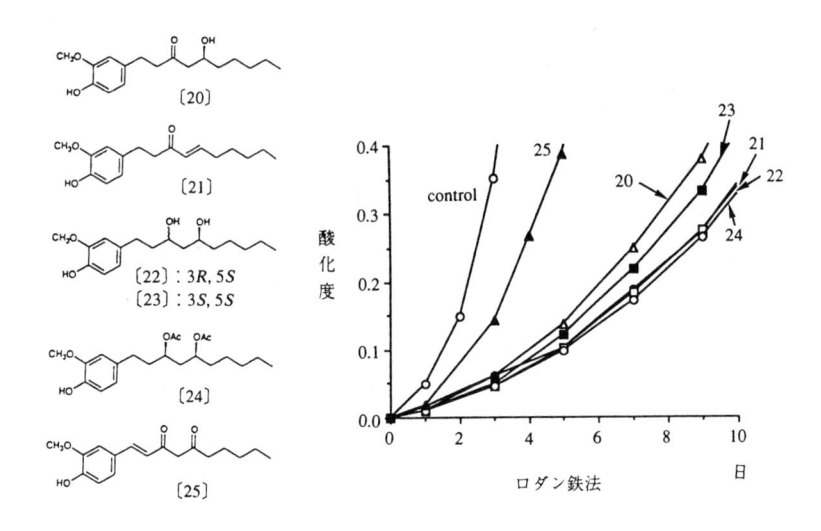

第2編　動・植物化学成分の有効成分と素材開発

図4　ジンゲロール類縁体の抗酸化性

([29]~[31]), カシュムナリンA~C([32]~[34])と命名した[33,34]。これらのほかにクスリウコン(*Curcuma xanthorrhiza*), ナンキョウ(*Alpinia galanga*), マンゴーガジュツ(*Curcuma mangga*)などに活性がみられた。

奥田ら[35]はヨモギ(*Artemisia princeps*)から5-カフェオイルキニン酸(クロロゲン酸, [35])および関連化合物を単離している。最近著者らは香草類の極性の高い区分から同様に[35]のほか, さらにカフェオイル基でアシル化されたジカフェオイルキニン酸([36]~[38])を抗酸化成分として単離した[36]。またセリ科のアニス(*Pimpinella anisum*)からは[35]のほかに, カフェオイル基に代わってフェルロイル基に置換されたキニン酸エステル([39]~[41])が単離された[37]。これらクロロゲン酸関連化合物はいずれもα-トコフェロールと同等かそれ以上の活性を示した。

辛味の強い香辛料ではトウガラシ(*Capsicum annuum*)の辛味成分のカプサイシン[42]やキダチトウガラシ(*C. frutescens*)からのカプサイシノール[43]が見出された[38]。さらにコショウ(*Piper nigrum*)からはフェノール系アミド([44], [45])が単離され[39,40], ブラウンマスタードからシナピン酸メチルエステル[3]が得られている。

その他の香辛料由来の化合物の種類も多く, フェニルプロパノイドはオールスパイス(*Pimenta*

成人病予防食品の開発

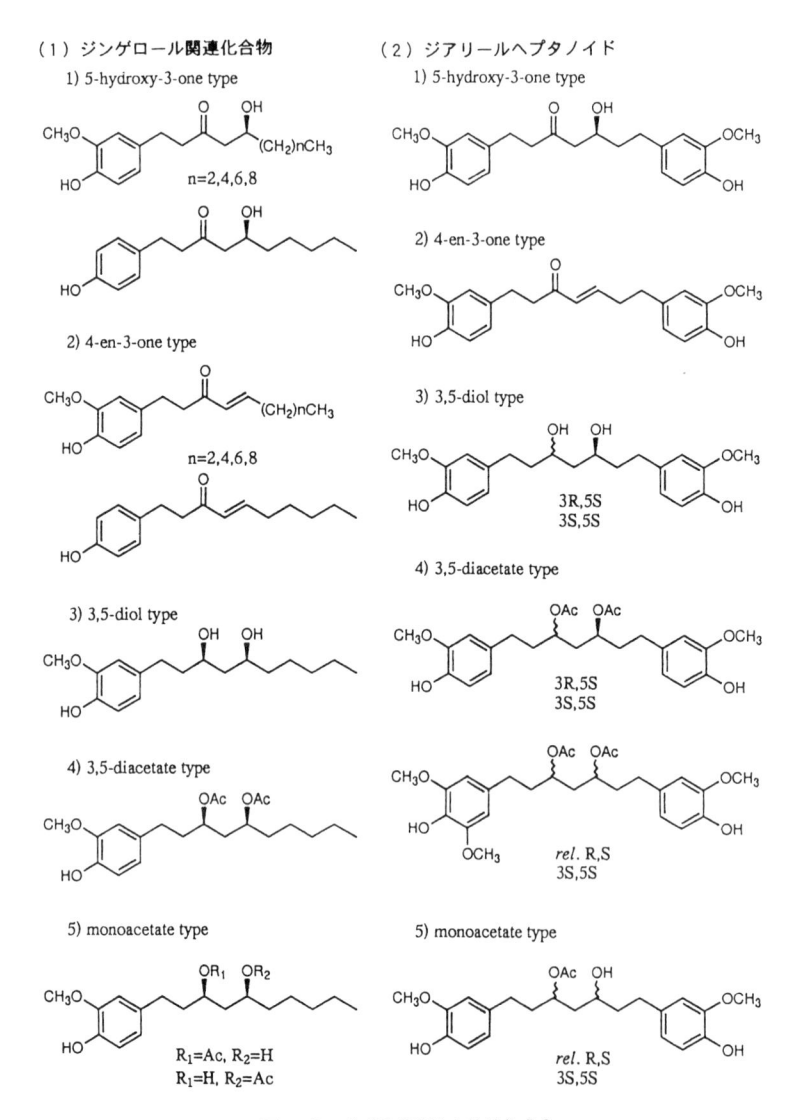

(1) ジンゲロール関連化合物
1) 5-hydroxy-3-one type

n=2,4,6,8

2) 4-en-3-one type

n=2,4,6,8

3) 3,5-diol type

4) 3,5-diacetate type

5) monoacetate type

R_1=Ac, R_2=H
R_1=H, R_2=Ac

(2) ジアリールヘプタノイド
1) 5-hydroxy-3-one type

2) 4-en-3-one type

3) 3,5-diol type

3R,5S
3S,5S

4) 3,5-diacetate type

3R,5S
3S,5S

rel. R,S
3S,5S

5) monoacetate type

rel. R,S
3S,5S

図5 ショウガの代表的な抗酸化成分

dioica) やクローブ (*Syzygium aromaticum*), リグナンはゴマ (*Sesamum indicum*) やメース (*Myristica fragrance*), パプアメース (*M.argentea*) に多く存在し, フラボノイドはセージ, タイ

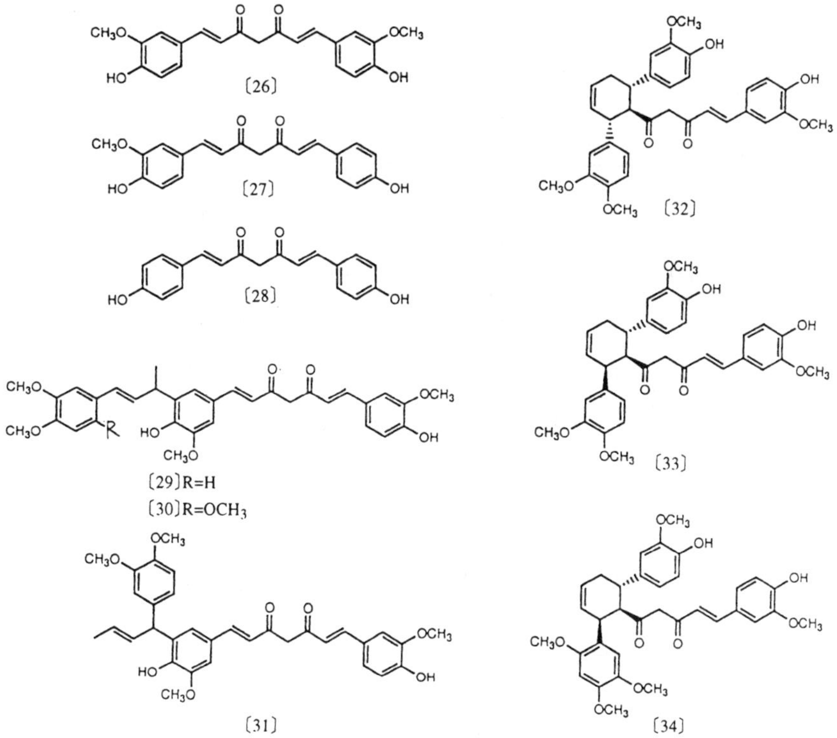

図6　クルクミノイド

ムをはじめ広く分布している。

8.3　香辛料由来の抗酸化成分の生体系での機能

天然由来の抗酸化成分が注目され，新しい有効な化合物が発掘されるにつれ，これらが生体内での酸化反応にどのように作用するかに関心が高まってきた。すなわち種々の活性酸素種によって引き起こされると考えられる疾病，特にがん，動脈硬化，老化などの発症抑制に抗酸化物質がどう寄与するかに興味が注がれる。

先に述べたように，ローズマリーの抗酸化能は抜群に高く，注目されている。Aruomaら[41)]はカルノソール〔2〕がミクロソーム系，リポソーム系において過酸化反応を抑え，Haraguchiら[42)]も〔2〕，ロスマノール〔3〕，エピロスマノール〔4〕，カルノシン酸〔6〕がミトコンドリア系，ミ

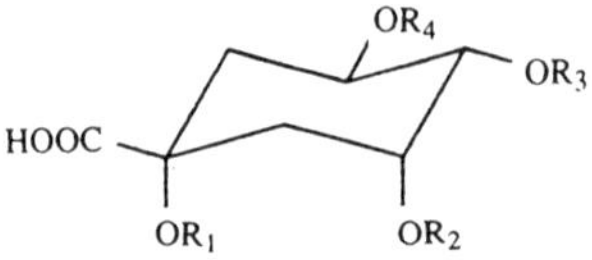

	R₁	R₂	R₃	R₄
[35]	H	H	H	Caffeoyl
[36]	Caffeoyl	H	H	Caffeoyl
[37]	H	H	Caffeoyl	Caffeoyl
[38]	H	Caffeoyl	H	Caffeoyl
[39]	H	H	H	Feruloyl
[40]	H	Feruloyl	H	H
[41]	H	H	Feruloyl	H

図7　クロロゲン酸関連化合物

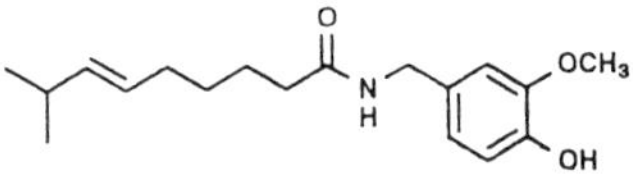

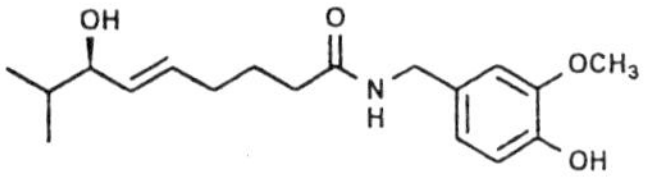

図8　香味系香辛料の抗酸化成分

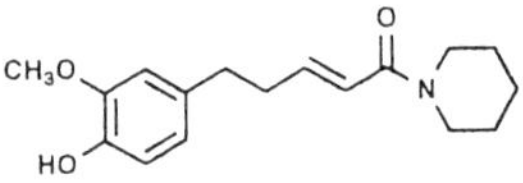

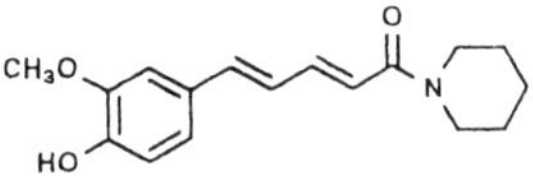

クロソーム系で同様の活性を示すことを報告している。Huangら[43]はカルノソール[2]，ウルソン酸がマウス皮膚がんのプロモーションを強く抑制することを明らかにした。

ウコン（*Curcuma*）属に含まれるクルクミノイドに関しても多くの研究がある。Huangら[44]はマウス皮膚がんに対するクルクミン[26]の抑制効果や12-*O*-テトラデカノイルフォルボール-13-アセテート（TPA）によって誘導された炎症に対して強い抑制効果を見出している。Rubyら[45]も同様の結果を報告している。クルクミノイドに関連する研究は多い。著者らがポンツクショウ

ガから単離したカシュムニン類([29]～[31]),カシュムナリン類([32]～[34])も TPA 誘導の炎症に対してクルクミン以上に活性を示した。

8.4 おわりに

人々の健康に対する関心が高まる社会的背景のなかで,医薬の重要性はもちろんであるが,日常の食生活によって疾病の予防ができれば大いに望ましいことである。香辛料をはじめ食品素材に含有されている酸化抑制成分が生体においても働き,酸化ストレスによる生体膜や DNA の損傷,炎症などを抑えて疾病発症を予防し,健康の維持,増進に役立つことが期待される。

文　献

1) J. R. Chipault et al., Food Res., 17, 46 (1952)
2) N. Nakatani, "Food Phytochemicals for Cancer Prevention II ——Teas, Spices, and Herbs", p. 144, ed. by C. -T. Ho et al., ACS Symposium Series 547, ACS, Washington, DC (1994)
3) S.-K. Chung et al., Biosci. Biotech. Biochem., 61, 118 (1997)
4) K. Herrmann, Z. Lebensm. Unters.Forsch, 116, 224 (1962)
5) R. Inatani et al., Agric. Biol. Chem., 46, 1661 (1982)
6) N. Nakatani et al., Agric. Biol. Chem., 48, 2081 (1984)
7) C. H. Brieskorn et al., Z.Lebensm.Unters.Forsch, 141, 10 (1969)
8) C. M. Houlihan et al., TAOCS, 61, 1036 (1984)
9) C. M. Houlihan et al., JAOCS, 62, 96 (1985)
10) N. Okamura et al., Phytochemistry, 37, 1463 (1994)
11) E. N. Frankel et al., J.Agric. Food Chem., 44, 131 (1996)
12) W. L. Porter et al., J.Agric. Food Chem., 37, 615 (1989)
13) K. Schwarz et al., Z.Lebensm.Unters.Forsch, 195, 104 (1992)
14) Z. Djamati et al., JAOCS, 68, 731 (1991)
15) M.-E. Cuvelier et al., J.Agric.Food Chem., 42, 665 (1994)
16) N. Nakatani et al., Agric.Biol.Chem., 51, 2727 (1987)
17) H. Kikuzaki et al., Agric.Biol.Chem., 53, 519 (1989)
18) S. A. Vekiari et al., JAOCS, 70, 483 (1993)
19) K. Ioku et al., Biosci. Biotech. Biochem., 56, 1658 (1992)
20) K. Miura et al., Chem. Pharm. Bull., 37, 1816 (1989)
21) N. Nakatani et al., Agric.Biol.Chem., 53, 1375 (1989)
22) H. Haraguchi et al., Planta Med., 62, 217 (1996)
23) K. Miura et al., Agric.Biol.Chem., 53, 3043 (1989)

24) A. Lugasi et al., *Spec. Publ. -R. Soc. Chem.*, 179, 372 (1996)
25) H.Kikuzaki et al., *Chem.Pharm.Bull.*, 39, 120 (1992)
26) H.Kikuzaki et al., *Phytochemistry*, 30, 3647 (1991)
27) H.Kikuzaki et al., *Phytochemistry*, 31, 1783 (1992)
28) H.Kikuzaki et al., "Food Phytochemicals for Cancer Prevention II ——Tea, Spices, and Herbs", p.237, ed. by C.-T.Ho et al., ACS Symposium Series 547, ACS, Washington, DC (1994)
29) H.Kikuzaki et al., *Phytochemistry*, 43, 273 (1996)
30) H.Kikuzaki et al., *J.Food Sci.*, 58, 1407 (1993)
31) A.Jitoe et al., *J.Agric.Food Chem.*, 40, 1337 (1992)
32) T.Masuda et al., *Phytochemistry*, 32, 1557 (1993)
33) T.Masuda et al., *Chemistry Letters*, 189 (1993)
34) A.Jitoe et al., *Tet.Letters*, 35, 981 (1994)
35) 奥田拓男ほか，薬学雑誌，106, 894 (1986)
36) 菊崎泰枝ほか，日本栄養・食糧学会近畿支部大会講演要旨, p.53 (1997)
37) 菊崎泰枝ほか，第9回日本香辛料研究会講演要旨集，p.6 (1994)
38) N. Nakatani et al., "Medical, Biochemical and Chemical Aspects of Freeradicals", p.453, ed. by O.Hayaishi et al., Elsevier (1989)
39) R. Inatani et al., *Agric.Biol.Chem.*, 45, 1473 (1981)
40) N. Nakatani et al., *Environmental Health Perspectives*, 67, 135 (1986)
41) O. I. Aruoma et al., *Xenobiotica*, 22, 257 (1992)
42) H. Haraguchi et al., *Planta Med.*, 61, 333 (1995)
43) K.-T. Huang et al., *Cancer Res.*, 54, 701 (1994)
44) M.-T. Huang et al., *Cancer Res.*, 48, 5941 (1988)
45) A. J. Ruby et al., *Cancer Letters*, 94, 79 (1995)

9 抗酸化ペプチド

村本光二[*1]，軒原清史[*2]

9.1 はじめに

ヒドロキシラジカルやスーパーオキシラジカルなどの活性酸素種によってタンパク質が酸化を受けることは，SwallowやGarrisonによって1960年代に初めて明らかにされ，今日では老化，酸化ストレス，疾病に伴い酸化修飾されたタンパク質が体内に蓄積されることが多くの研究者により示されている[1~3]。また，すでに1900年代にはDankinが，フェントン試薬によって発生したヒドロキシラジカルがアミノ酸を酸化修飾することを報告しており，タンパク質とそれを構成するペプチドやアミノ酸がもつ活性酸素種の捕捉作用と，それに伴う連鎖的ラジカル反応の停止はかなり昔から知られていた。これはとりもなおさずタンパク質，ペプチド，アミノ酸が抗酸化剤として働きうることが認識されてきたことである。ここでは特にペプチドの抗酸化作用について述べたい。

9.2 ペプチドの酸化と抗酸化作用

ペプチドやタンパク質が活性酸素種で酸化されると，断片化やポリマー化が起きる[1~2]。これはペプチド骨格のα-炭素から水素原子が引き抜かれアルキルラジカルが生成，これがすばやく酸素と反応してアルキルペルオキシラジカルとなり，ヒドロキシル誘導体を経て生成したアルコキシラジカルが断片化するためである。酸素分子のない状態ではアルキルラジカルどうしが分子架橋を形成してポリマー化する。

ペプチドやタンパク質を構成するアミノ酸側鎖も活性酸素種によって酸化され，種々の誘導体に変換する[1~2]（表1）。ペプチドを形成しているグルタミン酸やプロリンが活性酸素種の攻撃を受けると，ペプチド結合の切断が起こる[4~5]。システインやメチオニンは酸化を受けやすく，穏やかな条件下でもシスチンやメチオニンスルホキシドに変化するが，生体内ではそれぞれの還元酵素によって元に戻る。この酸化・還元サイクルは生体における重要な活性酸素種スカベンジャーとして注目されている[6]。

酸化修飾を自ら受けることによって，活性酸素種によるそれ以降の酸化反応をくい止めるタンパク質およびその構成単位であるアミノ酸やペプチドを，抗酸化剤として捉える見方も以前からなされてきた。アミノ酸に関しては多くの報告がみられるが，いずれにおいてもチロシン，メチオニン，ヒスチジンおよびトリプトファンなどのアミノ酸に抗酸化性が認められている[7~11]。こ

[*1] Koji Muramoto 東北大学大学院 農学研究科 資源生物科学専攻 教授
[*2] Kiyoshi Nokihara 島津総合科学研究所 主席研究員

成人病予防食品の開発

表1 アミノ酸の酸化による生成物[1,2]

アミノ酸	酸化生成物
システイン	disulfides, cysteic acid
メチオニン	methionine sulfoxide, methionine sulfone
トリプトファン	2-, 4-, 5-, 6-, 7-hydroxytryptophan, nitrotryptophan, kynurenine, 3-hydroxykynurenine, formylkynurenine
フェニルアラニン	2, 3-dihydroxyphenylalanine, 2-, 3-, 4-hydroxyphenylalanine
チロシン	3, 4-dihydroxyphenylalanine, Tyr-Tyr cross-linkages, Tyr-O-Tyr cross-linked nitrotyrosine
ヒスチジン	2-oxohistidine, asparagine, aspartic acid
アルギニン	glutamic semialdehyde
リジン	α-aminoadipic semialdehyde, lysine hydroperoxide (hydroxide)
プロリン	2-pyrrolidone, 4-, 5-hydroxyproline, pyroglutamic acid, glutamic semialdehyde
グルタミン酸	oxalic acid, pyruvic acid, glutamic acid hydroperoxide
ロイシン	leucine hydroperoxide (hydroxide), isovaleraldehyde, α-ketoisocaproic acid, isovaleraldehyde oxime
バリン	valine hydroperoxide (hydroxide)
スレオニン	2-amino-3-ketobutyric acid

れらのアミノ酸を含むジペプチドは，構成アミノ酸より強い抗酸化性をもっている[12,13]。

9.3 食品タンパク質分解物の抗酸化性

大豆タンパク質，小麦グルテン，卵白アルブミンなどの食品タンパク質の酵素分解物は，抗酸化性をもち，BHA，BHT，トコフェロール，アスコルビン酸などの既知抗酸化剤との相乗作用を示す[14,15]。代表的な食品タンパク質である大豆タンパク質の酵素加水分解物がもつ抗酸化性については，エマルジョン[16]や水溶液のモデル系だけでなく，乾燥食品モデルやチキンスープなどの実際の食品[17]でも早くから報告がされてきた。この中でBishovとHenick[18]は，大豆タンパク質の酸加水分解物を分画し，分子量700以下の画分が他の画分より強い抗酸化性をもつことを示す一方，山口ら[19,20]は水溶液系におけるリノール酸の自動酸化に対する大豆タンパク質分解物の抗酸化性を広範に検討し，分解率が6～9％の酵素分解物が最も強い抗酸化性をもつこと，そしてこのうち分子量2,500～3,000のペプチドと，塩酸加水分解物では分子量約1,300のペプチドが強い酸化防止効果をもつことをみつけた。

筆者らは，ゲル濾過クロマトグラフィーや逆相分配系HPLCで大豆タンパク質の酵素分解物か

らリノール酸の自動酸化に対し抗酸化性をもつ6種類のペプチドを単離し、それらの構造を決定した[21]。

9.4 大豆抗酸化ペプチドの構造と活性の相関

大豆の酵素分解物から単離した抗酸化ペプチドには、卵白アルブミンの酵素分解物から単離された3種類の抗酸化ペプチド（Ala-His-Lys、Val-His-His、Val-His-His-Ala-Asn-Glu-Asn）と同様にヒスチジンが含まれ、抗酸化性との関連が考えられた[15]。そこで、大豆抗酸化ペプチドの中で、最も分子が小さいLeu-Leu-Pro-His-His（LLPHH）をリードとして20種のペプチドを化学合成し、構造と抗酸化性の相関を検討した[22]（図1）。抗酸化活性は、エタノール・リン酸緩衝液の均一溶液系でリノール酸を自動酸化させたとき生成するヒドロペルオキシドをロダン鉄法で測定して比較した。

LLPHHのN末端からアミノ酸を1つずつ除去したLPHH、PHHおよびHHには活性が認められ、PHHには特に強い抗酸化性がみられた。しかし、HHの活性はLLPHHほど強くなく、HHの

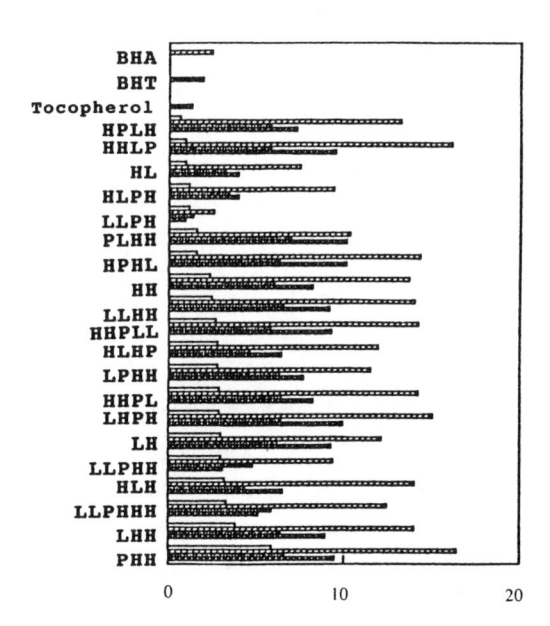

図1 抗酸化剤に対するペプチドの相乗作用
　　ロダン鉄法による抗酸化活性の測定を、40 μMペプチド、100 μM BHA、100 μM BHT、10 μMトコフェロールで行った

基本構造にプロリンやロイシンが結合することによって抗酸化性が強められた。ヒスチジン含有ペプチドの構造と抗酸化性の相関は十分解明されたとは言い難いが、抗酸化性発現のためにはヒスチジンのイミダゾール基がC末端部に位置する必要があると考えられる。

9.5 既知抗酸化剤に対するペプチドの相乗作用

プロリンなどのアミノ酸やペプチド、そしてタンパク質分解物がフェノール性抗酸化剤の作用を強めることは、すでによく知られている[13,14,19,23,24]。そこで筆者らも40μMの合成ペプチド、100μMの合成抗酸化剤BHA、BHTおよび10μMの天然抗酸化剤δ-トコフェロール、それぞれ単独の場合と共存させたときの抗酸化性を調べた[25]（図1）。これらのペプチドはLLPHを除き、いずれも非ペプチド性抗酸化剤との間で相乗作用をもち、その大きさはBHA、δ-トコフェロール、BHTの順であった。ペプチド単独で強い抗酸化性を示したペプチドの相乗作用は、抗酸化性の弱いペプチドの作用と同程度であり、ペプチドの相乗作用の大きさは、抗酸化力には直接関係がないことが明らかになった。

9.6 抗酸化ペプチドの作用機構

抗酸化剤の作用機構は、フリーラジカル捕捉作用、ヒドロペルオキシド分解作用、金属イオンキレート作用、還元作用や活性酸素消去作用などに分けられる。そこで、合成したヒスチジン含有ペプチドがもつこれらの作用を検証した。

エマルジョン系に水溶性ラジカル開始剤（AAPH）を加えた誘導酸化に対しては、ペプチドに抗酸化性が観察された（表2）。しかし、脂溶性ラジカル開始剤（AMVN）を加えた誘導酸化に対しては抗酸化性はみられなかった。このことは、親水性であるペプチドの両者に対する親和性の違いであると理解できる。

トリプトファン、チロシン、ヒスチジン、含硫アミノ酸であるメチオニンやシステイン、およびそれらの関連ペプチドと誘導体には一重項酸素の捕捉作用が報告されている[26]。合成ペプチドの一重項酸素の捕捉作用をメチレンブルーの光増感剤を用いた水溶液系で調べたところ、抗酸化性と一重項酸素捕捉作用には統計的に有意な相関は認められなかったが、定性的にはペプチドの抗酸化性が強いほど一重項酸素の捕捉作用が強いという傾向がみられた（表2）。さらにリノール酸の自動酸化の条件でLLPHHを処理し、逆相分配系HPLCで分離してペプチドの修飾を分析したところ、ヒドロキシラジカルで修飾されたペプチドが検出された。ところが合成ペプチドには、DPPHラジカルや、光増感酸化系で生成したスーパーオキシドアニオンに対する捕捉作用がほとんど検出できなかった。

金属イオンに対するペプチドのキレート力は、金属イオンを負荷したキレートカラムでの保持

表2 ヒスチジン含有ペプチドの抗酸化性

ペプチド	相対抗酸化活性		ラジカル消去作用		
	水溶液系[a]	AAPH誘導酸化系[b]	一重項酸素[c]	DPPHラジカル[d]	スーパーオキシド[e]
HPLP	0.6	0.98	ND	1.05	1.06
HHLP	0.9	0.97	1.29	1.03	1.03
HL	0.9	0.98	ND	1.00	1.06
HLPH	1.2	ND	1.29	1.05	1.00
LLPH	1.2	0.94	1.00	1.00	1.03
PLHH	1.6	1.03	1.18	1.05	0.95
HPHL	1.6	0.97	1.10	1.03	1.03
HH	2.3	1.10	1.25	1.05	1.03
HPH	2.4	1.02	1.15	1.03	0.97
LLHH	2.4	1.03	1.10	1.05	1.00
HHPLL	2.6	1.15	1.22	1.03	1.06
HLHP	2.7	1.14	1.25	1.03	1.00
LPHH	2.7	1.10	1.05	1.00	1.00
HHPL	2.9	1.07	1.22	1.03	1.03
LHPH	2.9	1.12	1.15	1.03	0.97
HHP	2.9	1.06	1.05	1.00	1.09
LH	3.0	1.08	1.02	1.02	1.03
LLPHH	3.0	1.10	1.13	1.00	1.06
HLH	3.2	1.21	1.36	1.05	0.97
LLPHHH	3.3	1.13	1.10	1.08	1.03
LHH	3.8	1.08	1.32	1.05	1.00
PHH	5.8	1.30	1.32	1.03	0.97

ペプチド濃度:a)40μM, b)33μM, c)50μM, d)33μM, e)40μM
抗酸化活性はコントロールを1.0として表示。ND:測定せず

時間によって測定した(表3)。ペプチドに含まれるヒスチジンの残基数が増えるに従い,金属イオンに対するキレート力が強くなり,カラムへの保持時間が増加した。しかし,ペプチドの金属イオンとのキレート力と抗酸化力には直接的な相関はみられず,キレート作用以外の機構も協同して抗酸化性を発現していると考えられる。また,ペプチドの疎水性度と抗酸化性にも直接的な相関性はなかった。

ペプチドの抗酸化作用の機構について,これまでいくつかの推測がなされている。たとえば,ペプチドの窒素原子からペルオキシドラジカルに1電子を供与することにより生成したペプチドのカチオンラジカルが脂質酸化物とゆるく結合して,いわゆる電荷移動複合体を形成し,安定化するような機構や,ヒスチジン含有ペプチドではイミダゾール環の脂質ラジカル捕捉と金属イオンキレート形成により抗酸化性が発現する機構が考えられた[27,28]。

表3 ヒスチジン含有ペプチドの金属イオンキレート作用と疎水性度

ペプチド	金属イオンキレート作用		疎水性度
	Cu^{2+}	Zn^{2+}	
HPLH	28.6	7.0	28.9
HHLP	27.2	13.0	29.2
HL	13.1	3.2	15.2
HLPH	26.9	11.2	29.4
LLPH	4.5	2.5	42.9
PLHH	24.6	15.0	28.9
HPHL	27.8	19.0	32.4
HH	27.6	17.0	8.0
HPH	28.0	12.0	15.8
LLHH	24.9	14.2	40.3
HHPLL	29.0	15.2	42.5
HLHP	30.2	10.8	ND
LPHH	25.2	16.9	27.9
HHPL	29.3	16.2	26.6
LHPH	23.6	8.2	26.3
HHP	28.0	13.6	14.6
LH	4.9	3.1	ND
LLPHH	24.2	14.4	46.1
HLH	28.2	13.0	21.1
LLPHHH	29.3	41.5	ND
LHH	26.1	11.0	20.7
PHH	26.2	6.9	14.4

金属イオンキレート作用と疎水性度は，それぞれ金属イオンを負荷したキレートカラムおよびODSカラムへの保持時間（分）で示した

9.7 抗酸化ペプチドライブラリー

　大豆タンパク質を酵素分解して得られた抗酸化ペプチドをモデルとして，構造と抗酸化活性の相関や作用機構を検討した結果，見かけの抗酸化力が同じであっても，個々のペプチドは金属イオンとのキレート形成，一重項酸素やラジカル消去作用など，異なる作用機構で抗酸化性を発現していると考えられた。こうした複雑な機構で抗酸化活性を発現するペプチドから，より強力な抗酸化ペプチドを選抜するには，系統的に多種類の構造をそろえたペプチドライブラリーが有力な手法として期待できる[29]。

　大豆タンパク質の分解物から単離した抗酸化ペプチドの構造解析からは，HisやProに加えてTyrが重要な働きをしていることが予想された。そこで図2のように，HisおよびTyrを2残基ずつ配置したトリペプチドライブラリーを作成し，ロダン鉄法で抗酸化性をスクリーニングしたところ，両端にTyrをもち，間に塩基性アミノ酸が配置したトリペプチドに最も強い抗酸化性があっ

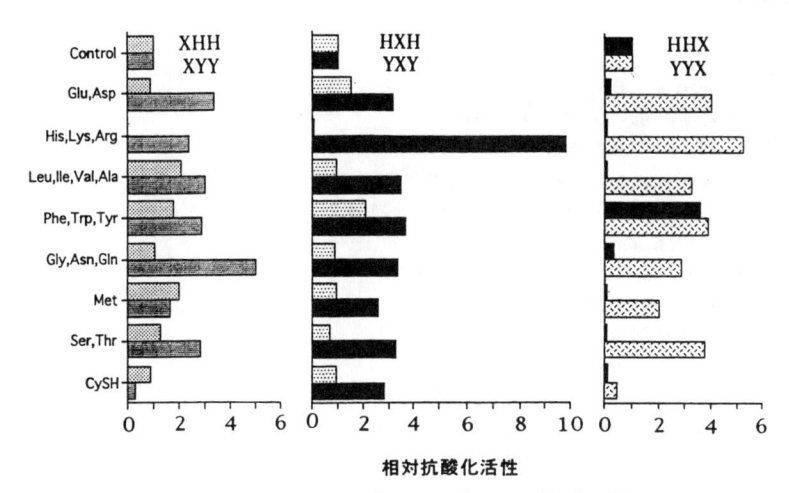

第2編　動・植物化学成分の有効成分と素材開発

図2　ランダムトリペプチドライブラリーの抗酸化活性
トリペプチドのXの位置に各アミノ酸グループを挿入してペプチド
ライブラリーを作成し，40 μMの抗酸化活性を測定した

た[30]。しかし，それ自体が酸化されやすいMetとCysを含むトリペプチドには顕著な抗酸化性はみられなかった。さらにサブライブラリーを作成し，Tyr-Lys-Tyr (YKY)，Tyr-Arg-Tyr (YRY)，Tyr-His-Tyr (YHY) の抗酸化性を比較した結果，YHYに最も強い抗酸化性がみられた。次に40 μMのYHY，YKY，YRYと100 μM BHA，100 μMクエン酸，10 μMのα-およびδ-トコフェロールを共存させたときの抗酸化性を測定した。YKYとYRYでは相乗作用は観察されなかったが，YHYにBHAやδ-トコフェロールを添加した場合には非常に強い相乗作用が観察された。

9.8　おわりに

　酸化ストレスによるタンパク質の酸化修飾は，最近いくつもの総説が発表されるくらい生命科学で重要な研究分野を形成してる。ペプチドの抗酸化性に関する研究はアプローチは異なってはいても，表裏一体の関係にある。20種類のアミノ酸が織りなすペプチドやタンパク質の多様な機能は常に驚きの連続であり，天然および人工のペプチドライブラリーの活用によって得られたペプチドの抗酸化性に関する知見が基礎的，実用的な研究の展開に寄与できることを望みたい。

文　　献

1) B.S.Berlett et al., *J. Biol. Chem.*, **272**, 20313 (1997)
2) R.T.Dean et al., *Biochem. J.*, **324**, 1 (1997)
3) 川岸舜朗，日本食品科学工学会誌，**44**, 689 (1997)
4) H.Schuessler et al., *Int. J. Radiat. Biol.*, **45**, 267 (1984)
5) K.Uchida et al., *Biochem. Biophys. Res. Commun.*, **169**, 265 (1990)
6) R.L.Levine et al., *Proc. Natl. Acad. Sci.*, **93**, 15036 (1996)
7) R. Marcuse, *J. Am. Oil Chem. Soc.*, **39**, 97 (1962)
8) M. Karel et al., *J. Food Sci.*, **31**, 892 (1966)
9) 満田久輝ほか，栄養と食糧，**19**, 210 (1966)
10) L. R. Njaa et al., *Nature*, **218**, 571 (1968)
11) 山口直彦，日本食品工業学会誌，**18**, 313 (1971)
12) J. Kirimura et al., *J. Agric. Food Chem.*, **17**, 689 (1969)
13) 山口直彦ほか，日本食品工業学会誌，**22**, 425 (1975)
14) 播手英雄ほか，油化学，**39**, 42 (1990)
15) 柘植信昭ほか，日本農芸化学会誌，**65**, 1635 (1991)
16) J. J. Yee et al., *J. Food Sci.*, **45**, 1082 (1980)
17) S. J. Bishov et al., *Food Technology*, **21**, 466 (1967)
18) S. J. Bishov et al., *J. Food Sci.*, **37**, 873 (1972)
19) 山口直彦ほか，日本食品工業学会誌，**22**, 431 (1975)
20) 山口直彦ほか，日本食品工業学会誌，**27**, 51 (1980)
21) H.-M. Chen et al., *J. Agric. Food Chem.*, **43**, 574 (1995)
22) H.-M. Chen et al., *J. Agric. Food Chem.*, **44**, 2619 (1996)
23) S. J. Bishov et al., *J. Food Sci.*, **40**, 345 (1975)
24) 湯木悦二ほか，油化学，**23**, 497 (1974)
25) H.-M.Chen et al., *J. Agric. Food Chem.*, **46**, 49 (1998)
26) A. Michaeli et al., *Photochem. Photobiol.*, **59**, 284 (1994)
27) H. Murase et al., *J. Agric. Food Chem.*, **41**, 1601 (1993)
28) K. Uchida et al., *J. Agric. Food Chem.*, **40**, 13 (1992)
29) 軒原清史，化学と生物，**34**, 610 (1996)
30) K. Nokihara et al., *Peptide Chem.*, **1996**, 245 (1997)

10 ACE阻害ペプチド

藤田裕之[*1], 吉川正明[*2]

10.1 背　景

　食品は，栄養機能，感覚機能に次ぐ第3の機能として生体調節機能を有することが注目されるようになり，食品から派生する機能性ペプチドにも多くの関心が寄せられている[1]。血圧調節作用をもつアンジオテンシン変換酵素（ACE）阻害ペプチドは，このような生理活性ペプチドの中で最も注目されているものの1つである。その背景には，高血圧は代表的な生活習慣病であり，大きな社会問題となっていることや，近年の医療費の高騰などがあろう。

　そこで，本稿では，この食品タンパク質由来のACE阻害ペプチドの開発の経緯を述べるとともに，実際にACE阻害ペプチドがヒトで血圧降下作用を示すための条件について，われわれの得た知見をもとに述べていきたい。

(1) 高血圧症者の推移

　高血圧は，脳卒中あるいは虚血性心疾患の発生・進展因子などとして重視されており，高血圧に対する対策は重要課題となっている。また現在，日本国内において，高血圧症者は3,000万人と推定されており，高血圧は国民病とも言える側面をもっている。現在使用されている血圧降下剤には，主に図1に示したように種々のタイプのものがあるが，これらの中でACE阻害薬は，その血圧降下作用だけでなく安全性の面からも，第一選択薬として臨床的に広く使用されてきている血圧降下剤である。なお，後述するが，近年ACE阻害薬には血圧降下作用以外の薬理効果が明らかにされてきた点も，ACE阻害物質の開発が積極的に行われてきた背景にあると思われる。

・交感神経遮断薬
　α-遮断薬
　β-遮断薬
・Ca拮抗薬
・利尿薬
・ACE阻害薬

図1　血圧降下剤

(2) ACE阻害剤の特徴

　ACEはジペプチジルカルボキシペプチターゼであり，C末端からジペプチド単位でペプチドを切断する酵素である。生体の血圧調節作用に重要なホルモン系には，血圧上昇に関与するレニン-アンジオテンシン系および血圧降下に関与するカリクレイン-キニン系があるが，ACEはこの2つの経路において作用する酵素である。すなわち，まずACEはそれ自身不活性なアンジオテンシ

[*1] Hiroyuki Fujita　日本合成化学工業㈱　中央研究所　機能化学研究室　研究員
[*2] Masaaki Yoshikawa　京都大学　食糧科学研究所　機能食糧分野　教授

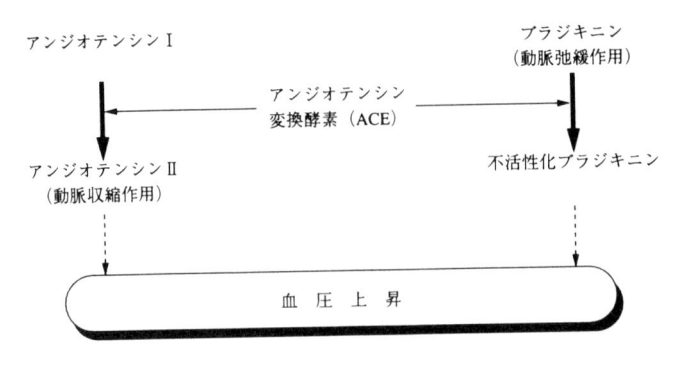

図2 アンジオテンシン変換酵素の血圧に対する作用

ン-Ⅰを，動脈収縮・血圧上昇作用を示すアンジオテンシン-Ⅱに変換する。一方，動脈弛緩・血圧降下作用を示すブラジキニンを不活性化させることから，血圧上昇に関与する酵素と言える（図2）。したがって，ACE阻害剤はこれらの反応を阻害することにより，血圧降下作用を示す。

ACE阻害剤の開発は，1965年ブラジルヘビ，*Bothrops jararaca*の毒素が強力に血圧を低下させるというFerreiraらの発見から始まった[2]。その後，この毒素から何種類かのペプチドが精製され，これらの物質はブラジキニン分解酵素の1つであるキニナーゼⅡを阻害することが明らかとなったが，後にこの酵素はACEと同一の酵素であることが判明した[3]。Ondettiらは，このヘビ毒から得られたペプチドの構造活性相関について検討した結果に基づいて，経口投与で有効なACE阻害剤，カプトプリルの合成に成功した[4]。それ以降，種々のACE阻害剤が開発され，国内外で広範に臨床応用されてきている。高血圧症の治療は長期にわたることが多いが，ACE阻害剤は他の降圧剤と比較して安全性が高い点，また生活の質の改善（QOL）に対しても良い結果が得られている点などから，現在では高血圧治療の第1選択薬となっている[5]。

近年，アンジオテンシンⅡは，動脈収縮による血圧上昇作用以外に動脈平滑筋の増殖や肥厚を促進する作用を有することが明らかにされ，ACE阻害剤は心肥大の退縮，血管平滑筋の増殖抑制，動脈硬化の改善など種々の血管疾患に対しても有効性を示すことがわかってきた[6]（図3）。高血圧症者は高血圧そのもの以外に，種々の血管疾患に対するリスクも高いことから，このような血管疾患改善作用をもつACE阻害剤は，他の降圧薬にはない有用な面をもっていると言える。また，新たな知見として，アンジオテンシンⅡそのものが血中LDLの酸化を促進する作用が示唆されている[7]。動脈硬化の成因として，血液中の酸化LDLの増加が一因となり，血管平滑筋細胞やマクロファージによる酸化LDLの取り込み，血管の肥厚，最終的に動脈硬化にまで進展するとい

第2編　動・植物化学成分の有効成分と素材開発

```
        心臓保護作用
         心肥大退縮作用
          心筋酸素受給バランスの改善
        血管保護作用
         抗動脈硬化作用
          平滑筋細胞の増殖抑制
          血管内皮機能の改善
        腎保護作用
```

図3　ACE阻害剤の示す種々の薬理作用

う図式が考えられている。動脈硬化は高血圧症者に高い頻度で併発する疾患であることから，ACE阻害剤による治療により，アンジオテンシンⅡ生成の抑制を通して，間接的に動脈硬化を改善できる可能性も考えられる。

一方，前述したようにACE阻害ペプチドはブラジキニンの作用を増強する効果を示す。このブラジキニンは，血管内皮細胞から一酸化窒素(NO)を放出させ，動脈平滑筋を弛緩させることにより血圧降下作用を示す。NOは血管弛緩作用のほかに，血小板凝集抑制，白血球接着抑制，抗腫瘍活性や神経伝達にも関与していることがわかってきた。なお，フリーラジカルの一種であるNOは，炎症や細胞障害を引き起こすという性質も有している。

(3) 食品由来のACE阻害ペプチド

先に述べたように，国内における高血圧症者の増加に伴い，日常の食生活により高血圧を予防・改善するという観点から，食品による高血圧の予防に関心がもたれるようになった。食品タンパク質の分解物からのACE阻害ペプチドが単離された最初の例は，微生物由来コラゲナーゼによるゼラチン消化物からであった[8]。丸山らは微生物の培養液からACE阻害物質を探索する過程で培地に加えられたカゼインに由来するACE阻害ペプチドを単離し，それが血圧降下作用を有することを見出した[8]。それ以降，このアッセイ系が比較的容易なため，多くの食品タンパク質消化物からACE阻害ペプチドが報告されてきている[9〜16]（表1）。しかしながら，これまでに報告されているペプチドの多くは，Hippuryl-His-Leuなどの合成基質を用いた in vitro での酵素阻害活性の評価にとどまっており，in vivo での効果，特に経口投与での評価がなされているものは少ない。また，経口投与による血圧降下作用の評価がなされている場合でも，非現実的な大量投与で行われているために，実際に食品として摂取した場合の効果が不明なものがほとんどである。したがって，これらの中で食品の形態として上市されているものは数例にすぎないのが現状である。

一方，ACE阻害ペプチドを単離するうえでも問題点のあることがわかった。後述するが，これには通常のACE阻害のアッセイ系で単離されるペプチドの中には真のACE阻害ペプチドのみな

成人病予防食品の開発

表1 食品タンパク質由来ACE阻害ペプチド

ペプチド	由　来	IC$_{50}$（μM）	引用文献
VHLPPP	γ-Zein	200	9)
FFVAPFPEVFGK	αs1-casein	77	10)
TTMPLW	αs1-casein	16	11)
AVPYPQR	β-casein	15	11)
LRP	α-Zein	0.27	12)
LSP	α-Zein	1.7	12)
PTHIKWGD	Tuna muscle	0.9	13)
LKPNM	Bonito	2.4	14)
LRPVN	Bonito	1.4	15)
IPP	β-, κ-casein	5	16)
VPP	β-casein	9	16)

ペプチドの構造はアミノ酸の一文字符合で表記

らず，経口投与により血圧降下作用を示さない，ACEの基質ペプチドも数多く含まれているという点である。つまり，ACE阻害ペプチドの開発には，その単離の段階での見極めも重要な要件である。なお，このような食品由来のACE阻害ペプチドに関する研究は，日本が最も進んでいる分野であり，海外では数例の報告がみられるのみである。

10.2　かつお節由来のACE阻害ペプチドの開発

　種々の食品タンパク質の酵素分解物からACE阻害ペプチドが単離されてきたのは，前述したとおりであるが，われわれは，かつお節が日本の伝統食であり，食経験が豊富で安全性が高いことや，他の魚を原料としたものと異なり魚臭が少なくフレーバー的に優れているという特徴があることから，これを基質タンパク質として用い，種々のプロテアーゼで分解した後，ACE阻害ペプチドのスクリーニングを行った。その結果，サーモライシン分解物が非常に強力なACE阻害活性を示すことを見出した（IC$_{50}$=29 μg/ml）。サーモライシンは耐熱性酵素であり，高温で酵素反応を行えることから，食品製造工程上においても，腐敗を防げるというメリットがある。また，かつお節の消化管プロテアーゼ分解物は，ACE阻害作用が弱く，血圧降下作用を示さなかったことから，単にかつお節そのものを摂取しても効果を期待できず，サーモライシン分解物を摂取して初めて血圧降下作用を発現するという特徴をもっている。

　以下では，かつお節サーモライシン分解物から単離したACE阻害ペプチドの特徴について示すとともに，この分解物の血圧降下作用について高血圧自然発症ラット（SHR），さらにヒトにおいて検討した結果を述べる。

第2編　動・植物化学成分の有効成分と素材開発

(1) **経口投与により血圧降下作用を示すための条件**

　一般的に，生理活性ペプチドが経口投与により生理作用を示すには，腸管での吸収性や生体内での安定性が重要である。一方，見かけ上ACEを阻害する食品由来のペプチドの中には，ACE阻害活性が強いにもかかわらず，経口投与した際に血圧降下作用を示さないペプチドがあり，これらの活性は必ずしも相関しなかった。われわれは，ACEが基質特異性が広いことから，ACEの基質となるペプチドが食品タンパク質の分解物中に多数存在し，これらも見かけ上ACE阻害活性を示しうる点に着目し検討を行った。その結果，ACE阻害ペプチドが経口投与により血圧降下作用を示すためには，ACEそのものに対する挙動が最も重要であることがわかった（図4）[17, 18]。

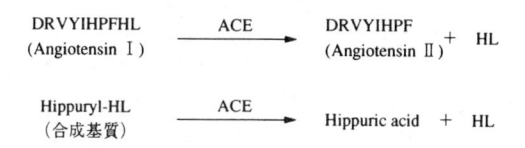

```
DRVYIHPFHL        ACE       DRVYIHPF
(Angiotensin Ⅰ)  ────→     (Angiotensin Ⅱ)  +  HL

Hippuryl-HL       ACE
(合成基質)        ────→     Hippuric acid  +  HL
```

a. 真の阻害ペプチド　：ACEに対して安定であり，経口投与により有意な血圧降下作用を示す。
b. 基質タイプ　　　　：ACEの基質となり阻害活性を失うペプチドで，経口投与により血圧降下作用を示さない。
c. プロドラッグタイプ：ACE自身による分解されることにより真の阻害ペプチドに変換されるペプチドで，経口投与により持続的な血圧降下作用を示す。

図4　ACEに対し見かけ上の阻害活性を示すペプチド

　われわれは，ACEを見かけ上阻害するペプチドからACE阻害ペプチドのみを見分ける方法として，通常のACE阻害活性を測定する前に，あらかじめACEとプレインキュベートし，その前後のACE阻害活性を比較することにより評価した。表2は，われわれが種々のタンパク質の分解物から単離した，ACEを見かけ上阻害するペプチドについて，プレインキュベーション前後のACE阻害活性，および経口投与後の血圧降下作用についてまとめたものである。なお，各ペプチドの示す血圧降下作用は，SHRに強制経口投与した後，tail-cuff法により経時的に血圧を測定し検討した。真の阻害ペプチドはACEにより分解されないため，ACEとのプレインキュベーションによりACE阻害活性は変化しない。一方，ACE基質の多くはACEにより分解され，ACE阻害活性は低下する。興味深いことに，ACEとのプレインキュベーションにより分解されるが，その結果真の阻害ペプチドに変換されるという，プロドラッグタイプとも言うべきペプチドが初めて見出された。かつお節のサーモライシン分解物から単離されたLeu-Lys-Pro-Asn-Met（LKPNM，$IC_{50}=2.4\ \mu M$）は，ACEによりLeu-Lys-Pro（LKP，$IC_{50}=0.32\ \mu M$）に変換され，8倍活性化されるという，典型的なプロドラッグタイプのペプチドであることがわかった。

成人病予防食品の開発

表2 各種食品タンパク質由来ペプチドのACE阻害活性と血圧降下作用

ペプチド	由来	IC_{50} (μM) −Preinc.	IC_{50} (μM) +Preinc.	経口投与後の降圧作用* (max, ΔmmHg)	
基質タイプ					
FKGRYYP	鶏肉	5.8	34	0	
FFGRCVSP	卵白	0.4	4.6	0	
ERKIKVYL	卵白	1.2	6.0	0	
阻害剤タイプ					
IV	かつお節	2.31	1.9	−19	2hr
LW	卵白	6.8	6.6	−22	2hr
IKW	鶏肉	0.21	0.18	−17	4hr
IKP	かつお節	6.9	3.4	−20	6hr
LKP	かつお節	0.32	0.32	−18	4hr
IWH	かつお節	3.5	3.5	−30	4hr
プロドラッグタイプ					
LKPNM	かつお節	2.4	0.76	−23	6hr
IWHHT	かつお節	5.8	3.5	−26	6hr

＊：SHRに経口投与（60mg/kg）後の血圧を2時間おきに測定，最大降圧値（収縮期血圧）とその示す時間。
ペプチドの構造はアミノ酸の一文字符号で表記

(2) かつお節由来のACE阻害ペプチドLKPNM，およびLKPとカプトプリルとの血圧降下作用の比較

典型的なプロドラッグタイプのペプチドであるLKPNM，およびその活性型のLKPと，ACE阻害剤であるカプトプリルとをSHRに経口投与し，これらの示す血圧降下作用について検討を行った（図5）。これらを等モルで投与した結果，LKPNMは投与4時間後に最大降圧値を示し，さらに6時間後においても有意な血圧降下作用を示した。一方，LKPは投与2時間後で最大降圧値を示し，その後速やかに投与前の血圧値まで回復した。このようにLKPNMのほうがより長時間効果を示した理由として，生体内でLKPに活性化されるために要する時間，あるいは分子量の違いに基づく吸収速度の違いによることなどが考えられる。次に，SHRに対しこれらのペプチド，およびカプトプリルを投与量を変えて経口投与し，そのときに得られた血圧降下作用を比較した結果，いずれも用量依存的な血圧降下作用が認められた。LKPNM，LKP，およびカプトプリルの有効最小投与量はそれぞれ，8 mg/kg，2.25 mg/kg，および1.25 mg/kgであった。さらに投与量とそのときに得られた最大降圧値をプロットし，10 mmHgの血圧降下作用を得るために必要な投与量について検討した。その結果，表3に示したとおり，LKPNM，およびLKPの示したACE阻害活性は，それぞれカプトプリルの約1/100，および1/14であるにもかかわらず，経口投与後の血圧降下作用は，モル当たりではそれぞれ66.5％，および90.6％であった。つまり，これらのペプチドはACE阻害活性は弱いのにもかかわらず，医薬品とほぼ匹敵する血圧降下作用を示したことに

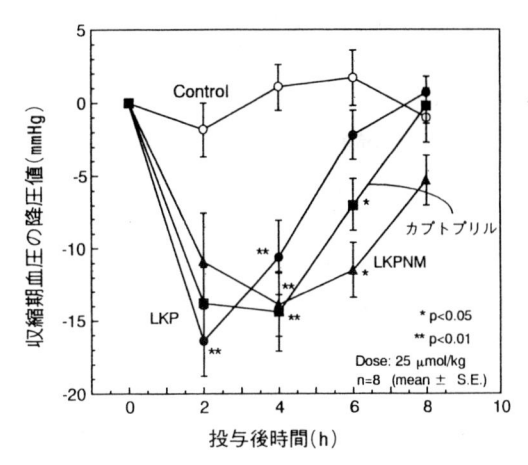

第2編　動・植物化学成分の有効成分と素材開発

図5　かつお節由来ペプチドLKPNM, LKPおよびカプトプリルを
SHRに対し等モル経口投与した際の血圧降下作用

なる。この理由は不明であるが，合成品であるカプトプリルと比較して，天然品であるペプチドのほうが組織に対する親和性が高いこと，あるいは排泄速度が遅いことなどが考えられる。

酸乳から得られたカゼイン由来のACE阻害ペプチドIPPは，そのACE阻害活性がLKP, およびLKPNMと比較して弱いのにもかかわらず（$IC_{50}=5\,\mu M$），SHRに対し0.3 mg/kgという少量の経口投与により血圧降下作用を示したとの報告がある[16]。そこで，われわれの実験系においてLKPNMおよびIPPを経口投与し，そのときの血圧降下作用を同時に比較した。その結果，有効最小投与量はそれぞれ5 mg/kgおよび8 mg/kgであり，LKPNMのほうがより強く，かつ持続的な血圧降下作用を示した。

表3　かつお節由来ペプチドとカプトプリルのACE阻害活性とSHRに対する血圧降下作用の比較

サンプル	ACE阻害活性		血圧降下作用（経口投与）		
	IC_{50} (μM)	比活性	D_{10}*	比活性	
				by wt.	by mol.
Captopril	0.022	100	2.5	100	100
LKPNM	2.4	0.92	10.5	23.8	66.5
LKP	0.3	7.3	4.2	59.5	90.6

＊：収縮期血圧を10mmHg低下させるために必要な投与量

(3) かつお節オリゴペプチドの SHR に対する血圧降下作用

次にわれわれは，真の阻害剤およびプロドラッグタイプのペプチドを含有する，かつお節のサーモライシン分解物（かつお節オリゴペプチド）について血圧降下作用を検討した[19]。この分解物をSHRに対し単回経口投与した結果，500 mg/kgという粗ペプチドとしては低い用量でも有意な血圧降下作用を示した。次に，この分解物を餌に混合し，SHRに長期経口投与した結果，用量依存的な血圧上昇抑制作用を示し，1日当たり 15 mg/kg という非常に少ない投与量（飼料に0.025％添加に相当）においても有意な効果を示した(図6)。このように，単回経口投与の場合と比較し，長期経口投与した際に投与量を約1/30に低減できた理由として，LKPNMのようなプロドラッグタイプのペプチドが持続的な効果を示したためと考えられる。

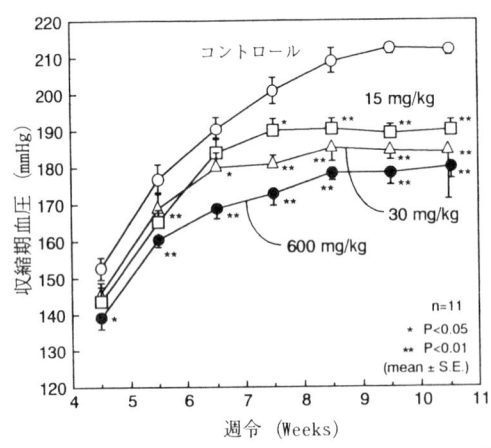

図6　SHR に対しかつお節オリゴペプチドを長期投与した際の血圧降下作用
15, 30 および 600mg/kg の投与量は，それぞれ 0.025, 0.05 および 1％添加食に相当

(4) かつお節オリゴペプチドによる臨床試験

さらに，ヒトに対するかつお節オリゴペプチドによる血圧降下作用を検討するため，境界域高血圧および高血圧症者30名により臨床試験を実施した[20]。5週間の観察期間の後，8週間ごとのクロスオーバー試験を行った結果，この分解物の1日当たり3gの摂取により，前期摂取群では12.7 mmHg，後期摂取群では12.4 mmHgの有意な血圧降下作用を示した。このときの有効率はそれぞれ60.0％，および66.6％に相当し，かつお節オリゴペプチドのヒトに対する有効性が臨床的に明らかとなった（表4,図7）。一般に，ACE阻害薬にはブラジキニン上昇に伴う空咳や痒みなどの副作用が知られているが，臨床試験期間を通してかつお節オリゴペプチド摂取による副作用

第2編　動・植物化学成分の有効成分と素材開発

を訴えた被験者はなく，安全性の面でも医薬品にはないメリットと言える。ペプチドのACEに対する親和性が医薬品の場合ほど強くないことが副作用のない原因の1つと考えられる。また，このかつお節オリゴペプチドは，医薬品のような合成品とは異なりペプチドで構成されているため，最終的には生体成分であるアミノ酸にまで分解されることから安全であると考えられる。なお，このかつお節オリゴペプチドを関与する成分とする食品「ペプチドスープ」は，「血圧が高めの方に適した食品」という特定保健用食品として，1997年厚生省から認可された。

表4　境界域高血圧症者にかつお節オリゴペプチド（3g/日）を投与した際の降圧度の判定（クロスオーバー試験）

降圧度判定	前期摂取群	後期摂取群
有　効 （下降＋下降傾向）	9/15（60.0％）	10/15（66.6％）
不　変	6/15（40.0％）	5/15（33.3％）
上　昇	0/15（ 0.0％）	0/15（ 0.0％）

摂取による有効度：63.3％
降圧度判定は「降圧薬の臨床評価方法に関するガイドライン（1989年5月21日付，薬務広報1443号）」に基づき評価をした。

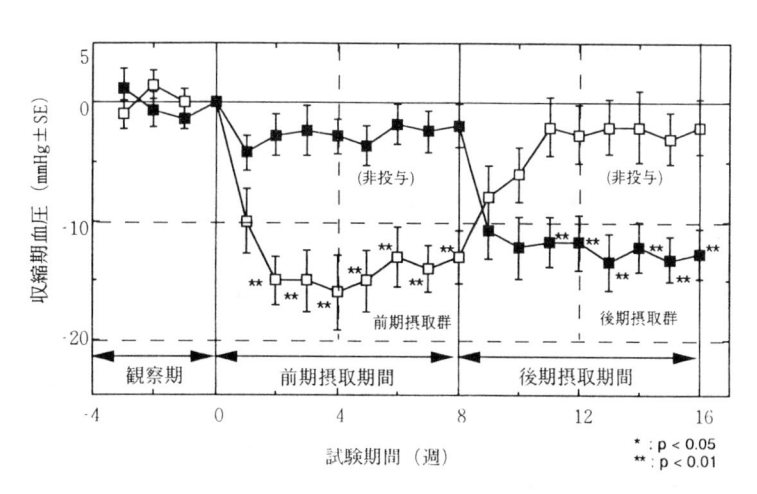

図7　かつお節オリゴペプチド摂取による収縮期血圧の変化（クロスオーバー試験）
　　　境界域高血圧症者（収縮期血圧130mmHg以上）にかつお節オリゴペプチド3g/日
　　　（1.5gを朝・夕2回）で投与した。

*：$p < 0.05$
**：$p < 0.01$

10.3 おわりに

本稿では，食品タンパク質由来のACE阻害ペプチドが経口投与により血圧降下作用を示すための条件について検討し，さらにヒトに対して有効な血圧降下ペプチドの一例を示した。一般的に，食品タンパク質から派生する生理活性ペプチドの開発において，スクリーニングには簡便な in vitroの活性測定は有効な手段である。しかしながら，それらを食品として利用するには，動物，さらにはヒトへ経口投与した際に，有効性を証明できることが最も重要なポイントである。

文 献

1) M. Yoshikawa, H. Chiba, in Frontiers and New Horizons in Amino Acid Research, p.403, Elsevier Science Publishers, B.V., Amsterdam (1992)
2) S. H. Ferreira, *British J. Pharmacol.*, 24, 163 (1965)
3) H.Y. Yang, E.G. Erdös, Y. J. Levin, *Pharmacol. Exp. Ther.*, 177, 291 (1971)
4) M.A. Ondetti, B. Rubin, D.W. Cushman, *Science*, 196, 441 (1977)
5) 島本和明，飯村攻，治療学, 19, 47 (1998)
6) 斉藤郁男，猿田亨男，*Medical Practice*, 11, 1129 (1994)
7) K. J. Scheidegger, S. Butler, J. L. Witztum, *J. Biol. Chem.*, 272, 21609 (1997)
8) S. Maruyama, K. Nakagomi, N. Tomizuka, H. Suzuki, *Agric. Biol. Chem.*, 49, 1405 (1985)
9) S. Miyoshi, T. Kaneko, Y. Yoshizawa, F. Fukui, H. Tanaka, S. Maruyama, *Agric. Biol. Chem.*, 55, 1407 (1991)
10) S. Maruyama, H. Mitachi, J. Awaya, H. Suzuki, *Agric. Biol. Chem.*, 51, 2557 (1987)
11) M. Kohmura, N. Nio, K. Kubo, Y. Minoshima, E. Munekata, Y. Ariyoshi, *Agric. Biol. Chem.*, 53, 2107 (1989)
12) G. Oshima, H. Shimabukuro, K. Nagasawa, *Biochem. Biophys. Acta*, 566, 128 (1979)
13) Y. Kohama, S. Matsumoto, H. Oka, T. Teramoto, *Biochem. Biophys. Res. Commun.*, 155, 332 (1988)
14) K. Yokoyama, H. Chiba, M. Yoshikawa, *Biosci. Biotech. Biochem.*, 56, 1541 (1993)
15) B. Rubin, M.J. Antonaccio, M.E. Goldberg, D.N. Harris, A.G. Itkin, Z.P. Horovitz, R.E. Panasevich, R. J. Laffan, *Eur. J. Pharmacol.*, 51, 377 (1987)
16) Y. Nakamura, N. Yamamoto, K. Sakai, A. Okubo, S. Yamazaki, T. Takano, *J. Dairy Sci.*, 78, 777 (1995)
17) K. Yokoyama, H. Fujita, R. Yasumoto, M. Yoshikawa, in Peptide Chemistry 1992, p.420, Escom Scientific Publishers, Leiden (1994)
18) M. Yoshikawa, H. Fujita, in Developments in Food Engineering, p.1053, Blackie Academic and Professional, London (1994)
19) H. Fujita, K. Yokoyama, R. Yasumoto, M. Yoshikawa, *Clinical and Experimental Pharmacology and Physiology* (Supple I), S304 (1995)

20) 藤田裕之,安本良一,長谷川昌康,大嶋一徳,薬理と治療, 25, 147(1997)

第2章 植物由来素材の機能と開発

1 カロチノイド類：パーム油カロチンの生体内抗酸化作用

村越倫明[*]

1.1 はじめに

　カロチノイドは自然界に広く存在し，黄～橙～赤～紫といったさまざまな美しい彩りを与えている天然色素である。カロチノイドのうち，炭化水素化合物をカロチン（文部省編「学術用語集」ではカロテノイド，カロテン），酸素原子を含むものをキサントフィルと総称する。地球上には約600種類が存在し，毎年100トン以上が植物，微生物により生合成されている。生成したカロチノイドは光合成膜に多く存在し，アンテナ色素としてのみならず，光酸化的傷害から組織や細胞を保護する役割を演じている。

　一方，動物は進化の過程でカロチノイド生合成遺伝子が欠落したため，生合成できないが，食物由来のさまざまなカロチノイドを摂取し利用している。古くは，動物，特に哺乳類におけるカロチノイドの役割はプロビタミンAであると考えられていた。すなわち経口的に摂取されたカロチノイドは，腸管から吸収される際，分子の中央で開裂しビタミンAとなって生物活性を示すと理解されていた。したがって，カロチイドの中で最もビタミンA活性の高いβ-カロチン（1分子から2分子のビタミンAが生成する）が代表的なカロチノイドとして注目されてきた（表1）。しかしながら，近年の研究でヒトの血中や各種臓器中に，ビタミンAに変換されていないβ-カロチンやα-カロチン（ニンジン，カボチャなどに多く含まれる），クリプトキサンチン（カボチャ，柑橘類に多い），非プロビタミンAカロチノイドのリコペン（トマトなどに多い）や，ルテイン（ブロッコリー，キャベツなどに多い），ゼアキサンチン（ホウレンソウなどに多い）など，10種以上のカロチノイドが存在することが明らかにされてきた[1~3]。また，体内のカロチノイド値の高い人は，がんや虚血性心疾患などの成人病にかかりにくいという興味深い報告が出されている[4~6]。これらの疾患の主な要因は，生体内で化学的に反応性の高いフリーラジカルや活性酸素が形成されることによるものと考えられている。最近では，生体内に蓄積されたカロチノイドは，プロビタミンAとしての作用に加え，ビタミンC（アスコルビン酸）やビタミンE（α-トコフェロール）と同様，進化の過程で獲得した酸化ストレス防御機構に組み込まれて抗酸化作

---

[*] Michiaki Murakoshi　ライオン㈱　研究開発本部　主任研究員　医学博士；
京都府立医科大学　生化学教室　研修員

第2編　動・植物化学成分の有効成分と素材開発

表1　カロチノイドのビタミンA活性

	構　造	分子式	ビタミンA活性
α-カロチン		$C_{40}H_{56}$	53
β-カロチン		$C_{40}H_{56}$	100
γ-カロチン		$C_{40}H_{56}$	44
リコペン		$C_{40}H_{56}$	0
ルテイン		$C_{40}H_{56}O_2$	0
ゼアキサンチン		$C_{40}H_{56}O_2$	0
クリプトキサンチン		$C_{40}H_{56}O$	57

用を発現し，成人病の予防に有効な役割をしているのではないかと考えられるようになってきた[7,8]。

　カロチノイドの抗酸化作用の特徴は，一重項酸素の消去能力が高い点にある。代表的なカロチノイドであるβ-カロチンはα-トコフェロールに比べて50倍程度，一重項酸素の消去能力が高い。また，その作用はカロチノイドの構造によって異なり，β-カロチンよりもα-カロチンやγ-カロチン，リコペンなどのほうが高い消去能力をもつ[9,10]。生体内での酸素傷害における一重項酸素の関与は不明な点が多いが，皮膚は多量のポルフィリンを蓄積しているため，過度な紫外線にさらされると一重項酸素が発生し，皮膚表皮の脂質が過酸化されて細胞傷害が起こることがよく知られている。興味深いことに，ヒトの皮膚は高濃度にカロチノイドが蓄積しており[11]，植物の葉緑体における役割と同様，皮膚を光傷害から守る重要な役割をしているのではないかと推察される。われわれは，カロチノイドのヒトへの応用を考える場合，皮膚がその生体内抗酸化能を発揮する代表的なターゲットになるのではないかと考え検討を開始した。

1.2 紫外線による皮脂の過酸化抑制作用
1.2.1 皮膚での脂質過酸化抑制効果[12]

われわれは，まずカロチノイドを経口的に摂取することにより皮膚のカロチノイド蓄積量を増加させ，紫外線による皮脂の過酸化を抑制できるか検討してみることにした。実験群には代表的なカロチノイドである"β-カロチン"とパーム油から精製した複合カロチン試料"パーム油カロチン"を投与した。パーム油カロチンは，約60％のβ-カロチンを主成分とするが，約30％のα-カロチン，数％のγ-カロチン，リコペンなど一重項酸素消去能が強いカロチノイドを含有しており[13]，β-カロチンの単独投与より優れた活性が期待できるのではないかと考えたからである。

(1) 経口投与による皮膚へのカロチンの蓄積

まずはじめに，経口投与したβ-カロチンとパーム油カロチンの皮膚への蓄積量を比較してみた。本実験では実験動物としてHos系雄ヘアレスマウスを用いた。実験群にはβ-カロチン，パーム油カロチンを乳化し，それぞれ飲料水中に0.005％の濃度で添加し自由摂取させた。コントロール群には乳化基材のみを添加した飲料水を与えた。摂取期間は5，15週間とし，その時点で皮膚をサンプリングして高速液体クロマトグラフィー（HPLC）により皮膚中のカロチン量を測定した。

その結果，図1に示したようにカロチン摂取群では皮膚にカロチンの蓄積がみられ，その蓄積量はβ-カロチン単独摂取よりもパーム油カロチンのほうが大きいことが明らかになった。

動物種によってカロチノイドの吸収蓄積効率が大きく異なることはよく知られている[14]。一般

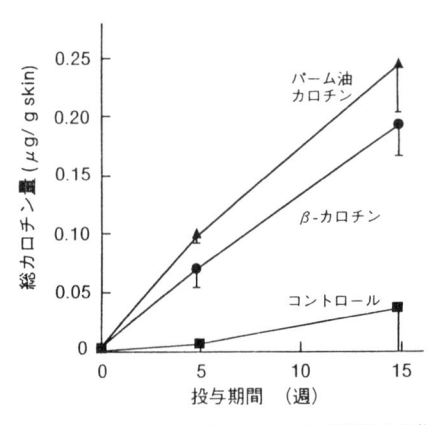

図1 ヘアレスマウス皮膚中のカロチン蓄積量の変化

第2編 動・植物化学成分の有効成分と素材開発

に齧歯類は人間に比べてカロチノイドの吸収効率はかなり低く,この点が動物実験を行う際の大きな問題となる。しかしながら本実験で用いた投与法により,ヘアレスマウスにおいてもヒトと同様に皮膚へのカロチンの蓄積が確認された。

(2) 紫外線照射による皮膚中の過酸化脂質量と蓄積カロチン量の変化

次に15週間のカロチン摂取後,背部に$5J/cm^2$のAB混合紫外線(UV)を照射し,経時的に皮膚をサンプリングして,過酸化脂質量をチオバルビツール反応生成物質量(TBARS)としてTBA法で測定した。

その結果を,図2に示した。カロチン摂取群のTBARSはUV照射前ですでにコントロール群より低く,照射後ではコントロールのTBARSはさらに上昇するのに対し,上昇が抑制されていた。その効果はパーム油カロチン>β-カロチンであった。また,UV照射後のカロチン蓄積量の経時変化を図3に示すが,照射によりカロチン摂取群の皮膚中のカロチン量は急速に減少したが,徐々にその量の回復が観察された。回復速度はパーム油カロチン群のほうがβ-カロチンより速いことが確認された。

以上の結果より,摂取されたカロチンは皮膚に蓄積され,UVによる皮膚の脂質過酸化を直接的に抑制することが明らかになった。また,パーム油カロチンは,蓄積効率,抗酸化能力ともにβ-カロチンより優れた効果をもつことが明らかになった。

1.2.2 皮膚でのスクワレン過酸化抑制効果[15]

前検討では皮脂過酸化抑制効果をTBA法を用いて確認した。TBARSは生体内過酸化脂質の指標として広く受け入れられているが,過酸化脂質のみならず他の生体成分も含むことが知られて

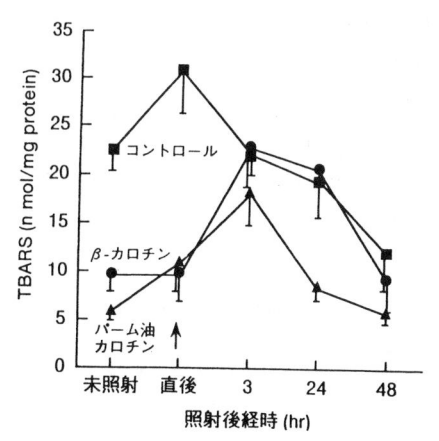

図2 紫外線照射によるヘアレスマウス皮膚中TBARSの変化

成人病予防食品の開発

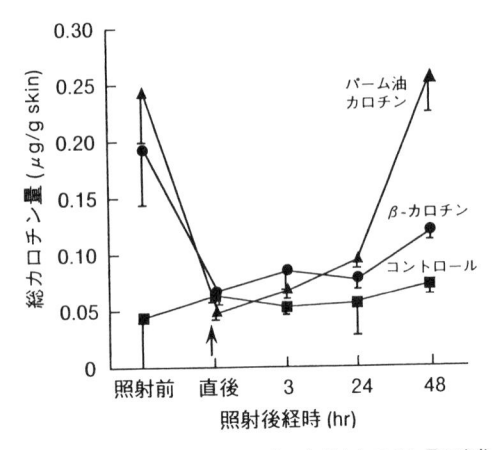

図3 紫外線照射によるヘアレスマウス皮膚中カロチン量の変化

いる。近年，宮澤らは脂質過酸化反応の1次生成物であるヒドロペルオキシドを定量するCL（ケミルミネッセンス）-HPLC法を開発した。この方法は脂質ヒドロキシドを脂質クラスのレベルで高感度に定量できる方法である[16,17]。河野らはCL-HPLCを用いて，紫外線による皮膚の脂質過酸化が主要脂質であるスクワレンに顕著に起こっていることを見出した[18,19]。われわれも本法を用い，スクワレンペルオキシド（SqOOH）を指標としたカロチンの皮膚での抗酸化効果を確認した。以下その内容を紹介する。

(1) **経口投与による皮膚へのカロチンの蓄積**

本実験系では実験動物としてHartley系の雌モルモットを用いた。カロチンの投与濃度は0.05％で投与期間は12週間とした。

表2に示したように両カロチン投与群とも皮膚のカロチン量はコントロールよりも明らかに高値であった。一方，レチノール（ビタミンA）量に関しては群間で有意差はなかった。本実験においてはヘアレスマウスの検討とは異なり，β-カロチン群とパーム油カロチン群の間に蓄積量

表2 モルモット皮膚中のカロチン，レチノール蓄積量

実験群	n	カロチン（μg/g skin）	レチノール（μg/g skin）
コントロール群	6	0.06	0.23
β-カロチン群	6	0.14	0.26
パーム油カロチン群	6	0.12	0.29

第2編 動・植物化学成分の有効成分と素材開発

の有意差が認められなかった。これはおそらく動物種の違いによるカロチンの吸収蓄積効率の差によるものと考えられる。いずれにせよモルモットにおいても皮膚のカロチン蓄積量の上昇が確認された。

(2) 紫外線による皮膚中のスクワレン過酸化物量の変化

12週間のカロチン摂取後,前検討と同様に,背部に$5J/cm^2$のUVを照射し,経時的に皮膚をサンプリングして,CL-HPLC法でスクワレン過酸化率(SqOOH/Sq)を測定した。UV照射前では実験群間で有意差はなかったが,照射後,特に照射直後においてカロチン摂取群はスクワレン過酸化率の上昇を有意に抑制していた(図4)。

図5にまとめたように,皮膚中に蓄積した総カロチン量とスクワレン過酸化率との間には負の相関性が認められた。また,同一のカロチン蓄積量において,β-カロチン摂取群よりパーム油カロチン群のほうが強い過酸化抑制効果を示していた。

以上の検討結果より,カロチノイドの摂取は皮膚の脂質過酸化防止に有効であり,紫外線による皮膚疾患の予防,治療への応用が期待できると考える。パーム油カロチンはTBA法のみならずCL-HPLC法でもβ-カロチンより優れた抗酸化能を示すことが確認された。これはパーム油カロチンのβ-カロチン以外の成分によるものと考えている。パーム油カロチン中に含有されているα-,γ-カロチン,リコピンは,前述したようにβ-カロチンよりも強い一重項酸素の消去能力[9,10],および膜脂質の過酸化抑制能力[20]をもつことが報告されている。これらの組成が(またはβ-カロチンとこれらの組成が相乗的に)パーム油カロチンの効果的な皮脂過酸化抑制作用に関与していると推察される。

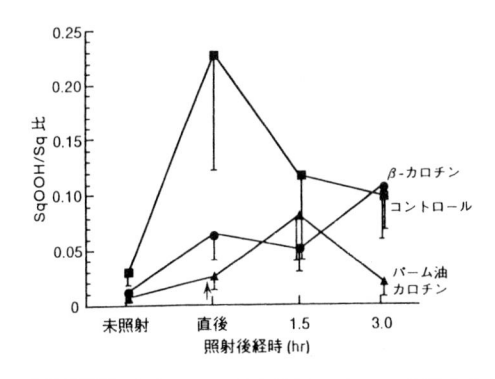

図4 紫外線照射によるモルモット皮膚中のスクワレン過酸化率の変化

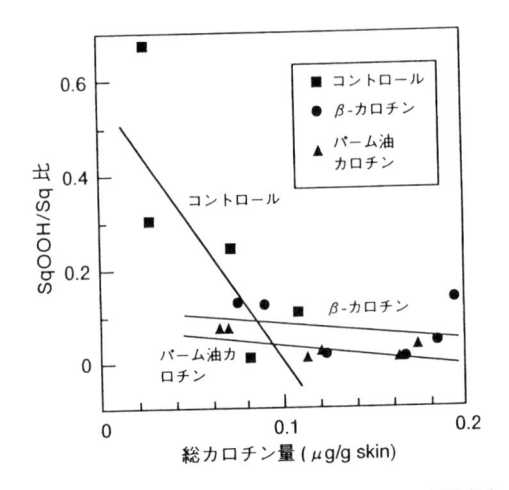

図5 モルモット皮膚中のカロチン量とスクワレン過酸化率

1.3 紫外線によるメラニン色素沈着の抑制作用[21]

皮膚中に存在するメラニンは，物理的に紫外線を吸収するのみならず，発生したフリーラジカルを捕捉する作用を有し，皮膚の酸化ストレスに対する重要な防御因子であることが知られている。最近いくつかの抗酸化物質がメラニンと競合的に作用し，結果的に皮膚中のメラニン沈着量を抑制する効果をもつことが報告されている[22]。そこで，カロチンの抗酸化作用を，紫外線による色素沈着量の抑制に活用できるか調べてみることにした。

実験には，メラニン色素をもつヘアレスブラックマウスを用いた。カロチンの投与濃度は0.05％で投与期間は18週間とした。各群のマウスの背部に$88mJ/cm^2$のUVを8回照射し，背部の色素沈着変化を色差計で経時的に調べた結果，カロチン投与により明らかに色素沈着レベルの低下傾向がみられた（図6）。そしてここでも，パーム油カロチンはβ-カロチンより優れた作用をもつことが明らかとなった。

以上の検討結果より，カロチノイドは，日焼け・しみ予防などの美肌効果を目的としたスキンケア分野へも応用できる可能性があると考える。

1.4 紫外線皮膚発がんの予防作用[23]

これまでの検討によりカロチンの投与，特にパーム油カロチンの投与により，皮膚の紫外線に対する抵抗性が明らかに向上することが確認された。近年，特にメラニン色素の少ない白人種にとって深刻な問題となっているのは，オゾン層破壊に伴う皮膚発がんの増加である。そこで紫外

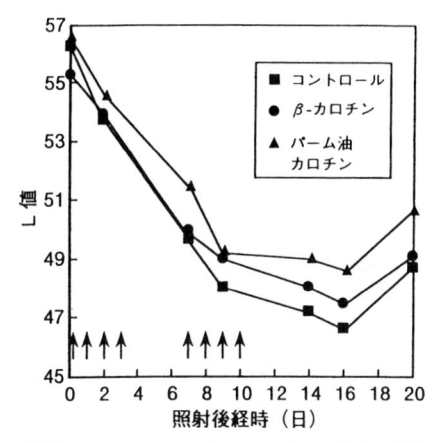

第2編　動・植物化学成分の有効成分と素材開発

図6　紫外線照射によるヘアレスブラックマウスの皮膚色素沈着の変化

線発がんに対するパーム油カロチン投与の効果を調べてみた。

　実験にはHos系雄ヘアレスマウス（TBA法で過酸化脂質量への影響を調べた例と同じ動物）を，15匹1群として用いた。発がんイニシエーターとしてDMBA390nmolを背部に塗布し，その1週間後よりUVBを週2回8分ずつ，20週間にわたり照射しプロモーションを継続した。この間，実験群にはパーム油カロチンを0.05％添加した飲料水を自由摂取させた。20週後，皮膚に発生した腫瘍数を計測したところ，パーム油カロチンは皮膚発がんを有意に抑制する作用があることが明らかになった（表3）。剖検を行ったところ，コントロール群の動物は顕著な脾臓の肥大が認められたが，パーム油カロチン群では極端な肥大例がなかった。

　以上の結果より，パーム油カロチンは，皮膚に蓄積されて抗酸化的に紫外線によるダメージを抑制するばかりでなく，免疫系も活性化することにより，紫外線発がんの予防効果を示したと考えられる。今後カロチノイドの作用機序の解析を，抗酸化性の面からとともに，免疫系への影響なども含め，より多角的な観点から検討していきたいと考える。

表3　パーム油カロチンのヘアレスマウス紫外線皮膚発がん抑制効果

実験群	n	発がん率（％）	マウス1匹当たりの腫瘍数
コントロール群	15	100	4.0
パーム油カロチン群	15	80	1.5

1.5 おわりに

以上，カロチノイドの投与が皮膚の光傷害に対して有効な防御効果を示すことが動物モデルにより確認された．すでに，河野らはβ-カロチンについてヒトで皮膚のスクワレン過酸化抑制効果を確認している[24]．われわれも予備検討でパーム油カロチンについて同様な結果を得ている．カロチン投与による皮脂過酸化抑制は，ヒトへ応用できる可能性が非常に高いと考えられる．

カロチノイドのヒトへの応用研究で近年最も注目されているは，がん予防である．アメリカの国立がん研究所（NCI）では14万人ものヒトを対象として大規模なβ-カロチンの投与試験を10年以上にわたり行ってきた．ところが，最近の報告でたいへん残念なことに期待していた予防効果は認められず，むしろ喫煙者などに対してβ-カロチンの投与は発がんを促進する可能性を示唆する知見が得られた（表4[25]）．原因の1つとして，投与量の設定が高すぎたことが考えられる．

表4 β-カロチンを用いた大規模臨床試験（介入試験）のまとめ[25]

研究名称	対象者	投与栄養素	期間	主な結果
Linxian Study	29,584人の中国一般住民	2～3種類の栄養素を組み合わせて4群に分け毎日投与	86年開始 91年まで	5年間の追跡で，β-カロチン（15mg）・ビタミンE（30mg）・セレン（50μg）の組み合わせの投与群の死亡率が，全がんで13%，胃がんで21%，脳血管疾患で10%低下．
ATBC Study (Alpha-Tocopherol Beta Carotene Cancer Prevention Study)	29,133人のフィンランド男性喫煙者	β-カロチン20mgとビタミンE 50mgの毎日投与	85～88年開始 93年まで	5～8年間の追跡で，β-カロチン投与群の肺がん罹患率が18%上昇．虚血性心疾患の死亡率が11%，脳血管疾患死亡率が20%上昇．
physicians' Health Study	22,071人の米国男性医師	β-カロチン50mgとアスピリンの隔日投与	82年開始 95年まで	12年間の追跡で，β-カロチンにがんの予防効果なし．害もなし．
CARET (Carotene and Retinol Efficacy Trial)	18,314人の米国喫煙者・アスベスト曝露者	β-カロチン30mgとレチノール25,000IUの毎日投与	88～94年開始 98年まで予定	平均4年間の追跡で，投与群の肺がん罹患率28%上昇したため途中で投与中止．
Womens' Health Study	約40,00人の米国女性保健職	β-カロチン50mg，ビタミンE 600IU，アスピリン100mgの隔日投与	92年開始	Physicians' Health StudyとCARETの結果をうけて，β-カロチンの投与を中止．ビタミンEとアスピリンの投与のみを継続して進行中．

第2編　動・植物化学成分の有効成分と素材開発

カロチノイドの通常の摂取量は1日当たり日本人で2.5mg，米国人で1.5mgである。介入試験では日常摂取量の10～20倍量のβ-カロチンを長期投与したため，他の抗酸化成分とのバランスが崩れて，むしろプロオキシダントとして働いたのではないかと予想される。また，日常摂取している食品中には100種類以上のカロチノイドが含まれているが，介入試験ではβ-カロチンを単独投与した点にも疑問がもたれる。ヒトの体内には10種類以上のカロチノイドの蓄積が確認されており，その分布パターンは臓器により異なっていることより[2,3]，それぞれのカロチノイドは，それぞれの役割をもっていると推察される。実際われわれはα-カロチンをはじめ多くの天然カロチノイドが動物実験において優れた発がん予防効果を示すことを確認している[26～29]。大過剰のβ-カロチンが，他のカロチノイドを拮抗阻害し欠乏状態を起こして，種々の機能の低下をきたしたとも推測される。

カロチノイドは食品・食品添加物としての基本的な安全性が十分確認されており[30,31]，生体防御に貢献している重要な食物抗酸化成分であることは言をまたない。しかしながら，抗酸化物質である以上，酸素と同様に生体にとって両刃の剣となる。有用性に関する研究と並行して，どのくらい使えば危険であるかを見極め，有効な使いこなしを提案していくことが，われわれカロチノイド研究者に課せられた最も重要な今後の課題であると考えている。

謝　辞：御指導を賜りました東北大学農学部食品機能学講座の宮澤陽夫先生，国立がんセンター研究所化学療法部の津田洋幸部長，高須賀信夫先生，京都府立医科大学生化学教室の西野輔翼教授，徳田春邦先生，里見佳子先生，増田光治先生に心より感謝申し上げます。

文　献

1) F. Kachik et al., in L. Packer (ed.), "Methods in Enzynology", Vol.213A, p.205, Academic Press, New York (1992)
2) L. Kaplan et al., *Clin. Physiol. Biochem.*, **8**, 1 (1990)
3) H. Schmitz et al., *J.Nutr.*, **121**, 1613 (1991)
4) R. Peto et al., *Nature*, **290**, 201 (1982)
5) T. Hirayama, *Nutr. Cancer*, **1**, 67 (1979)
6) R. Riemersma, *Lancet*, **337**, 1 (1991)
7) N. Krinsky, *Annu. Rev. Nutr.*, **13**, 561 (1993)
8) 寺尾純二，化学と生物，**30**, 256 (1992)
9) P. DiMascio et al., *Arch. Biochem. Biophys.*, **274**, 532 (1989)

10) P. DiMascio, *Am. J. Clin.Nutr.*, 53. 194S (1991)
11) A.Vahlquist et al., *J. Invest. Dermatol*, 79, 94 (1982)
12) K. Someya et al., *J. Nutr. Sci. Vitaminol.*, 40, 303 (1994)
13) R. Iwasaki, M. Murakoshi, *INFORM*, 3, 210 (1992)
14) T. Goodwin, *Annu.Rev. Nutr.*, 6, 273 (1986)
15) K. Someya et al., *J. Nutr. Sci. Vitaminol.*, 40, 315 (1994)
16) T. Miyazawa et al., *Anal.Lett.*, 20, 915 (1987)
17) 宮澤陽夫，油化学，38, 800 (1989)
18) 河野善行ほか，油化学，40, 715 (1991)
19) 河野善行ほか，油化学，42, 204 (1991)
20) H.Kim, *Korean J. Nutr.*, 23, 434 (1990)
21) 小池泰志ほか，投稿準備中
22) M. Kobori, *Cytotechnology*, in press
23) 徳田春邦ほか，第53回日本癌学会総会記事，p.120 (1994)
24) 河野善行ほか，日皮会誌，104, 806 (1994)
25) 津金昌一郎，日本がん予防研究会 News Letter, No.8, p.1 (1996)
26) 西野輔翼，岩島昭夫，ビタミン，67, 531 (1993)
27) M. Murakoshi et al., *Cancer Res.*, 52, 6583 (1992)
28) T. Narisawa et al., *Cancer Letters.*, 107, 137 (1996)
29) H. Tsuda et al., in H.Ohigashi et al. (ed.), "Food Factors for Cancer Prevention", p.529, Springer-Verlag, Tokyo (1997)
30) R. Heywood et al., *Toxicology*, 36, 91 (1985)
31) M. Masuda et al., *J. Toxicological Sciences*, 20, 619 (1995)

2 プロアントシアニジン

有賀敏明[*1], 細山 浩[*2]

2.1 はじめに

1954年にデナム・ハーマン博士が提唱したフリーラジカル理論（仮説）は，当初，あまり注目されていなかった。しかし近年になり，多くの研究者の研究成果により実証されつつあり，「多くの疾病や老化の原因として，フリーラジカルや活性酸素が関わっており，逆にこれらを制御することにより，各種疾病や老化を予防しうる」[1,2]という理論が定説化しつつある。

一方で，確実に近未来に到来する超高齢化社会において，中高年者の生活の質の向上の点から，生活習慣病などの疾病の予防食品の意義はますます高まってくる。

われわれはかねてより，植物ポリフェノールの一種であるプロアントシアニジンに注目していた。プロアントシアニジンは，最近，疾病予防の面で注目されているフラボノイド化合物[3]の一種でもある。プロアントシアニジンは，いろいろな植物性食品に含まれているにもかかわらず，同族体や異性体が多く分離精製が困難なため，研究が遅れており，その機能について不明の点が多かった。われわれはその抗酸化性，抗酸化機構を解明するとともに，抗酸化剤関連の用途開発，ならびに製造法開発に注力してきた。そして，すでに食品添加物，化粧品原料，健康食品素材として実用化した。

海外での動向をみると，米国ではプロアントシアニジン製品は栄養補助食品，化粧品原料に利用されている。ヨーロッパでは，化粧品原料や医薬品に利用されている。

今後の重要な課題の1つとして，生活習慣病などの疾病予防のための機能性素材としての用途開発を考えている。本稿では，プロアントシアニジンの抗酸化性を中心に，その機能と開発について概説する。

2.2 プロアントシアニジンの化学構造と性質

Haslam[4]は「縮合型プロアントシアニジンはフラバン-3-オールの少量体である」と定義した。しかしその後，多くの類縁化合物[5]が発見されてきたため，修正定義として「プロアントシアニジンはC-C結合の開裂により，アントシアニジンを生成する化合物である」が提案された[6]。プロアントシアニジンは，鉱酸とともに加熱すると，そのC-

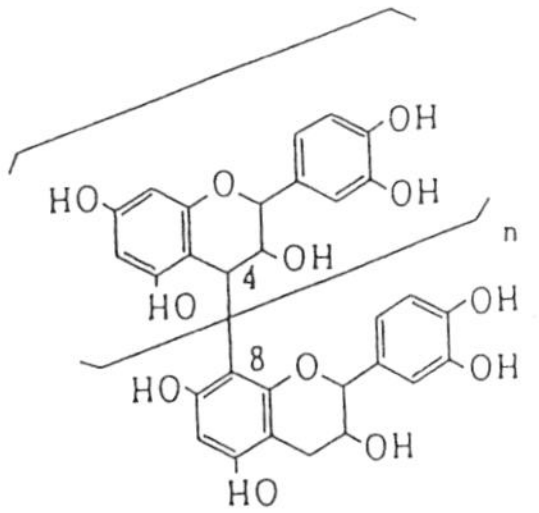

図1 C_4-C_8結合型プロシアニジン（平面構造）

---

* 1　Toshiaki Ariga　キッコーマン㈱ 研究本部 第2研究部
* 2　Hiroshi Hosoyama　キッコーマン㈱ 研究本部 第2研究部

C結合が開裂し、赤色系の色素アントシアニジンを生成する。その際、シアニジンを生成するものをプロシアニジン、デルフィニジンやペラルゴニジンを生成するものは、それぞれプロデルフィニジン、プロペラルゴニジンと呼ばれる。天然に存在するプロアントシアニジンの大部分は、プロシアニジンである。そこで、われわれは、プロシアニジンを中心に、以下の研究を進めてきた。この種の化合物は、同族体や異性体が数多く存在するため、その化学構造は一般式に表しにくい。最も代表的なC_4-C_8結合型のプロシアニジンを例にとり、その平面構造式を図1に示した。

2.3 プロアントシアニジンの食品における分布

種々の食用植物[6,7]、たとえばブドウ[8]、イチゴ[9]、リンゴ[9]、クランベリーなどの果実類、大麦[10]などの麦類、小豆[11]、黒豆[12]などの豆類に含まれている。含有量については、標準品の不足や分析法技術未確立のため、いまだ不明の部分が多い。

2.4 プロシアニジンの抗酸化性[13,14]

プロシアニジンの抗酸化性を油系、水系の2つのモデル系にて調べた。その結果、プロシアニジンはいずれの系においても抗酸化性を示したが、特に水系において著しく強い抗酸化力を示すことが明らかになった。水系における抗酸化試験は、リノール酸-β-カロチンの水溶液系で酸化速度を指標として行った。その結果、試験した添加濃度 5×10^{-5}〜100×10^{-5}% (w/v)、および至適pH7〜9の範囲にわたり、プロシアニジンは強い抗酸化力を示した。表1に示したように試験した2〜5量体の範囲では、重合度が大きいほど、抗酸化力は増大した。プロシアニジン2〜

表1 モデル水系におけるプロアントシアニジンの抗酸化力

(添加濃度：5×10^{-4}%〔w/v〕)

化合物	相対抗酸化力
プロアントシアニジン少量体	
1) プロシアニジンB-3（2量体）	4.01
2) プロシアニジン2量体混合物	4.00
3) プロシアニジン3量体混合物	5.95
4) プロシアニジン4量体混合物	6.50
5) プロシアニジン5量体混合物	9.89
市販天然抗酸化剤	
1) (+)-カテキン	2.50
2) L-アスコルビン酸	0.32
3) D-α-トコフェロール	2.03
4) 没食子酸	1.05
5) L-トリプトファン	1.12

5量体の中で最も抗酸化力の弱いプロシアニジン2量体（B-1，B-3）でも，その抗酸化力は，市販の天然抗酸化剤，たとえばアスコルビン酸，γ-オリザノール，没食子酸，(+)-カテキン，およびD-α-トコフェロールを上回った。

2.5 プロアントシアニジンの抗酸化機構[13,15,16]

抗酸化剤の代表的抗酸化機構としてあげられるラジカル捕捉作用と一重項酸素消去作用を，プロシアニジンが有するかどうか検討した。ペルオキシルラジカルに対する捕捉作用は二木らの方法[17]に準じ，アゾ化合物をラジカル開始剤とし，酸素吸収量を指標とし測定し，ラジカル捕捉定数および化学量論数を算出した。その結果，プロシアニジン2量体は，特に親水性ペルオキシルラジカルに対し，強いラジカル捕捉作用を示し，1分子当たり，8個の親水性ラジカルを捕捉できることがわかった（表2参照）。この捕捉数は，既知の抗酸化物質の中でも最大である。また，一重項酸素消去作用についてもYoungの方法[18]に準じ，β値とk_q（一重項酸素消去速度定数）を測定した結果，プロシアニジンがその作用を有することを確認した。

表2 水系における水溶性ペルオキシラジカルに対する抗酸化剤のラジカル捕捉力

化合物	k_{inh} [M^{-1}S^{-1}] （ラジカル捕捉速度定数）	n （化学量論数）
プロアントシアニジン少量体		
1）プロシアニジンB-1	6.0×10^4	8.48
2）プロシアニジンB-3	5.9×10^4	8.03
市販天然抗酸化剤		
1）(+)-カテキン	2.7×10^4	3.65
2）α-トコフェロール	11.0×10^4	1.71
3）L-アスコルビン酸	5.0×10^4	1.22

2.6 プロアントシアニジンの機能

われわれは，プロアントシアニジンの機能，特に抗酸化関連機能を中心に，その解明と用途開発を進めている。プロアントシアニジンの機能は多岐にわたっており，表3に示した機能について報告や特許願が提出されている。しかし，いまだ未解明の部分も多く，今後のさらなる解明が望まれる。

2.7 プロアントシアニジンの製造法開発

われわれは，プロアントシアニジン（抽出物）の製造法を開発し[19~23]，実用化した。原料に

成人病予防食品の開発

表3 プロアントシアニジンの主な機能

1. 抗酸化性（in vitro）
2. ラジカル捕捉作用（in vitro）
3. 一重項酸素消去作用（in vitro）
4. スーパーオキシドラジカル消去作用（in vitro）
5. ヒドロキシルラジカル消去作用（in vitro）
6. 抗変異原性（in vitro）
7. アスタキサンチン退色防止作用
8. ミオグロビン/ヘモグロビン退色防止作用
9. 美白作用（in vitro）
10. メイラード反応阻害剤（in vitro）
11. 肌のくすみ防止作用（in vivo, ヒト）
12. 細胞賦活作用（in vivo, ヒト）
13. 皮膚老化防止作用（in vivo, ヒト）
14. 皮膚炎症防止作用（in vivo, ヒト）
15. 動脈硬化予防効果（疫学的研究）
16. 抗菌性（in vitro）
17. 血管保護作用（in vivo）
18. アンジオテンシン転換酵素阻害作用（in vitro）
19. 毛細血管抵抗性改善作用（in vivo, ヒト）
20. 下肢静脈瘤改善作用（in vivo, ヒト）
21. 網膜症改善作用（in vivo, ヒト）
22. 視力改善作用（in vivo, ヒト）
23. 月経前期症候群改善作用（in vivo, ヒト）
24. 浮腫改善作用（in vivo, ヒト）

については、食品産業における未利用副産物の有効利用、安全性、安定的な原料大量確保、高収量という観点から検索し、ブドウ種子を最善の原料として選択した。製造法の詳細については省略するが、その概略を図2に示した。現在、米国、ヨーロッパ、日本を中心に市場導入されているプロアントシアニジン製品の多くは、ブドウ種子を原料としているが、それ以外に、メーカーによっては松の樹皮を原料とした製品を製造しているところもある。

```
ブドウ種子
  ↓ ←抽出工程（水、エタノール）
  ↓ ←固液分離工程
抽出液
  ↓ ←1次濃縮工程
  ↓ ←精製工程
  ↓ ←2次濃縮工程
濃縮液
  ↓ ←粉末化工程
プロアントシアニジン（GRAVINOL, KPA）
```

図2 プロアントシアニジンの製造フロー概略

第2編　動・植物化学成分の有効成分と素材開発

2.8 プロアントシアニジンの用途開発
(1) 食品添加物用酸化防止剤への応用
　第1段階として，食品用の酸化防止剤として用途開発し[24～27]実用化した（商品名：KPA）。食品添加物としての厚生省への届出名は「ブドウ種子抽出物（簡略名または類別名：プロアントシアニジン）」（厚生省告示第120号：1996年4月16日告示）である。
(2) 化粧品への応用
　用途開発の第2段階として，化粧品原料として用途開発し[28～34]，実用化した。
(3) 機能性食品素材としての応用
　用途開発の第3段階として，プロアントシアニジンの抗酸性の研究成果[14～16,35]を基盤とし，プロアントシアニジンの多様な生理機能についても解明を進め，機能性食品素材として用途開発しつつある。すでに，健康食品素材としては実用化した[36]（商品名：Gravinol）。われわれは以前，プロアントシアニジンの抗変異原性[13,37]などについて明らかにしたが，最近，当所において①抗動脈硬化作用[38]，②抗潰瘍作用[39]，③発癌予防効果[40]についても明らかにした。今後も，さらに生活習慣病に対する予防作用を解明し，疾病予防への応用を目指したいと考えている。

文　　　　献

1) 大澤俊彦，Fragrance Journal, 21(11), 70 (1993)
2) M.Namiki, *the Critical Reviews in Food Science and Nutrition*, 29(4), 273-300(1990)
3) 篠原和毅，栄養と健康のライフサイエンス，2, 56-57(1997)
4) E.Haslam, "The Flavonoids", ed. by J. B. Harbone *et at.*, Advances, Chapman and Hall, London, p.417 (1982)
5) 西岡五夫，野中源一郎，ファルマシアレビュー，No.21, p.27-43, 日本薬学会(1986)
6) L.J.Porter, "The Flavonoids", ed.by J.B. Harborne *et al.*, Chapman and Hall Ltd. London, p.21 (1988)
7) 中林敏郎，日食工誌，35, 790(1988)
8) M.Bourzeix, D.Weyland and N.Heredia, Bulletin de l'O. I. V., 669-670, 1172(1986)
9) R. S. Thompson, D. Jacques, E.Haslam and R.J.N.Tanner, *J. Chem.Soc.Perkin I*, 11, 1387(1972)
10) I. McMurrough, M. J. Loughrey and G. P. Hennican, *J.Sci.Food Agric.*, 32, 257(1981)
11) T. Ariga and Y. Asao, *Agri.Biol.Chem.*, 45, 2709(1981)
12) T. Ariga, Y. Asao, H.Sugimoto and T. Yokotsuka, *Agric. Biol. Chem.*, 45, 2705(1981)
13) 有賀敏明，博士論文，東京大学第9952号(1990)
14) T.Ariga, I. Koshiyama and D. Fukushima, *Agric Biol. Chem.*, 52, 2717(1988)
15) T.Ariga, M. Hamano, *Agric Biol. Chem.*, 54, 2499(1990)

16) T.Ariga and K. YuasaAbstract of Papers, International Conference of Food Factors; Chemistry and Cancer Prevention, Hamamatu, p.178 (1995)
17) E.Niki, A. Kawakami, M. Saito, Y. Yamamoto, J. Tsuchiya and Y. Kamiya, *J. Biol. Chem.*, 260, 2191 (1985)
18) R. H. Young and R. L. Martin, *J. Am. Chem. Soc.*, 94, 5183 (1972)
19) 有賀敏明, 浜野光年, 福島男児, 日本特許第1904929号
20) 有賀敏明, 浜野光年, 茂田井宏, 八須澄人, 山田宗樹, 宮地道男, 日本特許第2694748号
21) 細山浩, 有賀敏明, 湯浅克己, 日特開平9-71773
22) 有賀敏明, 細山浩, 日特開平8-283257
23) 有賀敏明, 細山浩, 日特開平9-221484
24) 有賀敏明, 越山育則, 福島男児, 日本特許第1643101号
25) 有賀敏明, 湯浅克己, 食品流通技術, 21, 16 (1992)
26) T.Ariga and H.Hosoyama, II JORDDANA DE SALMONICULTUR, Puerto Montt, Chile, Oct.10 (1996)
27) 細山浩, 有賀敏明, 食品と開発, 10, 8 (1996)
28) 山越純, 大下克典, 有賀敏明, 日本特許第2528087号
29) 亀山久美, 木村喜実江, 有賀敏明, 湯浅克己, 日特開平6-336430
30) 近藤千春, 木村喜実江, 有賀敏明, 湯浅克己, 日特開平6-336423
31) 近藤千春, 木村喜実江, 有賀敏明, 湯浅克己, 日特開平6-336422
32) 笠明美, 木村喜実江, 有賀敏明, 湯浅克己, 日特開平6-336419
33) 近藤千春, 木村喜実江, 有賀敏明, 湯浅克己, 日特開平6-336421
34) 有賀敏明, 湯浅克己, Fragrance Journal, 22 (7), 52 (1994)
35) 吉村吉博, 中澤祐之, 山口典男, 有賀敏明, 日本薬学会第118年会講演要旨集〔印刷中〕(1998)
36) 細山浩, 有賀敏明, New Food Industry, 39 (11), 54 (1997)
37) 杉本勝俊, 有賀敏明, 木下克典, 菊地護, 日特開平4-190774
38) 山越純, 有賀敏明, 片岡茂博, 古賀拓郎, 日本薬学会第118年会講演要旨集〔印刷中〕(1998)
39) 斉藤實, 細山浩, 有賀敏明, 片岡茂博, 山次信幸, 日本薬学会第118年会講演要旨集〔印刷中〕(1998)
40) M. Arii, R, Miki, H. Hosoyama, T. Ariga, N. Yamaji, S. Kataoka, PROCEEDINGS 89th Annual Meeting of the American Association for Cancer Research〔in press〕(1998)

3 抗酸化ビタミン類

3.1 はじめに[1,2]

福澤健治[*]

生体にはさまざまな抗酸化物質が存在しており，①活性酸素の生成を抑制したり，②生成した活性酸素やフリーラジカルを捕捉，あるいは③その分解を促進することによって，酸化ストレスから自らを保護している。ビタミンは，天然の抗酸化物として最も重要な化合物の1つで，そのほとんどが上述した②の作用機構を有するラジカル捕捉型の抗酸化剤である。

ここでは，脂溶性ビタミンのE, A, およびビタミンではないが関連化合物のユビキノンを，また水溶性ビタミンとしてはCとB_2を取り上げ，それぞれの抗酸化作用ならびに他のビタミンとの相互作用について解説するとともに，新たに合成された抗酸化ビタミン構造類似体にも触れる。

3.2 ビタミンE（α-トコフェロール）

生体膜やリポタンパクの構成成分である脂質には，アラキドン酸やリノール酸といった酸化を受けやすい多価不飽和脂肪酸が豊富に含まれており，その酸化変性や，酸化反応の過程で生じた脂肪酸ラジカルによる膜酵素やリポタンパクの傷害はそれらの機能を低下させる。脂質過酸化反応は，活性酸素ラジカル（X・）によって不飽和脂質（LH）から水素原子が引き抜かれ脂質フリーラジカル（L・）が生成する誘導反応と，引き続く連鎖的なラジカル増殖反応によって進行し，1個のL・が生成すると多量の過酸化脂質（LOOH）が産生される。

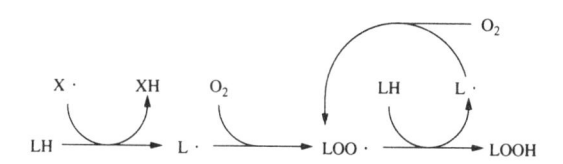

$$\text{LH} \xrightarrow{\text{X·} \quad \text{XH}} \text{L·} \xrightarrow{O_2} \text{LOO·} \xrightarrow{\text{LH} \quad \text{L·}} \text{LOOH}$$

スーパーオキシド（O_2^-）自身やH_2O_2は反応性が低いために，誘導反応の直接の開始剤とはならない。また，H_2O_2から派生するヒドロキシラジカル（・OH）は高い反応性を有しているが，膜外の水相で生じた・OHは膜内の不飽和結合部に到達する前に不活化されてしまう。最も可能性のある開始剤（X・）としては，膜内にごく微量に存在するLOOHのヒドロペルオキシド基が膜表面でFenton様反応（LOOH + Fe^{2+} → LO・ + Fe^{3+} + OH^-）を受けて生じる脂質アルコキシラジカル（LO・）が考えられる。O_2^-はその際Fe^{3+}を還元してFe^{2+}を供給する働きをしていると思われる。

---

[*] Kenji Fukuzawa　徳島大学　薬学部　衛生化学　教授

ビタミンE（E）は脂質過酸化の過程で生じる脂質ペルオキシラジカル（LOO・）を捕捉して連鎖反応を停止させ，脂質抗酸化作用を発現する。その際Eはフェノキシラジカル（E・）に酸化され，さらにもう1分子のLOO・を捕捉して付加体（LOOE）を生成する。

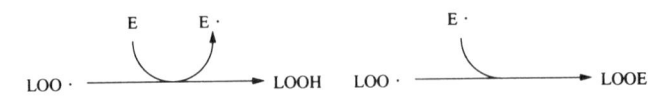

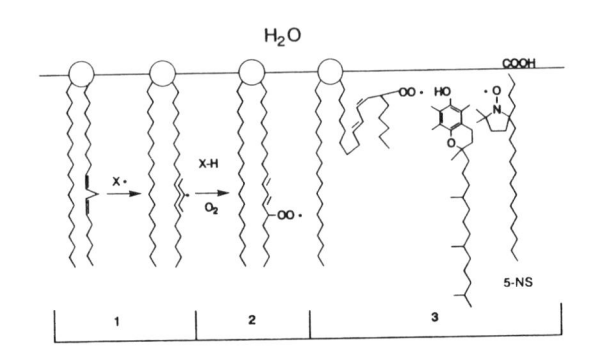

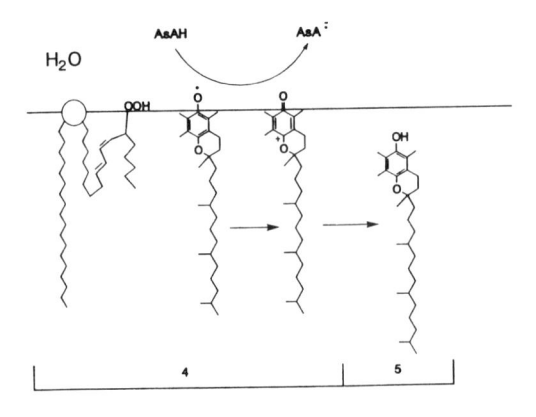

$$LOO\cdot \xrightarrow{E \quad E\cdot} LOOH \qquad LOO\cdot \xrightarrow{E\cdot} LOOE$$

図1 膜におけるα-トコフェロールの脂質過酸化抑制およびビタミンCによる再生機構[3)]
ビタミンEは膜表面近辺にOH基の抗酸化バリヤーを張りめぐらし（脂肪酸のいろいろな部位にスピン残基を結合させたニトロキシステアリン酸（NS）を「もの差し」に用いて膜におけるα-トコフェロールのOH基の存在部位を調べた結果，5-NSのスピン標識部位である比較的表面近くに最も高い確率で存在し，膜表面にはほとんど(1％以下)露出していない)，膜外から侵入してくるラジカルや膜内奥で生成して浮上してくる脂質ペルオキシラジカルを捕捉して連鎖反応を停止させ，脂質抗酸化作用を発現する。ラジカルを捕捉したビタミンEは，フェノキシラジカルあるいはトコフェロールカチオンに酸化されて膜表面に露出されるようになり，そこで水層のビタミンC（アスコルビン酸：AsAH）などによって還元再生される。

第2編　動・植物化学成分の有効成分と素材開発

図1に膜におけるビタミンEの存在様態と膜脂質の過酸化抑制およびビタミンC（アスコルビン酸:AsAH⁻）による再生機構を模式的に示した[3]。ビタミンEは生体膜中にごくわずかしか含まれていない（多価不飽和脂肪酸の1,000〜2,000分の1）にもかかわらず，このような機序で脂質過酸化を効果的に抑制すると考えられている。ビタミンEとCの膜でみられるこのような相乗的脂質抗酸化作用は，リポタンパクLDL中の脂質過酸化に対しても有効に起こる[4,5]。LDLは脂質のまわりをタンパク質（アポB）がとり囲んだ球状の複合体で，脂質内奥のコア部にはコレステロールエステルと中性脂肪のトリグリセリドが局在し，ビタミンEはリン脂質やコレステロールとともに表層1枚膜に分布して外側からの酸素ラジカルの攻撃を防いでいる。In vitroのある条件下でLDLの酸化を行うと，ビタミンEが酸化促進的に働くという報告もある[6]が，このような場合でもビタミンCが共存するとLDLの脂質過酸化は完全に抑制される[7]。In vitroでみられるこのようなビタミンEとCの相互作用は，まだ十分明らかではないが，in vivoででもまちがいなく起こっているだろうと言われている。

α-トコフェロールにはラジカル捕捉作用の他に一重項酸素（$^1O_2$）を不活化する作用がある。その活性は溶媒中ではβ-カロチンの100分の1程度しかないが，膜では両者の不活化活性にあまり差がみられない[8]。

α-トコフェロールのラジカル捕捉活性や$^1O_2$脱活性は in vitroでは天然型と合成型で差がないが，in vivoでは合成型に比べて天然型で活性が高い。これは吸収されて肝臓へ取り込まれたα-トコフェロールのうち天然型のみがリポタンパクVLDLと結合して血中へ放出されるためで，肝臓のα-トコフェロール輸送タンパク[9]がこの仕分けをしている。

3.3　ビタミンC（アスコルビン酸）

水溶性ビタミンのアスコルビン酸は，水溶性の活性酸素ラジカルを消去して膜やLDLでラジカル連鎖反応が開始されるのを抑制する（図2）。アスコルビン酸やビリルビン，尿酸など血漿中に存在する水溶性抗酸化物について，水溶性のラジカル発生剤（AAPH）を血漿に添加してその脂質過酸化抑制効果が調べられた結果[11]，最も初期にアスコルビン酸が消費され，次いでビリルビン，尿酸が続き，脂溶性抗酸化物のα-トコフェロールは最も遅れて消費されること，また血漿中のリン脂質やトリグリセリド，コレステロールエステルなどはアスコルビン酸が完全に消費されるまで過酸化を受けないが，他の抗酸化物は完全に消費されなくても脂質過酸化が進行するなどの知見が得られ，アスコルビン酸は最も効果的な水溶性ラジカル捕捉剤であることが示唆された。またビタミンEの項で述べたが，アスコルビン酸は膜で1電子酸化されたE・を還元して元のEに再生するが，同じ水溶性ラジカル捕捉剤のグルタチオン[3]や尿酸[4]にはそのような作用はみられない。アスコルビン酸のこのような再生作用は酸化的ストレスによる障害防止の重要な

3.4 ユビキノン（コエンザイムQ）

ユビキノン，別名コエンザイムQの構造を図3に示した。ユビキノン側鎖の長さ (n) は哺乳動物の場合 $n=9, 10$ が主で，ヒトは $n=10$（UQ-10）である。ユビキノンが呼吸鎖電子伝達系の1成分としてミトコンドリア膜でATPの産生に関与していることはよく知られているが，ミトコンドリアの他にもゴルジ膜やリソゾーム膜などの生体膜や血漿LDLなど生体内に広く分布している。UQ-10の2電子還元体ユビキノール（UQH_2-10）には α-トコフェロールと同程度のラジカル捕

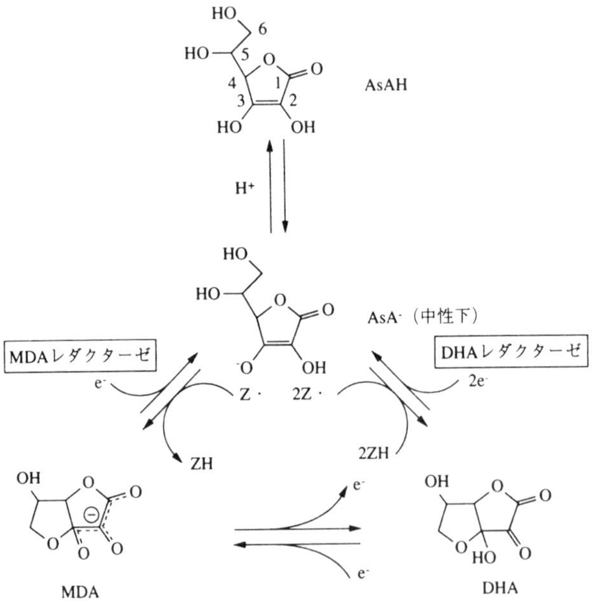

図2 アスコルビン酸による活性酸素ラジカル捕捉反応

アスコルビン酸（AsAH）の還元活性は γ-ラクトン環の2位と3位が二重結合した炭素それぞれにOHが結合したエン・ジオール基に由来する。AsAHは生理的なpH下では H^+ が解離したモノアニオン体（AsA^-）として存在しており，·OHや O_2^- などの活性酸素ラジカル（Z・）やE・を1電子還元してモノデヒドロアスコルビン酸（MDA）に酸化され，まれに直接2電子酸化を受けてデヒドロアスコルビン酸（DHA）を産生する。生体中にはMDAレダクターゼやDHAレダクターゼがありこれらの酸化体をアスコルビン酸に再生している。また，アスコルビン酸は $^1O_2$ とも反応してこれを不活化し，自身は O_2 が付加した中間体を経てシュウ酸などに分解される[10]（この場合はMDAやDHAは産生されない）。

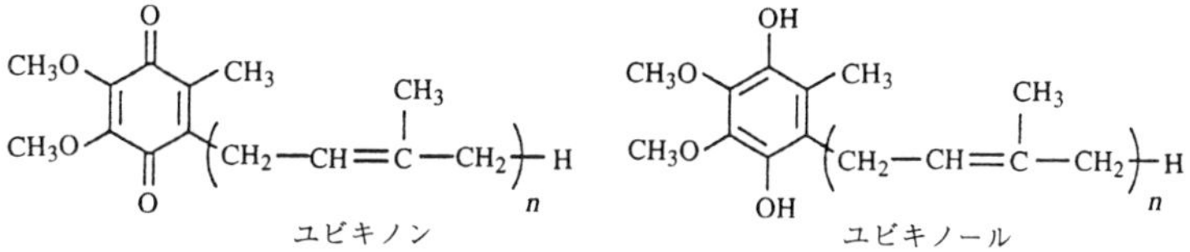

図3 ユビキノン，ユビキノールの化学構造

捉能があり，強い抗脂質過酸化活性を示すことがリポソーム膜を用いた実験[12]で，またリポタンパク LDL を用いた実験[13]でも存在量は少ないが α-トコフェロールよりも効果的に脂質過酸化を抑制するという報告などから，生体内に広く分布するユビキノールの重要な作用の一つとしてその抗酸化作用が注目されている。UQH_2-10はまた，有機溶媒中[14]はもとよりリポソーム膜[15]，LDL[13]いずれの系においても α-トコフェロールの1電子酸化体（フェノキシラジカル）を還元して元の α-トコフェロールに再生する作用がある。ユビキノンは血漿中ではそのほとんどが還元体として存在（UQH_2-10/UQ-10=94/4）しており，肝炎や肝癌，肝硬変などの肝障害患者では血漿中の酸化型 UQ-10 量が 2〜3 倍に増加する[16]という。

UQ-10をヒトに経口投与すると血漿中でその濃度が高まるが，そのほとんどが抗酸化活性のある還元型のUQH_2-10である。ミトコンドリア以外でUQ-10が生体内でどのように還元されるかはまだよくわかっていないが，肝細胞質中にNADPH-依存性の還元活性[17]が，また赤血球膜[18]にも還元活性がある。

3.5 ビタミンA（レチノール，レチノイン酸）

プロビタミンAとして知られる β-カロチンには強い $^1O_2$ 不活化作用のあることが知られているが，ビタミンAにはそのような作用はみられない。一方，ペルオキシラジカルに対しては，α-トコフェロールとほぼ同程度の反応速度定数を示し脂質過酸化を抑制する[19]。ラジカル発生剤で誘導した脂質過酸化に対する全トランスレチノールの抗酸化活性は，有機溶媒中では α-トコフェロールよりも弱いが，リポソーム膜内奥でラジカルを発生させた系では α-トコフェロールと同等の抗酸化活性を示す[19]。また溶媒中でのラジカル捕捉能は，レチノールよりもレチノイン酸が強く，レチノールエステルにはラジカル捕捉能がない[20]。図4にレチノイン酸と脂質ペルオキシラジカルの反応スキーム[21]を示したが，低酸素分圧下ではラジカルを2個捕捉して連鎖反応を停止させて抗酸化的に働くが，酸素分圧が高い場合にはより反応性の高いラジカルを生成して逆に酸化を促進する。このことから，レチノイドは生体組織中など酸素濃度の低い条件下で脂質過酸化を抑制していると思われる。

図4 ビタミンAと脂質ペルオキシラジカルの反応[21]

レチノイン酸の環二重結合にLOO·が付加し，炭素ラジカルが生成される。この炭素ラジカルは側鎖の共役二重結合によって共鳴安定化され，連鎖反応は中断される。しかし，酸素分圧が高いときはこの炭素ラジカルにO_2が付加してより反応性の高いレチノイン酸ペルオキシラジカルが生じ連鎖反応は継続される。一方，低酸素分圧下ではLOO·をもう1個捕捉して安定な非ラジカル体となり連鎖反応は停止される。β-カロチンなどのカロチノイド類も同様の機構でラジカル連鎖反応を停止させる。

3.6 ビタミンB_2 (リボフラビン)

水溶性ビタミンB_2は，ラジカル捕捉などの作用により直接抗酸化作用を示すことが *in vitro* を中心に *in vivo* の実験でも明らかにされている[22]。しかし，通常ビタミンB_2は，補酵素FADやFMNの構成成分としてフラビン酵素の作用を通じて主にその生理作用を発現している。そこで，ここではフラビン酵素を介したB_2の抗酸化作用について述べる。過酸化脂質との関連からみて特に注目されるフラビン酵素はグルタチオンレダクターゼ (GR) で，過酸化脂質 (LOOH) を分解するグルタチオンペルオキシダーゼ (GP) の働きで減少した還元型グルタチオン (GSH) のレベルを維持する働きをしている。B_2が欠乏するとGR活性は2〜3週間で有意に低下し，逆にLOOH量は種々の臓器で増加することが報告されている[23, 24]。

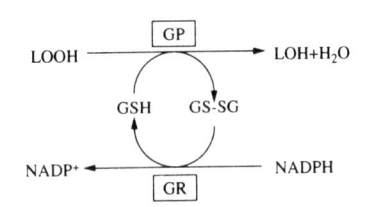

近年，細胞内の還元状態維持にチオレドキシンの寄与が注目されている。名前からもわかるようにこのタンパクはSH-タンパクで，種々の酸素ストレスによって誘導される。チオレドキシンには，同じSHタンパクである核内転写調節因子NF-κBの機能（DNAと結合して活性発現する）を酸化還元的に制御する作用や，酸素ストレスによって低下した酵素の活性を回復させる作用などがある[25]。チオレドキシンはSH体に還元されて活性を発現するが，SH体に還元するチオレドキシンレダクターゼ（TR）はNADPH-依存性のフラビン酵素で，B_2が欠乏すると活性が低下する[26]。

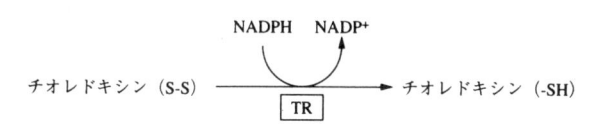

$$\text{チオレドキシン (S-S)} \xrightarrow[\text{TR}]{\text{NADPH} \quad \text{NADP}^+} \text{チオレドキシン (-SH)}$$

最近このTRが，NADPHの存在下で，直接あるいは微量のセレノシステインを介してLOOHを還元することがM.Björnstedtら[27]によって見出されている。以上，ビタミンB_2がフラビン酵素を介して直接および間接的にLOOHを分解する働きについて解説した。

3.7 抗酸化ビタミン構造類似体[28]

最近，より強い活性を求めてさまざまな抗酸化ビタミン構造類似体の合成が試みられており，それらの一部は実際に臨床応用されている。図5にそれらの構造を示した。α-トコフェロールと同じクロマン環構造を有しLDLなどにおいて良好なラジカル捕捉作用を示す[5] CS-045（Troglitazone）は糖尿病治療薬[29]ノスカール（三共）として上市されている。またBO653[30]はα-トコフェロールの構造を基に，6つの因子（①抗酸化物自信のラジカルに対する化学的な反応性，②抗酸化物の存在場，③局所濃度と動きやすさ，④抗酸化物由来のラジカルの挙動，⑤他の抗酸化物との相互作用，⑥生体における吸収，分布，保持，代謝そして毒性または安全性）を理論的に考慮して合成された化合物で，予想どおりリポソームなどにおいて良好な抗酸化活性を示すという[5,30]。一方，クロマン環の側鎖をグルコースに置換した化合物[31]はα-トコフェロールよりも水溶性が高く，水相と膜相の両方で生成するラジカルに対して良好な抗酸化活性を示す。クロマン環の側鎖にキレート様基が結合したU-78517FやそのエナンチオマーのU83836EはLazaroid（アップジョン）と呼ばれ，ビタミンEよりも高いラジカル捕捉作用ならびに脂質過酸化抑制活性を示す[28]。このLazaroidには脳微細血管内皮培養細胞の酸化障害による透過性増大を抑制する作用[32]や，NOラジカルによる中脳神経障害を防衛する作用[33]，アルツハイマー症誘因物質ベータアミロイドによる培養神経細胞の障害を防止する作用[34]など多様な効果が見出されており，今後臨床への応用が期待される。また，コハク酸α-トコフェロールは大麦若葉の青

CS-045[5, 28, 29]

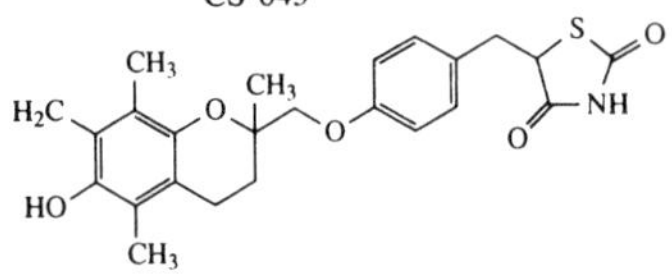

BO653[5, 30]

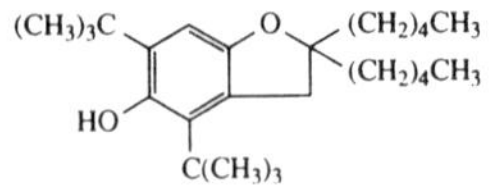

クロマノールグルコシド[31]

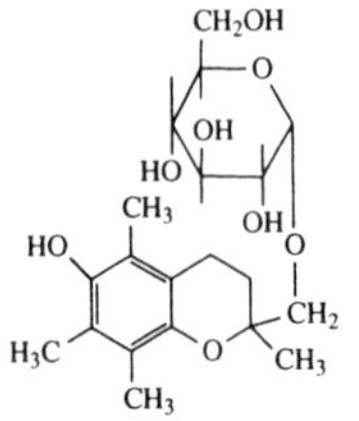

U-78517F, U-83836E[28,32 ~ 34]

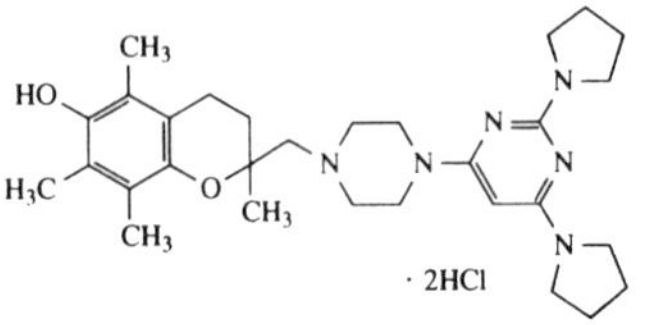

コハク酸α-トコフェロール[35, 36]

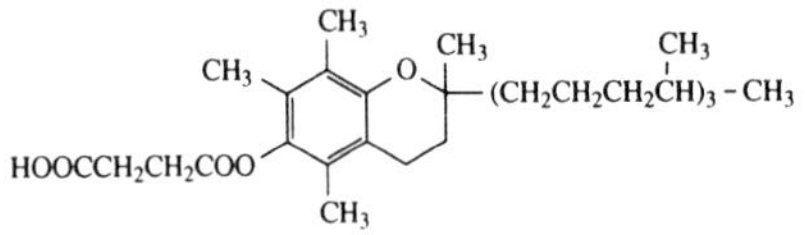

EPC-K1[37]

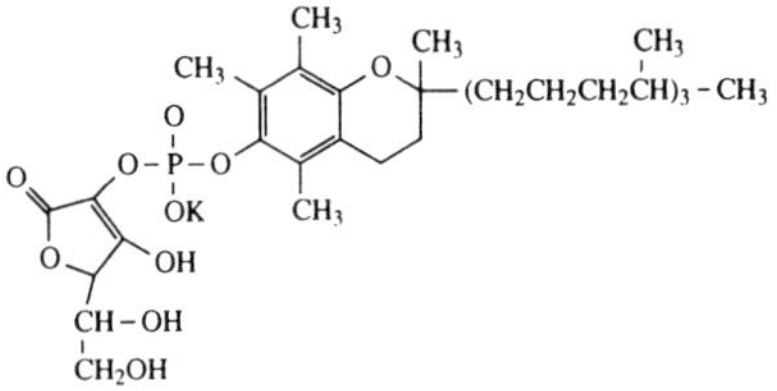

CV-3611[28]

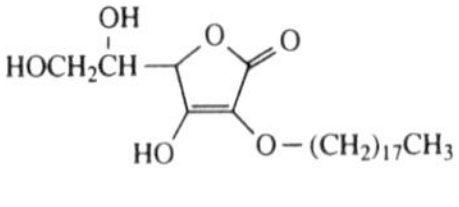

イデベノン[28]

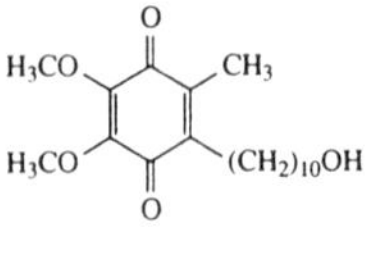

図5　抗酸化ビタミン構造類似体の化学構造[28]

汁から抽出された化合物[35]で抗酸化活性はないが，遺伝子調節因子NF-κBの活性を調節するなどその“beyond antioxidant function”[36]が注目されている。アスコルビン酸がα-トコフェロールのOH基とリン酸を介して結合したEPC-K_1[37]は·OHとの反応性を調べるのに適した基準物質として考案された化合物である。CV-3611[28]は，アスコルビン酸の2位のOH基をアルキル化して脂溶性を高めた化合物で，膜での脂質過酸化抑制作用を有し，実験的虚血性心疾患に効果を示す。ユビキノンの側鎖がn=9（UQ-9）のユビデカレノン，ノイキノン（エーザイ）は[28]心臓虚血性疾患の治療薬として，同じくユビキノンの構造類似体イデベノン（タケダ）は[28]，ラジカル

第2編　動・植物化学成分の有効成分と素材開発

捕捉作用ならびに脂質過酸化抑制作用を有し，脳代謝改善剤として臨床応用されている．

文　献

1) 抗酸化物質・フリーラジカルと生体防御，5章ビタミンの抗酸化作用，p.59, 学会出版センター (1994)
2) 抗酸化物質のすべて，5章抗酸化ビタミン，先端医学社(印刷中)
3) 福澤健治，ビタミン, 68, 263 (1994)
4) K.Sato et al., Arch. Biochem. Biophys., 279, 402 (1990)
5) N.Noguchi et al., BioFactors, 7, 41 (1998)
6) V.W.Bowry et al., J. Am. Chem. Soc., 115, 6029 (1993)
7) 井神靖季ほか，ビタミン, 71, 551 (1997)
8) K.Fukuzawa et al., Free Radic. Biol. Med., 22, 923 (1997)
9) 新井洋由，ビタミン, 71, 17 (1997)
10) B.-M.Kwon et al., J. Am. Chem. Soc., 111, 1854 (1989)
11) B.Frei et al., Proc. Natl. Acad. Sci. USA, 86, 6377 (1989)
12) B.Frei et al., Proc. Natl. Acad. Sci. USA, 87, 4879 (1990)
13) R.Stocker et al., Proc. Natl. Acad. Sci. USA, 88, 1646 (1991)
14) K.Mukai et al., Biochim. Biophys. Acta, 1035, 77 (1990)
15) Y.Yamamoto et al. J. Nutr. Sci. Vitaminol., 36, 505 (1990)
16) 山本順寛ほか，抗酸化物質のすべて，先端医学社(印刷中)
17) T.Takahashi et al., Biochem. J., 309, 883 (1995)
18) R.Stocker et al., Biochim. Biophys. Acta, 1158, 15 (1993)
19) L.Tesorire et al., Arch. Biochem. Biophys., 307, 217 (1993)
20) M.A.Livrea et al., Method Enzymol., 234, 401 (1994)
21) V.M.Samokyszyn et al., Free Radic. Biol. Med., 8, 491 (1990)
22) 大石誠子，抗酸化物質のすべて，先端医学社(印刷中)
23) K.Yagi et al., J. Clin. Biochem. Nutr., 6, 39 (1989)
24) M.Taniguchi et al., J. Nutr. Sci. Vitaminol., 29, 283 (1983)
25) M.R.Fernando et al., Eur. J. Biochem., 209, 917 (1992)
26) K.Yagi et al., J. Clin. Biochem. Nutr., 21, 235 (1996)
27) M.Björnstedt et al., J. Biol Chem., 270 11761 (1995)
28) 福澤健治ほか，抗酸化物質のすべて，先端医学社(印刷中)
29) T.Fujiwara et al., Metabolism, 44, 486 (1995)
30) 野口範子ほか，ビタミンE研究の進歩VIII, p.59, 共立出版(1998)
31) 村瀬博宣ほか，ビタミンE研究の進歩VI, p.38, 共立出版(1996)
32) F.Shi et al., Free Radic. Biol. Med., 19, 349 (1995)

33) E.M.Grasbon-Frodl et al., *Exp. Brain Res.*, 113, 138 (1997)
34) E.Lucca et al., *Brain Res.*, 764, 293 (1997)
35) M.Badamchian et al., *J. Nutr. Biochem.*, 5, 145 (1994)
36) M.G.Traber et al., *Am. J. Clin. Nutr.*, 62, 1501S (1995)
37) 安西和紀ほか, ビタミンE研究の進歩VIII, p.209, 共立出版(1998)

4 フラボノイド類

寺尾純二[*]

4.1 はじめに

フラボノイドは野菜や果実など植物性食品に広く存在する低分子物質であり,ベンゼン環2個を炭素原子3個がつなぐ構造（C_6-C_3-C_6；ジフェニルプロパン構造）をもつフェノール性化合物である（図1）。フラボノイドには,4,000以上の種類が存在するが,カルコン類,フラボン類,フラバノン類,フラバノール類,フラボノール類,アントシアニジン類などに分けることができる。緑茶中の抗酸化物質として最近注目されているカテキン類はA環の5,7位に水酸基をもつフラバノールであり,3位に没食子酸が結合するものが多い。フラボノールは野菜に多いが,主にグルコースやラムノースなどの糖が水酸基に結合した配糖体として存在する。フラボノイドのヒト1日摂取量として23mgから170mg程度の値が報告されている。

食品成分がもつ疾病予防機能が近年注目を集めるにつれて,その有効成分としてのフラボノイドの生理機能が関心を呼んでおり,国内外で多くの研究報告が発表されるようになってきている[1]。特に,活性酸素による組織障害が動脈硬化症やがん,白内障などの疾病に関与することが確実視されており,それらの疾病予防の観点から,フラボノイドの抗酸化活性が興味をもたれている。

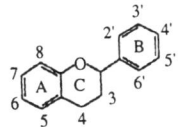

図1 フラボノイドの基本構造

4.2 フラボノイドの活性酸素消去作用

フェノール性水酸基をもつフラボノイドは,ヒドロキシラジカル（・OH）やスーパーオキシド（$O_2^{-\cdot}$）,脂質ペルオキシラジカル（LOO・）などに水素原子あるいは電子を供与することにより,これらの酸素ラジカルを捕捉する[2]。pHが上昇するとフラボノイドのフェノール性水酸基が解離するが,解離が進むにつれてそのラジカル捕捉活性は強くなる[3]。したがって,フラボノイドは酸性領域よりもアニオン性が増す塩基性領域で,より強いラジカル捕捉活性を示すと思われる。また,ラジカル捕捉には①ラジカル捕捉のための水素を供与する部位としてのO-ジヒドロキシ構造（カテコール構造）,②4-オキソ基と共役した2,3-二重結合（B環からの不対電子の非局在化に必要）,③3と5位の水酸基の存在（ラジカル捕捉活性を高めるために必要）が重要であるとされている（図2）[4]。これらの構造をすべて有するケルセチンやミリセチンは,フラボノイドの中でも最も強いラジカル捕捉作用をもつことになる。

---

[*] Junji Terao 徳島大学 医学部 栄養学科 食品学講座 助教授

私たちはケルセチンの溶液中でのラジカル捕捉活性をビタミンE（α-トコフェロール）の場合と比較した[5]。ラジカル発生試薬で誘導したリノール酸メチルのラジカル連鎖反応において，連鎖切断反応の速度定数（k_{inh}）とラジカル連鎖反応（k_p）の速度定数の比（k_{inh}/k_p）は400程度の値となり，ビタミンE（1,700）より小さかった。

$$\text{LOO}^{\cdot} + \text{LH} \xrightarrow{k_p} \text{LOOH} + \text{L}^{\cdot} \quad \text{（連鎖成長反応）}$$

$$\text{LOO}^{\cdot} + \text{InH} \xrightarrow{k_{inh}} \text{LOOH} + \text{In}^{\cdot} \quad \text{（連鎖切断反応）}$$

InH（連鎖切断型抗酸化剤）

したがって，フラボノイドが連鎖反応を切断する速度はビタミンEよりも遅い。しかし，ケルセチンやミリセチンのように複数のフェノール性水酸基をもつフラボノイドではより多くのラジカルを捕捉することができるため，抗酸化作用自体はビタミンEよりも長く持続すると思われる。

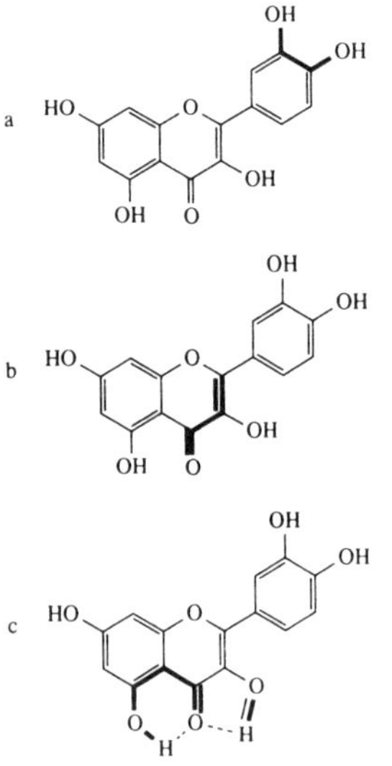

4.3 リン脂質二重層におけるフラボノイドの脂質過酸化抑制作用

生体膜を構成する脂質の過酸化反応は膜機能を低下させ，さまざまな障害をもたらすことが知られている。この場合，LOO˙を介する連鎖反応がリン脂質二重層内で進行するが，反応開始には˙OH，˙OOHなどの活性酸素種，鉄，銅などの金属イオンあるいはリポキシゲナーゼなどの酸化酵素が関与する。フラボノイドはこれら活性酸素の捕捉消去，金属キレート作用，酵素阻害作用により膜脂質過酸化反応を抑制することが可能である。

図2 フラボノイドのラジカル捕捉活性に関与する部分構造[4]

私たちは生体膜モデルとして卵黄ホスファチジルコリンで作成した1枚膜リポソームの酸化におけるケルセチンの抑制作用を検討した[5]。1枚膜リポソームを水溶性ラジカル発生剤にさらした場合，ケルセチンはビタミンEよりも強い抗酸化活性を示した。さらに，同濃度のフラボノイドとビタミンEを共存させた場合，溶液系ではビタミンEが先に減少するのに対して，リポソーム系ではフラボノイドの減少が先に起こり，遅れてビタミンEの減少がみられた（図3）[6]。本反応系では連鎖の回数が少ないため，その抗酸化活性には連鎖切断反応とともに連鎖を開始する水相でのラジカル捕捉が重要である。

今回の結果は，水相からのラジカル攻撃に対しては，フラボノイドのほうがビタミンEよりも

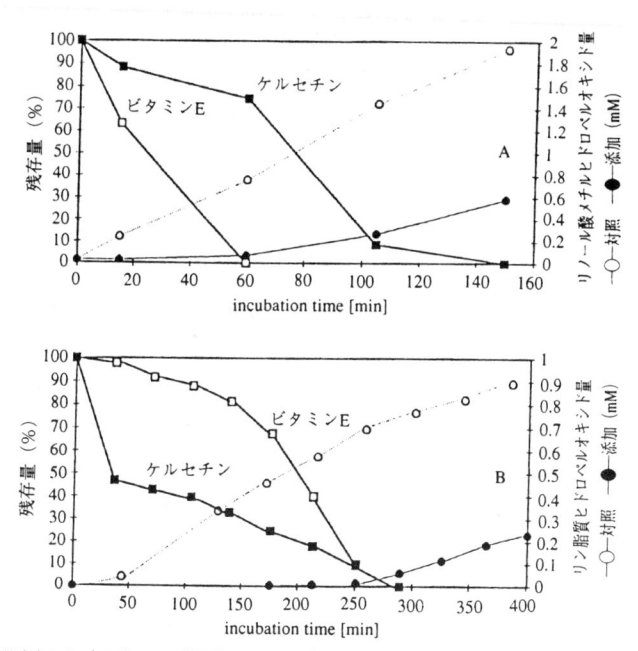

第2編 動・植物化学成分の有効成分と素材開発

図3 溶液状態(A)およびリポソーム懸濁液Bにおける(ケルセ)チンとビタミンE共存系での脂質の過酸化反応[6]

効果的であることを示唆している。ビタミンEは生体膜の内部に存在し、膜内部で進行する連鎖反応を抑制する。一方、ビタミンEよりも水溶性の高いフラボノイドは生体膜表面で反応を開始するラジカルを捕捉することにより、強い抗酸化活性を発揮すると推測される（図4）。

4.4 フラボノイドの抗酸化作用と動脈硬化予防

WHOの調査によれば、フランス人は米国人と同様に血清コレステロール濃度が高い

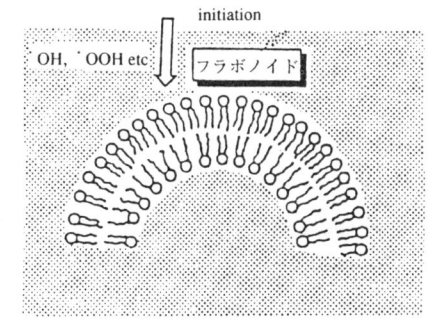

図4 生体膜の抗酸化防御におけるフラボノイドの役割[6]

にもかかわらず、米国人に比較すると動脈硬化に由来する心血管系疾患になりにくい。これをフレンチパラドックスと呼ぶが、その原因としてフランス人では赤ワインの消費量が非常に多いこ

とがあげられている[7]。赤ワインはコーヒー酸や没食子酸などのフェノール類とともに，カテキン，エピカテキン，ケルセチンなどのフラボノイドを多量に含んでいる。

一方，1994年に発表されたオランダ成人に関する疫学調査では，フラボノイド摂取により心血管系疾患が減少することが示唆された[8]。アテローム性動脈硬化症の発症には血漿リポタンパクの酸化変性が関与する。すなわち，血中でコレステロールを運搬する低比重リポタンパク(LDL)が酸化されて酸化LDLとなると，この酸化LDLがそれ自体血管内皮細胞を障害するとともに，マクロファージが酸化LDLを貪食することが引き金となって動脈硬化の初期病変である泡沫細胞化をもたらす。そこで，LDLの酸化を防ぐ抗酸化物質に動脈硬化予防の期待が集まっている。フラボノイドは in vitro において銅イオンやマクロファージによって引き起こされるLDLの酸化を強く抑制することが知られている。その作用メカニズムとして，フラボノイドの銅イオンに対するキレート作用やLDL粒子の表面におけるラジカル捕捉作用が考えられる。

最近，アラキドン酸の15-位に酸素分子を添加する15-リポキシゲナーゼ（15-LOX）がLDLの酸化変性に関わることが示唆されている[9]。すなわち，LDLが15-LOXにより酸化を受けることが引き金となり，引き続きラジカル連鎖反応が惹起されて酸化変性LDLが生成し，これがマクロファージに貪食されるという説である。この場合，リポキシゲナーゼの阻害物質はLDL酸化の抑制作用を示すはずであり，リポキシゲナーゼ阻害剤として知られているフラボノイドが注目される。

私たちはヒトLDLをウサギ網状赤血球由来15-LOXで酸化させると，ケルセチンが強い抗酸化作用を発揮することを認めた[10]（図5）。ところがビタミンEを添加しても効果を示さないことから，LDLの15-LOX反応にはLDLに内在するビタミンEは有効ではないことが示唆された。フラボノイドのリポキシゲナーゼ阻害作用は動脈硬化抑制において重要な働きをするものと思われる。

4.5 フラボノイドの吸収

フラボノイドの吸収には胆汁酸ミセルへの溶解性が重要であり，水溶性配糖体は水溶性のため，小腸では吸収されにくい。しかし，大腸では腸内細菌のもつβ-グルコシダーゼにより配糖体は加水分解されアグリコンが生成する[11]。さらにアグリコンの一部では環の開裂反応が起こり，さまざまな分解物が生成する[12]。すなわち，大腸に達した配糖体は一部がアグリコンあるいはその分解物に変化して脂溶性が高まるために吸収されると思われる。事実，ラットではケルセチンよりもその配糖体であるルチンの吸収は遅いが，ケルセチンが小腸で吸収されるのに比べてルチンは大腸での加水分解を必要とするためであると説明されている[13]。

しかし，ヒトではアグリコンよりもその配糖体のほうが吸収されやすいとの考えもある[14]。ヒトにケルセチンに富むタマネギ（64mgのアグリコン相当量）を摂取させた場合の血漿ケルセチ

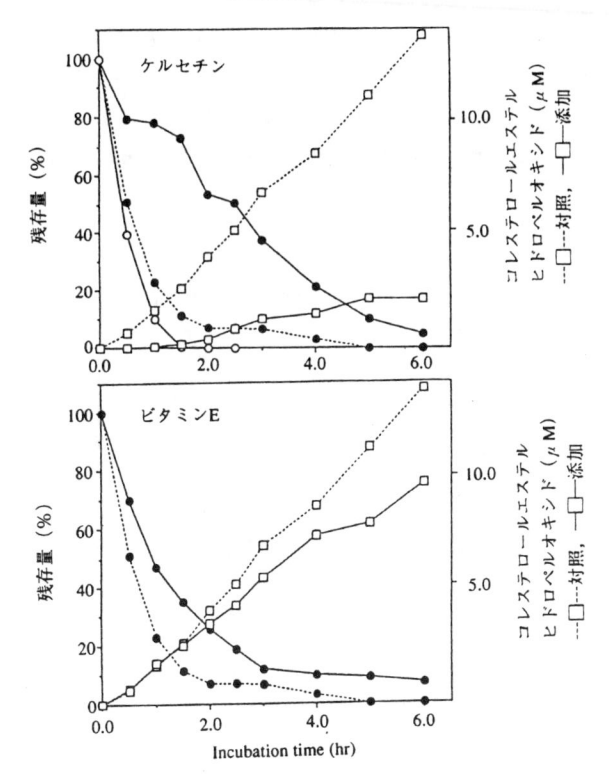

図5 15-リポキシゲナーゼによって誘導されるヒトLDLの酸化に対するケルセチンとビタミンEの効果[10]
--●-- 対照LDL中のビタミンE, —●— 添加LDL中のビタミンE
—○— ケルセチン

ン全量（代謝物や配糖体を含む）は2.9時間で0.6 μMに達し，摂取10時間後でも，0.05 μMが存在することが示された[15]。通常の食事をしたヒトの血漿には0.5～1.6 μMのケルセチン配糖体が存在するとの報告もある[16]。一方，代表的なフラバノールであるカテキン類については，ヒトでの吸収と蓄積が確かめられている[17]。カテキン類は配糖体をもたないため，そのままの形で小腸から吸収されやすいのかもしれない。フラボノイドの種類によって，その吸収蓄積量は大きく変動すると思われるが，バイオアベイラビリティーに関する詳しい検討はなされていない。

4.6 代謝変換と体内循環

腸管から吸収されたフラボノイドはアルブミンに結合し，門脈あるいはリンパを介して肝臓に

輸送される。肝臓で水酸基のメチル化，水酸化，カルボニル基還元などの変換反応とともに硫酸およびグルクロン酸抱合体化反応を受けるとされている[18]。C^{14}-ケルセチンのラットへの経口投与では20％が消化管から吸収され，48時間以内に胆汁中や尿中にケルセチンやイソラムネチン，4'-O-メチルケルセチンのグルクロン酸抱合体，硫酸抱合体として検出された[19]。ヒトでは2gの

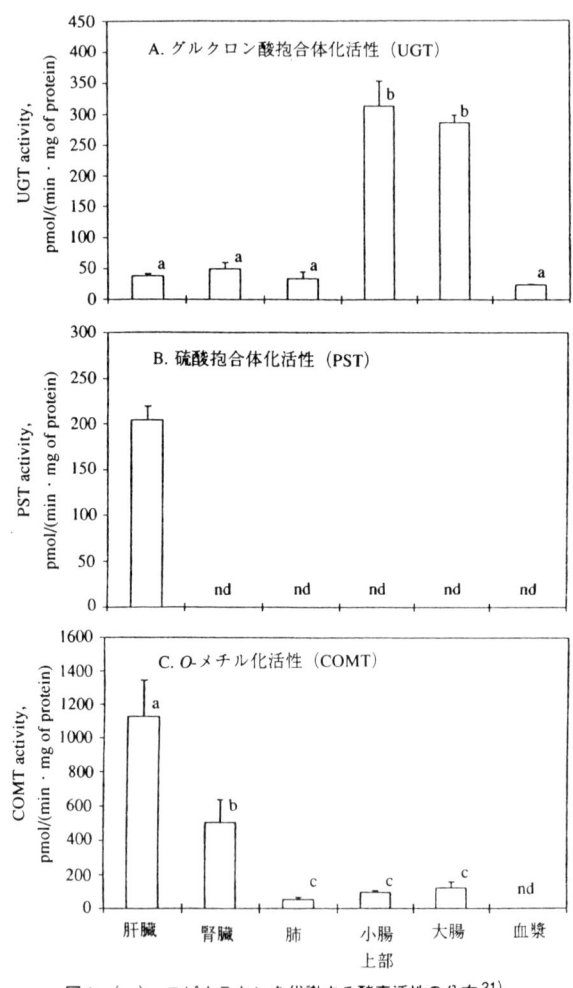

図6 (−)-エピカテキンを代謝する酵素活性の分布 [21]
異なる肩文字間には有意差あり（$p < 0.05$）

第2編 動・植物化学成分の有効成分と素材開発

(+)-カテキン投与による尿中の主な代謝産物として，(+)カテキンのグルクロン酸抱合体，3'-O-メチルカテキンのグルクロン酸抱合体，硫酸抱合体が検出されている[20]。抱合体は最終代謝物として尿から排泄されるが，その一部は肝臓から胆汁にも移行する。さらに，十二指腸から消化管に排泄された代謝物は大腸の細菌叢で加水分解や開裂反応を受け，一部がさらに再吸収されると言われている（腸肝循環）。したがって摂取したフラボノイドの相当量が腸肝循環により代謝物として血流に存在することができる。

私たちは(−)-カテキンを用いて，ラット各臓器での代謝酵素活性を測定した[21]。その結果，O-methyltransferase（メチル化）や Phenol sulfotransferase（硫酸抱合体化）の活性が肝臓で高いのに対して，UDP-glucuronyl transferase（グルクロン酸抱合体化）活性は小腸や大腸で高いことを認めた(図6)。したがって通常摂取されたフラボノイドはまず小腸や大腸粘膜でグルクロン酸抱合体へ代謝されたのち，肝臓に送られて引き続く代謝（メチル化および硫酸抱合体化）を受けると考えられた。すなわち，吸収されたフラボノイドの多くは速やかに粘膜中の UDP-glucuronyl transferase によりグルクロン酸抱合体に代謝された後に肝臓へ輸送されると考えている(図7)。通常のフラボノイド摂取量ではその多くが消化管で代謝され，過剰に摂取した場合にのみ未代謝のものが生体内へある程度移行するのではないだろうか？

4.7 おわりに

フラボノイドは変異原物質であるが，発がん作用はないことが証明されている。その理由の1つは生体内で変異原性をもたない物質に代謝されることがあげられる。最近ではフラボノイドは

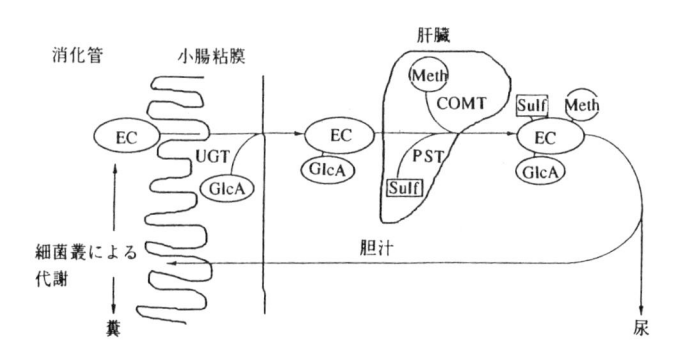

図7 (−)-エピカテキンの推定代謝経路[21]
EC：エピカテキン
GlcA：グルクロン酸抱合
Meth：O-メチル化
Sulf：硫酸抱合

むしろ抗酸化作用により抗がん予防物質として作用するのではないかと期待されている。生体内での抗酸化機能を考えた場合，フラボノイド代謝産物の活性を解明することが今後に残された大きな課題となるであろう。

文　　献

1) C. A. Rice-Evans, L. Packer, Flavonids in Health and Disease, Marcel Dekker, New York (1997)
2) C. A. Rice-Evans, N. J. Miller, G. Paganga, *Free Radical Biol. Med.*, 20, 933 (1996)
3) K. Mukai, W. Oka, K. Watanabe, Y. Egawa, J. Terao, *J. Phys. Chem. A*, 101, 3746 (1997)
4) W. Bors, W. Heller, C. Michel, *Methods Enzymol.*, 186, 343 (1990)
5) J. Terao, M. Piskula, Q. Yao, *Arch. Biochem. Biophys.*, 308, 278-284 (1994)
6) J. Terao, M. Piskula, in Flavonoids in Health and Disease, p.227, ed by C. Rice-Evans and L. Packer Marcel Dekker Inc., New York (1997)
7) J. E. Kinsella, E. Frankel, B. German *et al.*, Food Technol., April: 85 (1993)
8) M. G. L. Hertog, E. J. M. Feskens, P. C. H. Hollman *et al.*, *Lancet*, 342, 1007 (1994)
9) E. Sigal, C.W. Laughton, M.A. Mulkins, Platelet-Dependet Vascular Occlusion 714, Ann. New York Acad. Sci., 211 (1994)
10) E. da Silva, T. Tsushida, J. Terao, *Arch. Biochem. Biophys.*, 349, 313-320 (1998)
11) V. D. Bokkenheuser, C. H. L. Shacketon, J. Winter, *Biochem. J.*, 248, 953 (1987)
12) A. N. Booth, C. W. Murray, F. T. Jones, F. Deeds, *J. Biol. Chem.*, 233, 251 (1956)
13) C. Manach, C. Morand, C. Demigne, O. Texier, F. Regerat, C. Remesy, *FEBS Lett.*, 409, 12 (1997)
14) P. C. H. Hollman, J. H. M. de Vries, S. D. van Leeuwen, M. J. B. Mengelers, M. B. Katan *Am. J. Cli. Nutr.*, 62, 1276 (1995)
15) P. C. H. Hollman, V. D. Gaag, M. J. B. Mengelers, J. M. P. Van Trup, J. H. M. de Vries, M. B. Katan, *Free Radical Biol. Med.*, 21, 703 (1996)
16) G. Paganga, C. A. Rice-Evans, *FEBS Lett.*, 40, 178 (1997)
17) T. Unno, K. Kondo, H. Itakura, T. Takeo, *Biosci. Biotech. Biochem.*, 60, 2066 (1996)
18) C. Manach, O. Texier, F. Regerat, G. Agullo, C. Demingne, C. Remesy, *J. Nutr. Biochem.*, 7, 375 (1996)
19) I. Ueno, N. Nakano, I. Hirono, *Japan J. Exp. Med.*, 53, 41 (1983)
20) A. M. Hackett, L. A. Grifiths, *Xenobiotica*, 13, 279 (1983)
21) M. Piskula, J. Terao, *J. Nutr.*, in press

5 大豆サポニンとその活性酸素消去機構,特に微弱発光(XYZ)系について

吉城由美子[*1], 大久保一良[*2]

良質のタンパク質と脂質に富み,生産効率の最も高い大豆は,将来の人口増加と環境悪化に対応できる食糧資源として期待されるだけでなく,心臓性疾患,がんなどの低リスク食品素材としても注目されている。大豆種子の約2%を占める主要な配糖体成分はサポニンとイソフラボノイドである。イソフラボノイドについては化学構造,種類,分布,遺伝性および呈味性などを明らかにし,最近,別に総説[1]としてまとめてある。

本稿では大豆サポニンの化学と最近明らかにしたX(活性酸素種)Y(触媒種)Z(受容種)系における微弱発光機構を説明し,さらにXYZ系からみた大豆サポニンの新しい機能"活性酸素消去能"について解説する。

5.1 大豆サポニンの化学

大豆サポニンはトリテルペンであるソヤサポゲノールA,BおよびEをアグリコン(図1)とするトリテルペン配糖体であるとされ,そのアグリコンに基づいて分類,命名(表1)されている[2]。いずれもトリテルペンのC-3にグルクロン酸を共通糖とする糖鎖が付いており,ソヤサポゲノールAをアグリコンとするグループAサポニンはさらにC-22にアラビノースを共通糖とし,アセチル基で飽和された末端糖をもつビスデスモサイドサポニンである[3]。グループAサポニン

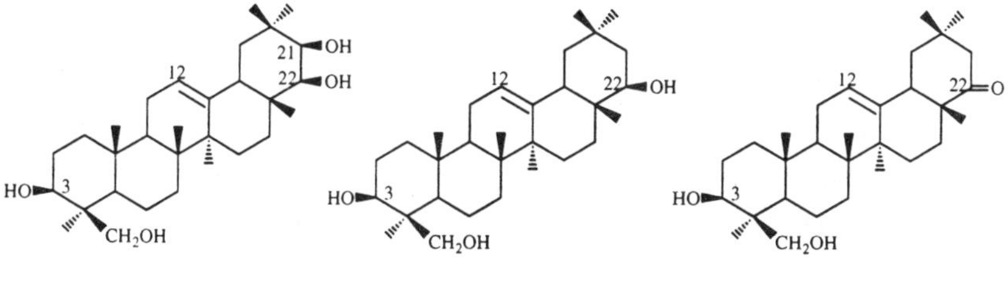

図1 大豆サポニンのアグリコン

* 1　Yumiko Yoshiki　東北大学大学院　農学研究科　環境植物工学研究室
* 2　Kazuyoshi Okubo　東北大学大学院　農学研究科　環境植物工学研究室

表1　大豆サポニンのこれまでの命名[2]

Structure	Kitagawa	Okubo
A group-acetylated		
glc-gal-glcUA-A-ara-xyl(2,3,4-triAc)	acetyl A_4	Aa
glc-gai-glcUA-A-ara-glc(2,3,4,6-tetraAc)	acetyl A_1	Ab
rham-gal-glcUA-A-ara-glc(2,3,4,6-tetraAc)	―	Ac
glc-ara-glcUA-A-ara-glc(2,3,4,6-tetraAc)	―	Ad
gal-glcUA-A-ara-xyl(2,3,4-triAc)	acetyl A_5	Ae
gal-glcUA-A-ara-glc(2,3,4,6-tetraAc)	acetyl A_2	Af
ara-glcUA-A-ara-xyl(2,3,4-triAc)	acetyl A_6	Ag
ara-glcUA-A-ara-glc(2,3,4,6-tetraAc)	acetyl A_3	Ah
A group-deacetylated		
glc-gal-glcUA-A-ara-xyl	A_4	deacetyl Aa
glc-gal-glcUA-A-ara-glc	A_1	deacetyl Ab
rham-gal-glcUA-A-ara-glc	―	deacetyl Ac
glc-ara-glcUA-A-ara-glc	―	deacetyl Ad
gal-glcUA-A-ara-xyl	A_5	deacetyl Ae
gal-glcUA-A-ara-glc	A_2	deacetyl Af
ara-glcUA-A-ara-xyl	A_6	deacetyl Ag
ara-glcUA-A-ara-glc	A_3	deacetyl Ah
B group		
glc-gal-glcUA-B	V	Ba
rham-gal-glcUA-B	I	Bb
rham-ara-glcUA-B	II	Bc
gal-glcUA-B	III	Bb'
ara-glcUA-B	IV	Bc'
E group'		
glc-gal-glcUA-E	―	Bd
rham-gal-glcUA-E	―	Be

としてこれまでAa〜Ahの8種類が明らかにされており，アセチル基で飽和された末端糖鎖がキシロースであるAa型とグルコースであるAb型に大別される。ヒトの血液型と同じ共優性遺伝の関係にあり[4]，その構造は5遺伝子座11対立対立遺伝子の共優性遺伝，優性および劣性遺伝の組み合わせで説明できる[5]（図2）。さらにグループAサポニンは栽培大豆（G. max）と野生大豆（ツルマメ，G. soja）の胚軸部位にのみ極在し[6]，最も強い不快味を呈する[7]ことも明らかになっている。

できるだけ温和な条件下で抽出・分画・単離し，その構造を解析した結果，次のような真正サポニンをみつけることができた[7]（図3）。すなわち，ソヤサポゲノールBのC-22位にDDMP（2,3-dihydro-2,5-dihydroxy-6-methyl-4H-pyran-4-one）がエーテル結合したサポニンで，そのC-3位の糖鎖に基づいてソヤサポニン αg, αa, βg, βa, γgおよびγaを明らかにすることができた[8,]

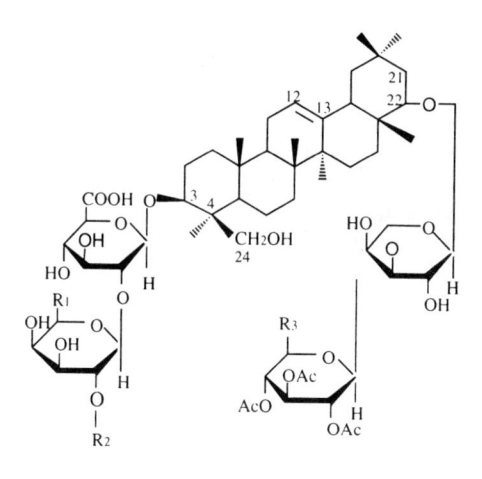

第2編　動・植物化学成分の有効成分と素材開発

	R1	R2	R3
soyasaponin Aa	CH_2OH	β-D-Glc	H
soyasaponin Ab	CH_2OH	β-D-Glc	CH_2OAc
soyasaponin Ac	CH_2OH	α-L-Rha	CH_2OAc
soyasaponin Ad	H	β-D-Glc	CH_2OAc
soyasaponin Ae	CH_2OH	H	H
soyasaponin Af	CH_2OH	H	CH_2OH
soyasaponin Ag	H	H	H
soyasaponin Ah	H	H	CH_2OH

図2　グループAサポニンの構造と種類

[9]。ほぼ同時期にMassiotらによってアルファルファ種子からsoyasaponin VIが[10]、またTsurumiらによってエンドウマメからchromosaponin Iが[11] それぞれ単離・構造決定されているが、それらはいずれもsoyasaponin β gに相当するものである。DDMP構造はエノールとエノンを基本骨格としているためにラジカルスカベンジャーなど種々の反応が期待される。アルカリではグループBサポニンとマルトールに容易に加水分解し、塩化鉄の存在で褐変して、グループBとEサポニンに変化する[12]。この褐変反応を利用してDDMPサポニンの分布を調べた結果、発芽部位、維管束に極在し、マメ科植物に広く分布していることがわかった[13]。したがって、新規なDDMPサポニンが次々に見つかるものと期待され、現在、フジマメからlablab saponin I [14]、アズキからAz I [15] がそれぞれ単離され、その構造が明らかになっている（図3）。以上のDDMPの構造と分布から、これまで不明である生体におけるサポニンの役割としては生体防御、情報伝達などの重要な生理作用を担っていることが示唆される。

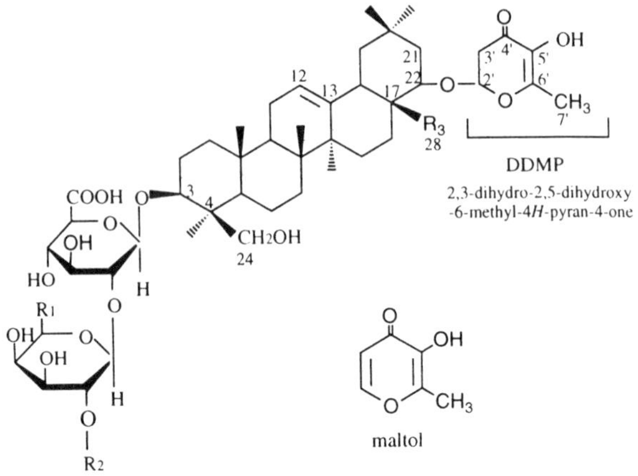

DDMP
2,3-dihydro-2,5-dihydroxy
-6-methyl-4H-pyran-4-one

maltol

		R_1	R_2	R_3
soyasaponin	α g	CH_2OH	β-D-Glc	CH_3
soyasaponin	α a	H	β-D-Glc	CH_3
soyasaponin	β g	CH_2OH	α-L-Rha	CH_3
soyasaponin	β a	H	α-L-Rha	CH_3
soyasaponin	γ g	CH_2OH	H	CH_3
soyasaponin	γ a	H	H	CH_3
lablab saponin	I	CH_2OH	β-D-Glc	CH_3

図3 DDMPサポニンの構造と種類

5.2 X（活性酸素種）Y（触媒種）Z（受容種）微弱発光系

　抗酸化成分としても注目される活性酸素ラジカル消去成分は，酸化的ストレスから生体を防御・保護する役割を担っている。植物界に広く分布するフラボノイドは代表的な天然ラジカルスカベンジャーであり，脂質自動酸化における抗酸化性，リポキシゲナーゼの抑制効果，スーパーオキシド（O_2^-）あるいはヒドロキシルラジカル（$HO\cdot$）の消去，一重項酸素のクエンチングを示すことが知られている[16〜18]。フラボノイド類は構造の違いにより，フラバノノール類，フラバノール類およびアントシアニン類などに大別される。ここでは便宜上，基本骨格の違いからフラバノノール，フラバノール，フラバン類を総称しフラボノイドとする。このように多種多様な類似構造をもつフラボノイドは，化学構造と微弱発光との関係および活性酸素と微弱発光との関係を明らかにするうえで都合の良い成分である。そこで微弱発光と活性酸素消去能との関係を調べるために，活性酸素とアセトアルデヒド（CH_3CHO）存在下におけるフラボノイド，アントシアニン

およびカテキンの微弱発光を検討した[19]。その結果，CH_3CHO と過酸化水素（H_2O_2）または$HO\cdot$ 存在下におけるフラボノイドの微弱発光強度は，これまで報告されている脂質自動酸化における抗酸化性[5] および HPLC-electrochemical 法などで求められた活性酸素消去能[20] と一致するものであり，活性酸素とCH_3CHO存在下におけるフラボノイドの微弱発光は活性酸素消去能を測定する一手段となりうることがわかった。

カテキン類は Flavan-3-ol 由来の物質であり，日本や中国など広い地域で多くの人々に愛飲されている茶の主要成分でもある。カテキン類の中で (-)-epigallocatechin が H_2O_2 と CH_3CHO 存在下において顕著な微弱発光を示すことから，この成分を用い，微弱発光現象を定量的に検討した。その結果，H_2O_2 濃度を [X]，(-)-epigallocatechin 濃度を [Y] および CH_3CHO 濃度を [Z] とすると，微弱発光強度 [P] は，[P] = k [X][Y][Z]（k：フォトン定数）に従うことがわかった[21, 22]。

この式の意味することは3次反応で，3者の複合体励起種，エミッターが生じ，基底状態に戻るときフォトン（$h\nu, h/\lambda$）が発生することで，活性酸素種のエネルギーが光エネルギーに変換する系であるとも考えられることである。この式は$HO\cdot$，tert-BuOOH などの活性酸素種，他のフラボノイドでも得られたことから，この種の微弱発光を X（活性酸素種）Y（触媒種）Z（受容種）系と便宜的に名づけ（図4），現在，精力的に X，Y および Z 成分の検索が進められている。CH_3CHO以外の生体内Z成分が次々に見つかっており，微弱発光系におけるZ成分の関与は生体内での活性酸素消去系に新しい反応系が存在することを示唆している。

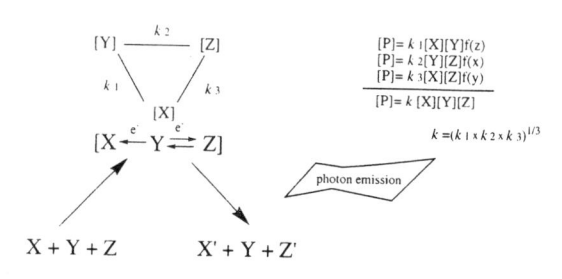

図4 XYZ微弱発光系模式図
X（活性酸素種）Y（触媒種）Z（受容種）

5.3 大豆サポニン活性酸素消去能

(1) DDMP サポニン O_2^- 消去能

キサンチン-キサンチンオキシダーゼ系により$O_2^-\cdot$を発生させ，DDMPサポニンの$O_2^-\cdot$ 消去能

を調べた[23]。その結果，soyasaponin β g は濃度依存的に $O_2^-\cdot$ を消去することがわかった。その消去能は，DDMP 部位由来物質であるマルトールが消去を示し始める 5mM から観察され，また DDMP 部位の欠如した soyasaponin Bb では消去能が全くみられなかった。このことから，DDMP サポニンの $O_2^-\cdot$ 消去能には明らかに DDMP 部位が関与しているものと考えられる。特にアグリコン C-28 位がアルデヒド基である lablab saponin I は soyasaponin β g よりも強い消去能を示した。soyasaponin β g の $O_2^-\cdot$ 消去能は測定法により異なるが，スピントラッピング（electron spin resonance,ESR）によると 1mg/ml soyasaponin β g（1mM に相当）には 17.1 unit/ml の SOD に相当する消去能がみられた。$O_2^-\cdot$ は酸素から水までの 4 電子還元過程において生成される活性酸素である。したがって，DDMP サポニンによる $O_2^-\cdot$ の消去は $O_2^-\cdot$ の還元を意味することから，DDMP サポニンは電子 e^-，プロトン H^+ 供与体（electoron, proton donor）であると考えられる。これらの結果は DDMP サポニンの酸化還元電位を測定した Tujino らの見解と一致する[24]。

次に XYZ 系による soyasaponin β g の微弱発光挙動を調べた結果，[25〜27]。活性酸素消去物質を検索する微弱発光法には活性酸素種（X），触媒種（Y）および受容種（Z）の 3 成分が必要である。そこで X として H_2O_2 を，Y として soyasaponin β g を，Z として CH_3CHO を用い微弱発光を測定した結果，ほとんど微弱発光が観察されなかった（7 counts/sec）。それに対し，X として H_2O_2 を，Y として (-)-epigallocatechin を，Z として soyasaponin β g を用いた結果，顕著な微弱発光（8,000 counts/sec）が観察された。また多波長解析装置でこの微弱発光波長を測定した結果，500 nm にピークをもつ発光スペクトルが得られた。これらの結果は soyasaponin β g が活性酸素消去成分として直接作用するのではなく，受容種（Z）として作用することを意味している。フェノール化合物の基本骨格であり，典型的なラジカルスカベンジャーである gallic acid は 0.1mM で 70% の $O_2^-\cdot$ 消去率を示すのに対し，0.1 mM soyasaponin β g ではわずか 8% である。しかし，両者を共存させると $O_2^-\cdot$ 消去能が顕著に高くなる興味ある協奏効果がみられた。この協奏効果は微弱発光法での結果を裏づけ，soyasaponin β g の Z としての活性酸素消去機構を解明する糸口になるものと期待される。

(2) **DDMP サポニンの DPPH ラジカル消去能**

フリーラジカルとは不対電子をもつ原子または分子の総称であり，一般的に不安定である。他から電子を奪い電子対を作るか，不対電子を他に与えることにより安定化する性質が強いため，反応性に富み，生体膜などを攻撃すると考えられている。DPPH（1,1-diphenyl-2-picryl-hydrazyl）は安定なラジカルを形成し，測定も容易なことからさまざまな物質についての報告がある。そこで DPPH を用い，soyasaponin β g のフリーラジカル消去能を検討した結果，soyasaponin β g（63.8 μM）は BHT（67.5 μM）と同等のラジカル消去能を示した。興味あることは，等モルの gallic acid と soyasaponin β g では協奏効果が観察されなかったが，soyasaponin β g に対す

る gallic acid の濃度を減少させることによる協奏効果がみられたことである。特に，それ自体では 7 ％の消去率しか示さない 5 μ M gallic acid に soyasaponin β g を組み合わせた際には，その消去率が 45 ％に増加する明らかな協奏効果がみられた。

(3) DDMP サポニンのリノール酸自動酸化に及ぼす影響

抗酸化性は活性酸素あるいはフリーラジカルの生体防御機構の主な指標として一般に用いられている。抗酸化測定法にはさまざまな方法があり，試料の溶解性，熱安定性などについて考慮したうえで測定法を選択することが必要である。DDMPサポニンがアルカリ条件下あるいは加熱により容易に加水分解されることを明らかにした。そこで温和な条件下で測定できる中谷らの方法に従い，soyasaponin β g のリノール酸自動酸化に及ぼす影響を調べた[25]。その結果，soyasaponin β g は，予想に反し，酸化を促進するプロオキシダント（pro-oxidant）として作用することがわかった。XYZ微弱発光系で典型的Zとして用いている CH_3CHO もまた，リノール酸に対しては酸化促進作用を示すプロオキシダントであることも確認できた。

そこで，リノール酸自動酸化に及ぼす gallic acid と soyasaponin β g の影響を調べた[25]。その結果，等モルの gallic acid と soyasaponin β g では相乗効果は観察されなかったが，25 mM および 2.5 mM gallic acid に 0.25 mM soyasaponin β g の組み合わせではいずれも抗酸化性を示し，特に 2.5 mM gallic acid および 0.25 mM soyasaponin β g では強い抗酸化性を示すという，微弱発光系に付随した興味ある結果が得られた。XYZ系におけるZに関するこれまでの実験結果から，Z は水素（H·，エッチドット）引き抜き（hydrogen abstraction）と e^-，H^+ の供与との二面性をもっていることが示唆される。この観点からリノール酸の自動酸化に及ぼすDDMPサポニンの反応機構を推察してみた（図5）[27]。リノール酸自動酸化は二重結合間のメチレン基からH·が引き抜かれることで開始する。したがって，DDMPサポニンのpro-oxidantとしての作用はリノール酸からH·引き抜きであるが，gallic acidとの共存では e^-，H^+ の供与との両面が，O_2^-・消去では e^-，H^+ の供与面が作用しているものと推察される。

(4) DDMP サポニンとグループ A サポニンとの協奏効果

大豆種子を例にすると，DDMPサポニンは胚軸および維管束に極在し，胚軸にはグループAサポニンが数％の高濃度で極在している。しかもグループAサポニンには抗酸化性がみられる。そこでグループAサポニン（soyasaponin Ab）をYとし，これまで用いてきた CH_3CHO およびDDMP（soyasaponin β g）をZとして H_2O_2 存在下における微弱発光を比較検討した[25]。その結果（図6），H_2O_2 濃度 [X]，soyasaponin Ab 濃度を [Y] および soyasaponin β g 濃度を [Z] とすると，生じる微弱発光強度 [P] は [P] = k_1 [X] [Y] f (Z) に従うことがわかった。また CH_3CHO と比較すると，soyasaponin β g は濃度比で CH_3CHO の 100 倍近いZとしての作用を示した。生体内におけるサポニンの役割は全く不明であったが，その維管束と発芽部位における極在と活性酸素

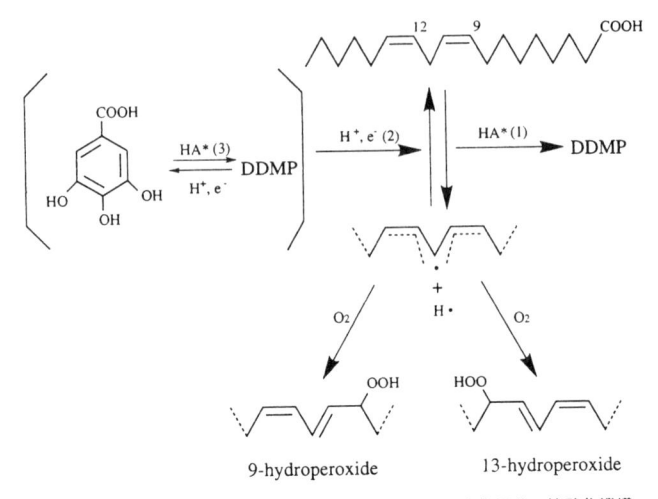

図5 リノール酸自動酸化におけるDDMPサポニンの酸化促進と抗酸化機構

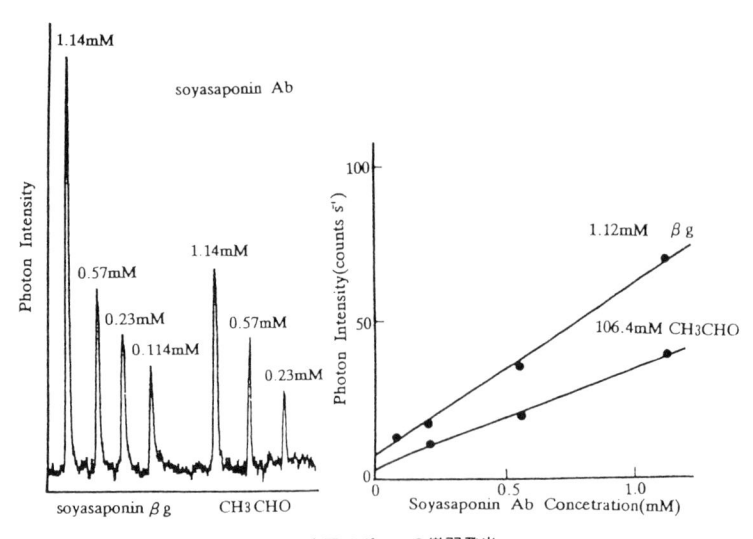

図6 大豆サポニンの微弱発光

消去能から，大豆サポニンは重要な生体防御機構を担っているものと推察される。

5.4 おわりに

現在の抗酸化性あるいはラジカル消去測定は抗酸化性物質あるいはラジカル消去物質のみで行われており，その活性をもってして抗酸化性あるいはラジカル消去能としている。しかしながら，高い反応性を示す活性酸素種あるいはフリーラジカルから単純に他の物質にラジカル移動が行われても，反応系全体の潜在エネルギーは保存されたままである。天然活性酸素消去物質として知られているフラボノイド類などはその典型的な例であり，DNA strand breakage 抑制効果，酸化的細胞障害の抑制などが報告される一方で，ラジカル消去作用の大きなくい違いや矛盾した否定的評価もまた報告されている。生体は酸素の代謝産物である活性酸素に常にさらされており，酵素，ビタミンなどの低分子化合物により生体を防御している。動物とその進化，分化過程を異にする植物には動物にみられない新たな活性酸素消去機構が存在するものと期待される。その1つがXYZ系での微弱発光にみられる低分子化合物間でのエネルギー変換であると考えられる。

文　　献

1) P.L.Whitten et al., "CRC Handbook of Plant and Fungal Toxiccants", p.117, J.P.F.D'Mello, New York (1997)
2) G.R. Fenwick et al., "Toxic substance in crop plant", p.285, J.P.F.D'Mello, London (1991)
3) M.Shiraiwa et al., Agric. Biol. Chem., 55, 315 (1991)
4) M.Shiraiwa et al., Agric. Biol. Chem., 54, 1347 (1990)
5) C.Tsukamoto et al., Phytochemistry, 34, 1351 (1993)
6) K.Okubo et al., Biosci. Biotech. Biochem., 56, 99 (1992)
7) S.Kudou et al., Biosci. Biotech. Biochem., 56, 142 (1992)
8) S.Kudou et al., Biosci. Biotech. Biochem., 57, 546 (1993)
9) Y.Yoshiki et al., Phytochemistry, 38, 229 (1995)
10) G.Massiot et al., J.Not.Prod., 55, 1339 (1992)
11) S.Tsurumi et al., Phytochemistry, 31, 2435 (1992)
12) Y.Yoshiki et al., "Agri-Food Quality, An Interdisciplinary approach", p. 360, ed. by G.R.Fenwick et al., The Royal Society of Chemistry (1996)
13) K.Okubo et al., "ACS Symposium Series 662, Antinutrients and Phytochemicals in Food", p.260, ed. by F. Shahidi, Washington,DC (1997)
14) Y. Yoshiki et al., Phytochemistry, 38, 229 (1995)
15) T. Iida et al., Phytochemistry, 40, 1507 (1997)

16) D. E. Pratt, E.E.Miller, *JAOCS*, 61, 1064 (1984)
17) J. Robak, R. J. Gryglewski, *Biochem. Pharm.*, 37, 837 (1988)
18) A. Puppo, *Phytochemistry*, 31, 85 (1992)
19) Y. Yoshiki et al., *Phytochemistry*, 39, 225 (1995)
20) A. K. Patty, N. P. Das, *Biochem. Med. Meta. Biol.*, 39, 69 (1988)
21) Y. Yoshiki et al., *Phytochemistry*, 36, 1009 (1994)
22) Y. Yoshiki et al., *J.Biolumin. Chemilumin.*, 11, 131 (1996)
23) Y. Yoshiki, K. Okubo, *Biosci. Biotech. Biochem.*, 59, 1556 (1995)
24) Y. Tsujino et al., *Chemistry Letters*, 711 (1994)
25) Y. Yoshiki et al., *Plant Science*, 116, 125 (1996)
26) K. Okubo, Y. Yoshiki, "Saponins Used in Food and Agriculture", p. 141, Plenum Press, New York (1996)
27) Y. Yoshiki et al., "Saponins Used in Food and Agriculture", p.231, Plenum Press, New York (1996)
28) 吉城由美子ほか，化学と生物，35, 839 (1997)

6 霊芝ヘテロ多糖

水野　卓*

6.1 霊芝の食効と薬効

マンネンタケ (*Ganoderma lucidum* (Fr.) Krast) はサルノコシカケ科 (Polyporaceae) に属する担子菌の一種である。その子実体は"霊芝"(写真1-A, -B)と呼ばれ，同族の松杉霊芝 (*Ganoderma tsugae*, 写真 1-C)とともに古くから和漢薬，民間薬として，特に癌に効くキノコとして珍重されてきた。それの栽培法[5,30)]が確立され，大量供給が可能となり，薬効研究が進歩した[1~4,41~47)]。なかでも，制癌性の本体が多糖体であることが判明したことは特記に値する。従来の制癌剤(化学療法)と異なり，宿主に対する毒性や副作用が皆無であり，宿主の免疫能賦活に基づく効果で

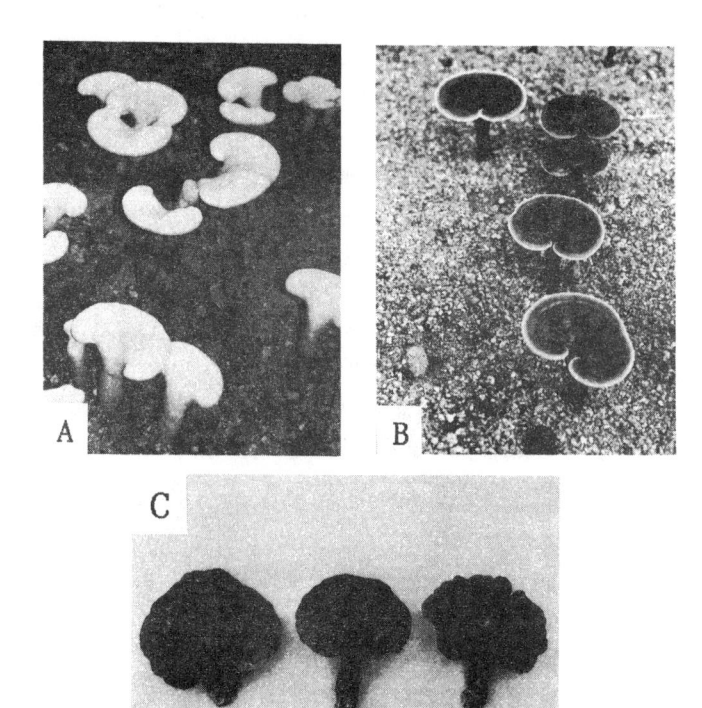

写真1　珍しいマンネンタケ子実体 "霊芝"
A: 白芝，B: 黒芝 (*Ganoderma lucidum*)，
C: 松杉霊芝 (*Ganoderma tsugae*)

---

* Takashi Mizuno　静岡大学　農学部　応用生物化学科　名誉教授

ある点，新しいタイプの制癌剤（免疫療法）として実用化に期待が寄せられている。

このほか，霊芝には血圧や血糖値の降下作用，脱コレステロール，抗血栓作用(血小板凝集抑制活性)，肝炎治癒，強壮など，広く生体のホメオスタシスとフィジスを増進強化する作用物質が存在することも証明されつつある[3,4,41,45]。霊芝の薬理活性成分として，テルペノイド[3〜12]が霊芝のエタノール抽出物から，各種クロマト法によって苦味関連化合物として45種のラノスタン系トリテルペノイドが単離され，苦味との構造相関が研究された[6]。このほか，マンネンタケから得られたトリテルペノイド成分のあるものについて抗アレルギー作用，抗ヒスタミン作用[10]，抗男性ホルモン作用[11]，抗高血圧作用[12]，抗炎症作用，抗HIV・AIDS効果[47,48]などについての研究がみられる。また，霊芝のステロイド[13]としてプロビタミンD_2であるエルゴステロールの他に 24-methylcholesta-7, 22-dien-3-β-ol, 24-methylcholesta-7-en-3-β-ol, ガノデステロンが含まれる。

旨味関連のヌクレオチド[14]としては，5'-GMP，5'-XMP，RNAなどが存在し，最近，アデノシン，グアノシンなどのヌクレオシドに抗血栓作用があることが見出され，活性の強い新規の含硫ヌクレオシド (5'-Deoxy-5'-methyl-sulphinyl adenosine) が単離された[26]。

霊芝の血圧降下作用物質[12,16〜18]として，その熱水抽出エキスからSHR高血圧ラットにおいて血圧降下作用を示す分子量10万のペプチドグリカンが分離された。また最近，Ganoderic acid B, D, F, H, K, S, Y のほか，Ganoderal A, Ganoderol A, B が血圧上昇に関与しているアンジオテンシン-I 変換酵素に対する阻害活性を示すことが見出された。霊芝の抗腫瘍性（細胞毒性）テルペノイド[9,27,29]として，含水アセトン，水などで抽出された Ganoderic acid-R, -T, -U, -V, -W, -X, -Y, -Z には，肝癌 (Hepatoma cells) に対して制癌活性が報告されている。霊芝に含まれるゲルマニウム化合物は，その本体は不明であるが，末期癌に対して鎮痛効果があると言われている。霊芝の産地別，生育過程中におけるGe-含量が測定された。また，キノコによるGe-蓄積能を利用してGe-霊芝を生産しようとする試みがなされている。

米国では最近，霊芝を癌の化学療法や放射線療法に補助的に併用し，副作用の軽減や白血球数維持を通して治療の適正化を図ろうとしている。また，抗炎症作用による老人のアルツハイマー病に対して霊芝の使用が検討されている[45]。

6.2 ヘテロ多糖の抽出・分画・精製

乾燥キノコ粉末を，まず80%エタノールにて繰り返し加温抽出して低分子物質を除去した。得られたエタノール抽出残渣を水(100℃, 3h)，1%シュウ酸アンモニウム液(100℃, 6h)，5%カ性ソーダ液 (80℃, 6h) によって順次抽出していき，それぞれの粗画分 I，II，IIIを得た。さらに，これらからエタノール濃度分別沈殿，酢酸酸性沈殿法，イオン交換クロマト法，ゲル濾過，アフィ

ニティクロマト法などの組み合わせによって多糖を細分画精製する方法を確立した（図1, 2参照）[1, 29, 31〜37]。

6.3 ヘテロ多糖の抗腫瘍活性 [1, 21, 22, 27〜37, 41〜46]

霊芝の高分子成分のうち，熱水，塩類，アルカリ，ジメチルスルホキシド（DMSO）などによって抽出され，さらに各種クロマトグラフ法によって細分画精製されたいろいろの多糖類について，Sarcoma 180/mice, ip or po 法によって宿主仲介性の抗腫瘍活性（BRM物質，免疫療法剤）がスクリーニングされた。

その結果，β-D-グルカン，グルクロノ-β-D-グルカン，アラビノキシロ-β-D-グルカン，キシロ-β-D-グルカン，マンノ-β-D-グルカン，キシロマンノ-β-D-グルカンなどのβ-(1→3)-D-グルカン鎖を活性発現中心とする各種ヘテロ-β-D-グルカンならびに，これらのタンパク複合体に強い抗腫瘍活性が見出された。これらの多糖体には，化学療法剤のような薬害や著しい

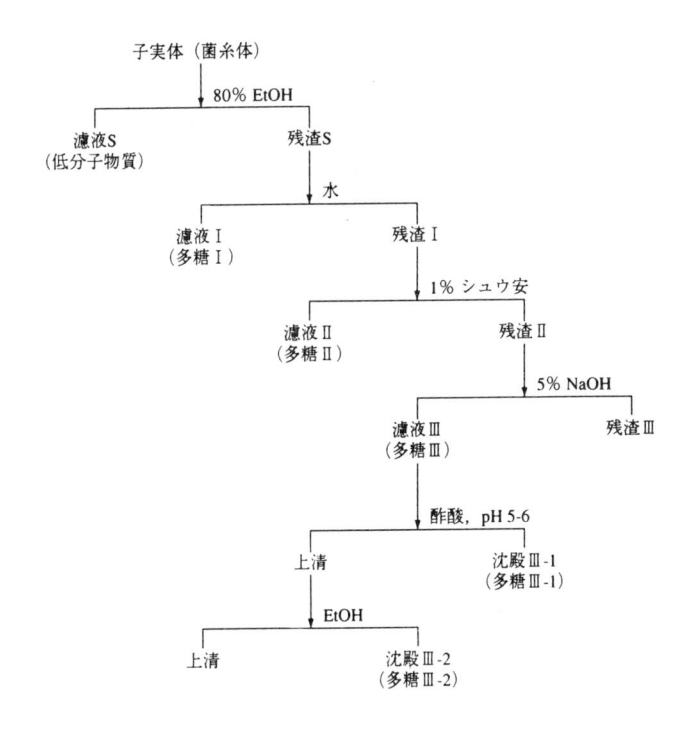

```
子実体（菌糸体）
        │
      80% EtOH
    ┌───┴───┐
  濾液S    残渣S
（低分子物質）  │
            水
        ┌───┴───┐
      濾液Ⅰ    残渣Ⅰ
    （多糖Ⅰ）    │
              1% シュウ安
          ┌───┴───┐
        濾液Ⅱ    残渣Ⅱ
      （多糖Ⅱ）    │
                5% NaOH
            ┌───┴───┐
          濾液Ⅲ    残渣Ⅲ
        （多糖Ⅲ）
            │
        酢酸, pH 5-6
        ┌───┴───┐
      上清      沈殿Ⅲ-1
        │      （多糖Ⅲ-1）
      EtOH
    ┌───┴───┐
  上清      沈殿Ⅲ-2
          （多糖Ⅲ-2）
```

図1　キノコからの多糖類の分別抽出

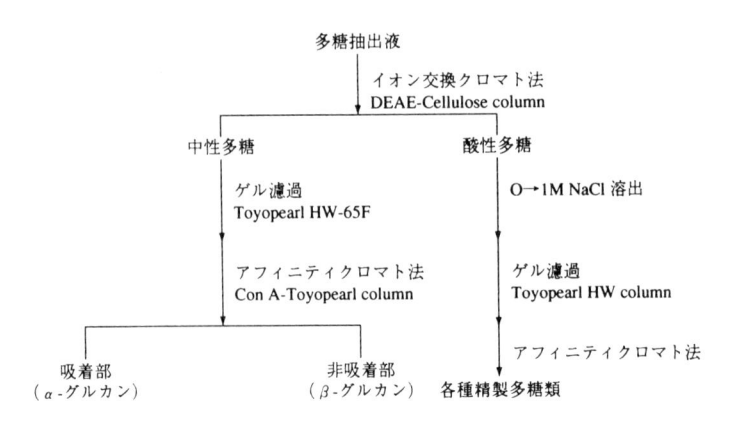

```
                多糖抽出液
                    │
                    │ イオン交換クロマト法
                    │ DEAE-Cellulose column
         ┌──────────┴──────────┐
       中性多糖                酸性多糖
         │                      │
         │ ゲル濾過              │ 0→1M NaCl 溶出
         │ Toyopearl HW-65F     │
         │                      │ ゲル濾過
         │ アフィニティクロマト法  │ Toyopearl HW column
         │ Con A-Toyopearl column│
         │                      │ アフィニティクロマト法
    ┌────┴────┐                 │
  吸着部    非吸着部           各種精製多糖類
 (α-グルカン) (β-グルカン)
```

図2　各種クロマト法による多糖の分画精製

　副作用はなく，しかも抗原性もなく，新しい抗腫瘍剤（免疫賦活剤），BRMの開発素材として，特に霊芝が注目されている。

　さらに，免疫賦活に基づく抗腫瘍活性や抗炎症作用を示す多糖体は，水溶性のβ-D-グルカンだけではなく，水不溶性でアルカリやDMSOによって溶出され，しかも高収率で得られるヘミセルロース，すなわちヘテロ多糖であり，食物繊維として表示される画分にも高い抗腫瘍活性を示す多糖が量的にも多く含まれる。

　これら活性多糖のほかに，それ自体に抗腫瘍活性は認められないが，α-(1→6); α-(1→4)-D-グルカン（グリコーゲン様多糖），フコガラクタン，マンノフコガラクタン，フコキシロマンナン，キシロマンノアラビノガラクタンなど多種の多糖体の単離あるいはその存在が報告されている。これらは，霊芝中では活性β-D-グルカンと共存しており，その溶解性，保護作用，消化吸収などに関与しているものと推定される。

　霊芝の細胞壁多糖は，他のキノコと同様に，セルロースではなくて，主にキチン質とβ-D-グルカンから構築されている。キチン質（菌類キチン）は，本質的にはエビ，カニ，昆虫などに存在する動物キチンとの相異はみられない。キノコから得られたキチンあるいはキトサンは水不溶性であるが，比較的高い抗腫瘍活性が認められた(表1)。しかし，その酸分解あるいは酵素分解によって生成するN-アセチルオリゴ糖類(DP 2～8)，キトオリゴ糖類(DP 2～8)には，Sarcoma 180/mice, ip法によってスクリーニングしたが，特に強い抗腫瘍活性は認められなかった[21]。

第2編　動・植物化学成分の有効成分と素材開発

表1　マンネンタケ (Ganoderma lucidum) の抗腫瘍多糖類

子実体(霊芝)	抑制率	完全退縮率	ID_{50} (mg/kg)	多糖分子種
Control	0	0/5		
FI-1-a	100	5/5	2.8	β-グルカン
FA-1-a	100	5/5	22.2	酸性β-グルカン
FII-1	100	5/5	8.3	酸性ヘテログルカン
FIII-1-a, b	85	3/5	6.5	酸性ヘテログルカン
FIII-2-a, b	100	5/5	6.7	ヘテログルカン
FIII-3-a	100	5/5	12.8	ヘテログルカン
FIV-2	66	2/5	42.5	β-グルカン
FV-1	95	5/5	34.1	キチン質
SFV-2	100	5/5	25.8	キチン質

表2　松杉霊芝 (Ganoderma tsugae) の抗腫瘍多糖類

子実体多糖	抑制率	延命率	完全退縮率	死亡率	多糖分子種
Control	0	100	0/8	8/8	
FIo-a	95.5	210	2/5	3/5	ヘテログルカン
FA-1	89.9	248	3/5	2/5	ヘテロガラクタン
FII-1	95.1	249	4/5	1/5	β-グルカン
FIII-2-a	100	268	5/5	0/5	β-グルカン
FIII-2-c	98.5	236	3/5	1/5	グルカン

菌糸体多糖	抑制率	延命率	完全退縮率	死亡率	多糖分子種
Control	0	100	0/10		
FIo-a	50.5	169	1/5		ヘテログルカン
FIo-b-α	61.8	194	2/5		α-グルカン
FA-1-b-α	55.9	182	1/5		ヘテログルカン

6.4　子実体と菌糸体の多糖分子種

　同種のサルノコシカケ科のキノコである霊芝と松杉霊芝について，その子実体と菌糸体から得られた多糖類の種類は同じではないが，両者ともに抗腫瘍多糖体が存在していることが確認された。いずれから得られた多糖体も顕著な活性を示す画分はβ-グルカン，キシログルカン，ヘテロ-β-グルカン，あるいはそのタンパク複合体であった。
　単糖（グルコース，ガラクトース，マンノース，キシロースなど）や二糖（ショ糖，麦芽糖，乳糖）を炭素源（5%）とし，これに麦芽エキス（0.4%），酵母エキス（0.1%），その他無機塩を含む液体培地（pH6.8）にてマンネンタケ菌糸体（収率は2～4g/l培養液）を振とう培養（28℃，7日間）したとき，その培地に多糖体が生産された（収率850mg/l培養液）[2]。得られた乾燥多糖

体は，水不溶部（47%）と可溶部（53%）に分別された。水不溶多糖画分は，β-(1→6)-分岐したβ-(1→3)-D-グルカン（分岐度1:27）であり，その10mg/kg×10回，ip投与したとき，Sarcoma 180/miceの腫瘍増殖抑制率92%，完全腫瘍退縮率4/6の高い抗腫瘍活性を示した。このグルカンは，ポリオール多糖に誘導することによって抗腫瘍活性がさらに増大した（5mg/kg×10回，ip投与によって抑制率97%，完全退縮率5/7）。一方，水可溶部はグルコース：マンノース：ガラクトース=1.0:0.5:0.13（モル比）からなるヘテログルカンであったが，抗腫瘍活性は認められなかった。

6.5 ヘテロ多糖の化学修飾

キノコ多糖を化学修飾するすることによって活性を高めようとする試みがいくつかなされている。

たとえば，ハナヤスリタケ，キクラゲ，チョレイマイタケなどから得たβ-グルカンをカルボキシルメチル化，ヒドロキシエチル化，あるいはIO_4-酸化後BH_4-還元してポリアルデヒド化，ポリアルコール化など水溶性誘導体にしたり，さらに緩和Smith分解してβ-(1→6)分岐鎖を除去したり，あるいは構成糖残基の水酸基を部分的にアセチル化やメチル化したり，またβ-(1→3)-D-グルカン主鎖中のGlcp基を一部3,6-Anhydro-Glcp基，Manp基やManp-NH_2基に変換することによって，活性の発現と改善を図ろうとする試みが報告されている。マツホドの菌核（茯苓）から得られたβ-グルカンのパキマンは抗腫瘍活性を示さないが，これをSmith分解してβ-(1→6)分岐鎖を切り払い直鎖状のβ-(1→3)-D-グルカンにしたパキマランや，パキマンを尿素処理して得たU-パキマン，それにヒドロキシエチルパキマンは，いずれも強い抗腫瘍活性を示すようになることが判明している。

マンネンタケ（子実体，菌糸体）から分離したある種の多糖体についてSmith分解（IO_4-酸化→BH_4-還元→H^+-水解）およびギ酸分解（ホルミル化→水解）を試みた（図3, 4参照）。それぞれの反応中間産物を粉末として調製し，それらの抗腫瘍活性を試験したところ，マンネンタケ（霊芝）のFⅢ-1から調製したO-R-H-FⅢ-1には活性の増大がみられた。化学修飾によって活性の増大のみられた元多糖はいずれもβ-グルカンあるいはキシログルカンであり，化学修飾処理によってヘテロ糖鎖が改変されたか除去されたために活性本体（β-グルカン）の溶解性と相対含量が上がったためと考えられる。

6.6 ヘテロ多糖の血糖降下作用

霊芝の熱水抽出液にエタノールを加えたとき沈殿する高分子成分を，さらにカラムクロマト法によって精製した2種類の多糖-タンパク複合体Ganoderan BとCには，Std:ddY系の雄性マ

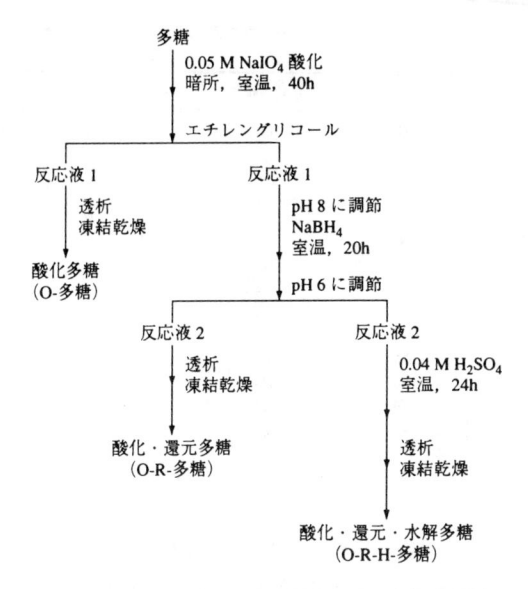

第2編 動・植物化学成分の有効成分と素材開発

```
                        多糖
                         │ 0.05 M NaIO₄ 酸化
                         │ 暗所，室温，40h
                         ▼
                      エチレングリコール
          ┌──────────────┴──────────────┐
       反応液1                        反応液1
          │ 透析                         │ pH 8 に調節
          │ 凍結乾燥                     │ NaBH₄
          ▼                             │ 室温，20h
       酸化多糖                          ▼
       (O-多糖)                       pH 6 に調節
                          ┌──────────────┴──────────────┐
                       反応液2                        反応液2
                          │ 透析                         │ 0.04 M H₂SO₄
                          │ 凍結乾燥                     │ 室温，24h
                          ▼                             ▼
                       酸化・還元多糖                  透析
                       （O-R-多糖）                   凍結乾燥
                                                      ▼
                                                  酸化・還元・水解多糖
                                                  （O-R-H-多糖）
```

図3 Smith 分解（酸化・還元・水解）による多糖の活性化

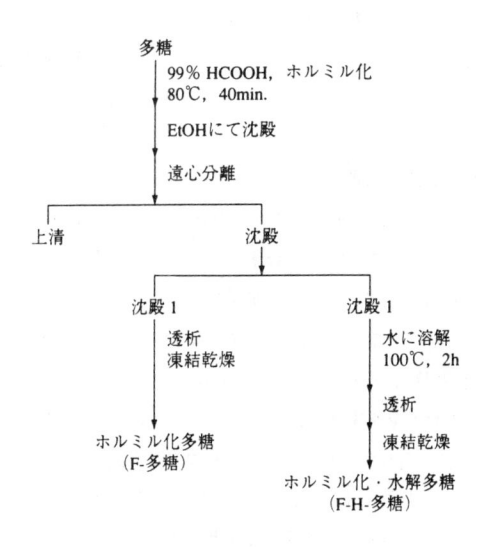

```
                        多糖
                         │ 99% HCOOH，ホルミル化
                         │ 80℃，40min.
                         ▼
                      EtOHにて沈殿
                         │
                         ▼
                      遠心分離
          ┌──────────────┴──────────────┐
        上清                           沈殿
                          ┌──────────────┴──────────────┐
                       沈殿1                         沈殿1
                          │ 透析                         │ 水に溶解
                          │ 凍結乾燥                     │ 100℃，2h
                          ▼                             ▼
                       ホルミル化多糖                  透析
                       (F-多糖)                       凍結乾燥
                                                      ▼
                                                  ホルミル化・水解多糖
                                                  （F-H-多糖）
```

図4 ギ酸分解による多糖の活性化

表3 マンネンタケ (*Ganoderma lucidum*) 多糖の化学修飾 (Smith 分解) と抗腫瘍活性

子実体(霊芝)	抑制率	完全退縮率	評価	多糖分子種
FI	91	4/5	+++	ヘテログルカン
O-FI	17	0/5	−	
O-R-FI	57	2/5	+	
O-R-H-FI	23	0/5	−	
FII	100	5/5	+++	酸性グルカン
O-FII	33	1/5	−	
O-R-FII	42	2/5	+	
O-R-H-FII	7	0/5	−	
FIII-1	85	4/5	++	キシログルカン
O-FIII-1	40	1/5	+	
O-R-FIII-1	49	2/5	+	
O-R-H-FIII-1	81	4/5	++	

ウスを用いた ip 投与によって強い血糖降下活性が見出された。

Ganoderan B は $[\alpha]_D$-25.8, 分子量 40 万のグルカン-タンパク (55.4:44.4%) であり, Ganoderan C は $[\alpha]_D$-20.1°, 分子量 40 万の ガラクトグルカン-タンパク (72.5:25.5%) であった。ともに多糖部は β-(1→6)-, β-(1→3)-グルカン鎖が主体であることが判明した[15]。

われわれは, 霊芝から水溶性多糖, 3% NH_4-oxalate 可溶性ヘテロ多糖, 5% NaOH 可溶性ペプチドグルカンを分別し, さらにこれらを各種クロマト法によって細分画精製した。得られたヘテロ多糖画分のあるものに強い抗腫瘍活性[1] とともに血糖降下活性を認めた[15] (表4)。

6.7 食物繊維と AHCC の生理機能

菌類由来の食物繊維 (Dietary fiber), あるいは AHCC (Active Hemicellulose Compound) と呼称されている多糖あるいはそのタンパク複合体は, ヒトが経口摂取しても消化吸収されないで排泄されるが, 何らかの生理活性を示す高分子成分である。

キノコには, β-グルカン, キチン質, ヘテロ多糖 (ペクチン質, ヘミセルロース, ポリウロナイド) などに属する食物繊維が多く, 乾物当たり 10～50% にも達する。また, キノコの培養菌糸体由来の AHCC もヘテロ多糖を主構成分としており, 本質的には食物繊維と類似の生理作用と効能が期待できよう。飽食時代の今日, キノコは低カロリー食の素材として, また, 機能性食品としても注目されている。中国をはじめ日本においても薬膳料理には, シイタケ, マイタケ, フクロタケ, キクラゲ, 冬虫夏草などのキノコが使用されている。

キノコの食物繊維には, 制癌活性を示す β-グルカンやキチン質が多量に含まれているので薬理

第2編　動・植物化学成分の有効成分と素材開発

表4　霊芝から得たヘテロ多糖の血糖降下活性と抗腫瘍活性

ヘテロ多糖[a]	全糖[b] (%)	ウロン酸 (%)	タンパク[d] (%)	構成糖[e] Fuc	Xyl	Mal	Gal	Glu	MW[f] ×10^-4	$[\alpha]_D$ (NaOH)	投与量 mg/kg,ip	相対グルコースレベル 0 m[h]	7 m±SE[i]	%	24h[g] m±SE[i]	%	抗腫瘍活性[j] 投与量 mg/kg/日×1	抑制率 %	完全阻止率 45日後
FA-1b	89.8	9.2	0.8	−	6	15	8	100	35	−67.4°	100	100	78±4**	75	88±2**	87	20	20	0/5
FA-2	76.3	14.8	0.9	±	10	11	7	100			100	100	64±2**	62	83±8**	82	50	18	0/5
FA-3	72.4	15.0	0.9	−	12	6	3	100			100	100	63±4**	55	81±3**	78	50	62	2/5
FA-4	78.8	19.1	0.9	2	20	3	8	100			100	100	73±4**	63	104±6	100	40	16	0/5
FA-5	60.7	33.5	0.9	−	50	4	±	100			100	100	73±6**	63	113±5	109	50	10	0/5
FII																			
FII-1	77.0	10.3	6.9	2	1	2	3	100	1~3	−21.1°	100	100	67±4**	55	77±5**	64	100	100	5/5
											100	100	120±4	99	110±7	91	100	100	5/5
FIII-1																			
FIII-1a	92.0	9.7	6.9	8	13	8	5	100	200	+48.8°	100	100	58±3**	62	72±5**	68	100	85	4/5
FIII-1b	95.0	13.0	2.5	4	7	2	±	100	7~10	+28.9°	100	100	60±4**	65	69±3**	65	100	100	5/5
											100	100	90±7*	80	106±4	99	100	100	5/5
FIII-2																			
FIII-2a	32.0	5.2	40.6	12	16	14	±	100	200	−96.4°	100	100	80±4**	71	83±6**	78	100	100	5/5
FIII-2b	61.0	7.6	17.5	27	26	18	±	100	4~7	+7.6°	100	100	86±5**	75	70±5**	67	100	100	5/5
											100	100	72±2**	63	81±4**	78	100	100	5/5
FIII-3																			
FIII-3a	66.0	9.1	6.2	8	9	11	2	100	3~6	−11.6°	100	100	59±5**	51	86±3*	83	100	100	5/5
											100	100	61±1	60	80±3**	75	100	100	5/5

a) FA：水溶性酸性ヘテロ多糖
　FII：3%NH$_4$-oxalate 可溶ヘテロ多糖
　FIII：5%NaOH 可溶性ペプチドグリカン
b) フェノール硫酸法（グルコースとして表す）
c) 改良カルバゾール法（グルクロン酸として表す）
d) Lowry 法または Kjeldahl 法（N×6.25）
e) ガスクロ法によって糖アルコールアセテートとして定量（モル比）
f) ゲル濾過法によった
g) 投与後の時間
h) 0 hr の血清グルコースレベル：140～170mg/dl
i) 対照との差, *$p<0.05$, **$p<0.01$, $n=5$
j) Sarcoma 180/マウス, ip 法

効果が期待できるし，さらに物理的作用によって腸管内で発癌物質などの有害物質を吸着してその吸収を妨げ，排出を早める（緩下作用）。さらに有用な腸内細菌の増殖を促すので結腸癌，直腸癌など消化器癌の予防に効果的に働いていると思われる。

6.8 おわりに

われわれは，キノコの多糖類を水，シュウ酸アンモニウム，アルカリ液などで抽出し，さらにイオン交換クロマト法，ゲル濾過，アフィニティクロマト法の組み合わせによって抗腫瘍活性と血糖降下活性を示す霊芝ヘテロ多糖を分別・精製する方法を確立した。マンネンタケの子実体（霊芝）や菌糸体から分離した水溶性あるいは水不溶性の活性ヘテロ多糖の多くはほとんどが食物繊維やAHCCの範疇に入るものであり，抗腫瘍活性の強いβ-グルカン，キシログルカン，ヘテログルカン，キチン質，およびそれらのタンパク複合体がこれである。就中，霊芝は食物繊維の宝庫であり，抗腫瘍多糖の宝庫でもあることが判明した。また，Smith分解やギ酸分解によって化学修飾されたヘテロ多糖には，抗腫瘍性の発現と増大がみられた。

文　献

1) 水野卓ほか，農化，58, 871(1984)；59, 1143(1985)；63, 861(1989)
2) Y. Sone, R.Okuda, N.Wada, E.Kishida, A. Misaki, *Agric.Biol.Chem.*, 49, 2641(1985)
3) 水野卓，坂村貞雄，化学と生物，23, 797(1985)
4) ヒキノヒロシ，漢方医学，10, 26(1986)
5) 直井幸雄，葛西善三郎，僊探会研究報告，2, 1；3, 1(1984)
6) T. Nishitoba *et al.*, *Agric. Biol. Chem.*, 52, 211, 367, 1791(1988)；50, 809, 2887(1986)；49, 3637, 1547, 1793(1985)；48, 2905(1984)；*Phytochemistry*, 26, 1777(1987)
7) T. Kubota, Y. Asaka, I. Miura, H. Mori, *Helv. Chim. Acta*, 65, 611(1982)
8) T. Nishitoba, H. Sato, S. Shirasu, S. Sakamura, *Agric. Biol. Chem.*, 50, 2151(1986)
9) J. O.Toth, B. Luu, G. Ourisson, *Tetrahedron Lett.*, 24, 1081(1983)；*J. Chem. Res.*(S), 1983, 299；*J. Chem. Res.*(M), 1983, 2722
10) T. Nishitoba *et al.*, *Agric. Biol. Chem.*, 51, 619, 1149(1987)
11) H. Kohda, W. Tokumoto, K. Sakamoto, M. Fujii, Y. Hirai, K. Yamasaki, Y. Komoda, H. Nakamura, S. Ishihara, M. Uchida, *Chem. Pharm. Bull.*, 33, 1367(1985)
12) T. Kikuchi *et al.*, *Chem. Pharm. Bull.*, 33, 2624, 2628(1985)；34, 3695, 4018, 4030(1986)；A. Morigiwa, K. Kitabatake, Y. Fujimoto, N. Ikekawa, *Chem. Pharm.*, 34, 3025(1986)；A. Morigiwa, K. Kitabatake, Y. Fujimoto, N. Ikekawa, *Chem. Pharm.*, 34, 3025(1986)
13) D. Kac, G. Barbier, M. R. Falco, A. M. Seldes, E. G. Gros, *Phytochemistry*, 23, 2686(1984)

14) 陳文為ほか，中西医結合雑誌，3, 106(1983)；J.H.Kim et al., CA., 101, 22648x(1984)
15) H. Hikino, C. Konno, Y. Mirin, T. Hayashi, *Planta Med.*, (4), 339(1985)
16) 河北新医大学老年慢性気管炎研究組，(3), 46(1972)
17) 有地滋，上原靖史，上野隆，河井洋，谷勲，長谷初恵，仕垣勝治，谿忠人，久保道徳，桐ケ谷紀昌，基礎と臨床，13, 4239, 4245(1979)
18) 上松瀬勝男，梶原長雄，林恭子，下垣内秀二，冨金原迪，石河秀夫，田村力，薬学雑誌，105, 942(1985)
19) 水野卓，太田原紳一，李敬軒，静岡大農研，38, 37(1988)
20) 数野千恵子，三浦洋，食品工誌，31, 208(1984)
21) 水野卓，狭間利祐，静岡大農研報，36, 77(1986)；38, 29(1988)
22) T. Miyazaki, M.Nishijima, *Chem.Pharm. Bull.*, 29, 3611(1981)
23) T. Miyazaki, M.Nishijima, *Carbohydr.Res.*, 109, 290(1982)
24) 阿部広喜，後藤砂知子，青山昌照，栄養と食糧，33, 169, 177(1980)
25) V.Crescenzi, A.Gamini, R.Rizzo, S.V. Meille, *Carbohydr.Polymer*, 9, 169(1988)
26) H.Kawagishi et al., *Phytochemistry*, 32, 239(1993)
27) T.Mizuno Edited., GANODERMA LUCIDUM Medicinal Mushroom, *Ganoderma, Polyporacea* and Others, Oriental Tradition, Culyivation, Breeding, Chemistry, Biochemistry and Utilization of *Ganoderma lucidum*, p.1-298, IL-YANG Co. Ltd., Seoul, KOREA(1995)
28) T.Mizuno Edited, Mushrooms, The Versatile Fungus, Food and Medicinal Properties, Chemistry, Biochemistry, Biotechnology, and Utilization, p.1-236, MARCEL DEKKER, Inc., Food Review International, New York, Basel, USA(1995)；水野卓，きのこの科学，1, 53(1994)
29) T. Mizuno, *Food & Food Ingredients J. Japan*, 167, 69(1996)；水野卓，きのこの科学，2, 99(1995)
30) T. Mizuno Edited, Mushrooms(II), Breeding, Cultivation, and Biotechnology, p.365-382, MARCEL DEKKER, Inc., Food Reviews International, New York, Basel, USA(1997)
31) 水野卓，碓氷泰市，友田正司，新海健吉，清水雅子，荒川順生，田中基裕，静岡大学農学部研究報告，30, 41-50(1980)
32) 水野卓，加藤尚美，戸塚篤史，竹中一秀，新海健吉，清水雅子，日本農芸化学会誌，58, 871-880(1984)
33) 水野卓，鈴木恵理，牧浩司，田牧秀男，日本農芸化学会誌，59, 1143-1151(1985)
34) 水野卓，狭間利裕，静岡大学農学部研究報告，36, 77-83(1986)
35) 水野卓，河岸洋和，伊藤均，志村圭志郎，静岡大学農学部研究報告，38, 29-35(1988)
36) G. Wang, J. Zhang, T. Mizuno, C. Zhung, H. Ito, H. Mayuzumi, H. Okamoto, J. Li, *Bioscience, Biotechnology, and Biochemistry*, 57, 894-900(1993)
37) J.Zhang, G.Wang, H.Li, C.Zhang, T.Mizuno, H. Ito, H.Mayuzumi, H.Okamoto, J.Li, *Bioscience, Biotechnology, and Biochemistry*, 58, 1202-1205(1994)
38) 水野卓，健康の科学，No.1, きのこ健康読本 1, 106-112(1995)
39) 水野卓，健康の科学，No.4, 霊芝健康読本 1, 89-92(1997)
40) 水野卓，糖質の科学の課題，24-57, 日本化学会関東支部(1986)
41) 水野卓，川合正允編著，キノコの化学・生化学，p.1-372, 学会出版センター，東京(1992)
42) 水野卓分担執筆，きのこの抗腫瘍活性物質，きのこの基礎科学と最新技術，きのこ技術集談会編集委員会編，p.121-135, 農村文化社，東京(1991)

43) 水野卓 分担執筆，がん抑制の食品，西野輔翼編，p.132-237，法研，東京(1994)
44) 水野卓 分担執筆，きのこの食品機能と薬理効果，きのこ健康読本1，季刊 健康の科学，p. 106-112，東洋医学舎，東京(1995)
45) 水野卓，きのこの科学，1, 53-59 (1994)
46) 水野卓，きのこの科学，2, 99-114 (1995) ; *Food & Food Ingredients J. of Japan*, 167, 69-85 (1996)
47) T.Mizuno, N.Ide, Y.Hasegawa Edited : Proceeding of the 1st International Symposium on *Ganoderma lucidum* in Japan, p.1-167, Toyo-Igaku-sha Co., Ltd., Tokyo, Japan (1997)
48) 太田明一監修，新食品機能素材の開発，水野卓 分担執筆，7.8霊芝，p.314-330, シーエムシー，東京(1996)

7 イチョウ葉エキス

吉川敏一[*1]，一石英一郎[*2]，吉田憲正[*3]

7.1 はじめに

イチョウは，欧米ではGinkgo biloba，中国では公孫樹，鴨脚子と呼ばれ，中国中南部の原産といい，中国，日本で主に栽培される。落葉性の大高木で日本最大のものは樹齢千年以上，高さは50mに達するものがある。葉は長い葉柄があり，短い枝に密に互生する。葉は独特の扇形で先端は波形，中央で切れ込んでいる。秋の黄葉が美しいので街路樹，庭園樹として賞用される。雌雄異株であり，雄花は集合して松かさ状，雌花は長柄があり，先端に2個の心皮をつける。種子は径約3cmの球形で核果様，外種皮は黄色多肉で糞臭がある。外種子を除いた種子を白果または銀杏と呼び食用とし，古くから民間療法や漢方にて白果仁と呼ばれ，鎮咳作用や夜尿症に効くとされていた。

図1 イチョウ葉（Ginkgo biloba）
（H. Christopher 編，"Gingo", Elixir of Youth. Botanica Press より引用）

一方，葉に関しては，昔から凍瘡，喘息の治療などに用いられていた。しかし，このいわゆるイチョウ葉が世界中で脚光を浴びることとなったのは，日本のイチョウ葉をもとにドイツで抽出がなされてからである。その意味ではイチョウ葉はドイツ産の漢方薬といえるかもしれない。ヨーロッパではすでにドイツ，フランスおよびベルギーを中心にして数カ国で医薬品として認可され販売されている。一方，アメリカや日本では現在健康食品として売られている。欧米での動向は詳しくは後に述べる。

本節では，日本生まれにして西洋の薬となったイチョウ葉について，その歴史，伝統的用法，近年の研究結果，今後のあり方ならびに欧米の動向について解説する。

7.2 イチョウの歴史

イチョウは，地球上で最も古くから生息している植物の一種であり，1億5千万年前中世代に恐竜が栄えていた頃から今の姿とほぼ変わりなく繁茂しており，その祖先は2億5千万年前にさ

[*1] Toshikazu Yoshikawa　京都府立医科大学　第一内科　助教授
[*2] Eiichiro Ichiishi　京都府立医科大学　第一内科
[*3] Norimasa Yoshida　京都府立医科大学　第一内科

かのぼる。世界各地方で太古のイチョウの化石が見つかっており，植物学界ではイチョウの木を"生きる化石"と呼ぶ学者もいる。その中の1つ，ワシントン州コロンビア川流域のVantage近郊に古代，広大なイチョウ木の森林があったようで，今でもその化石を森で見ることができる。しかし最後の氷河期においてイチョウはほぼ絶滅してしまい，わずか中国とアジアの一部のみにしか残存しなくなってしまった。約千年前にイチョウは日本で寺院の周辺に植樹されるようになり，それらが今でも日本各地で見られる[1]。

今日では，野生のイチョウ原木は絶滅したか中国のわずか一部にしか現存していないといわれている。皮肉なことに森林伐採が進み，イチョウは現在，人手による植樹でしか保存されていないようであり，世界中で頑健な日よけ木として植えられている。イチョウは老木になっても害虫・ウイルスや大気汚染に強く，特に都会において好まれ栽培されている。

日本でも古くからイチョウの葉や実に関しては効用がいわれている。中でも有名なのが，甲斐地方，山梨県南巨摩郡の別名イチョウ寺，銀杏霊蹟上澤寺にまつわる縁起である[2]。鎌倉時代文永年間，日蓮上人が上澤寺に入山した折，以前より怨みに思っていた恵朝という僧が萩餅に毒を混ぜて上人に献上した。すると上人は何気なくそばに現れた犬にその餅をあたえた。犬はこれを口にしたがたちまちに苦悶して，ついにその場に倒れてしまった。恵朝はこのありさまを眼前に見て，上人の威徳と自分の邪心に深く懺悔し，弟子に加えてほしいと懇願する。恵朝は許され弟子となり，身代わりとなった犬に"毒消し秘妙符"なる薬を与え，再び生き返らせた。その後この犬は丁重に扱われ，やがて寿命のつきた犬は上澤寺境内に手厚く葬られた。また日蓮上人はこの犬をあわれみて，いつも手にしているイチョウ木の杖をその塚の上に墓標として植えた。不思議にもその杖はいつしか根が生え，枝を伸ばして，ついには大樹となり今日に至っている。このイチョウは"毒消しイチョウ"また枝が垂れ下がっていることより"さかさイチョウ"と呼ばれ多くの人々に今でも親しまれている。この寺では"毒消しイチョウ"の霊木から採れる葉と実を用い，薬用として，古来より信者はもとより一般の間でも重宝がられ"お薬の寺"としても広く知れわたっている。その中でも葉成分を素としたものに，毒消秘妙符（解毒に効果），寿量秘妙符（諸病，万病に効果，長寿を保つ），解熱妙符（抗炎症），安産秘妙符（産前産後の健康，乳児の発育等）があり，これらを服用すれば，速やかに苦悩を除きて，また衆の患なからん，と説いている。現在このイチョウ葉については科学的解明が急速に進み，その古来からの効用には頷けるところが多い

図2　銀杏霊蹟上澤寺（別名イチョウ寺）[2]

第2編　動・植物化学成分の有効成分と素材開発

と思われる。

7.3　イチョウ葉の伝統的用法

　現代医学では主にイチョウの葉の成分が脚光を浴びているが，中国では実の部分に関しての文献が多く，5000年前からその用法に関して古典に記載がある。中国の伝統医学で葉に関しては，実ほど用いられなかったようであるが，いくつかあげてみる。

　1つはしもやけの治療で，発赤，腫脹や痒みに効果があるとされていた。また葉を煎じた抽出物を，喘息の発作時に噴霧状に気管に散布することがなされていた。後者に関して興味深いことは，現在イチョウ葉について研究が進むなか，葉成分中のギンゴライドという物質が大気中の塵や埃に対してアレルギーがある患者の気道過敏性を軽減するという報告がある。ギンゴライドは血小板活性化因子（PAF）の働きを抑える作用があり，このPAFという物質は気道過敏性に伴ってアレルギー反応で上昇するケミカルメディエーターの1つとされている[1]。現在，抗アレルギー作用が期待されるPAF阻害薬の製品化が行われている。このように中国での古来からの用法にも科学的根拠が裏づけられつつある。

　また，日本での伝統的用法は前項でふれたとおり，鎌倉時代日蓮上人にまつわる話が有名で，解毒作用，抗炎症効果，安産や長寿を保てるといわれてきた。イチョウ葉中に多く含まれるフラボノイドは，緑茶成分中のカテキンと同じく抗菌作用をもつものがあり，また体に有害な種々のラジカル分子を消去する作用も報告されており，古来からの解毒効果も理解できるかもしれない。また動脈硬化の最も重要な原因ともいえる酸化LDLに関して，フラボノイドはその生成を抑えることが近年注目されており，老化を含めた動脈硬化を遅らせる期待がもたれており，古来からの用法通り長命長寿の朗報となるかもしれない。

　このように，中国，日本でのイチョウ葉の伝統的用法については祈祷，呪術などによる魔法的医術とは違って，古来からの確実な経験に基づく多くの人々の努力，試行錯誤がうかがえる。

7.4　現在のイチョウ葉の用法

7.4.1　イチョウ葉の化学

　イチョウ葉の成分を分析すると，quercetin, kaempferolやcatechinなどのフラボノイド類，ginkgolideA, B, C, Mやbilobalido, ginkgetinなどのテルペノイド類，バニリン酸，アスコルビン酸などの有機酸が含まれている。イチョウ葉エキスEGb761には24%以上のフラボノイド，6%以上のテルペノイドを含む。また他のイチョウ葉エキスであるLI1370, GBE24, Tebonin, Tanakanもほぼ同様の組成をもっている。

　その中でも特徴的な物質として，ginkgolide（ギンゴライド）は独特の複雑な構造をもち，その

化学的特性も興味深く、血小板活性化因子 (PAF) に拮抗することが知られている。現存している他の植物においてはギンゴライドは発見されておらず、タイプ別にA, B, C, J, Mなどがあるが、-OH基の数と母核との結合部位にのみ違いがある。化学者にとってギンゴライドの合成は非常に難しいとされているが、ありがたいことにイチョウの木はいとも簡単にギンゴライドを生成してくれている[3]。

また、bilobalide（ビロバライド）もイチョウに特有の成分で、sesquiterpene lactoneの一種で独特の骨格を有し、虚血、低酸素時の血管内皮および神経細胞の生命維持に有効という報告がある。

このようにイチョウ葉の成分にはイチョウ特有の物質もかなり多く含まれており、イチョウの驚くべき生命力の強さと何ら関連しているようにも思われる。

	R	R'	R"
Ginkgolide A	OH	H	H
Ginkgolide B	OH	OH	H
Ginkgolide C	OH	OH	OH

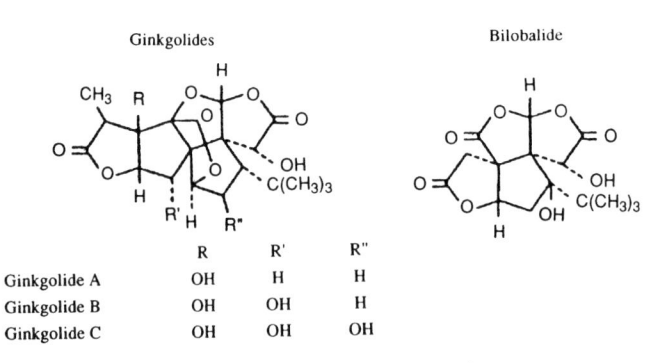

図3 ギンゴライド、ビロバライドの構造

7.4.2 イチョウ葉エキスの薬理学的動態

イチョウ葉エキスの体内動態としては、血中ピークが服用後約1.5時間、血中半減期は約3時間で約20時間で消失する。またその活性物質は2％が体内に残存して、残りは尿中などに排泄される。また興味深いことに、エキス服用72時間後には、その活性物は血中より海馬、綿条体、視床下部、眼レンズ、甲状腺や副腎により多く蓄積されるようになる[4,5]。このように組織選択的親和性がある意義は不明であるが、イチョウ葉がヨーロッパでは難聴、めまい、視力低下また痴呆に効果があるとされている薬効はその組織分布、親和性と関連があるかもしれない。

7.4.3 イチョウ葉の薬理作用と効能

(1) ラジカル抑制作用

イチョウ葉エキスの種々のラジカル抑制作用の報告は以前より多くみられており、superoxide[6]、hydroxyl[7]、peroxyl[8]、nitric oxide[9]、DPPH radical[10] の in vitro でのラジカル消去活性が報告されて

第2編 動・植物化学成分の有効成分と素材開発

いるが，主にはフラボノイドのスカベンジ作用と考えられる。フラボノイドは，その基本骨格であるフェニルクロマンにフェノール性水酸基を有するものが大部分を占め，フェノール性化合物群としての性格をもっているものがほとんどである。フラボノイド類のラジカル阻止作用機構としては，そのフェノール構造の水酸基からラジカル分子に水素を供与し，自らはフェノキシラジカルとなり共鳴混成体となり安定化し，連鎖反応を停止させるものが大部分を占める[11]。フラボノイドの過酸化抑制の強さには，ラジカル連鎖反応抑制の際に生成するフラボノイドラジカル（フェノキシラジカル）の安定度が大きく関与するとみられる[12,13]。リノール酸メチルのラジカル連鎖自動酸化の，フラボノイドによる抑制効果の強弱についてもこれが認められ，B環に水酸基を2～3個もち，C環の2,3位に2重結合，3位に水酸基をもつもののラジカルが安定で，かつ連鎖を強く停止させる[12]。この点，イチョウ葉に多く含まれるquercetinは上記すべてを満たしており，強いラジカル消去活性を有すると考えられる。また同様に多く含まれるkaempferolもB環の水酸基が1個のみであるが，hydroxylラジカル阻止活性が認められている[14]。またエキス中に含まれるアスコルビン酸は，このような反応系においてフラボノイドラジカルを容易に還元して，フラボノイドの再生を促進している可能性が考えられる[15]。

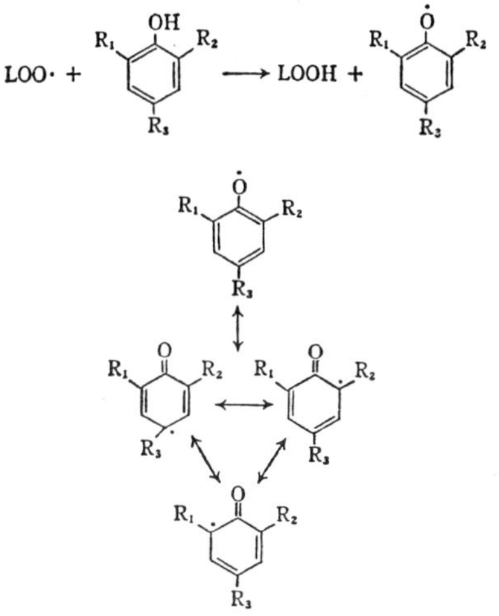

図4 フェノール化合物のラジカル阻止機構
（二木鋭雄,島崎弘幸,美濃真編,抗酸化物質,学会出版センターより引用）

またginkgolideやbilobalideなどのテルペノイドに関しては，ラットの心血管灌流実験でテルペノイド経口投与また灌流時に，冠動脈流出液中のhydroxylラジカルの抑制がみられ，この現象はスカベンジ作用ではなく，ラジカルの生成を抑えているのだろうという報告がある[16]。

イチョウ葉エキスEGb761を用いた各種ラジカル消去作用の成績を図5に示す[17]。

(2) 抗動脈硬化作用

動脈硬化症の基本的病態は動脈壁の肥厚と血行障害であり，虚血性心疾患や脳血管疾患の基本病変をなしている。動脈硬化初期病変形成には酸化修飾を受けた低密度リポタンパク（酸化LDL）が深く関与している[18]。その機序として，血管内皮下に遊走したマクロファージが酸化LDLをスカベンジャーレセプターで取り込み，泡沫化して動脈硬化初期病変を形成していくことが考えられている[19]。

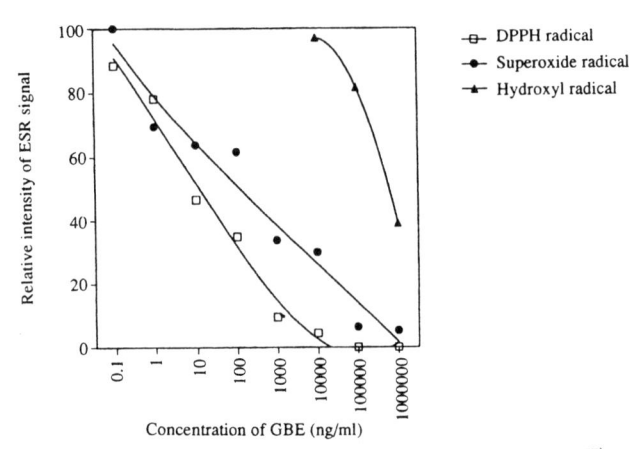

図5 イチョウ葉エキス EGb761 を用いた各種ラジカル消去作用[17]
イチョウ葉抽出物パウダー 10g を 100ml 蒸留水に溶解後,100℃,
15分間加熱処理。同溶液を遠心後,フィルター処理し,100mg/ml
溶液として凍結保存し,用時調整して用いた

イチョウ葉に多く含まれる quercetin, kaempferol や catechin などのフラボノイド類は,以前から不飽和脂肪酸に対する抗酸化能があることは知られていた。フラボノイドを多く含む *Vaccinium myrtillus* のエキスを用いた実験では,Cu^{2+} による LDL の酸化を有意に抑制し,その効果は LDL 中のビタミン E 濃度で影響を受けることが報告されている[20]。また quercetin は酸化 LDL のリンパ球培養細胞に対する毒性を抑え,抗酸化性だけでなく酸化 LDL からの細胞保護作用も有しているといわれている[21]。また *in vivo* で,フラボノイドを経口摂取したときの LDL の酸化抑制についての報告は少ないが,寺尾らは,quercetin は経口摂取時,大部分がグルクロン酸抱合体に変化して血漿中に存在するが,このグルクロン酸変化体も十分に抗酸化性を発揮することを International Symposium on Antioxidant Food Supplements in Human Health (1997,山形) にて報告している。

このように,イチョウ葉エキス中に約24%以上含まれるフラボノイドは,動脈硬化初期病変形成予防に効果を発揮する可能性が示唆される。

(3) 血小板活性化因子 (PAF) 拮抗作用

前項でもたびたびふれているが,イチョウ葉に特有のテルペノイドである ginkgolide は PAF に拮抗する作用をもつ。なかでも ginkgolideB は強い阻害作用を示す[22]。PAF とは,ホスホリパーゼA_2 とアセチルトランスフェラーゼ活性酵素により細胞膜から遊離するリン脂質であり,主に血

管内皮細胞，炎症細胞から産生，放出される。生理作用として，血小板凝集，好塩基球・肥満細胞の脱顆粒などを惹起する活性がある[23,24]。つまりPAFに競合的に拮抗することにより，血小板凝集・血栓形成の阻害，喘息などに伴う気管支収縮の抑制，アレルギー性鼻炎など，各種アレルギー疾患の軽減やショックの治療に期待がもたれる。

(4) 微小循環改善作用（細動静脈，毛細血管）

イチョウ葉エキス服用により，皮膚内の血流が上昇[25]，爪部の毛細血管血流が上昇[26]したという報告がある。そのメカニズムとして血液粘度，可塑性が減少[27]，赤血球凝集能が低下[24]していた。また血管内皮の弛緩作用を促進する可能性があり，これはイチョウ葉中のフラボノイドのsuperoxide捕捉作用による可能性を示唆している[28]。

(5) 神経系への影響

ヨーロッパでは，イチョウ葉エキスで頭痛，頭重感，めまいや痴呆が有意に改善したという報告が多い[29〜31]。神経系に影響を与える因子としては，血流改善（前項参照），細胞内グルコース取り込み増加，それに伴いATP量を増やす[32]，アセチルコリンのムスカリンreceptorへの結合能の増加[33]，ノルエピネフリン代謝の増加[34]などが報告されている。

(6) その他

前述の細胞内グルコース取り込み増加，それに伴いATP量を増やす現象は，脳だけでなく全身の各組織でみられる[35]。また，その薬理作用と関連づけて糖尿病患者の血糖値の改善が報告されている[36]。

その他，細菌やカンジダに対する抗菌活性があるという報告もみられる[37]が，これはフラボノイド類（カテキンなど）の作用かもしれない。

7.4.4 イチョウ葉エキスの副作用

これまで伝統的にイチョウ葉を調理調整したものに関しては，数千年にわたり安全が保証されている。しかし高濃度に抽出されたエキスにおいては従来の用法よりも強い活性が期待されるが，同時に副作用が問題になってくる。2,855人のイチョウ葉エキス服用者の中で3.7%に上腹部不快感が出現したが，投与中止により速やかに改善した[38]。また，8,505人にイチョウ葉エキスを6カ月服用させたところ，副作用は0.4%（33人）であったが，大半は軽いものでやはり上腹部不快感であった。高濃度のエキス服用においても，内分泌的異常はみられず[39]，造血器，肝腎機能にも長期服用で影響はないと報告されている[40]。

7.5 今後のイチョウ葉による健康，疾病予防

4回の氷河期を乗り越え，被爆後の広島でも最初に芽を吹き返したイチョウは，その驚くべき生命力に日本のみならず，世界中で関心がもたれていた。そのイチョウ葉から抽出されたエキス

には，これまで述べたように人間でも数多くの効用が認められている。

日本では，日蓮上人のイチョウ霊木から作られる寿量秘妙符は諸病に効果があるとされ，健康維持の意味も含まれていたと考えられる。さらに中国では数千年にわたり喘息，しもやけの治療に用いられていた。また，欧米ではドイツ，フランスを中心に脳不全症（集中力，記憶障害，疲労，行動低下，不安，めまい，耳鳴，頭痛など）の治療に医薬品として認可され，現在処方されている。

このように，イチョウ葉はまさに古今東西を問わず長年人類に貢献してきたものであり，その歴史的経緯，用い方には若干違いがあるものの，古来東洋の経験と西洋，日本を含む科学的根拠の裏づけを生かして，今後のイチョウ葉による健康，成人病（生活習慣病）予防の展開が期待される。

7.6 欧米の動向

この Ginkgo という名称は，中国語で丘の杏，銀の実という意味をもつ Sankyo, Yinkuo という言葉からきているのであろうか。しかしイチョウの実は杏とはかなり違うものであり，ご存じのようにその実の臭いは腐ったバター様にも思える。ドイツの外科医であり冒険者でもある Kaempfer は，西洋人では初めて1712年にイチョウについて，日本での名称である"Ginkyo"（ギンキョウ，銀杏）という言葉を用いて紹介している。もともとの中国名から比較すれば，現在の"Ginkgo"は Kaempfer がスペルを誤ったか，後世の翻訳家が間違って書き写したと考えるのが妥当であろう。

このラテン名である Ginkgo biloba という名称は1771年に，スウェーデンの有名な植物学者 Linnaeus によってつけられた。biloba という語は"2枚の葉"を意味しており，なるほどイチョウの葉は2枚の葉が重なったように見える。風致林としてイチョウは1754年にイギリス，1784年，アメリカにそれぞれ紹介されている[1]。

その後ヨーロッパ中でもドイツにて，イチョウの幾度の氷河期を乗り越え驚くべき生命力をもつことが注目され，日本のイチョウ葉をもとにドイツにて抽出がなされた。続いてフランス，ベルギーなどでも脚光を浴び，これらの国々を中心に盛んにイチョウ葉エキスについて化学分析，薬理作用などの基礎研究が行われた。

臨床研究においてもドイツで，ごく最近本格的な治験が行われ，イチョウ葉エキスが中等度の痴呆（アルツハイマー病および血管性痴呆）に対して効力をもつことがわかった。これはイチョウ葉エキスEGb761を用いて，156名の痴呆患者（軽度から中等度のアルツハイマー病患者および血管性痴呆患者）に1日240mgエキス経口投与群とプラセボ群にて，2年後に患者の症状や行動を比較したもので，エキス投与群において治療効果が顕著に認められた（表1）[41,42]。

このようにイチョウ葉の研究は欧米諸国がリードしてきた感が否めないが,もともと日本のイチョウ葉を用いていたという経緯上,本家本元としてよりいっそうの研究成果を期待したい。

表1 イチョウ葉エキスの痴呆症に対する効用

検索項目	イチョウ葉エキス*群	偽薬群
臨床像 (改善,著しい改善)	25人 (32%)	13人 (17%)
痴呆テスト (>4点の改善)	30人 (38%)	14人 (18%)
老化観察尺度 (>2点)	26人 (33%)	18人 (23%)

イチョウ葉エキス*：EGb 761

文 献

1) H. Christopher, The history of Ginkgo, Traditional Uses of Ginkgo, "Gingo", p.9-16, Elixir of Youth. Botanica Press (1994)
2) 上田本昌,銀杏霊蹟上澤寺案内,山梨県南巨摩郡身延町下山銀杏霊蹟上澤寺
3) H. Christopher, Chemistry, "Gingko", p.11-16, Elixir of Youth. Botanica Press (1994)
4) J.P. Moreau, J. Eck, J. McCabe, S. Skinner, Absorption, distribution et elimination de l'extrait marque de feulles de Ginkgo biloba chez le rat, Presse. Med., 15, 1458-1461 (1986)
5) K. Driew et al., Animal distribution and preliminary human kinetic studies of the flabonoid fraction of a standardized Ginkgo biloba extract (GBE 761), Stud. Org. Chem., 23, 351-359 (1985)
6) J. Pincemail, M. Dupuis, C. Nasr et al., Superoxide anion scavenging effect and superoxide dismutase activity of Ginkgo biloba extract, Experientia., 45, 708-712 (1989)
7) M. Gardes-Albert, C. Ferradini, A. Sesaki et al., Oxygen-centered free radicals and their interactions with EGb 761 Or CP 202, in Advances in Ginkgo biloba Extract Research, p.1-11 (1993)
8) I. Maitra, L. Marcocci, M.T. Droy-Lefaix et al., Peroxyl radical scavenging activity of Ginkgo biloba extract EGb 761, Biochem. Pharmacol., 49, 1649-1655 (1995)
9) H. Kobuchi, M.T. Droy-Lefaix, Y. Christen et al., Ginkgo biloba extract EGb 761 : Inhibitory effect on nitric oxide production in the macrophage cell line Raw 264.7, Biochem. Pharmacol., 53, 897-903 (1997)
10) 市川寛,吉川敏一,宮島敬ほか,in vitroにおけるイチョウ葉エキスの抗酸化能の検討,日本脳研究会会誌,20, 141-146 (1994)
11) 藤本健四郎,食品と抗酸化物質,抗酸化物質"フリーラジカルと生体防御"(二木鋭雄,島崎弘幸,美濃真編),p.108-110,学会出版センター (1996)

12) 藤田勇三郎, 戸川圭子, 吉田隆志ほか, タンニン及びフラボノイドによる抗酸化作用のメカニズム, 和漢医薬雑誌, 2, 674-675 (1985)
13) 奥田拓男, 薬物代謝, 抗酸化物質"フリーラジカルと生体防御"(二木鋭雄, 島崎弘幸, 美濃真編), p.265-269, 学会出版センター (1996)
14) S.R. Husain, J. Cillard, P. Cillard, Hydroxyl radical scavenging activity of flavonoids, Phytochem., 26, 2489-2491 (1987)
15) U. Takahama, Inhibition of lipoxygenase-dependent lipid peroxydation by quercetin, Phytochem., 24, 1443-1446 (1985)
16) S. Pietri, E. Maurelli, K. Drieu et al., Cardioprotective and antioxidant effects of the terpenoid constituents of Ginkgo biloba extract (EGb 761), J. Mol. Cell. Cardiol., 2, 733-742 (1997)
17) 吉川敏一, 内藤裕二, 宮島敬, イチョウ葉, フラボノイドの医学 (1998)
18) D. Steinberg, Antioxidants and atherosclerosis : a current assessment, Circulation, 84, 1421-1425 (1991)
19) T. Henriken, Interaction of plasma lipoproteins with endothelial cells, Ann. N.Y. Acad. Sci., 232, 37-47 (1986)
20) M. Viana, C. Barbas, B. Bonet et al., In vivo effects of a flavonoidrich extract on LDL oxidation, Atheroscler., 123, 83-91 (1996)
21) S.A. Negre, R. Salvayre, Quercetin prevents the cytotoxicity of oxidized LDL on lymphoid cell lines, Free Radic. Biol. Med., 12, 101-106 (1992)
22) J. Kleijnen, P. Knipschild, Ginkgo biloba, Lancet, 340, 1136-1139 (1992)
23) K.F. Chung, G. Dent, McCusker et al., Effect of a ginkgo mixture in antagonising skin and platelet responses to platalet activating factor in man, Lancet, 1, 248-251 (1987)
24) P. Braquet, D. Hosford, Ethnopharmacology and the development of natural PAF antagonists as therapeutic agents, J. Ethnopharmacol., 32, 135-139 (1991)
25) P. Költringer, O. Eber, P. Lind et al., Mikrozirkulation und Viskoelastizität des Vollblutes unter Ginkgo-biloba-extrakt : Eine Plazebokontrollierte, randomisierte Doppelblind-Studie, Perfusion., 1, 28-30 (1989)
26) F. Jung, C. Mrowietz, H. Kiesewetter et al., Effect of Ginkgo biloba on fluidity of blood and peripheral microcirculation in volunteers, Arzneimittelforschung, 40, 589-593 (1990)
27) F. Eckmann, Himleistungsstörungen-Behandlung mit Ginkgo-biloba-Extrakt, Fortscher Med., 108, 557-560 (1990)
28) J. Robak, R.J. Gryglewski, Flavonoids are scavengers of superoxide anions, Biochem. Pharmacol., 837-841 (1988)
29) U. Schmidt, K. Rabinovici, S. Lande et al., eines Ginkgo-biloba-Spezialextraktes auf die Befindlichkeit bei zerebraler Insuffizienz, Münch. Med. Wocherscher., 133, S15-18 (1991)
30) G. Vorberg, N. Schenk, U. Schmidt, Wirksamkeit eines neuen Ginkgo-biloba-extraktes bei 100 Patienten mit zerebraler Insuffizienz, Herz. Gefä β e., 9, 936-941 (1989)
31) F. Eckmann, Himleistungsstörungen-Behandlung mit Ginkgo-biloba-Extrakt, Fortscher Med., 108, 557-560 (1990)
32) M. Le Poncin Lafitte, J. Rapin, J.R. Rapin, Effects of Ginkgo Biloba on changes induced by quantitative cerebral microembolization in rats, Arch. Int. Pharmacodyn. Ther., 243, 236-244 (1980)
33) J.E. Taylor, The effects of chronic, oral Ginkgo biloba extract administration on neurotransmitter receptor binding in young and aged Fisher 344 rats, in Agnoli, Effects of Ginkgo (1985)

34) N. Brunello, G. Racagni, F. Clostre et al., Effects of an extract of Ginkgo biloba on noradrenergic systems of rat cerebral cortex, *Pharmacol. Res. Commun.*, 17, 1063-1072 (1985)
35) H. Schilcher, Investigation on the quality, activity, effectiveness, and safety, Gingo biloba, *Zeit. f. Phytother.*, 9, 119-127 (1988)
36) F. Krammer, On the therapy of peripheral circulatory disorders with the new angioactivator Tebonin of plant origin, *Med. Welt.*, 28, 1524-1528 (1966)
37) J.M. Watt et al., The medicinal and poisonous plants of southern and eastern Africa, Edinburgh and London, E. and S. Livingstone Ltd. (1962)
38) Warburton, Clinical psychopharmacology of Ginkgo biloba extract, in Fünfgeld, Rökan (1988)
39) J.P. Felber, Effect of Ginkgo biloba extract on the endocrine parameters, in Fünfgeld, Rökan (1988)
40) H. Schilcher, Ginkgo biloba : investigation on the quality, activity, effectiveness, and safety, *Zeit. f. Phytother.* (1988)
41) 池田和彦, 痴呆とビタミンEとイチョウ, 臨床栄養, 91, 715-718 (1997)
42) S. Kanowski, W.M. Hermann, K. Stephan et al., Proof of efficacy pf the ginkgo biloba extract EGb 761 in outpatients suffering from mild to moderate primary degenerative dementia of the Alzheimer type or multi-infarct dementia, *Pharmacopsychiatry*, 29, 47-56 (1996)

8 アントシアニン

津田孝範[*]

ブドウやリンゴ，イチゴなどの果実，ナス，シソ，マメ種子の美しい赤色や紫色はアントシアニンによるものである。また花の色も，その多くはアントシアニンを含み，われわれの目を楽しませてくれる。アントシアニンについての研究は，食品化学の立場からは，果実類の加工保存中における色調の変化や天然着色料としての応用についての研究が行われてきた。また花の色という園芸面から興味がもたれ，その構造と色調，色の発現と安定化についての究明がなされた。近年では，植物のアントシアニン生合成系の遺伝子とその発現制御機構が明らかにされ，遺伝子工学的手法による花の色の変換についての研究も行われている。

しかしアントシアニンの食品成分としての生理機能に関する研究は，古くから行われてきたわけではない。その理由としては，後で述べるようにアントシアニンが，オキソニウムカチオン構造をもつことに由来する。一般にアントシアニンは，中性領域では不安定で速やかに分解，退色するため[1]，他のフラボノイド類と比較して多様な生理機能を有するとは認識されてこなかった。

しかし近年，活性酸素，フリーラジカルと老年病との関係が明らかになるにつれ，植物性食品成分によるがんなどの疾病の予防効果が大いに注目されるようになった。そのため，これまであまり生理活性の点から注目されなかったアントシアニンについても，何らかの生理活性を発現するのではないかとの期待が寄せられるようになった。ここ数年にわたり，著者らのアントシアニンの抗酸化性[2〜4]，活性酸素捕捉活性などの報告[4]のほか，ブルーベリー由来のアントシアニンの抗潰瘍効果[5]，がん細胞に対する増殖抑制効果[6]が報告されるようになり，植物性食品成分としてアントシアニンが大いに注目されている。

ここでは，著者らの研究を中心にアントシアニンの生理活性と応用も含めた今後の展望について述べることにする。

8.1 アントシアニンの構造と植物における存在

アントシアニンは，一般には植物中では配糖体として存在し，色素本体であるアグリコンは，アントシアニジンと呼ばれる。図1に主要なアントシアニジンを示したが，アントシアニンは，B環の置換基，結合糖の種類と数，アシル基の有無により多くの種類がある。またその色調は，B環の置換基により異なり，水酸基の数が増加するに従い深色化し，メトキシル基の存在は浅色化をもたらす。

---

[*] Takanori Tsuda 東海学園女子短期大学 生活学科 講師

アントシアニンは，強酸性ではフラビリウム型をとり，赤色を呈し，比較的安定であるが，弱酸性，中性領域では水分子と反応して無色のプソイド塩基に変換する（図2）[1]。

アントシアニンは，穀類，いも類，野菜類，豆類，果実類などわれわれが常食している多くの植物に存在しているが，シアニジン系の分布が最も広く，デルフィニジン系がこれに次いでいる[7]。アントシアニンの含量は，植物や品種により大いに異なり，収穫時期によっても異なる[7]。

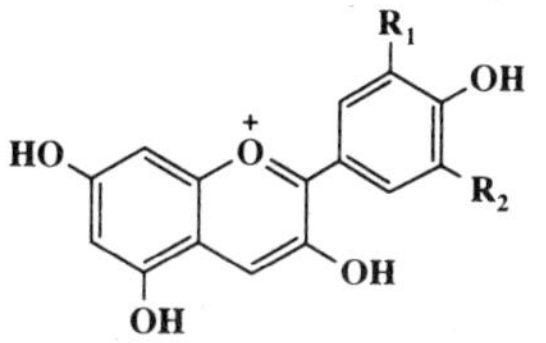

R_1	R_2	アントシアニジン
H	H	ペラルゴニジン
OH	H	シアニジン
OCH_3	H	ペオニジン
OH	OH	デルフィニジン
OCH_3	OH	ペチュニジン
OCH_3	OCH_3	マルビジン

図1　代表的なアントシアニジン

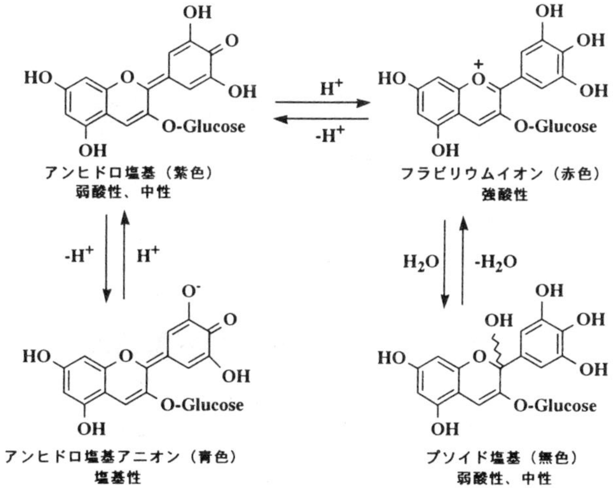

図2　pHによるアントシアニンの構造変化

アンヒドロ塩基（紫色）　弱酸性、中性
フラビリウムイオン（赤色）　強酸性
アンヒドロ塩基アニオン（青色）　塩基性
プソイド塩基（無色）　弱酸性、中性

8.2　アントシアニンの生理活性

(1)　植物種子の抗酸化的防御機構とアントシアニン

先に述べたように，アントシアニンは，他のフラボノイド類に比べると機能性に関するデータは乏しい。われわれは，食用豆類の機能性に注目し，35種の豆類の抗酸化性のスクリーニングを

行った結果，強い抗酸化性を有する豆類の1つとしてインゲンマメを見出した[8]。インゲンマメはさまざまな品種があり，なかでも種皮の色は，白，赤，黒などバラエティに富んでいる。ここで興味がもたれるのは，種皮に含まれる色素が酸化的ストレスに対して大きな役割をもつのではないかということである。これは豆に限らず，植物種子が次世代に子孫を残すために，貯蔵中は将来の発芽に備えて過酷な酸化的傷害から身を守るための抗酸化的防御機構を有していると思われるからである。そこで種皮の色が白，赤，黒の3種類のインゲンマメについて種皮および胚乳部分に分け，それぞれより調整した抽出物の抗酸化性を比較した。その結果，抗酸化性は，種皮の部分のみに認められ，種皮の色については，赤，黒の有色のものに強い抗酸化性が認められた（図3）[2]。そこでこれらの種皮に含まれる色素の単離を行い，その構造を検討した結果，これらの色素はいずれもアントシアニンであるシアニジン 3-O-β-D-グルコシド（C3G），ペラルゴニジン 3-O-β-D-グルコシド（P3G），デルフィニジン 3-O-β-D-グルコシド（D3G）と同定された（図4）[2]。これらのアントシアニンの抗酸化性を，中性領域でリノール酸の自動酸化を指標にしたモデル系で調べたところ，C3G に強い抗酸化性が認められた[2]。

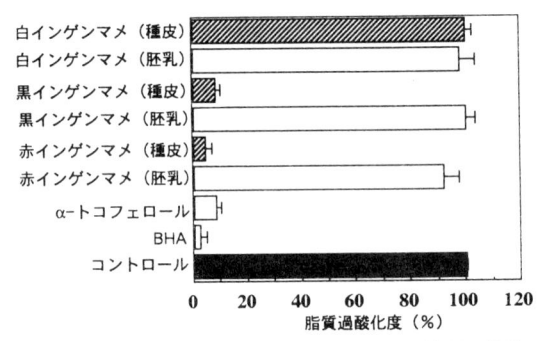

図3 種皮の色の異なるインゲンマメの抽出物の抗酸化性の比較

(2) **抗酸化性**

インゲンマメ種皮より得られた3種のアントシアニンおよびそのアグリコンについて種々の in vitro 系における抗酸化性について検討した。その結果，レシチンより調整したリポソーム系を用い，ラジカル発生剤で酸化を誘導する系において，いずれのアントシアニン，そのアグリコンも α-トコフェロールを上回る効果を示し，構造による活性の相違は認められなかった（表1）[4]。一方，ラット肝ミクロソームを用いた系では，活性はB環の水酸基の数が多いほど強くなったが，アグリコンでは，配糖体とは逆にB環の水酸基の数が少ないほど活性は強くなった（表1）[4]。こ

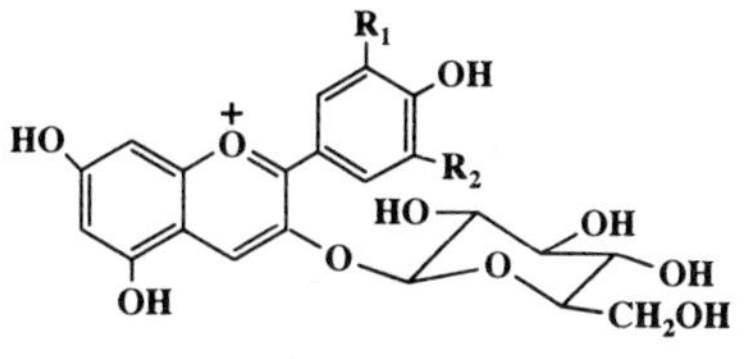

第2編　動・植物化学成分の有効成分と素材開発

R₁=OH, R₂=H　　シアニジン　3-O-β-D-グルコシド（C 3 G）
R₁=H, R₂=H　　　ペラルゴニジン　3-O-β-D-グルコシド（P 3 G）
R₁=OH, R₂=OH　デルフィニジン　3-O-β-D-グルコシド（D 3 G）

図4　インゲンマメ種皮より単離したアントシアニン

のことから，ラット肝ミクロソーム系においては，3位の糖の有無が活性に何らかの影響を及ぼしているものと思われた。

(3) 紫外線傷害抑制効果

次にアントシアニンの紫外線 (UVB) による傷害抑制効果を脂質過酸化を指標に調べた。その結果，たいへん興味深いことに，いずれのアントシアニンも UVB による脂質過酸化を強く抑制し，活性は B 環の水酸基の数に依存し，その数が増えるに従い強くなった。これに対し，α-トコフェロールは，紫外線照射系においては，ほとんど脂質過酸化に対する抑制効果が認められなかった。なおアグリコンの場合も同様の傾向であった。またアグリコンと配糖体の間には活性に差は認められなかった（表1）[4]。植物においてアントシアニン色素は，種子表皮や果肉のほか，花弁などに豊富に存在しているが，色素が組織の表面に存在することで，紫外線による酸化的傷害から種子などの内部に含まれる必要な栄養成分や細胞を保護しているものと思われる。動物においても，紫外線は活性酸素の生成とその皮膚への傷害が知られている。近年，人工産物のフロ

表1　アントシアニンの抗酸化性

(50%阻害濃度, μM)

	ラジカル発生剤[a]	ラット肝ミクロソーム系	紫外線照射[b]
α-トコフェロール	7.2±0.5	17.2±0.7	>100
ペラルゴニジン 3-グルコシド	1.6±0.2	32.3±1.5	5.1±0.3
シアニジン 3-グルコシド	1.1±0.1	26.3±1.6	2.5±0.1
デルフィニジン 3-グルコシド	1.1±0.2	14.1±0.9	0.7±0.1
ペラルゴニジン	1.7±0.2	3.8±0.7	5.3±0.3
シアニジン	1.1±0.1	7.7±0.6	2.4±0.2
デルフィニジン	1.5±0.1	14.1±0.9	0.9±0.1

a) 脂質過酸化をラジカル発生剤（AAPH）により誘導
b) 脂質過酸化を紫外線（UVB）により誘導
平均±標準偏差（n=3）

表2 アントシアニンの活性酸素捕捉活性

(IC$_{50}$値, μM)

	ヒドロキシルラジカル捕捉活性	スーパーオキシド捕捉活性
ペラルゴニジン 3-グルコシド	35.1±2.5	80.3±1.8
シアニジン 3-グルコシド	35.9±2.5	12.4±0.9
デルフィニジン 3-グルコシド	34.1±1.6	1.6±0.1
ペラルゴニジン	8.5±1.0	54.5±6.4
シアニジン	36.7±1.6	13.4±0.7
デルフィニジン	＞100	2.6±0.4

平均±標準偏差 ($n=3$)

ンによるオゾン層の破壊が問題になっており,有害紫外線の増加による皮膚がん発症率の上昇が懸念されている。アントシアニンの紫外線傷害防御効果は,今後の生理機能性素材の開発の点から大いに期待される。

(4) **活性酸素捕捉活性**

アントシアニンのヒドロキシルラジカル($\cdot$OH),スーパーオキシド(O_2^-)に対する捕捉活性について検討した結果を表2に示した[4]。なお$\cdot$OHは,フェントン反応,O_2^-はキサンチン-キサンチンオキシダーゼにより生成させ,ESRスピントラッピング法により測定した。$\cdot$OH捕捉活性は,配糖体については,いずれのアントシアニンもIC$_{50}$値は35 μM前後であり,3種の間に差は認められなかった。

一方,アグリコンの場合,その効果はB環の水酸基の数を考慮に入れるとmono＞di＞triの順になった。これらの結果から,3位の糖の存在は活性の低下をもたらし,アグリコンの場合,その強弱はB環の水酸基の数に依存することがわかった。

アントシアニン以外のフラボノイドの$\cdot$OH捕捉活性はB環の水酸基の数に依存し,3位の糖と4位のカルボニル基の有無は,影響を与えないことが報告されているが[9],アントシアニンの場合は,他のフラボノイドとはその傾向は異なることが明らかになった。

O_2^-に対しては,配糖体,アグリコンいずれの場合も捕捉活性はB環の水酸基の数に依存しており,水酸基の数が多くなるに従い,活性は強くなった。O_2^-消去活性について他のフラボノイドとの比較では,B環に水酸基が3個存在するミリセチンが最も強い消去活性を示すことから[10],O_2^-捕捉活性については,アントシアニンもこれらのフラボノイドと同様な機構で捕捉活性を示すと考えられる。

(5) **チロシナーゼ活性阻害効果**

著者らはアントシアニンの新しい機能性の開発と応用という観点から,チロシナーゼ活性の阻害作用について調べ,抗酸化性との関連についても検討を行っている。チロシナーゼは,褐色

第2編　動・植物化学成分の有効成分と素材開発

表3　アントシアニンのチロシナーゼ活性阻害効果

(IC$_{50}$値, μM)

コウジ酸	34.8±0.9
ペラルゴニジン 3-グルコシド	61.2±0.1
シアニジン 3-グルコシド	40.3±1.0
デルフィニジン 3-グルコシド	46.2±1.8
ペラルゴニジン	66.0±6.4
シアニジン	27.1±0.1
デルフィニジン	57.4±0.5

平均±標準偏差（n=3）

素メラニンの生成に関与する酵素である。このような酵素的褐変反応は，生体系においては皮膚におけるメラニン生成に関与し，これは紫外線に対する防御作用として重要である。しかし過剰な生成は，皮膚の色素沈着，シミの原因となる。そのためシミ，そばかすの防止，美白効果などの化粧品の観点から天然由来のチロシナーゼ阻害活性物質が注目されている。インゲンマメ由来のアントシアニンのチロシナーゼ活性阻害効果の結果を表3に示した[11]。配糖体，アグリコンいずれの場合もB環に水酸基が2個存在するC3Gとそのアグリコン（Cy）に最も強い阻害活性が認められた。またC3GとCyの間の比較では，3位に糖をもたないCyのほうが阻害活性が強く，その阻害活性は，標準として用いたコウジ酸を上回った。今回検討したアントシアニンは，いずれもB環に水酸基をもち，基質競争的にチロシナーゼ活性を阻害すると予測される。

(6) アントシアニンの抗酸化性発現機構

これまでインゲンマメ由来のアントシアニンについて抗酸化性を中心とした生理活性を検討したが，その機構については明らかではない。そこで著者らは，アントシアニンの中で最も幅広く分布し，植物素材より大量に調整することが可能なC3Gを用い，抗酸化性発現機構の解析を行った。C3Gをラジカル発生剤と共存させると，反応に伴い，種々の反応物が生成する。これらの生成物を単離し，構造解析を進めた結果，4,6-ジヒドロキシ-2-O-β-D-グルコシル-3-オキソ-2,3-ジヒドロベンゾフラン（P1）とプロトカテク酸（P2）を同定した。これらの結果からC3Gの抗酸化性発現機構を推定すると，図5に示したように，C3Gはラジカルと反応し，C3G分子は分解する。このとき生成物の解析から，大きく2つに分かれると推定される。一方はラジカルに水素原子を供与し，P1となり安定化する。一方ではプロトカテク酸が生成し，これがさらにラジカル捕捉反応に関与すると考えられる[12]。プロトカテク酸自身も抗酸化性を有し，最近では，がん抑制効果も報告されている[13]。したがってC3Gには，それ自身だけでなく，反応生成物も抗酸化性を示すという2重の抗酸化防御機能が期待される。現在個体レベルにおいてもこのような反応が起こりうるのかどうか検討を進めている。

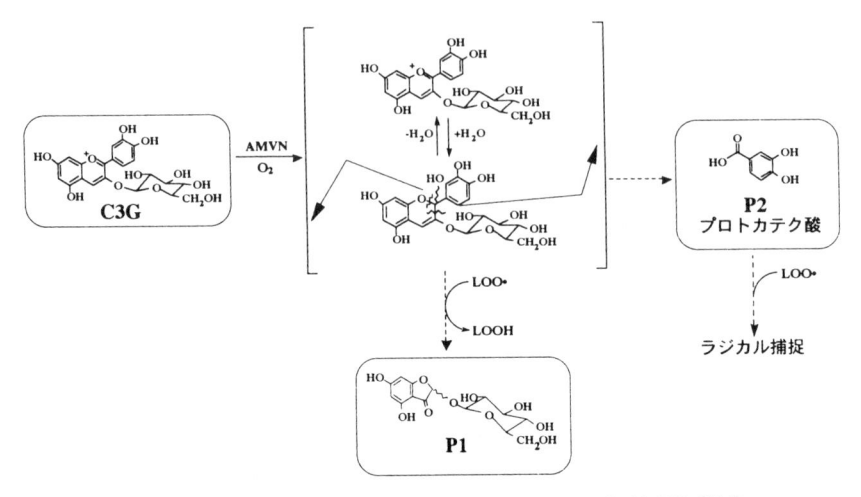

図5 反応生成物より推定されるシアニジン3-グルコシドの抗酸化性発現機構

(7) アントシアニンの個体レベルにおける抗酸化性

著者らは，アントシアニンが個体レベルにおいても抗酸化性を示すかどうかについても検討を行っている。アントシアニンとしては，C3Gを用い，ラットに0.2％のC3Gを含む食餌を2週間与えた。その結果，C3Gの摂取は，体重増加や食餌摂取量に影響を与えることなく顕著な血清TBA反応陽性物質の低下ならびに血清の酸化抵抗性の上昇を誘導することが明らかになり，C3Gが in vivo においても抗酸化性を発現することが確認された[14]。

8.3 おわりに

アントシアニンの機能について，これまでの著者らの研究を中心に述べてきた。現在，急性の酸化的ストレス条件下でのアントシアニンの効果や摂取後の吸収，代謝について詳細な検討を行っている最中であるが，いまだ多くの課題が残されており，アントシアニンの機能に関する研究は，まだ始まったばかりと言っても過言ではない。アントシアニンは，われわれが摂取している多くの食品に含まれており，加えて天然着色料としても広く用いられている。したがってアントシアニンは，われわれが日常的に摂取している食品成分の1つであり，酸化的ストレスに起因する疾病を予防する抗酸化食品素材として今後大いに期待されるものと考えられる。またアントシアニンは，従来の利用法であった着色料としての役割を損なわずに，同時にその生理活性を発現させる，いわゆる「機能性色素」としての応用も考えられる。これらの実現のためには，今後

第2編 動・植物化学成分の有効成分と素材開発

ヒトでの効果も含め，生理活性，生体内動向などの分子レベルでのよりいっそうの研究の進展が期待される。

文　献

1) R. Brouillard, "The Flavonoids", p. 525, Chapman and Hall, London (1988)
2) T. Tsuda et al., *J. Agric. Food Chem.*, 42, 248 (1994)
3) T. Tsuda et al., *J. Agric. Food Chem.*, 42, 2407 (1994)
4) T. Tsuda et al., *Biochem. Pharmacol.* 52, 1033 (1996)
5) M. J. Magistretti et al., *Arzneim-Forsch/Drug Res.*, 38, 686 (1988)
6) H. Kamei et al., *Cancer Investigation*, 13, 590 (1995)
7) 中林敏郎ほか，食品の変色の化学，p. 18, 光琳 (1995)
8) T. Tsuda et al., *Biosci. Biotech. Biochem.*, 57, 1606 (1993)
9) S. R. Husain et al., *Phytochemistry*, 26, 2489 (1987)
10) J. Robak, R. J. Gryglewsk, *Biochem. Pharmacol.*, 37, 837 (1988)
11) T. Tsuda, T. Osawa, *Food Sci. Technol. Int. Tokyo*, 3, 82 (1997)
12) T. Tsuda et al., *Lipids*, 31, 1259 (1996)
13) T. Tanaka et al., "Food Factors for Cancer Prevention", p. 194, Springer-Verlag, Tokyo (1997)
14) T. Tsuda et al., submitted

9 クロロフィル誘導体

坂田完三*

　すでに述べられてきたように，活性酸素がさまざまな疾病や老化と深い関わりがあることが明らかにされてきた。一方，食生活の近代化とともに食品加工は多様化し，食品の酸化からの防御がますます重要な課題となってきている。さらに，食品成分にはそれらを日常摂取することで，生体のホメオスターシス維持に役立ち，生体の防御機構を活性化して，発病の防止ばかりでなく疾病からの回復や老化の制御などの生体調節機能を促す物質が含まれていることが明らかとなり，これらはいわゆる食品の第3機能と呼ばれ注目されている。ここでは，緑色野菜などの食品に含まれるクロロフィル関連化合物の機能性について述べる。

　クロロフィルは，藻類から高等植物にわたるほとんどの植物に含有される緑色色素で，光合成による炭素固定の重要な機能を担う物質である。光合成を行うことができる光合成細菌は，構造が少し異なるバクテリオクロロフィルを含んでいる。クロロフィルには図1に示す種類が知られているが，表1に示すように，われわれが通常食用とする緑色野菜や藻類にはクロロフィル a と b が含まれている。クロロフィルは数少ない緑色色素であり，着色料としてそのままあるいは包接金属のマグネシウムイオンを銅イオンに変えた銅クロロフィルや，さらに脂溶性の側鎖のフィチル基をはずすなどして水溶性にした銅クロロフィリンナトリウムなどが開発され，食品産業において広く利用されてきた[2]。植物体にはクロロフィルを分解する酵素（クロロフィラーゼ）が含まれており，光増感作用を有するフェオフォルビドなどを生成する。フェオフォルビドは春先のアワビの内臓，ある種の葉菜の漬け物，クロレラ乾燥藻体の摂取により起こる光過敏症の原因

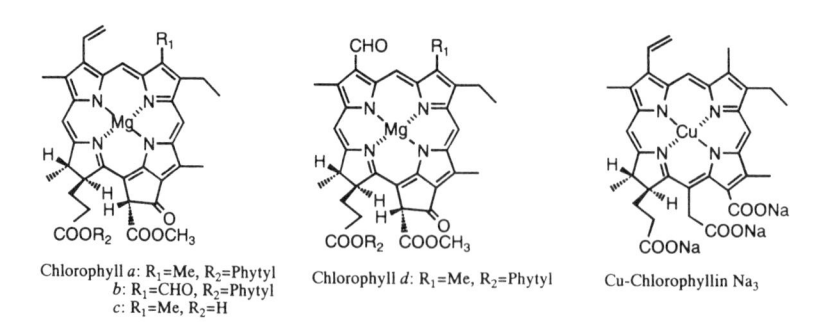

Chlorophyll a: R_1=Me, R_2=Phytyl
　　　　　　b: R_1=CHO, R_2=Phytyl
　　　　　　c: R_1=Me, R_2=H

Chlorophyll d: R_1=Me, R_2=Phytyl

Cu-Chlorophyllin Na_3

図1　各種クロロフィルの構造

---

*　Kanzo Sakata　静岡大学　農学部　附属魚類餌料実験実習施設　教授

第2編　動・植物化学成分の有効成分と素材開発

表1　クロロフィルの含有量[1]

植物の種類	クロロフィル含量 (g/100g乾燥重量)	含まれるクロロフィルの種類			
		a	b	c	d
高等植物	0.7〜1.3	+	+		
緑藻類	0.5〜1.5	+	+		
紅藻類	0.05〜0.44	+			+
褐藻類	0.17〜0.78	+		+	
藍藻類	0.3〜0.7	+			

物質であることが知られている[3]。クロロフィラーゼは相当安定な酵素で，種々の緑色天然食品中で作用してフェオフォルビドを生成していることが明らかにされている。クロロフィルからマグネシウムのはずれたフェオフィチン（図2）は食用油脂に微量含まれていて，酸化を促進していることが報告されている[4]。一方，これらは後に述べるように暗所では強い抗酸化性を示す。また，最近フェオフォルビドなどのポルフィリン関連化合物の光増感作用を積極的に利用したがん治療法の開発も試みられており，クロロフィル関連化合物はいま注目を集めている化合物群である。

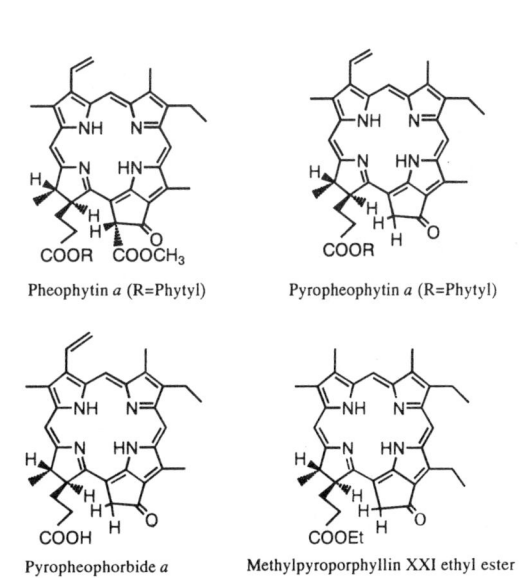

Pheophytin a (R=Phytyl)

Pyropheophytin a (R=Phytyl)

Pyropheophorbide a

Methylpyroporphyllin XXI ethyl ester

図2　クロロフィル関連化合物

9.1 海産藻類の抗酸化成分として単離されたクロロフィル関連化合物

ノリやワカメなどの食用海藻が保存中に酸化による変質を受けないことは古くより興味を引き，海藻類からの抗酸化物質の探索が行われてきているが[5]，その中に数種のクロロフィル関連化合物が含まれている。

西堀らは食用のアオノリ，コンブなどの海藻類に含まれる抗酸化成分を重量法とロダン鉄法により検索した[6]。アオノリ，ワカメの脂質画分が特に強い抗酸化性を示し，TLC分析の結果，その活性本体は Fujimoto ら[7] が報告しているリン脂質やトコフェロール画分とは異なるものであることを認めた。そして，緑藻のアオノリの脂質画分から活性本体としてクロロフィルの分解物であるフェオフィチンaを同定した（図2）[8]。

Chahyana らはロダン鉄法とTBA法の結果を指標にして，褐藻類のアラメの抽出物中の抗酸化物質を探索し，中性画分から活性物質としてピロフェオフィチンaを単離同定した（図2）[9]。そこで，彼らはクロロフィル関連化合物の抗酸化活性に興味をもち，メチルピロポルフィリンXXIエチルエステルや，ピロフェオフォルビドa（図2）など数種のポルフィリン化合物の抗酸化活性をロダン鉄法にて調べた。ほとんどの化合物が抗酸化活性を示し，特にメチルピロポルフィリンXXIエチルエステルはポルフィリン化合物の代謝産物の1つで，強い抗酸化物質として知られているビリルビン[10] と同等の活性を示すことを観察している[11]。さらに，彼らはポルフィリン誘導体の抗酸化性のα-トコフェロールやアスコルビン酸との相乗効果についてTBA法で調べ，10^{-7} M 濃度でクロロフィルa，フェオフィチンa，ピロフェオフォルビドaのいずれもが，10^{-6} M のα-トコフェロールやアスコルビン酸の添加により，著しく抗酸化活性が強まることを見出している（図3）[12]。最近，Tutourらはクロロフィルaの暗黒下での抗酸化性を速度論的に調べ，ビタミンE（4×10^{-4} M）の抗酸化活性を相乗的に増強することを見出している[13]。

9.2 アサリ内臓からの微細藻由来の抗酸化成分

われわれは酸化を受けやすいPUFAを多く含有する海洋生物は，酸化に対して何らかの防御システムを有するものと考え，まず海洋生物からの抗酸化成分の単離を試みた。

9.2.1 魚介類内臓由来の抗酸化物質の検索

まず各種魚介類の内臓に注目し，その脂溶性画分について，改良したロダン鉄法を用いて過酸化物価（POV）の経時変化を調べた。同時に枯草菌rec-assayによる変異原性も調べてみた。その結果，各種魚介類抽出物はさまざまな値を示したが，POVと変異原性にはほぼ正の相関がみられた[14]。特にアサリやカキなどの貝類の抽出物はPOV，変異原性ともきわめて低い値を示した。アサリ抽出物の示す抗酸化性にはトコフェロール類の関与が考えられたため，アサリ抽出物のヘキサン相をHPLC分析したところ，トコフェロール類の含量はきわめて微量であり，トコフェ

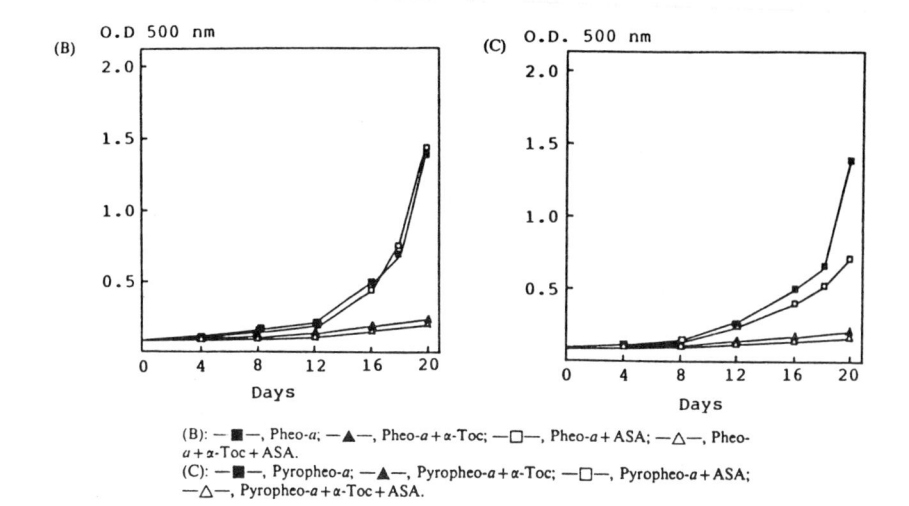

(B): ─■─, Pheo-a; ─▲─, Pheo-a+α-Toc; ─□─, Pheo-a+ASA; ─△─, Pheo-a+α-Toc+ASA.
(C): ─■─, Pyropheo-a; ─▲─, Pyropheo-a+α-Toc; ─□─, Pyropheo-a+ASA; ─△─, Pyropheo-a+α-Toc+ASA.

図3 ポルフィリン類のアスコルビン酸 (ASA) およびα-トコフェロール (α-Toc) との相乗効果[12]
Pheo-a (フェオフォルビドa); Pyropheo-a (ピロフェオフォルビドa)

ロール類だけでは説明できないことがわかった。そこでアサリからの抗酸化物質の検索を行った。

浜名湖産のアサリの剥身 (3.5kg) のクロロホルム-メタノールの混合溶媒での抽出物から，ロダン鉄法による抗酸化試験を指標にして暗緑色のクロロフィロンa ([1], 22.4mg)，クロロフィロンラクトンa ([2], 19.8mg)，褐色のクロロフィロン酸メチルエステル ([3], 3.5mg)，ピロフェオフォルビドa ([4])，赤紫色のプルプリン-18 ([6], 2.9mg)，プルプリン-18 メチルエステル ([7], 0.9mg) と黄褐色の13^2-オキソピロフェオフォルビドa ([8], 1.2mg) を活性物質として得た (図4)[14〜16]。各種機器分析の結果，[1], [2], [3] は新たな環を形成している新規クロロフィルa関連化合物であることがわかった。

[1], [2], [3] は新規クロロフィルa関連化合物であることから，その生成過程や起源に興味がもたれた。そこで，北海道産のホタテガイの内臓，浜名湖産のカキの内臓および，アワビ稚貝生産時の餌料として用いられている数種の付着珪藻 (*Fragilaria oceanica*, *Nitzschia closterium*, etc.) の混合物から，これらの化合物の検索を行った。アサリの場合と同様にして，ホタテガイ内臓 (2.3kg) より [2] (1.3mg)，[3] (0.4mg)，[4] と [1] のC-10エピマーに相当する新規化合物13^2-エピクロロフィロンa ([5], 1.2mg) を，カキ内臓 1.9kg より [1] (3.9mg) を，数種の付着珪藻の混合物 (乾重 18g) より [1] (0.6mg) を得た (図4)[14,16]。[1] が付着珪藻の混合物から単離されたことから，これら新規クロロフィルa関連化合物はプランクトン食性の貝類の

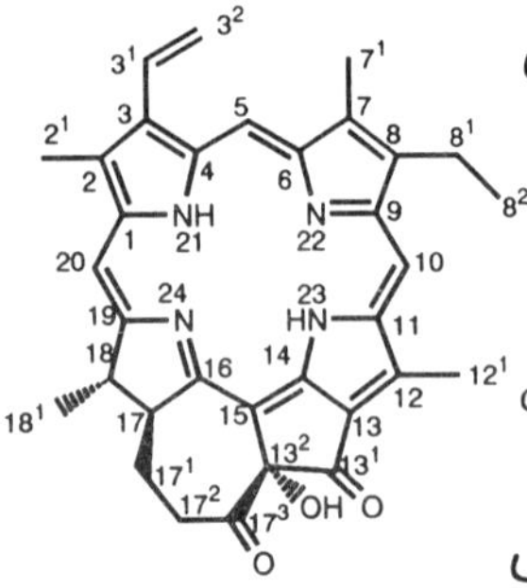

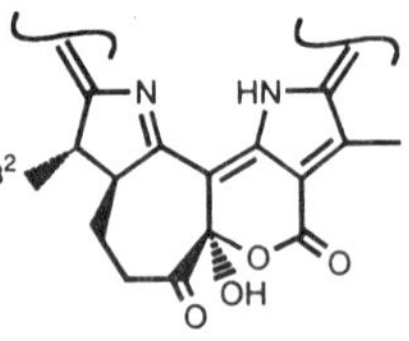

Chlorophyllonelactone *a* (**2**)
Short-necked clam
Scallop
Oyster

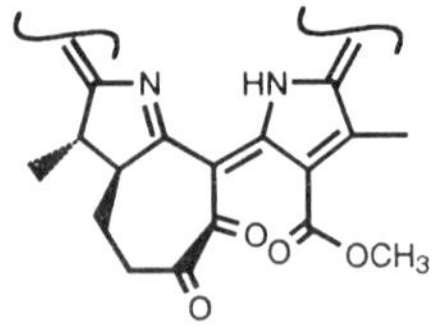

Chlorophyllonic acid *a* methyl ester (**3**)
Short-necked clam
Scallop
Oyster

Chlorophyllone *a* (**1**)
Short-necked clam
Oyster
Sessile diatoms mixture

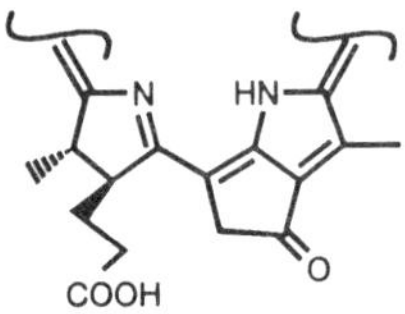

Pyropheophorbide *a* (**4**)
Short-necked clam
Scallop

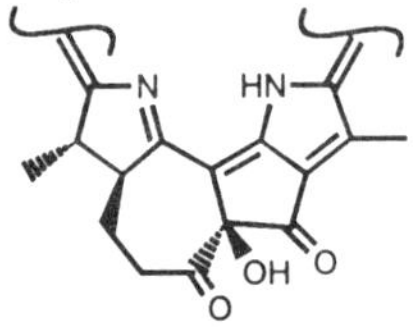

13^2-Epichlorophyllone *a* (**5**)
Scallop

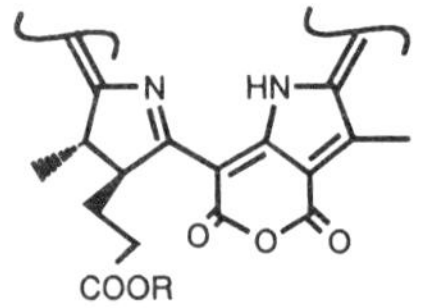

Purpurin 18 (**6**: R=H)
Purpurin 18 methyl ester (**7**: R=CH_3)

Short-necked clam

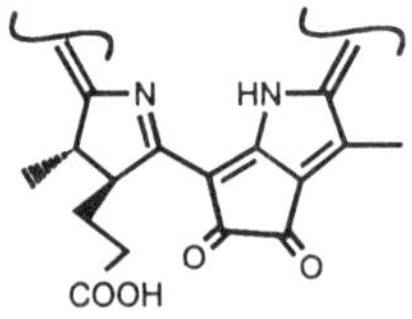

13^2-oxo-pyropheophorbide *a* (**8**)
Short-necked clam

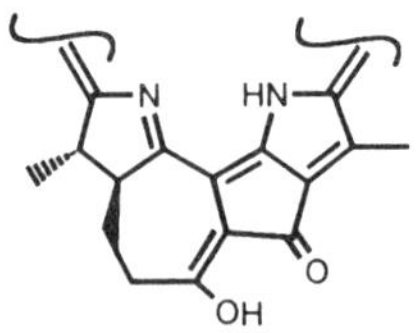

13^2, 17^3-Cyclopheophorbide enol (**9**)
Darwinella oxeata

図4　アサリ内臓などから単離されたクロロフィロンラクトンなどのクロロフィル関連の抗酸化物質

内臓で生成したのではなく，珪藻自身で造られたものであることを強く示唆している。近年，ごく微量ではあるが，海綿（*Darwinella oxeata*）からこれらクロロフィル a 関連化合物ときわめてよく似た構造を有する13^2, 17^3-シクロフェオフォルビドエノール〔9〕が単離されているが[17]，これも微細藻類に由来するものと推測される。

ごく最近，Ma らによりこれらのクロロフィル関連化合物の立体選択的合成が行われ，構造が確認された[18]。

9. 2. 2　貝類の内臓由来のクロロフィル関連化合物の抗酸化性

〔1〕，〔2〕，〔3〕，〔4〕は暗所で，リノール酸に対してそれぞれ 3μg で，トコフェロール 20μg より強い抗酸化性を示し，アサリ抽出物の示す抗酸化性はこれらの関与が大きとい考えられた[14]。

第2編　動・植物化学成分の有効成分と素材開発

クロロフィル関連化合物は暗所で抗酸化性を[8,9,11,19]，明所では光増感作用[20]を示すことが知られている[4]。

9.3　クロロフィル関連化合物の生理活性

最近 Ohigashi らは，EBVウイルスを用いた抗発がんプロモーター試験により，種々のタイ産の香辛料や民間薬として用いられている植物を検索し，タイ料理で酸味をつけるために用いられるマメ科の香菜 *Neptunia oleracea* のメタノール抽出物から，フェオフォルビド *a* および *b*，フェオフォルビド *a* および *b* のエチルエステル，フェオフォルビド *a* メチルエステルと 10-ヒドロキシフェオフォルビド *a* の6種のクロロフィル関連化合物を単離した（図5）[21]。フェオフォルビド *a* および *b* はこれらの中でも最も強い活性を示し，その強さはすでに香辛料のターメリックから強い抗発がんプロモーター活性成分として単離されているクルクミン[22,23]と同等であった（表2）。これらの化合物は光増感作用が知られているので，それに伴う酸化的障害がこの活性に関与している可能性が考えられたため，フェオフォルビド *a*，10-ヒドロキシフェオフォルビド *a* と銅イオンを配位させた銅フェオフォルビド *a*（図5）の3種の化合物について，

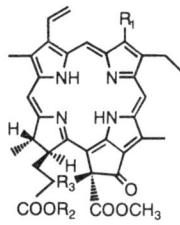

	R_1	R_2	R_3
Pheophorbide *a* :	CH_3	H	H
Pheophorbide *b* :	CHO	H	H
Ethylphenphorbide *a* :	CH_3	C_2H_5	H
Ethylphenphorbide *b* :	CHO	C_2H_5	H
Methyl Pheophorbide *b* :	CH_3	CH_3	H
10-Hydroxy Pheophorbide *a* :	CH_3	H	OH

図5　フェオフォルビドとその関連化合物

表2　Inhibitory Activities of Pheohorbide *a* and Related Compounds toward EBV Activation [a,21]

Compound	% Inhibition (% cell viability) at various concentration						IC_{50} (μM)
	0.05	0.5	5	25	50	100	
Pheophorbide *a*	3 (65)	13 (70)	60 (71)	97 (14)	99 (10)	N.T.[b]	3.3
Pheophorbide *b*	3 (80)	17 (73)	52 (82)	95 (11)	99 (5)	N.T.[b]	4.5
Ethyl Pheophorbide *a*	N.T.[b]	0 (72)	1 (80)	15 (77)	26 (68)	66 (85)	63
Ethyl Pheophorbide *b*	N.T.[b]	0 (73)	23 (68)	47 (43)	98 (10)	N.T.[b]	23
Methyl Pheophorbide *a*	N.T.[b]	4 (79)	17 (66)	42 (48)	62 (24)	N.T.[b]	35
10-OH-Pheophorbide *a*	0 (83)	5 (81)	15 (81)	64 (63)	80 (51)	N.T.[b]	18
Cu-Pheophorbide *a*	N.T.[b]	0 (89)	56 (84)	53 (87)	75 (71)	N.T.[b]	21
Curcumin	8 (70)	24 (75)	59 (82)	99 (28)	99 (5)	N.T.[b]	3.1

a) Date are the means of 2 experiments
b) Not tested

抗発がんプロモーター試験に用いられるRaji細胞に対する毒性と脂質酸化に対する光増感作用を調べた。細胞毒性は光非照射下では非常に似たものであったが，金属イオンを配位していないフェオフォルビド a, 10-ヒドロキシフェオフォルビド a では光照射 (10,000 lux, 5 min) で約50%もの活性の増強が観察された。一方，金属イオンを配位している銅フェオフォルビド a ではほとんど変化がなかった。そして，光照射下 (2,300 lux, 30 hr) の脂質過酸化テストでは，前2者は酸化を促進したが，銅フェオフォルビド a はほとんど酸化促進に寄与しなかった。

そこで，これら3者を用いて，光照射，非照射下での上記発がんプロモーター試験に用いた EB ウイルスの活性化阻害の程度を調べたところ，いずれも光照射，非照射下での活性にほとんど差が認められなかった。以上の結果は，これらのクロロフィル関連化合物が示す抗発がんプロモーター活性は光増感作用と関係がないことを示唆していて興味深い。

彼らは，上記3種のクロロフィル関連化合物について ICR マウスの皮膚での発がんプロモーター試験を行い，フェオフォルビド a が強い抗発がんプロモーター活性を示すことを確認した[24]。

クロロフィル関連化合物のフェオフォルビド b およびフェオフィチン b は抗炎症作用を示すことが報告されているが[25]，彼らはさらに，これらの化合物の抗炎症作用も調べ，いずれもインドメタシンよりも強い活性を示すことを確認している[24]。興味深いことには，フェオフォルビド a は光照射下で一重項酸素を生成して，細胞膜に酸化障害を引き起こすことが知られているが[26]，皮膚に塗布して通常の光条件下で試験をしているにもかかわらず，マウスの皮膚にほとんど障害を生じなかったことはたいへん興味深い (表3)。炎症における酸化ストレスに対するフェオフォルビド a の保護作用においては，一重項酸素の生成がキーステップと言われているが，HL-60 細胞においてフェオフォルビド a は一重項酸素の生成を顕著に抑制していることを観察している。

野菜類に発がん物質の存在が想定され，植物成分のうち比較的容易に入手が可能なクロロフィルやクロロフィリンの抗変異原性がさまざまな系で調べられ，変異原活性の抑制作用が報告され

表3 Effect of Photo-irradiating Pheophorbide *a* and Related Compounds on Their Inhibition of EBV Activation [a, 21]

Compound	% Inhibition (% cell viability)	
	Without Irradiation	With irradiation
Pheophorbide *a* (1, 0.5 μ M)	18±7(92)	29±10[b] (73)
10-OH-Pheophorbide *a* (6, 0.5 μ M)	0±3(75)	2± 8[b] (79)
Cu-Pheophorbide *a* (7, 50 μ M)	82±5(94)	78± 5[b] (79)

a) Date are the means of 2 experiments
b) Statistically notsignificant when compared with the data without irradiation by Student t-test

第2編　動・植物化学成分の有効成分と素材開発

ている。その詳細はクロロフィリンの食品添加物や薬としての利用などとともに早津らにより解説されている[2]。

ポルフィリン関連化合物が示す光増感作用とがん細胞への集積作用を利用した新しいがん治療法の可能性が, 1975年にDoughertyらにより示されて以来, わが国でも新しい光増感剤の開発が行われ, フェオフォルビドa誘導体であるPH-1126（図6）が開発された[27]。その後, フェオフォルビド関連化合物を利用した"Photodynamic therapy（光力学的治療）"の基礎および臨床研究が活発に行われている[27〜29]。肺がん, 胃がん, 食道がんなど限られたものにではあるが, 治療に使えるようになったことは朗報である。

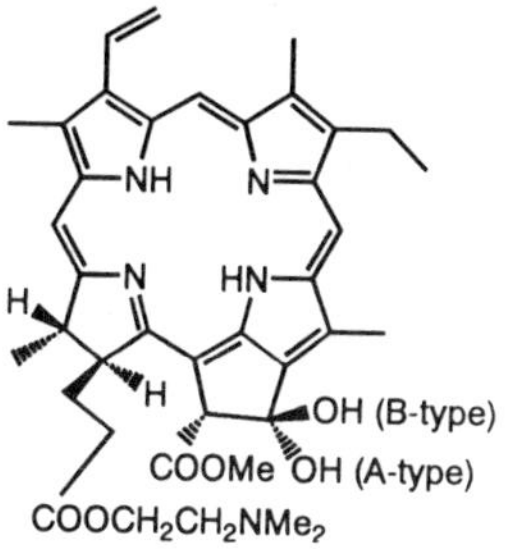

図6　PH-1126の化学構造

強い抗酸化活性を示したアサリなどの貝類の抽出物から, われわれが単離した抗酸化物質の主なものは, 植物プランクトン由来のクロロフィルの新規代謝産物であった。大型海藻からもトコフェロールよりも強い抗酸化成分としてクロロフィル関連化合物が単離されている。クロロフィルやクロロフィリン誘導体は食品添加物や医療目的に古くから使用されてきており, またクロロフィルを多量に含む野菜類の摂取が有意に発がん頻度を低下させていることが疫学的に知られている。クロロフィル関連化合物は抗変異原性や抗炎症作用, 抗発がんプロモーター活性などが報告されているが, クロロフィルの分解物などの多くのポルフィリン関連化合物は, 上述のように暗所では強い抗酸化活性を示すが, 明所では酸化を促進することが明らかにされている。クロロフィル関連化合物のこのような相反する作用が生体内では実際にはどのよう働いているのか少しずつ明らかにされつつあり, 新しい視点からの研究による飛躍的な発展が期待される。

文　献

1)　根岸友恵, 早津彦哉, 「がん予防食品の開発」, 大澤俊彦編, p. 165(1995)
2)　根岸友恵, 早津彦哉, 「がん予防食品の開発」, 大澤俊彦編, p. 165-174, シーエムシー(1995)
3)　a)富金原孝, 田嶋修, 松浦栄一, 山田幸二, 農化誌, 54, 721-726(1980); b)木村修一, 薬学雑誌, 104, 423-439(1984); c)木村修一, 皮膚, 33, 8-18(1991)
4)　遠藤泰志, 化学と生物, 25, 360-361(1987)
5)　坂田完三, 「がん予防食品の開発」, 大澤俊彦編, p. 240-249, シーエムシー(1995)

6) 西堀すき江, 並木和子, 家政学雑誌, 36, 845-850 (1985)
7) K. Fujimoto, T. Kaneda, *Bull. Japn. Soc. Sci. Fish.*, 46, 1125-30 (1980)
8) 西堀すき江, 並木和子, 家政学雑誌, 39, 1125-30 (1988)
9) A.H. Cahyana, Y. Shuto, Y. Kinoshita, *Biosci. Biotech. Biochem.*, 56, 1533-1535 (1992)
10) R. Stocker, Y. Yamamoto, A.F. McDonagh, A.N. Glazer, B.N. Ames, *Science*, 235, 1043-1046 (1987)
11) A.H. Cahyana, Y. Shuto, Y. Kinoshita, *Biosci. Biotech. Biochem.*, 57, 680-681 (1993)
12) A.H. Cahyana, Y. Shuto, Y. Kinoshita, *Biosci. Biotech. Biochem.*, 57, 1753-1754 (1993)
13) B. Le Tutour, C. Brunel, F. Quemeneur, *New J. Chem.*, 20, 707-721 (1996)
14) K. Sakata, K. Yamamoto, N. Watanabe, Food phytochemicals for cancer prevention II. ACS Symposium Series 547, eds. C. Ho, T. Osawa, M. Huang, R.T. Rosen, p. 164-182, American Chemical Society, Washington, DC (1994)
15) 坂田完三, 山本憲一, 石川博巳, 渡辺修治, 衛藤英男, 八木昭仁, 伊奈和夫, 第32回天然有機化合物討論会講演要旨集, p. 57-64, 千葉 (1990)
16) N. Watanabe, K. Yamamoto, H. Ishikawa, A. Yagi, K. Sakata, L.S. Brinen, J. Clardy, *J. Natural Prod.*, 56, 305-317 (1993)
17) P. Karuso, P.R. Bergquist, J.S. Buckleton, R.C. Cambie, G.R. Clark, C.E.F. Rickard, *Tetrahedron Lett.*, 27, 2177-2178 (1986)
18) L. Ma, D. Dolphin, *J. Org. Chem.*, 61, 2501-2510 (1996)
19) Y. Endo, R. Usuki, T. Kaneda, *J. Am. Oil Chem. Soc.*, 62, 1387-1391 (1985)
20) Y. Endo, R. Usuki, T. Kaneda, *J. Am. Oil Chem. Soc.*, 61, 781-784 (1984)
21) Y. Nakamura, A. Murakami, K. Koshimizu, H. Ohigashi, *Biosci. Biotech. Biochem.*, 60, 1028-1030 (1996)
22) H. Nishino, A. Nishino, J. Takayasu, T. Hasegawa, *J. Kyoto Pref. Univ. Med.*, 96, 727-728 (1987)
23) M.T. Huang, R.C. Smart, C.Q. Wong, A.H. Conney, *Cancer Res.*, 48, 5941-5946 (1988)
24) Y. Nakamura, A. Murakami, K. Koshimizu, H. Ohigashi, *Cancer Lett.*, 108, 247-255 (1996)
25) 廣田満ほか, 1993年度日本農芸化学会大会講演要旨, p. 208, 仙台 (1993)
26) M. Kuwabara, T. Yamamoto, O. Inanami, F. Sato, *Photochem. Photobiol.*, 49, 37-42 (1989)
27) 三好憲雄, 石原聖也, 久住治男, 福田優, フリーラジカルの臨床, 9, 38-45 (1995)
28) T. Saito, J. Hayashi, H. Kawabe, K. Aizawa, *Med. Electron Microsc.*, 29, 137-144 (1996)
29) B.W. Henderson, D.A. Bellnier, W.R. Greco, *Cancer Res.*, 57, 4000-4007 (1997)

10 レモンフラボノイド

三宅義明*

10.1 緒言・研究動向

レモン（学名：*Citrus limon* BURM. f.）は，カンキツ属シトロン区レモン亜区に属し，原産地はインドのヒマラヤ東部山麓，または中国東南部からビルマ北部と推定され，現在ではアメリカ・カリフォルニア，イタリア，スペイン，アルゼンチンなどで生産されており，世界各国で賞味されている柑橘果実の1つである。レモンの効能については昔より知られていたが，アスコルビン酸の壊血病予防効果や，またレモン果汁に多く含有して爽やかな酸味を出すクエン酸には，疲労回復効果の報告もある[1]。

一方，レモンをはじめ柑橘類には，多くのフラボノイド化合物が含まれている。柑橘類に含まれるフラボノイドをアグリコンの基本構造で分類すると，フラボン，フラバノン，フラボノール，アントシアニンの4つのグループに分けられる。その中でもフラバノンが多く含まれ，オレンジ類に多いヘスペリジン，ナリルチンや，グレープフルーツジュースの苦み成分であるナリンジンがあげられる[2]。ヘスペリジンはバイオフラボノイドやビタミンPとも言われ，毛細血管の強化作用があることが知られているが，この他，抗アレルギー作用，抗ウイルス作用が確認され，ナリンジンには抗炎症作用が認められている[2]。最近の研究では，柑橘類に特有のフラボノイドであるノビレチンやタンゲレチンは，高度にメトキシ化されているのが特徴で，抗ヒスタミン，抗アレルギー作用，抗がん作用が報告されている[3,4]。また，ウンシュウミカンやオレンジから見出されているC-グルコシルフラボンには血圧降下作用の報告もある[5]。さらに，フラボノイド類がマウス白血病細胞を正常細胞の性質をもった細胞に変化（分化誘導）させるという報告もある[6]。

このように，柑橘類のフラボノイドの機能性研究が行われてきているが，ここでは柑橘類の中でもレモンのフラボノイド化合物を取り上げ，抗酸化性からレモンフラボノイドの機能性を追究した。抗酸化成分には，生体内で活性酸素・フリーラジカルを消去して過酸化脂質の生成を抑制する作用があり，酸化ストレスに起因するがん，動脈硬化，糖尿病の合併症などといった生活習慣病の予防効果があり，注目されている。そこで，レモンに含まれるフラボノイドの抗酸化成分を検索し，その特性や機能性を追究した。

10.2 抗酸化成分エリオシトリン

レモン果実には抗酸化成分のアスコルビン酸が多く含まれているが，これは食品の品質劣化を

---

* Yoshiaki Miyake ㈱ポッカコーポレーション　中央研究所

防止する抗酸化剤として利用され，また，生体内では酸化ストレスの除去機能をもつことが知られている[7]。今回は，アスコルビン酸以外の抗酸化成分を，レモンに含まれるフラボノイド化合物から検索した。果汁搾汁後に産出される搾汁粕(果皮)を熱水で抽出し，これを逆相樹脂カラムクロマトグラフィーに供して吸着部分を濃度変化させた有機溶媒で溶出することにより，分画操作を行った。次に，リノール酸を基質とした抗酸化測定を行い，抗酸化活性の高い画分(40%メタノール溶出画分)を得た。さらに，逆相カラムの分取高速液体クロマトグラフィーを用いて抗酸化成分を単離し，核磁器共鳴スペクトル(^{1}H-NMR, ^{13}C-NMR)などの機器分析から，フラボノイド化合物のエリオシトリン(eriodictyol β-7-rutinoside)を構造決定した(図1)[8]。フラボノイドのC環の特徴からフラバノンに分類されるが，アグリコンのエリオディクティオール7位にルチノースが結合したフラバノン配糖体である。この成分については，レモン果実内の存在は以前より知られていたが，今回初めて抗酸化効果が見出された。

エリオシトリンは水，エタノールに可溶であり，0.05%水溶液の呈味は少し苦みを感じるが，グレープフルーツ・ナツミカンなどの苦味成分であるフラボノイド化合物のナリンジンと比べて苦みは弱かった。また，弱酸性(pH3.5)溶液で121℃，15分の熱処理でもほとんど成分変化はなく，熱に安定であった。さらに，エリオシトリンは，抗酸化成分として知られるα-トコフェロールとの相乗効果があり，また，クエン酸の併用により抗酸化効果の向上も認められた。

エリオシトリンのレモン果実内の分布を高速液体クロマトグラフィーで調べたところ，果皮部分に100g当たり約200mg，果汁には100g当たり約20mg，種子にはほとんど存在しなかった。この成分は特に果皮部分に多く含量しており，果汁中の含量はアスコルビン酸量のほぼ1/2と多く含まれる成分である。他の柑橘類については，オレンジ類やグレープフルーツなどにはほとんど存在しなく，レモン・ライム果実に特有に多く存在する成分であった。

10.3 レモン果実に含まれる抗酸化フラボノイド化合物

レモン果実には多種のフラボノイド化合物が存在しており，これらについての抗酸化性を調べた。レモン果皮部分にフラボノイド化合物が多く含まれるため，エリオシトリンと同様な方法で果皮からフラボノイド化合物の単離精製を試みた。そして，機器分析(H-NMR, ^{13}C-NMR，質量分析)より，6,8-ジ-C-β-グルコシルジオスミン(DGD)，6-C-β-グルコシルジオスミン(DG)を単離した[9]。また，果皮抽出物のHPLC分析により，ネオエリオシトリン，ナリルチン，ナリンジン，ヘスペリジン，ネオヘスペリジン，ジオスミンを見出した[10]。

そこで，レモン果実に含まれる9成分のフラボノイド配糖体(エリオシトリンを含めて)に着目した(図1)。次に，フラボノイド配糖体9成分について，リノール酸(図2)，リポソーム膜，ウサギ赤血球ゴースト膜を用いた抗酸化測定から抗酸化活性を調べた[5]。これらフラボノイド化

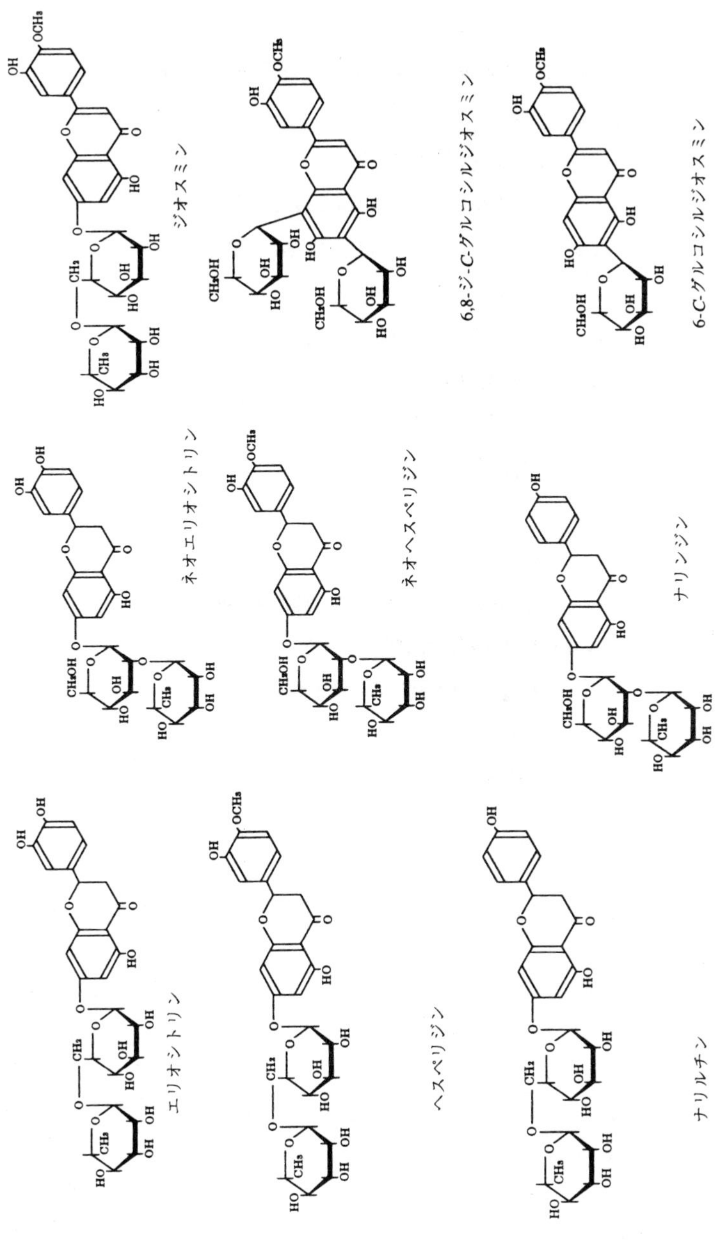

第2編 動・植物化学成分の有効成分と素材開発

図1 レモンフラボノイド

(ジオスミン、6,8-ジ-C-グルコシルジオスミン、6-C-グルコシルジオスミン、ネオエリオシトリン、ネオヘスペリジン、ナリンジン、エリオシトリン、ヘスペリジン、ナリルチン)

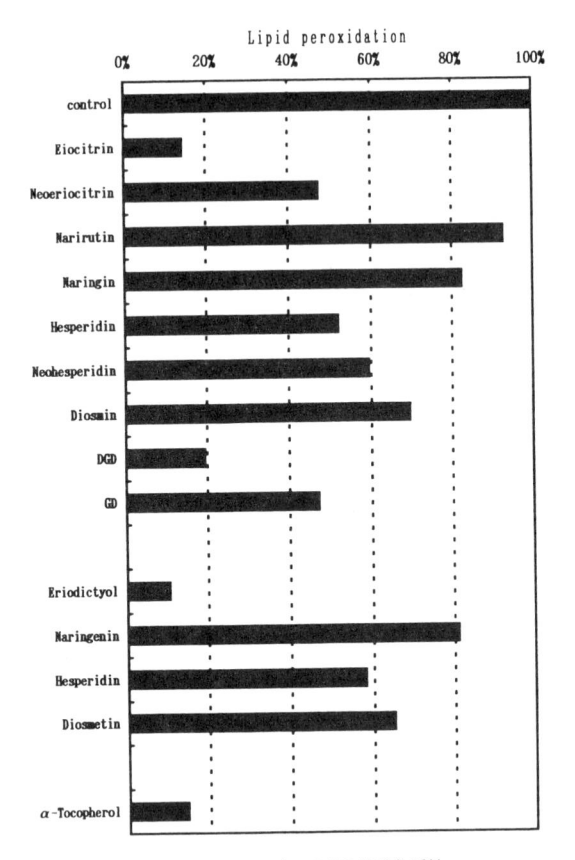

図2 レモンフラボノイドの抗酸化活性

合物の中で，エリオシトリンの抗酸化活性は一番高く，次にネオエリオシトリン，DGDであり，他の化合物は活性を有するが低かった。また，これらフラボノイド配糖体のアグリコンの抗酸化活性を調べたところ，エリオシトリン，ネオエリオシトリンのアグリコンであるエリオディクティオールの活性が高った。構造から推測すると，抗酸化活性が高かったエリオシトリン，ネオエリオシトリン，エリオディクティオールは，フラボノイドA環部分の3'位と4'位に近接する2個の水酸基を有することが特徴であり，これが抗酸化活性に起因していると推測している。

レモン果実より単離されたフラボノイド配糖体のレモン果実内の分布を調べたところ，果汁より果皮に多く存在しており，エリオシトリン，ヘスペリジンは多く，DGD，ナリルチン，ジオスミンが次に多く含まれ，ネオヘスペリジン，ナリンジン，GD，ネオヘスペリジンは微量成分で

第2編 動・植物化学成分の有効成分と素材開発

表1 レモンフラボノイドの分布

	concentration (mg/100g)				
	Eriocitrin	Neoeriocitrin	Narirutin	Naringin	Hesperidin
Juice	12.1	trace	0.2	n.d.	8.9
Peel	280	1.5	9.4	trace	173
Seed	trace	n.d.	trace	n.d.	n.d.

	concentration (mg/100g)			
	Neohesperidin	Diosmin	DGD	GD
Juice	n.d.	1.3	4.9	trace
Peel	trace	26.2	33.9	5.1
Seed	n.d.	trace	n.d.	n.d.

trace:<1 ppm, n.d.:not detected, DGD:6, 8-di-C-β-glucosyldiosmin, GD:6-C-β-glucosyldiosmin

あった（表1）。また，オレンジやグレープフルーツなどの他の柑橘果実との比較から，レモン・ライムに特有に含まれる成分はエリオシトリン，DGD，GDであった。以上のことから，エリオシトリンはレモンフラボノイドの中でも多く含まれており，高い抗酸化活性をもつレモンフラボノイドであった。

一方，レモンに特徴的に存在するフラボン類のDGD，GDには，高血圧自然発症ラットへの静脈投与実験から血圧降下作用の報告がある[11]。また，私たちは高血圧自然発症ラットへの経口投与実験から，レモン果汁のフラボノイド粗精製物に血圧上昇抑制効果を確認している[12]。レモンフラボノイドは，抗酸化作用と同時に血圧上昇抑制作用も保有しており，多機能成分であると推測している。

10.4 エリオシトリン代謝過程の推測

食品由来の抗酸化成分が，酸化ストレスによる生活習慣病などの疾病への予防に作用することを実証するためには，経口投与により体内に入った抗酸化成分がどのように代謝され，どの程度吸収されるか，また，抗酸化成分とその代謝成分の酸化ストレス抑制のメカニズムを解明することが重要な課題としてあげられている。緑茶カテキンの抗酸化成分などについて，体内吸収性や代謝過程の研究が進行している。

そこで，レモン抗酸化成分のエリオシトリンについて体内での酸化ストレス抑制作用のメカニズムを解明することを目指して，エリオシトリン摂取後，体内で最初に代謝されると思われる腸内細菌の影響を調べてその代謝過程を検討した[13]。腸内細菌として，バクテロイデス属，ビフィドバクテリウム属，クロストリジウム属，ラクトバチラス属，ステロプトコッカス属などの19種

成人病予防食品の開発

を使用した。エリオシトリンおよびそのアグリコンのエリオディクティオールを添加した適性培地に，各腸内細菌を培養し成分変化を調べた。クロストリジウム属を除く細菌については，エリオシトリンからアグリコンのエリオディクティオールが生成されていた。また，エリオディクティオールを代謝する細菌もあり，代謝物は分析機器により3,4-ジヒドロキシヒドロケイ皮酸 (3,4-dihydroxyhydrocinnamic acid ; 3,4-DHCAと略す) と同定した。

さらに，3,4-DHCAは，ヒトの糞中から単離した腸内細菌においても生成されることを確認し，エリオシトリンは，腸内細菌によりアグリコンのエリオディクティオールへ，さらに3,4-DHCAへと代謝される過程を推定した（図3）。エリオディクティオールから3,4-DHCAの生成の際に，構造から判断するとフロログルシノールが生成されると考えられるが，今回の実験では細菌への資化性が速いためか検出できなかった。エリオシトリンとその代謝物について，リノール酸を基質としたロダン鉄法や，ウサギ赤血球を用いたゴースト膜を用いて抗酸化測定したところ，エリオディクティオールの抗酸化活性が一番強く，3,4-DHCAとフロログルシノールは，エリオシトリンより弱かったが活性を保持していた。エリオシトリンは腸内細菌に代謝された後でも活性をもつことが確認された。

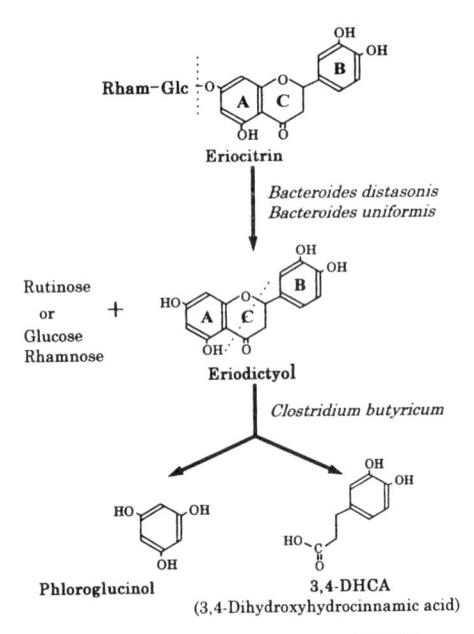

図3 エリオシトリンの腸内細菌による代謝過程

今後は，エリオシトリンの in vivo レベルでの代謝過程を検討し，体内でどの代謝過程の段階で吸収されて抗酸化性を発現するかなどを検討していく予定である。

10.5 抗酸化測定；LDL（Low Density Lipoprotein）酸化抑制

生活習慣病の1つである動脈硬化の原因は，低比重リポタンパク質（LDL）が酸化されることにより生じることがわかってきた。そこで，レモンフラボノイドの動脈硬化予防効果を調べることを目的に，in vitro 実験からレモンフラボノイドのLDL酸化抑制効果を調べ，動脈硬化予防の可能性を調べた（表2に示す）[9]。エリオシトリンとその代謝物については，LDLの酸化誘導時間（lag-time）が長く，LDLの酸化を抑制していた。これは，レモン果実に含まれる他のフラボノイド配糖体や，抗酸化剤のα-トコフェロールやBHAと比べても活性が高った。また，LDLの抗酸化効果が知られている緑茶カテキンのEGCgとほぼ同等であった。今後は in vivo の検討が必要であるが，エリオシトリンには動脈硬化予防の効果が期待できる。

表2 レモンフラボノイドのLDL酸化抑制活性

		Lag-time (min)			Lag-time (min)
control		10min	0.5 μM	Hesperidin	20min
0.5 μM	Eriocitrin	450min	0.5 μM	Neohesperidin	30min
0.5 μM	Neoeriocitrin	550min	0.5 μM	Hesperetin	20min
0.5 μM	Eriodictyol	430min			
0.5 μM	3,4-DHCA	360min	0.5 μM	Narirutin	20min
0.5 μM	Phloroglucinol	340min	0.5 μM	Naringin	20min
			0.5 μM	Naringenin	20min
0.5 μM	Diosmin	20min			
0.5 μM	DGD	40min	0.5 μM	EGCG	430min
0.5 μM	GD	30min	0.5 μM	BHA	30min
0.5 μM	Diosmetin	110min	0.5 μM	α-Tocopherol	20min

DGD:6,8-di-C-β-glucosyldiosmin, GD:6 C-β-glucosyldiosmin, EGCG:(－)-epigallocatechin gallate, BHA:butylated hydroxyanisole

以上のように，レモン果実に含まれるエリオシトリンなどの抗酸化成分から，レモンフラボノイドの機能性を追究してきた。今後は，さらに生活習慣病の予防効果を追究していくことを目指しており，エリオシトリンの体内吸収後の物質代謝や，生体内の抗酸化メカニズムを解明し，レモンフラボノイドの有用性を酸化ストレス抑制作用から追究していきたいと考えている。

文　献

1) S.Saitoh et al., *J. Nutr. Sci. Vitaminol.*, 29, 45-52, (1983)
2) 岩科司, 食品工業, 29, 52-70 (1994)
3) M.E.Bracke et al., Food Technology, 48, 121-124 (1994)
4) Jr.E.Middlenton et al., Food Technology, 48, 115-119 (1994)
5) A. Sawabe et al., *J. Jpn. Oil Chem. Soc.*, 38, 53-59 (1989)
6) S. Sugiyama et al., *Chem. Pharm. Bull.*, 41, 714-719 (1993)
7) R. A. Jacob, *Nutrition Research*, 15, 755-766 (1995)
8) Y. Miyake et al., *Food Sci. Technol. Int. Tokyo*, 3, 84-89 (1997)
9) Y. Miyake et al., *J. Agric. Food Chem.*, 45, 4619-4623 (1997)
10) Y. Miyake et al., *Food Sci. Technol. Int. Tokyo*, 4, 48-53 (1998)
11) H. Kumamoto et al., *Nippon Nogeikagaku Kaishi*, 59, 667-682 (1985)
12) Y. Miyake et al., *Food Sci. Technol. Int. Tokyo*, 4, 29-32 (1998)
13) Y. Miyake et al., *J. Agric. Food Chem.*, 45, 3738-3742 (1997)

第3章 動物・微生物由来素材の機能と開発

1 プロポリス

金枝　純*

1.1 はじめに

プロポリス食品は日本健康・栄養食品協会制定の42番目の健康食品として，1995年6月1日に規格基準が公示された食品である。素材となるプロポリスの原塊は，ミツバチによって収集された特定の植物の樹脂や樹液を主成分とし，ミツロウと練り合わされたものである。なお，プロポリスを生産するミツバチはセイヨウミツバチであって，トウヨウミツバチは樹脂を採取せずプロポリスを生産しない。

プロポリスには広い範囲の薬理効果が認められるが，その反面副作用はほとんど認められない。このことについて，プロポリスの薬理作用の多くが活性酸素消去作用や免疫増強作用などのプロポリスの生理活性に由来すると考えると理解しやすい。

1.2 プロポリスの起源植物

セイヨウミツバチがプロポリスの原料として採集してくる樹液や樹脂は，巣箱の周辺にある多くの植物の中から特定の数種が選ばれていることが報告されている。

起源植物の同定にはミツバチの樹脂・樹液採取現場の確認とプロポリスと樹脂・樹液の成分の分析比較が必要である。

(1) 確認されている起源植物

旧ソビエトでの研究では，約90検体のプロポリスの95%がカバノキ，ポプラまたはその混合であったと報告されており，日本においても玉川大学・中村らの研究報告[1]で，実験蜂場周辺の80種以上の樹木の中でミツバチが樹液を採集したのは，ポプラとシラカンバの2種だけであったと報告している。

(2) ブラジル産プロポリスの起源植物

プロポリス生産者などによると，ブラジル産プロポリスの植物源はユーカリやアレクリン，バラナマツなどが起源植物であると言われている。これらの植物がプロポリスの起源植物であると科学的な方法で確認されてはいないが，少なくとも，ブラジル特有の植物がプロポリスの起源植

---

* Jun Kanaeda　アピ㈱　顧問

物になっていると思われる。すなわち，他の地区でプロポリスの起源植物とされるシラカバやポプラはブラジルにはほとんどみられない。また，ブラジル産のプロポリスは，世界の他地区のプロポリスと原塊の物性（色，匂い，抽出収量）や成分の分析（特にフラボノイドの種類とその量）に違いが認められる。

これらの事実から，植物相の特異な地域に導入されたミツバチがシラカバやポプラの代替えとして選択したのが，ユーカリ，アレクリンなどの植物ではなかろうかと推定される。

(3) 選択基準と生理活性の共通性

前述のように，ミツバチは無数の植物の中からわずか数種の植物を選択している。ミツバチにとって必要な何らかの理由があり，この必要性に応じた選択基準があるに違いない。一方で，地域が異なり起源植物が異なるプロポリスであっても，その薬理効果や生理活性の多くに基本的な共通性がある。

これらのことから，ミツバチの樹液選択基準がプロポリスの成分に共通性を与え，さらに薬理効果や生理活性に基本的な共通性を与えているものと考えられる。

1.3 プロポリスの組成・成分

(1) 一般組成

プロポリスは，働きバチが集めた樹脂と自ら分泌するミツロウを主成分とし，少量の蜂蜜や花粉が混入して作られている。その組成については表1のような報告例[2,3]がある。

(2) 栄養成分組成

プロポリスの栄養成分の約1/2が脂質で2/5が糖質であり，タンパク質はわずかしか含まれていない。これについて，川村[4]によってプロポリスの分析例（表2）が紹介されている。

微量成分についてはビタミンB群および多種類のミネラルの存在が報告されている。Donadieu[5]によると，ビタミンではプロビタミンAおよびBグループ特にB_6，ニコチンアミド，ミネラル

表1

報告者名 報告年	Cizmarik & Matel 1970	Donadieu 1987
ミツロウ	30%	25〜35%
樹脂類 　膠状物質・芳香油	55%	50〜55%
精油・揮発油	10%	8〜10%
花　粉	5%	5%
各種のミネラル		5%

表2　プロポリス製品の分析例[4]

栄養成分		ビタミン	
タンパク質	1.5%	B_1	0.01mg/100g
脂　肪	47.0%	B_2	0.12mg/100g
繊　維	3.3%	B_6	0.10mg/100g
糖　質	19.0%	E	3.8 mg/100g
灰　分	26.4%	葉　酸	7 mg/100g
水	2.8%	パントテン酸	0.08mg/100g
		イノシトール	6 mg/100g
		ニコチン酸	0.21mg/100g
		ビオチン	1.7 mg/100g
ミネラル			
マンガン	16.2 ppm		
リン	37.1 mg/100g		
鉄	172 mg/100g		
カルシウム	3360 mg/100g		
カリウム	114 mg/100g		
マグネシウム	2470 mg/100g		
銅	8.39ppm		
ケイ素	1980 mg/100g		
フラボノイド			
クリシン	3300mg/100g		
カランギン	2200mg/100g		
アピゲニン	170mg/100g		
ケンフェロール	190mg/100g		
アカセチン	410mg/100g		
イソラムネチン	89mg/100g		
ケルセチン	75mg/100g		

（日本食品分析センターによる）

にはアルミニウム，バリウム，ホウ素，クロム，コバルト，銅，鉄，鉛，マンガン，モリブデン，ニッケル，セレニウム，シリコン，銀，ストロンチウム，チタニウム，バナジウム，亜鉛があげられている。

(3) 生理活性成分

プロポリス中の生理活性成分としては，抗酸化作用のある化合物にフラボノイドやカフェ酸・桂皮酸などのフェノール酸とそのエステルなどがあり，抗菌力のある化合物には安息香酸や抗生物質であるアルテピリンCなどがある。殺がん物質としては，新規化合物のクレロダン系ジテルペンやカフェ酸フェネチルエステルなどが松野によって報告[6]されている。

なかでも多くの薬理作用が知られているフラボノイドは，生理活性成分としてはきわめて高い数％という量が含まれている。Parkら[7]はHPLCにより定量分析して次のようなフラボノイドを

報告している。

Qurcetin,Kaemperol,Apigenin,Rhamnetin, Isorhamnetin,Sakuranetin,Isosakuranetin, Chrisin,Acacetin,Galangin

岩科[8]によれば、フラボノイドは陸上の高等植物だけがもつ化合物で、植物体の各部に存在する。通常は配糖体であるが、プロポリスに含まれているフラボノイドは糖のないアグリコンであることが特徴で、葉とか芽の分泌液やワックス中のフラボノイドと考えられる。

1.4 プロポリス抽出物の製造方法

プロポリス食品の原料素材としては通常、原塊からエタノールまたは水などの溶媒によって抽出された抽出物が用いられている。ミツバチの巣箱から採取されたプロポリス原塊は、まず異物を選別除去し、必要により水あるいはエタノールで洗浄した後粉末化する。このままでハードカプセルに封入した健康食品もあるが、通常はプロポリス中の可溶成分を、溶媒たとえば水またはエタノールで抽出した抽出液またはその乾燥粉末をプロポリス食品の素材として使用する。

次に溶剤別の抽出法について説明する。

(1) エタノール抽出

エタノール抽出はプロポリスの最も一般的な抽出方法であって、通常は無水または95％のエタノールが使用される。水抽出成分を同時に多量に抽出するために70％前後の含水エタノールを使用することもあるが、水分が多くなると濾過や遠心分離の作業性が悪くなるだけでなく、エタノール可溶性成分の抽出が悪くなるおそれが大きい。

エタノール抽出では多種類のフラボノイドや芳香属化合物などプロポリス成分に特徴的な樹脂由来の成分が抽出される。藤本[9]によれば、エタノール抽出によって得られる抽出物の収量は原料のプロポリスの産地、品質や抽出条件によって異なるが、およそ45～75％である。

一般的なエタノール抽出では、前処理により粉末化されたプロポリスに数倍容量のエタノールを添加して長時間放置して可溶成分を十分に溶解した後、濾過または遠心分離によって抽出液を得る。加温または攪拌により抽出時間を短縮させる方法もある。

数カ月以上の長期間をかけて木の樽の中で抽出する特殊な方法もある。この場合は洋酒の熟成のように味覚向上効果や色調などの改善効果が期待できるが、抗酸化作用が減少したり、成分の一部、たとえばフラボノイドのように溶解性の低い成分や変質しやすい成分が沈殿除去されるおそれもあるので、これらの点に配慮が必要である。

エタノール抽出液は濃度を調整して、そのままでも健康食品の製品となるが、デンプンや乳糖などの粉末化素材と混合後乾燥して粉砕して、加工用の粉末となる。

(2) 水抽出

1994年から1995年にかけて、鈴木らの一連の学会発表[10]により、水抽出プロポリスのゲル濾過画分に免疫賦活作用や抗腫瘍作用が認められると報告されて、一躍注目されるところとなった。

鈴木らの研究の有効成分はタンパクまたは糖タンパクと考えられている。HPLCなどの分析ではアミノ酸、脂肪族や芳香族の有機酸、糖タンパクなどの存在が認められており、抽出固形分の収量はブラジル産プロポリスで10％前後と比較的多いが、その他の産地の場合は2～3％前後にすぎない。

水抽出物には、エタノール抽出で多量に抽出されるフラボノイド類はほとんど抽出されない。一般的には前処理で粉砕されたプロポリス原塊に数倍量の温水を加え数時間攪拌した後、遠心分離または濾過により水抽出溶液を分離する。温水の温度は通常50℃前後で、熱水は活性成分の変性のおそれがあるので通常は用いられない。

前処理としてエタノール処理をすると水溶性成分の一部がエタノールに移行するが、プロポリスの原塊をほぐして抽出しやすくなる効果があり、殺菌効果も期待できる。水溶液を減圧濃縮して凍結乾燥すれば水抽出プロポリス粉末が得られる。

(3) 超臨界抽出（液化二酸化炭素抽出）

高圧・低温の超臨界状態で液化している二酸化炭素を溶媒として抽出する方法である。高圧下で液体とされた二酸化炭素がプロポリス中の油性成分を溶解し、減圧されると二酸化炭素は蒸発して気体となり、溶解した油性成分が残る。

佐藤ら[11]によれば、二酸化炭素はエタノールよりさらに極性の低い溶媒として働くので、プロポリス中の香気成分など極性の低い油性成分をよく抽出する特徴があり、生理活性作用も強いという。

反面、極性の高い糖質や糖タンパク、アミノ酸などの水溶性成分はほとんど抽出できない。またフラボノイド類の抽出率も低い。

(4) ミセル化抽出

界面活性剤を用いて、水系溶媒で油性成分をミセル化して抽出する方法である。

ミセルとは牛乳中の油脂のように界面活性物質によって水系中に分散された微粒子のことで、油性成分粒子の表面は界面活性物質の分子膜によって覆われて安定化した微粒子となって乳化する。すなわち、ミセル化抽出とはプロポリス中の油脂成分を乳化して取り出す方法である。

エタノール抽出と比べると水溶性成分の抽出力は高いが、フラボノイドなど極性の低い成分の抽出力は低い。

1.5 プロポリス製品

健康食品としての形態は，エタノール溶液（水などで薄めて飲む），錠剤，ソフトカプセル，清涼飲料ドリンクなどがある。健康食品としての摂取目安量は1日当たり500mg程度である。通常の食品形態では，独特の香りを生かした飴やチューインガムなどが作られ販売されている。

プロポリス食品の規格基準には日本健康・栄養食品協会のプロポリス食品規格基準[12]と業界団体である日本プロポリス協議会のプロポリス抽出液（エタノール抽出液）の自主規格基準および表示基準[13]がある。

1.6 生理活性および薬理作用

プロポリスの薬理作用については，①抗菌作用，②抗炎症作用，③免疫増強作用がよく知られ，最近は④抗腫瘍作用についての報告が相次いでなされている。

プロポリスの生理活性については，①活性酸素消去作用あるいは抗酸化作用，②免疫促進・増強作用，③ヒャウロニダーゼ活性阻害作用，④ヒスタミン遊離阻害作用などが報告されている。本書のテーマである抗酸化作用はエタノール抽出物および水抽出物のいずれにも認められる。

このことからプロポリス中には複数の抗酸化物質が存在することが推定される。たとえば，プロポリス中に確認されている抗酸化性の化合物として多種類のフラボノイドや芳香族エステルが知られていて，その薬理作用の研究も行われている。直接的に疾病の原因に作用して薬理効果を現す医薬化合物は通常，ある程度の毒性と副作用を伴うが，プロポリスの薬理作用報告にはほとんど副作用が認められない。

このことからもプロポリスが直接的に病原菌やウイルス・がん細胞などを攻撃することよりも，活性酸素の消去作用で，細胞や組織の損傷を低減したり，免疫増強作用で体の防御機構を活性化することで免疫細胞に病原菌やウイルス・がん細胞などを選択的に攻撃させる間接的な働きをしていることが多いのではないかと思われる。

近年になって，プロポリス食品の生理活性や薬理作用に興味を抱いた薬学・医学部門の研究者たちによって研究が始められ，数多くの生理活性と薬理作用の研究の成果が学会や学術誌・健康関連雑誌などに発表・報告されるようになり，プロポリスが健康食品のみならず，臨床現場で治療に医薬品の補助としての価値があるとの評価すら生まれつつある。たとえば，プロポリスの生理活性または薬理作用に関し，松香・中村[14]らは1985年から1996年の約10年間の日本における学会や学術誌などでの発表21件を抄録している。この抄録に記載された作用の種類は次のとおりである。

抗癌・抗腫瘍作用，抗炎症効果，胃潰瘍防御作用，毛再生促進作用，抗う蝕効果，マクロファージ活性化作用，サイトカイン誘導能，血糖上昇抑制作用，ヒャウロニダーゼ阻害活性，門脈血流

に及ぼす影響，抗菌作用，抗ウイルス作用，抗ヘリコバクター・ピロリ活性，抗MRSA活性である。

このような報告を参考として，次にプロポリスの生理活性，薬理作用とその成分化合物について最近の研究の要旨を紹介する。

(1) 活性酸素消去能

松重ら[15]は，プロポリスとスズメバチの巣を乾燥した露蜂房（漢方薬）との間に薬理作用と適応領域の共通点を見出し，フリーラジカル消去作用がプロポリスの薬効に関与していると考えて，両者の活性酸素（DPPHラジカル，スーパーオキシドアニオンラジカル，スーパーオキシドアニオン）消去作用を比較検討した。その結果，両者とも活性酸素消去作用をもつことと，プロポリスの作用が露蜂房のそれに勝ることを見出した。

さらに抽出溶媒の比較では，水溶性の画分に最も強い作用を認めた。すなわち，プロポリスを水，エタノール，メタノール，エーテルで逐次分画して，各画分の活性酸素消去作用の強さを比較した結果を報告している。この報告の結果を不等号で要約してみると，各画分の活性酸素消去作用の強さはおよそ次の順序となる。

水可溶・エタノール不溶画分

≧水可溶画分

＞水可溶・エタノール可溶画分

≧水不溶・メタノール可溶・エーテル可溶画分

＞水不溶・メタノール可溶画分

≧水不溶・メタノール可溶・エーテル不溶画分

プロポリス中の抗酸化作用あるいは活性酸素消去作用のある化合物としては多種類のフラボノイドの存在が知られており，またカフェ酸のエステル類にもこの作用が知られている。

山内[16]はプロポリス中の強い抗酸化物質としてカフェ酸ベンジルエステルを報告している。

(2) 免疫増強作用

プロポリスの免疫増強作用についての記載は多いが，古くはV.P.Kilvalkina[17]らがウサギを用いた一連の実験で，破傷風菌に対する免疫性が対照群の2倍以上に活性化され，死亡率が対照群100％に対し0～60％に低下したと報告している。

松野[18]は，胃がんで胃切除手術後にプロポリス（ミセル抽出）を服用した患者のNK細胞数が1週間後に正常値に回復しその後も上昇したこと，さらにまた，抗がん剤治療で減少する乳がん患者の白血球数が抗がん剤治療を継続しながら，プロポリス投与によって正常数まで回復した例を報告している。

鈴木ら[19]は，ブラジル産プロポリスの水溶性プロポリスおよびそのゲル濾過画分をマウスに

腹腔内注射した実験で，免疫を司るリンパ球の多型核白血球に対する比率（L/P比）がプロポリス投与群では対照群の約2倍に達することを報告し，さらに抗がん剤MMCによる白血球減少を有意に回復する結果が得られたことを報告している。

新井ら[20]は，マウスのColon26細胞の肺転移モデルに対しプロポリスのエタノール抽出物の散剤を静脈注射して肺転移巣数を測定し，対照群の平均値134.0に対して3レベルの投与群で実験した。その結果はプロポリスの投与レベルで異なるが，平均値66.1から94.7の抑制効果を認めたことを報告している。そしてこのがん転移抑制効果についてプロポリスのマクロファージを主体とする免疫担当細胞の活性化作用によるものと推定している。

(3) 抗がん・抗腫瘍作用

松野[21]はがん治療にプロポリス（ミセル抽出）の併用が有効であったとして，直腸内黒色腫，腎がん，スキルス胃がん，未分化型膵体部がんのリンパ節転移，膵臓がん，肺がん，膀胱がん，白血病，肝臓がん，前立腺がん，皮膚がん，子宮頸がんなどの例をあげている。

鈴木ら[22]はEhrlich Carcinoma腹水がんを移植したマウスについて，抗がん剤マイトマイシン（MMC）と水溶性（水抽出）プロポリスを併用して，MMC単独使用の腫瘍抑制率72.3％に対し82.0～91.8％と有意（$p < 0.05$）な向上効果を確認し，さらに白血球の減少を回復する効果を報告している。

本木ら[23]は，プロポリス中の抗菌性物質アルテピリンCが白血病細胞に著しい抗腫瘍性効果をもち，医薬品として開発の可能性があると報告している。

(4) 発がん抑制作用

Frenkeiら[24]の研究グループは，プロポリスエキス中の発がん抑制作用を有する物質としてカフェ酸フェネチルエステルを特定した。この物質は毒性が低く副作用がないうえに化学的に容易に合成できるのでがん治療に有望であると期待され，医薬品としての開発が進められている。

(5) 抗菌作用（抗MRSA作用）

プロポリス中には安息香酸やアルテピリンCなどの抗菌力のある化学成分が含まれていることはすでに知られていて，その抗菌作用についての報告は多い。

中野ら[25]はこのアルテピリンCを抗MRSA作用のある物質として報告している。抗生物質耐性菌MRSAが定着し医療現場に院内感染という深刻な事態が起きている現状から，注目される報告である。

(6) 抗アレルギー作用

佐藤[26]は生薬の評価法を応用しヒャウロニダーゼ活性阻害作用とヒスタミン遊離阻害作用の測定によりプロポリスの抗アレルギー作用を評価した。その結果，産地・植物相により活性の強さが異なるが，プロポリスには強いヒャウロニダーゼ活性阻害作用とヒスタミン遊離阻害作用が

認められるので，抗アレルギー作用が期待されると評価している。
　① ヒャウロニダーゼ活性阻害作用
　産地によってヒャウロニダーゼ活性阻害作用の強さ（阻害率）に差がみられ，植物相による差と思われる。なかでもブラジル産のユーカリ，アレクリンが高い阻害率を示した。中国産は産地による阻害率の振れが大きく，ブラジルパラナ松の阻害率は最も低い。
　② ヒスタミン遊離阻害作用
　濃度による影響が大きく，0.1％ではどの検体も阻害率が100％に近く産地による差がないが，0.01％では産地により大きな差があり特に中国産の活性が低い。
　(7) 抗炎症作用（消炎・鎮痛作用）
　松野，峰下ら[27]はマウスに炎症を起こさせて，これにプロポリス（ミセル抽出物）を経口投与して，消炎効果を医薬品のアスピリン，インドメサチンと比較した。その結果，プロポリスにアスピリンと同程度あるいはそれ以上の浮腫抑制作用を認めている。
　マウスの腹腔に酢酸を注射し鎮痛作用をライシング（痛みのための体のばたつき）の観察で比較した。この実験でもプロポリス抽出物がインドメサチン以上の鎮痛作用(抑制効果)を示した。

1.7 安全性

　金枝ら[28]は，マウスを用いた中国産およびブラジル産プロポリスのエタノール抽出物の急性毒性試験（経口投与）の結果を報告している。最高投与量の2,000mg/kgでいずれの被検マウスにも異常が認められず，プロポリスのエタノール抽出物のLD_{50}は，ともに2,000mg/kg以上であると報告している。
　またDonadieu[29]は，プロポリスに関する総説の中で「プロポリス（体重1kg当たり10～15g）を経口投与でイヌ，ラット，モルモットに数カ月間服用させて何らの毒性や病理上の問題は発生していない」と述べている。
　プロポリスの安全性で問題とされるのは接触性の皮膚炎である。プロポリスには殺菌作用と炎症抑制作用があるので，海外では外用のチンキ製剤としても用いられている。ところがまれに接触性の皮膚炎を起こすことがあり，養蜂家の2,000人に5人がプロポリスによる皮膚炎にかかるという報告もある。
　細野ら[30]によると，プロポリスの皮膚炎はプロポリス（抗原）との接触で感作（体内に抗体ができる）され，次の接触で抗原抗体反応によって発症するアレルギー性の接触皮膚炎である。感作の原因となる抗原はプロポリスとは限らず，プロポリス中の化合物と同一または類似の化合物，または，これらを含む天然物のこともある。プロポリスによるアレルギー反応は遅延型に属し，接触数日後に発症するのでプロポリスを抗原と認識せず，発症後の再接触により症状の悪化

することもあり，接触で感作され飲用で発症したと考えられる全身発疹の症例もある。

プロポリスアレルギーにかからない，またはアレルギー症状を悪化させないための留意事項を次に列記する。

① プロポリスを皮膚に塗らないこと。
② アレルギー症状が出たらプロポリスの飲用をただちに中止すること。
③ 症状の改善がなければ皮膚科の医師にかかること(プロポリスが抗原でないこともある)。

文　　献

1) 大澤華代，日本プロポリス協議会会報，No.12, p26-39 (1996)
2) Cizmarik et al., Bees and Beekeeping, Heinem ann Newnes, p.461 (1990)
3) Y. Donadieu, *Honey Bee Science*, 8(2), 72 (1987)
4) 川村賢司，プロポリス健康読本, p.23, 東洋医学舎 (1997)
5) Y. Donadieu, *Honey Bee Science*, 8(2), 67-72 (1987)
6) 松野哲也，ミツバチ科学, 13(2), 49 (1996)
7) Y. K. Park et al., *Arq. Biol. Tecol.*, 40(1), 97-106 (1997)
8) 岩科司，日本プロポリス協議会会報，No.13, p.19-34 (1996)
9) 藤本琢憲，日本プロポリス協議会会報，No.13, p.19-34 (1996)
10) 鈴木郁功ほか，免疫賦活作用(日本薬学会第114年会)，抗炎症作用(第67回日本生化学会)，抗腫瘍作用(第53回日本癌学会)，抗癌剤との相乗効果・副作用軽減(日本薬学会第115年会・第54回日本癌学会)
11) 佐藤利夫，プロポリス健康読本1, p.133, 東洋医学舎 (1997)
12) 健康食品規格基準集(その4)，日本健康・栄養食品協会 (1997)
13) 日本プロポリス協議会自主規格基準，日本プロポリス協議会, No. 10, p. 26 (1995)
14) 松香光夫ほか，プロポリス健康読本1, p.31, 東洋医学舎 (1997)
15) K. Matsushige et al., *J. Trad. Med.*, 12, 45 (1995)
16) R. Yamauti et al., *Biosci. Biotec. Biochem.*, 56(8), 1321-1322 (1992)
17) V. P. Kilvalkina et al., Propolis, Apimondia, p. 104-111 (1978)
18) 松野哲也，プロポリス, p.36-46, リヨン社 (1994)
19) 鈴木郁功ほか，ミツバチ科学, 17(1), 9 (1996)
20) 新井成之，プロポリス健康読本1, p. 66, 東洋医学舎 (1997)
21) 松野哲也，プロポリス, p. 100-139, リヨン社 (1994)
22) 鈴木郁功ほか，ミツバチ科学, 17(1), 11 (1996)
23) 本木ほか，日本医事新報, No. 3726. p. 43-48 (1995)
24) K. Frenkel, D. Grunberger et al., *Cancer Research*, 1255-1261 (1993)

25) 中野真之ほか, ミツバチ科学, 16(4), 175-177(1995)
26) 佐藤利夫ほか, ミツバチ科学, 17(1), 7-13(1995)
27) 松野哲也, プロポリス, p.67-75, リヨン社(1994)
28) 金枝純ほか, ミツバチ科学, 15(1),29-33(1994)
29) Y. Donadieu, *Honey Bee Science*, 8(2), 70(1987)
30) 細野久美子, 日本プロポリス協議会報, No.9, p. 42-54(1994)

追 補 文 献

I ブラジル産プロポリスの起源植物(Baccharis dracunculifolia)
1) M. C. Marcucci & V. Bankova, Current Topics in Phytochemistry, Vol.2, p.115-123(1999)
Chemical composition, plant origin and biological activity of Brazilian propolis
2) 柴田憩, 米田昌浩, 斎藤陽介, 日本昆虫学会第 60 回大会要旨集(2000)
3) E. M. A. F. Bastos et a., *Honey Bee Science*, 21(4)p.179-180(2000)
Microscope characterization of the green propolis produced in Mines Gerais State
4) 濱坂友子, 静岡県立大学食品栄養科学部卒業論文, プロポリスの起源植物に関する研究(2002)
5) Y.K.Park et a., *J, Agric. Food Chem.*, 24 ; 50(9) ; p.2502-2506(2002)
Botanical origin and chemical composition of Brazilian Propolis
6) S. Kumazawa et al., *Foods & Food Ingredient Jounal of Japan*, 209, (2), p.132-140(2004)
Constituent in Brazilian propolis and its Plant Origin

II プロポリスの成分
7) A.H.Banskota,*Journal of Natural Products*, 61(7), p.896-900(1998)
Chemical Constituents of Brazilian Propolis and Their Cytotoxic Activities
8) S.Tazawa et al., *Chemical & Pharmaceutical Bulletin*, 46, p.1477-1479(1998)
Studies on the Constituents of Brazilian Propolis
9) S.Tazawa et al., *Chemical & Pharmaceutical Bulletin*, 47, p.1388-1392(1999)
Studies on the Constituents of Brazilian Propolis II
10) 熊澤茂則, 田澤茂実, 野呂忠敬, 中山勉 ; ミツバチ科学, 21(4), p.164-168(2000)
液体クロマトグラフィー／質量分析法を用いたプロポリス成分の分析
11) K.Midorikawa et al., *Phytochemical Analysis*, 12, p.366-373(2001)
Liquid Chromatography-Mass Spectrometry Analysis of Propolis

III 生理活性
12) S.Kadota et al., *Biotherapy*, 14(10); p.991-998, (Oct. 2000)
Biological Activity of Propolis
13) S.Tazawa et al., *Natural Medicines*, 54(6), p.306-313(2000)
On the Chemical Evaluation of Propolis
14) A.H.Banskota et al., *Phytotherapy Resarch*, 15, p.561-571(2001)
Recent Progress in Pharmacological Resarch of Propolis

IV 薬理学・臨床実験
15) H.Schilcher, 日本レホルムアカデミー協会, p.1-100(2001)
「プロポリスに関する学術論文」ドイツ連邦政府厚生省のE委員会に提出された, プロポリスを生薬製剤として認証を受けるためにまとめられた「薬理学・臨床実験」 (意訳)

2 大豆発酵食品の抗酸化性

江崎秀男 *

2.1 はじめに

近年,日本をはじめとする東アジアの伝統的な大豆発酵食品は世界的にも注目されている。たとえば,アメリカのベジタリアンにおいても,醤油,味噌,テンペなどの消費が順調に伸び続けている。また,"食と健康"という観点からの大豆発酵食品の研究が幅広く行われるようになった。

ところで,この発酵食品の原料となる大豆は栄養価の高い食品であり,また,3次機能(生体調節機能)を示す食品成分も明らかにされつつある[1]。これらの機能性成分を豊富に含む大豆を原料として,多種多様な大豆発酵食品がつくられてきた。これらの食品は,発酵・熟成という過程で,種々の微生物の働きにより,さらに栄養価を高め,風味を増し,そしてまた,新たな3次機能が付加される可能性も大である。納豆のもつ血栓溶解作用[2],血圧上昇抑制作用[3],発癌プロモーション抑制作用[4],また味噌のもつ発癌抑制作用[5,6],コレステロール抑制作用[7],放射性物質の排泄促進作用[8],さらに醤油のもつ高血圧抑制作用(ACE阻害能)[9]など,原料大豆には認められなかった発酵食品独自の機能性が報告されつつある。

われわれも,活性酸素による発癌,生活習慣病(成人病)の発症,あるいは老化促進の予防に関与する抗酸化物質について,大豆発酵食品を素材として研究を進めてきた。本稿では,特に強い抗酸化性を有する大豆発酵食品中のその成分を中心に,最近の知見について述べる。

2.2 納豆,テンペ,味噌の抗酸化性

テンペは発酵前の大豆より脂質安定性が高いことが知られている[10]。われわれはこのテンペに加えて,納豆,味噌を凍結乾燥した後,それらの粉末を40℃,暗所に貯蔵することにより,これらの大豆発酵食品の脂質安定性を検討した。その結果を図1に示したが,いずれの大豆発酵食品も原料である蒸煮大豆より脂質安定性が高いことが判明した。つまり大豆を発酵させることにより,抗酸化力が増強されたのである。特にテンペ,味噌においては,強い抗酸化性が認められ,30日近く貯蔵してもほとんど過酸化物を生成していなかった[11]。これらの事実は,発酵・熟成中に種々の抗酸化物質が発酵食品中に新たに生成されたことを示唆している。

2.3 イソフラボン類の抗酸化性

大豆発酵食品の抗酸化力増強の一因子として,ダイゼイン,ゲニステインが報告されてい

---

* Hideo Esaki 椙山女学園大学 生活科学部 食品栄養学科 助教授

第2編　動・植物化学成分の有効成分と素材開発

図1　大豆発酵食品の脂質安定性

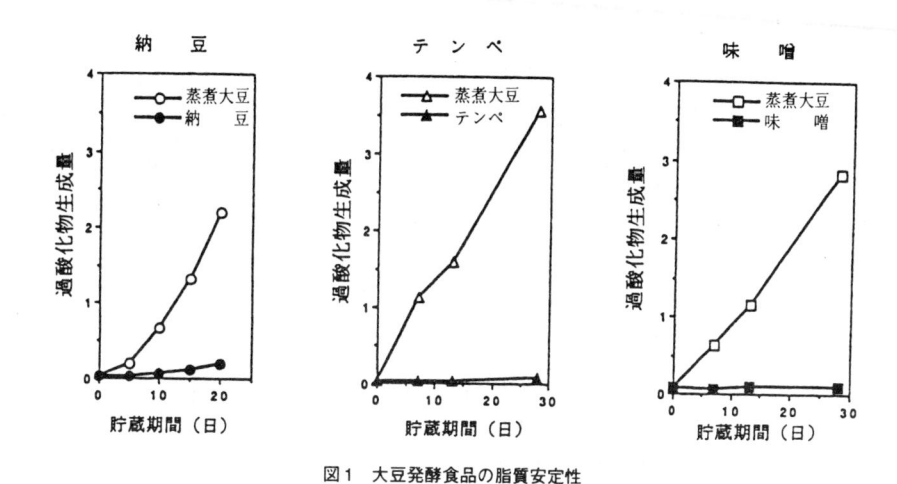

図2　ダイジンおよびゲニスチンの発酵中の変化

る[12,13]。これらのイソフラボン類は，図2に示されるように，原料の蒸煮大豆においては配糖体であるダイジン，ゲニスチンの型で存在しており，発酵・熟成中に微生物の生産するβ-グルコシダーゼにより加水分解されて生成することが知られている。

今回われわれは，これらダイゼイン，ゲニステインの大豆油中での抗酸化力を測定したが，その活性はきわめて弱かった。また，実際に蒸煮大豆に市販のβ-グルコシダーゼを作用させ，大

豆中の配糖体をすべてダイゼイン，ゲニステインに変換した酵素処理物の抗酸化性を調べた（図3）。その結果，β-グルコシダーゼ処理物と酵素処理前の蒸煮大豆との間には顕著な抗酸化力の差が存在しないことが判明した。また，同時に行ったテンペや味噌の抗酸化力は，原料大豆に比較してきわめて強かった。

これらの事実は，これまで大豆発酵食品の抗酸化力増強因子として評価されていたダイゼイン，ゲニステインに疑問を投げかけるものであった。また，テンペや味噌中には，ダイゼイン，ゲニステイン以外により強い抗酸化物質が存在することが示唆された。

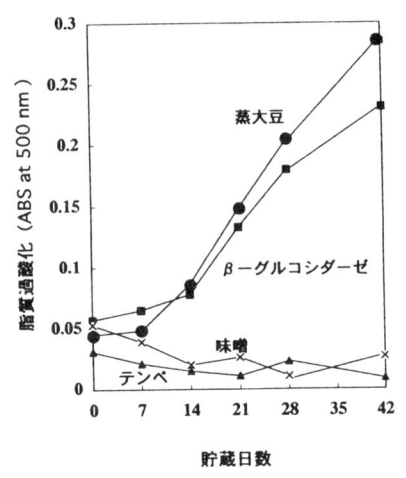

図3 蒸大豆β-グルコシダーゼ処理物の脂質安定性

2.4 テンペ中の抗酸化物質

テンペは強い抗酸化性を有する大豆発酵食品の1つである。インドネシアにおいては，乾燥させたテンペパウダーが，川や湖で捕えた新鮮な魚の油焼けを防ぐのに利用された時代もあった[14]。テンペ中の抗酸化物質としては，"Factor 2"と呼ばれる 6,7,4′-トリヒドロキシイソフラボンが有名である[15]。またダイゼイン，ゲニステインも抗酸化物質として報告されている[12]。しかし，池畑らの研究[16]によると，この Factor 2 も，水溶液中では強い抗酸化性を示すが，大豆油や大豆パウダー中では脂質酸化を全く抑制しないことが判明した。

これらの事実より，テンペ中には大豆油に対して実際に抗酸化性を示す他の物質が存在すると考えられた。大量のテンペよりメタノール抽出物を調製し，種々のクロマトグラフィーを繰り返すことにより，新たな抗酸化物質を単離した。機器分析の結果，この物質を3-ヒドロキシアントラニル酸（HAA）と同定した（図4）。この物質は，1分子中にフェノール性水酸基とアミノ基を有する新しいタイプの抗酸化物質であった[17]。

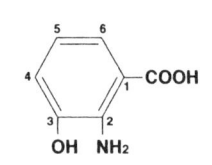

図4 テンペより単離・同定された抗酸化物質（HAA）

この HAA は大豆油に対して強い抗酸化性を発揮した。その抗酸化力は，天然の抗酸化物質であるα-トコフェロールやゲニステインより，また合成抗酸化剤である BHT よりも強かった。そして，大豆パウダーに対しても Factor 2 とは異なり，抗酸化性を発揮した。またHAAは，赤血球膜ゴーストを用いた抗酸化試験法においてもα-トコフェロール

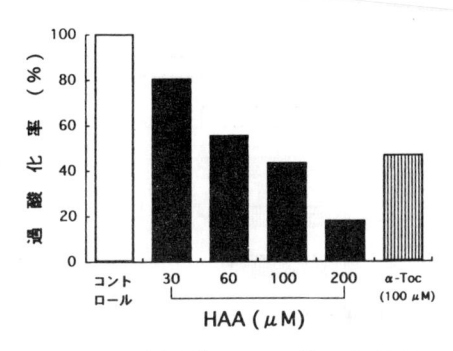

図5　HAAの赤血球膜ゴーストに対する抗酸化性

に匹敵する抗酸化力を示した（図5）。

　他方，発酵日数の異なるテンペを調製し，そのHAA含量および抗酸化力を測定した。このHAAは，蒸大豆中には存在せず，テンペ菌の発酵により新たに生成され，そして発酵日数の経過とともにその含量は増加し，2日目に最大値（約50mg/100g・乾物）を示した。また抗酸化試験においても，2日目のテンペの抗酸化力が最も大となった。そして，他の発酵日数においても，HAA含量と抗酸化力との間には高い正の相関性があることが確認された。

　これらの一連の実験結果より，今回われわれが単離したHAAは，実際にテンペ中において十分に抗酸化性を発揮している主要な活性物質であると推定された。最近，ラットを用いた動物実験においてHAAの生体内抗酸化効果を確認した（投稿準備中）。

2.5　味噌中の抗酸化物質

　味噌もまた，抗酸化性の高い食品の1つである。生イワシを味噌漬けにすると，イワシ中の脂質の酸化が著しく抑制される。また，味噌煮の魚の場合も同様である[18]。

　味噌中の抗酸化物質としては，発酵・熟成中に生成された種々のペプチドやメラノイジンが報告されている[19]。その他，先にも述べたようにダイジン，ゲニスチンより生成したダイゼイン，ゲニステインも抗酸化力の増強因子と言われている[13]。今回われわれは，豆味噌より大豆油に対して抗酸化性を示す物質の分離・精製を行い，バニリン酸（VA）を単離・同定した[20]。このVAは，原料蒸大豆中にも微量存在するが，発酵・熟成中にその含量は5倍（約30mg/100g・乾物）に増加していた。このVAの抗酸化力を，生体膜モデルとして利用されるリポソームを用いた系で調べたところ（図6），ダイゼインやゲニステイン以上に強い活性を示した。

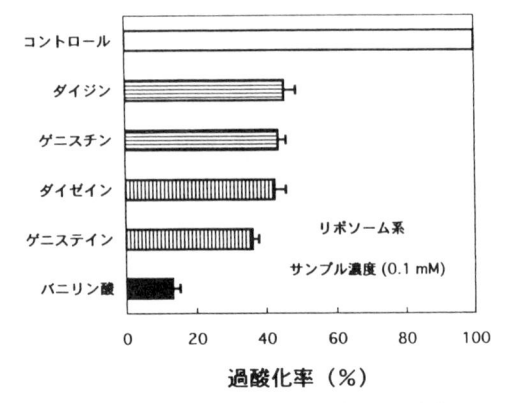

図6 バニリン酸のリポソームに対する抗酸化性

2.6 Aspergillus spp. 大豆発酵物の抗酸化性

大豆は，はじめにでも述べたように栄養価の高い食品であり，また，種々の生理活性物質を含む点から機能性食品素材としての提案がなされている[21]。

ところで，わが国では古くからさまざまな麹菌を利用して，味噌，醤油，溜，清酒，焼酎，甘酒などの発酵食品がつくられてきた。今回われわれは，大豆の抗酸化力を増強する目的で，大豆にこれらの食用微生物（30種）を接種し，大豆発酵物を調製した。そして，得られた発酵物の抗酸化力を測定したところ，ほとんどの大豆発酵物が原料蒸大豆より強い抗酸化性を示した。特に，泡盛の醸造に利用された Aspergillus saitoi の大豆発酵物が顕著な抗酸化力を示し，その活性は納豆，味噌，テンペ以上のものであった[22]。

2.7 Aspergillus saitoi 大豆発酵物中の抗酸化物質

A. saitoi 大豆発酵物より抗酸化物質の分離・精製を行い，2, 3-ジヒドロキシ安息香酸（2, 3-DHBA）[22]，8-ヒドロキシダイゼイン（8-OHD），8-ヒドロキシゲニステイン（8-OHG）[23] を主要な抗酸化成分として単離・同定した。2, 3-DHBA は，林ら[24] により P. roqueforti の培養液からも分離された物質であるが，ダイゼインやゲニステインより強い抗酸化性を示し，また，大豆中に存在するコーヒー酸以外の他のポリフェノール類よりも強い活性を示した[25]。この抗酸化物質は，味噌，醤油，納豆，テンペなどの大豆発酵食品中には検出されなかった。

8-OHD および 8-OHG は，図7に示すようにイソフラボン骨格の7, 8位にオルトジヒドロキシ

第2編　動・植物化学成分の有効成分と素材開発

図7　A. saitoi 大豆発酵物より単離・同定された抗酸化物質

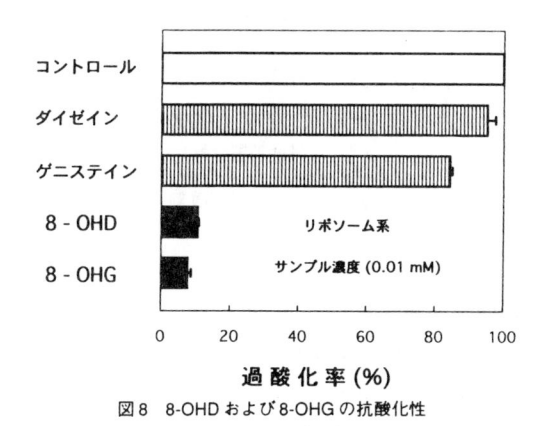

8-ヒドロキシダイゼイン
（8-OHD）

8-ヒドロキシゲニステイン
（8-OHG）

図8　8-OHD および 8-OHG の抗酸化性

構造を有する物質で，リノール酸メチルを基質とした油系およびリポソームを用いた水系（図8）の抗酸化試験法において，ダイゼインやゲニステインより顕著に強い活性を示した。

2.8　8-OHD および 8-OHG の生成機構

次に，8-OHD および 8-OHG の生成メカニズムについて検討した。これらの物質は，A. saitoi を米やフスマを培地として発酵させても生成されなかった。そこで，発酵日数の異なる A. saitoi 大豆発酵物を調製し，まず，イソフラボン類の変動を調べた。発酵日数の経過とともに，図9に示すように原料蒸大豆中に存在したイソフラボン配糖体であるダイジン，ゲニスチンの量は減少し，逆にそれらのアグリコンであるダイゼイン，ゲニステイン含量が増加した。しかし，ダイゼイン，ゲニステインの生成量は，ダイジン，ゲニスチン1分子よりそれぞれダイゼイン，ゲニステイン1分子が生成するということを考慮すると化学量論的には不十分なものであった。

他方，大豆油スプレー法にて抗酸化物質の変動を調べたところ，図9中に示すように，2日目

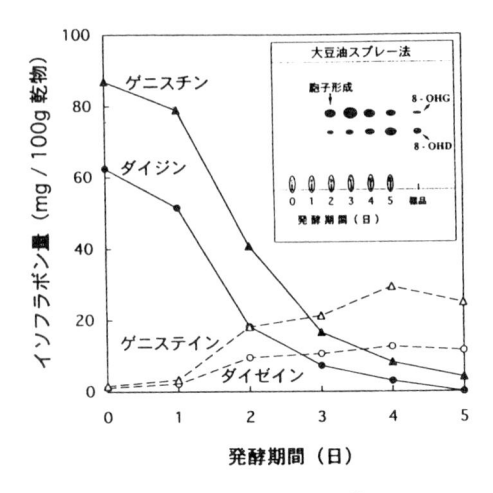

図9 イソフラボン類の変動

　すなわち胞子形成の始まった発酵日数の A. saitoi 大豆において，強い抗酸化性を示す 8-OHD および 8-OHG が検出され，その後胞子形成の進行とともにその含量も増加した。この現象は，大豆抽出液を培地として A. saitoi の液体培養を行った場合にも確認された。すなわち，回転培養法にて栄養菌糸だけを十分に伸長させた培養液中においては，8-OHD および 8-OHG は全く検出されなかった。しかし，この回転培養を終えたフラスコを，さらに静置培養することによって胞子形成を進行させた培養液においては，これらの抗酸化物質が生成されることが判明した。

　さらに，これら固体培養および液体培養によって得られた培養物の β-グルコシダーゼ活性および水酸化酵素活性を測定することにより，8-OHD および 8-OHG は図10に示すようなメカニズムで生成すると考察した。すなわち，原料の蒸大豆中に含まれるイソフラボン配糖体であるダイジン，ゲニスチンは，A. saitoi の栄養菌糸が生産する β-グルコシダーゼによって加水分解され，それぞれのアグリコンであるダイゼイン，ゲニステインを生成する。そして，これらのダイゼインおよびゲニステインは，胞子形成時に A. saitoi の生産する水酸化酵素によってイソフラボン骨格の8位が水酸化され，それぞれ，8-OHD および 8-OHG に変換されるのである。

2.9　微生物（胞子）変換による抗酸化物質の生産[26]

　上記の実験により，胞子形成時に遊離イソフラボン類が強い抗酸化力を有する物質に変換されることがわかった。ところで胞子は，古い時代においては微生物学者にとっても一般に不活性で

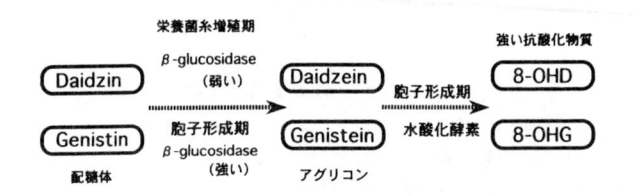

第2編　動・植物化学成分の有効成分と素材開発

図10　8-OHDおよび8-OHGの生成機構

あると考えられてきた。しかし，最近胞子の示す意外に高い有機物変換活性に興味がもたれつつある。そこでわれわれも，実際にゲニステインに A. saitoi 胞子を作用させてみることにした。種々の条件を検討したところ，ゲニステインが効率よく抗酸化力の強い 8-OHG に変換することが判明した。また，この変換には膜結合型の水酸化酵素が大いに関与することがわかった。そこで，この胞子の固定化を行い，カラム法によりゲニステインが抗酸化力の強い 8-OHG に変換されることを実証した（図11）[27]。現在，さまざまな固定化法により抗酸化物質の連続生産への可能性を検討中である。

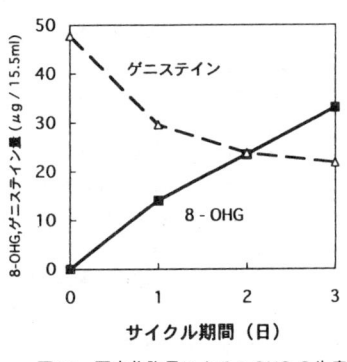

図11　固定化胞子による 8-OHG の生産

2.10　おわりに

以上，大豆発酵食品（物）中の抗酸化成分について，その研究の現状と動向に関する概略を紹介した。今後，これらの成分の生体内での吸収，蓄積，代謝，そして抗酸化活性発現のメカニズムなどを明らかにする必要がある。また，これらの抗酸化成分の食品への利用，あるいは，抗酸化能の高い大豆発酵食品を創製し，それらが，各種疾病の予防や健康維持に寄与することを期待したい。

文　献

1) 山内文男，大久保一良編，大豆の科学，p. 69, 朝倉書店 (1992)
2) H. Sumi et al., Experimentia, 43, 1110 (1987)
3) A. Okamoto et al., Plant Foods Human Nutr., 47, 39 (1995)
4) C. Takahashi et al., Carcinogenesis, 16, 471 (1995)
5) A. Ito et al., Int. J. Oncology, 2, 773 (1993)
6) A. Ito et al., Cancer Res., 37, 271 (1996)
7) 堀井正治ほか，日本食品工業学会誌，37, 147 (1990)
8) 伊藤明弘，みそサイエンス，p. 1 (1993)
9) E. Kinoshita et al., Biosci. Biotech. Biochem., 57, 1107 (1993)
10) T. Ohta et al., The Report of Food Research Institute, 18, 67 (1964)
11) H. Esaki et al., in Food Phytochemicals for Cance Prevention I ; M.-T. Huang et al. Eds., p. 353, ACS, Washington, DC (1994)
12) H. Murakami et al., Agric. Biol. Chem., 48, 2971 (1984)
13) 池田稜子ほか，日本食品科学工学会誌，42, 322 (1995)
14) P. György et al., J. Am. Oil Chem. Soc., 51, 377 (1974)
15) P. György et al., Nature, 203, 870 (1964)
16) H. Ikehata et al., Agric. Biol. Chem., 32, 740 (1968)
17) H. Esaki et al., J. Agric. Food Chem., 44, 696 (1996)
18) 海老根英男ほか，味噌・醤油入門，p.100, 日本食糧新聞社 (1994)
19) N. Yamaguchi, J. Brew. Soc. Japan, 87, 721 (1992)
20) 江崎秀男，平成8年度　日本食品科学工学会中部支部大会シンポジウム　講演要旨集, p. 11 (1996)
21) 中村卓，食品と開発，23, 51 (1988)
22) H. Esaki et al., J. Agric. Food Chem., 45, 2020 (1997)
23) H. Esaki et al., Biosci. Biotech. Biochem. 62, (1988)
24) K. Hayashi et al., Biosci. Biotech. Biochem., 59, 319 (1995)
25) 江崎秀男ほか，平成8年度　日本農芸化学会大会　講演要旨集, p.11 (1996)
26) 「抗酸化物質及びその製造方法」，特許平 9 - 63968
27) 渡部綾子ほか，平成9年度　日本食品科学工学会大会　講演要旨集, p.113 (1997)

3 DHA・EPA

矢澤一良[*]

3.1 魚食の疫学調査と魚油摂取の臨床研究

近年高齢化が進むわが国において、食生活の欧米化に伴い、虚血性心疾患、脳梗塞などの主として血栓症や動脈硬化を基盤として発症する疾患が増加している。ある種の食品や栄養素を用いてこれらの予防、治療、食餌療法が試みられているが、なかでも魚油中に多く含まれるエイコサペンタエン酸（EPA）とドコサヘキサエン酸（DHA）が注目を浴びている。

EPAとDHAはn-3系の高度不飽和脂肪酸の一種であり、魚油に豊富に含まれている。一方、陸生動物ではn-6系のアラキドン酸（AA）が体内脂質中に豊富に含まれている。ヒト体内ではEPAとDHAの生合成はほとんどできず、またn-3系統n-6系統の相互変換もできないとされており、ヒトの生体内に含まれるEPA・DHA量は、それらを含む食品、すなわち魚油（魚肉）の摂取量を反映していると考えられる。

このようにn-3およびn-6の2つの大きな系統の高度不飽和脂肪酸のグループの摂取量の相違が、脳・心臓血栓性疾患の罹患率に大きな影響をもつことが、近年、疫学的および栄養学的研究の成果により漸次明らかとなり、これらの疾患の予防・治療の観点からEPA、DHAなどの海産性高度不飽和脂肪酸が注目を浴びるようになった。

すなわち、1970年代デンマークのDyerberg, Bangら[1]が、デンマーク領であるグリーンランドに居住するイヌイット（エスキモー）は虚血性心疾患の罹患率が非常に低いことに注目し調査した結果、イヌイットは、総カロリーの35～40％を脂肪からとるにもかかわらず、血栓症の罹患率が低いのは、彼らが摂取する脂肪が欧米人と質的に相違することによるのではないかと報告した。

最近、平山[2]により「魚食」に関する膨大な疫学調査の結果が報告された。すなわち、約26万5,000人の大集団の日本人についてあらかじめ食生活を調査したうえで、それらの人々の健康状態を17年間という長年月調査するという大規模疫学調査研究が行われた（表1）。そして魚介類摂取頻度と総死亡率および各死因別死亡率との関係についてまとめた結果、魚を毎日食べている人と比べ、毎日食べない人は男で35％、女では25％増という高い死亡率となっている。またその他、脳血管疾患、心臓病、高血圧症、肝硬変、胃癌、肝臓癌、子宮頸癌、胆石症、アルツハイマー病やパーキンソン病などほとんどの成人病やその死亡率に関し、「魚食」により予防または低下させることができることが示唆されている。

このような「魚食」や「魚油摂取」に関する疫学調査は、1970年代初期以来、枚挙のいとまが

---

[*] Kazunaga Yazawa （財）相模中央化学研究所　主席研究員

成人病予防食品の開発

表1 魚介類摂取頻度別性・年齢標準化死亡率比(相対危険度)

死因	魚介類摂取頻度				傾向のカイ値*	p
	毎日	時々	まれ	食べない		
総死亡	1.00	1.07	1.12	1.32	9.134	$p<0.0001$
脳血管疾患	1.00	1.08	1.10	1.10	4.541	$p<0.0001$
心臓病	1.00	1.09	1.13	1.24	3.919	$p<0.0001$
高血圧症	1.00	1.55	1.89	1.79	4.143	$p<0.0001$
肝硬変	1.00	1.21	1.30	1.74	3.768	$p<0.0001$
胃癌	1.00	1.04	1.04	1.44	2.144	$p<0.05$
肝臓癌	1.00	1.03	1.16	2.62	2.109	$p<0.05$
子宮頸癌	1.00	1.28	1.71	2.37	4.142	$p<0.0001$
観察人年	1 412 740	2 186 368	203 945	28 943		

*:2以上なら統計的に有意

ないほどであるが,その成分であるEPAとDHAの研究にはその後20年が費やされてきた。

一方,魚油摂取に関するヒト臨床研究も数多くなされてきた。特に二重盲検法という最も厳しい検定方法に基づき,またプラセボコントロール法を採用することにより魚油摂取の有用性が確認されてきた。すなわち循環器系疾患では,心筋梗塞の2次予防[3],高脂血症の改善[4〜6],冠状動脈疾患の改善[7,8],インスリン非依存性糖尿病の改善[9,10],炎症性疾患では慢性関節リウマチの改善[11]や潰瘍性大腸炎の改善[12]など多岐にわたる魚油摂取の有効性が示されている。また,これらは長期の比較的大容量投与によっても何ら副作用を示さず,安全性の確認という意味においても重要な臨床研究であったと言える。

3.2 EPAの薬理作用と医薬品開発

図1にEPAの化学構造を示した。EPAは魚油の主成分となるn-3系の炭素数20,不飽和結合5カ所を有する高度不飽和脂肪酸である。疫学研究より推測されたEPAの抗血栓,抗動脈硬化作用のメカニズムを明らかにするために,高純度EPAエチルエステルを健常人,および種々の血栓症を起こしやすいと考えられている疾患(虚血性心疾患,動脈硬化症,糖尿病,高脂血症)の患者に投与し,血小板および赤血球機能や血清脂質に与える影響を検討した。それらの結果を総合すると,①EPA投与によりヒト血小板膜リン脂質脂肪酸組成,血小板エイコサノイド代謝および血管壁プロスタグランジンI産生を変動

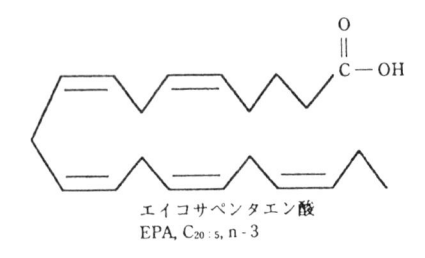

エイコサペンタエン酸
EPA, $C_{20:5, n-3}$

図1 EPAの化学構造

させ、血小板凝集抑制作用がみられ、②EPAは赤血球膜リン脂質に取り込まれ、その化学構造に由来する物理化学的性状から赤血球膜の流動性が増し、すなわち赤血球変形能が増加することにより血栓症の予防に役立っていることが推測され、さらに、③血清トリアシルグリセロール値の低下とコレステロール値の若干の低下がみられた。つまり、高純度EPAエチルエステルは高脂血症患者の血清脂質の改善、各種血栓性疾患での昂進した血小板凝集の是正、血栓性動脈硬化性疾患の臨床症状の改善が推定され、たとえばバージャー病などの慢性動脈閉塞性疾患をターゲットとする医薬品として開発された。

このようにDHAに先行したEPAに関する研究・開発の結果、1990年にわが国で世界にさきがけて高純度EPAエチルエステル（純度90％）が「閉塞性動脈硬化症」を適応症とした医薬品として上市された。さらに1994年には、中性脂肪やコレステロール低下作用から脂質低下剤として薬効拡大の申請が認可されており、臨床医からは副作用の少ない使いやすい医薬品であるとの評価を得、1997年には400億円マーケットにまで成長した。その他EPAの抗炎症作用や免疫との関わりなど研究の進展は著しく、またそれらのメカニズムについても逐次明らかにされていくものと思われる。

一方、最近は、主としてEPAとの相違を認識したDHAに関する生理機能研究がきわめて活発に行われるようになってきた。以下、主にDHAに関して概説する。

3.3 DHAの生理活性と臨床研究

DHAは図2に示すような化学構造をもつn-3系の炭素数22、不飽和結合6カ所を有する魚油の主成分である高度不飽和脂肪酸の一種であり、EPA同様、化学的な合成による量産は不可能である。

DHAは、ヒトにおいても脳灰白質部、網膜、神経、心臓、精子、母乳中に多く含まれ局在していることが知られており、何らかの重要な働きをしていることが予想され、以下に示すように現象面では多くの報告がある。しかしながら、現在のところ薬理活性の作用機作（メカニズム）に関しては研究進展は著しいものの、いまだ十分に明らかにされていないのが現状と言える。

以下、主な薬理活性に関する最近の知見を概説する。

(1) DHAの中枢神経系作用

奥山ら[13]が行ったラットの明度弁別試験法を用いた記憶学習能力の実験では、投与した油脂はカツオ油、シソ油、サフラワー油の順で記憶学習能力が優れている結果が得られている。また、藤本ら[14]のウィスター系ラットを用いた明暗弁別による学習能試験においても、投与した油脂でDHAがα-リノレン酸よりも優れ、サフラワー油が最も劣る結果となった。筆者らは、マウス胎児のニューロンおよびアストログリア細胞を高度不飽和脂肪酸添加培地にて培養したところ、

成人病予防食品の開発

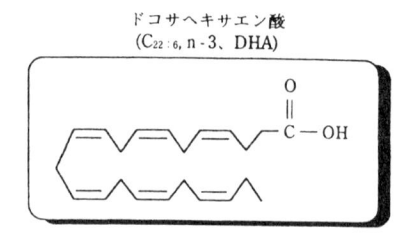

ドコサヘキサエン酸
($C_{22:6}$, n-3、DHA)

生理活性
- 神経系の発達
- 学習機能の向上
- 網膜反射能の向上
- 制ガン作用
- 抗アレルギー作用
- 脂質低下作用

局在
- 神経系
- 網膜視細胞外節
- 心筋
- 好酸球
- 母乳
- 精子

図2 DHAの化学構造と局在性

DHAはよく細胞膜リン脂質中に取り込まれることを見出している (未発表)。

記憶学習能に関する報告として、Soderberg[15]らはアルツハイマー病で死亡した人 (平均年齢80歳) と他の疾患で死亡した人 (平均年齢79歳) の脳のリン脂質中のDHAを比較した結果、脳の各部位特に記憶に関与していると言われている海馬においては、アルツハイマー病の人ではDHAが1/2以下に減少していることを報告している。さらに、Lucas[16]らは300名の未熟児の7～8歳時の知能指数 (IQ) を調べた結果、DHAを含む母乳を与えられたグループに比較して、DHAを含まない人工乳を与えられたグループではIQがおよそ10ほど低いことを報告している。福岡大学・薬学部・藤原ら[17]は、脳血管性痴呆や多発梗塞性痴呆のモデルラットを用いてDHAの投与による一過性の脳虚血により誘発される空間認知障害の回復を明らかにした。また海馬の低酸素による細胞障害 (遅発性神経細胞壊死) や脳機能障害の予防を示唆しており、具体的な疾患に対するDHAの治療効果をある程度予測させるものと考える。その他、栄養学的にDHA食を与えた動物では記憶・学習能力が高いという実験成績は多くの研究機関より報告されている。

一方、ヒトへの臨床試験として、群馬大学・医学部・宮永ら (神経精神医学教室) と筆者の共同研究[18]により、老人性痴呆症の改善効果が得られた。カプセルタイプの健康食品レベル (純度50%) のものであるが、1日当たりDHAとして700mg～1,400mgを6カ月間投与した結果、脳血管性痴呆13例中10例に、またアルツハイマー型痴呆5例中全例にやや改善以上の効果が現れ、その精神神経症状における、意思の伝達、意欲・発動性の向上、せん妄、徘徊、うつ状態、歩行

第2編 動・植物化学成分の有効成分と素材開発

障害の改善が認められている（表2, 3）。また千葉大学・医学部・寺野ら（第2内科）との共同研究[19]においても、脳血管性痴呆症患者（16名）が6カ月のDHAカプセル摂取（DHAとして720mg/日）により統計的に有意に改善することを示した。投与群では赤血球変形能および全血粘度に改善がみられ（表4），脳血管障害の改善を介している可能性を示唆している。

母乳中にDHAの存在が認められ，日本人の母乳のDHA含有量は，欧米人の母乳に比較して高いことが知られており[20]，これらのことなどからヒトの発育・成長期にDHAは必須な成分であると考えられるようになってきた。さらに老齢ラットにDHAを投与した結果，脳内のDHA含有量が高められた実験も報告されている。n-3系脂肪酸の中でも神経系に対する薬理作用はDHAに特徴的であり，それはEPAとは異なりDHAが血液脳関門あるいは血液網膜関門を通過できることに由来すると考えられている。東北大学・医学部・赤池ら[21]のグループは，ラットの大脳皮質錐体細胞を用いて神経伝達物質の1つであるグルタミン酸を受け取るレセプターの中で記憶形成に重要とされるNMDA（N-methyl-D-asparagic acid；記憶形成に関与すると考えられている，神経伝達物質の1つグルタミン酸の受容体）レセプター反応がDHAの存在により上昇することを見

表2 DHA投与による改善度について

診断名	改 善	やや改善	不 変	悪 化
脳血管性痴呆 （$n=13$）	9 (69.2)	1 (7.7)	2 (15.4)	1 (7.7)
アルツハイマー型痴呆 （$n=5$）	0 (0.0)	5 (100.0)	0 (0.0)	0 (0.0)

（カッコ内%）

表3 精神・神経症状の改善項目

	脳血管性痴呆 （$n=13$）	アルツハイマー型痴呆 （$n=5$）
意思伝達 （協調，会話）	4 (30.8)	1 (20.0)
意欲・発動性 （意欲低下）	3 (23.1)	3 (60.0)
精神症状 （せん妄） （徘徊）	2 (15.4) 1 (7.7)	0 (0.0) 1 (20.0)
感情障害 （うつ）	1 (7.7)	0 (0.0)
歩行障害	1 (7.7)	0 (0.0)

（カッコ内%）

表4 DHA投与群と非投与群における投与前，投与6カ月後の赤血球変形能，全血粘度，血小板凝集能（collagen凝集）の変化

	赤血球変形能		全血粘度		血小板凝集能	
	投与前	投与後	投与前	投与後	投与前	投与後
DHA投与群	0.64 (0.15)	0.81** (0.18)	3.62 (0.36)	3.57* (0.37)	65 (2.8)	60 (7.7)
DHA非投与群	0.69 (0.12)	0.66 (0.19)	3.62 (0.38)	3.60 (0.38)	61 (9.0)	63 (7.6)

各群とも$n=16$, mean (SD), $*p<0.05$, $**p<0.01$ （投与前との比較）

出した。また大分医科大学・吉田ら[22]は，n-3系脂肪酸食を与えたラットの海馬の形態学的構造と脳ミクロソーム膜構造の学習前後における違いを調べた。その結果，海馬領域のシナプス小胞の代謝回転が影響を受け，またそれはミクロソーム膜のPLA_2に対する感受性の違いと考えられ，その結果としてラットの学習行動に差が現れた可能性が示唆された。これらのように，記憶・学習能力に関する作用に関しては細胞レベル，分子機構レベルでの解明が少しずつなされている。

網膜細胞に存在するDHAは脂肪酸中の50％以上にも上り，脳神経細胞中を優に凌ぐことはよく知られている事実であるが，その機能と作用メカニズムにはいまだ不明な点が多い。R. D. Uauyら[23]は，ERG (electroretinogram；網膜の活動電位を描写したもの) 波形のa波およびb波に関して81名の未熟児を調査し，その網膜機能を調べた結果，母乳あるいは魚油添加人工乳を与えた場合に比較して植物油添加人工乳を与えた場合では正常な網膜機能が低下していることを示唆した。n-3系脂肪酸欠乏ラットではERG波形のa波およびb波に異常がみられること，また異常がみられた赤毛猿ではn-3系脂肪酸欠乏食を解除しても元に戻らないなどの事実から，Uauyらは未熟児におけるn-3系脂肪酸の必要性を示唆している。

Carlson[24,25]は，未熟児の視力発達および認識力におけるn-3系脂肪酸の重要性を検討した。DHA0.1％，EPA0.03％を含む調整粉乳を与えた場合では，視力と認識力が向上したが，EPAを0.15％と過剰に投与した場合ではやや生育が抑制されたことを報告した。これはEPAがアラキドン酸と拮抗するためと考えられ，したがって未熟児用の調整粉乳の場合にはDHA/EPA比のなるべく大きい油脂を添加・強化することが有用であると考えられる。一方，Koletzkoら[26]は，母乳または市販粉乳で生育した未熟児の血中リン脂質中の脂肪酸を分析したところ，同様に2週間および8週間後のDHAとアラキドン酸含有量は母乳児で有意に高値を示すことを報告した。このことは少なくとも生後2カ月の内にDHAとアラキドン酸が必要であり，未熟児の期間だけではなく正常に成長を示す乳幼児にも両者が必要であることを示唆するものである。

以上のように，DHAは脳や神経の発達する時期の栄養補給にとどまらず，広く幼児期から高年齢層の脳や網膜の機能向上にも役立つとの期待がもたれている。

(2) DHAの発癌予防作用

発癌はプロスタグランジンを主体とするエイコサノイドのバランスが崩れたために生じる場合があり、このエイコサノイドバランスを正常化することにより、癌細胞を制御できるという考え方があり、DHAの摂取が重要であると言われている。

国立がんセンター研究所生化学部グループ[27,28]は大腸発癌に対するDHAの抑制作用について検討した。20mg/kg体重当たりの発癌物質ジメチルヒドラジンの皮下投与ラットに、6週齢より4週間、週6回0.7ml（約0.63g）のDHAエチルエステル（純度97%）の胃内強制投与を行った。コントロールラットには精製水を与えた。実験期間終了後解剖して、消化管における病巣を調べた。病巣は、前癌状態である異常腺窩を示し、通常、癌は前癌状態より移行するものであり、癌に至ったものについては強い治癒効果は期待できるものではないが、前癌状態で抑制することにより、より効果的に発癌を抑制することが期待できる。ラット1匹当たりの病巣の数、ラット1匹当たりの消化管部位別異常腺窩の数および1病巣当たりの平均異常腺窩数においては、DHAエチルエステルの経口投与によりいずれも統計的に有意に低下していた。また本実験の追試を、実験期間を8週間および12週間にして行った結果、いずれもほぼ同様の結果が得られた（表5）。以上の結果から、DHAは前癌状態である異常腺窩を抑制し、発癌を抑制することが示唆された。

成沢ら[29]は、化学発癌物質であるメチルニトロソ尿素を投与して発癌処置をしたラットの実験において、DHAエチルエステル（74%）の経口投与によりリノール酸およびEPAエチルエステルとは有意の差で大腸腫瘍発生が少ないことを示した。また、胃癌、膀胱癌、前立腺癌、卵巣癌などに効果・効能のある白金錯体のシスプラチンは、抗腫瘍薬耐性のためにその使用量に制限があるが、DHAを添加することにより、この耐性を3倍低下できるといわれており、将来DHAを抗癌剤との併用による副作用軽減や相乗効果を期待できることが示唆された。

表5 前癌症状の発生数と平均サイズ

投与方法		前癌症状を有する ラットの数	1匹当たりの 前癌症状の発生数	前癌症状の 平均サイズ
静注	経口			
DMH[a]	水	11/11	122.1±35.3 (100%)	1.88±0.22
DMH	DHA	10/10	42.4±18.7** (37.4%)	1.60±0.20*

a）ジメチルヒドラジン
 ＊：0.1%以下の危険率で有意差あり
＊＊：1%以下の危険率で有意差あり

(3) DHAの抗アレルギー・抗炎症作用

筆者の研究室では，白血球系ヒト培養細胞による血小板活性化因子（PAF）産生の検討を行っており，DHAがPAF産生を抑制しており，DHAによるアレルギー作用の抑制の作用機序の一端を証明した[30]。そのメカニズムとして，DHAは細胞膜のリン脂質のアラキドン酸を追い出し，したがってPAFやロイコトリエン産生量が減少し，またリン脂質に結合したDHAはホスホリパーゼA_2（PLA_2）の基質となりにくいことも明らかにした。また，本作用機作における抗炎症，抗アレルギー作用はEPAよりも強力であることも推定された。さらに特に炎症やアレルギーに関与する細胞性PLA_2によりアラキドン酸やEPAとは全く異なり，DHAがエステル結合したホスファチジルエタノールアミン（リン脂質の一種）はDHAを遊離しないこと，また本化合物はより積極的に細胞性PLA_2を阻害することを見出した[31]。

アラキドン酸代謝産物であるロイコトリエンB_4（LTB_4）の過剰生産はアレルギー疾患の引き金となるばかりでなく循環器系疾患にも関与すると言われている。富山医科薬科大学・第1内科グループ[32]は，トリDHAグリセロール乳剤のウサギへの静注によりLTB_4の過剰生産を抑制することを証明し，急激なLTB_4の上昇によって発生する各種疾患への有効性を示唆している。

(4) DHAの抗動脈硬化作用

九州大学・農学部・池田ら[33,34]は，食餌脂肪を飽和脂肪酸，単価不飽和脂肪酸，高度不飽和脂肪酸がそれぞれ1:1:1になるように調製し，その高度不飽和脂肪酸のうちわけとして10%はn-3系，23.3%はn-6系としてラットを飼育した。n-3系高度不飽和脂肪酸としてDHA，EPA，α-リノレン酸（ALA）の3種での比較を行った。血漿中および肝臓中の脂質を測定した結果，DHAを投与した群では，血漿コレステロールとリン脂質および肝臓コレステロール，リン脂質と中性脂肪がEPAやALAと比較して低値を示した。一方EPAを投与した群では，血漿中性脂肪がDHAやALAと比較して低値を示した（表6）。これらのことは，n-3系脂肪酸の中でもDHAはEPAやALAとは異なる特徴的な脂質代謝改善機能を有することを示唆する。Subbaiahら[35]はn-3系脂肪酸の抗動脈硬化作用のメカニズムの解明を目的として，ヒト皮膚細胞を用いた細胞膜流動性を検討した。その結果，細胞内に取り込まれたDHAはEPAよりも有意に細胞膜流動性を増加させ，

表6 血漿および肝臓脂質に及ぼす n-3系高度不飽和脂肪酸投与の影響

群	血漿 (mmol/l)			肝臓 (μmol/g湿重量)		
	総コレステロール	中性脂肪	リン脂質	総コレステロール	中性脂肪	リン脂質
α-リノレン酸	2.09±0.08	1.29±0.19	2.30±0.28	8.22±0.65	23.2±2.8	37.4±0.8
EPA	1.84±0.16	0.853±0.12	2.36±0.52	7.63±0.36	15.3±2.7	39.9±0.9
DHA	1.47±0.06	1.57±0.17	1.93±0.49	6.16±0.34	11.9±1.6	35.5±0.7

5'nucleotidase やadenylate cyclase などの酵素活性や LDL receptor 活性を上昇させることを示した。特に LDL receptor 活性は 25% も上昇したことから，DHA の抗動脈硬化作用のメカニズムをある程度推測できるかもしれない。

Leaf[36] は循環器系特に Ca チャネルとの係わりあいにおいて，DHA の薬理作用を例示し EPA よりも DHA のほうがより強く影響することを示唆した。Billman ら[37] はイヌを用いた in vivo 実験で，魚油投与により不整脈を完全に予防することを報告している。Berg ら[38] は高純度 EPA (95%) を与えたラットでは中性脂肪低下作用を示すが，DHA(92%)では有意な低下がみられなかったことを示し，さらに EPA は中性脂肪合成と VLDL 生成を抑制することを示した。

このように，DHA と EPA とは同じ n-3 系脂肪酸であり化学構造的にきわめて類似しているが，これまでにも知られていた血液脳関門や血液網膜関門の通過の差異のほか，両者の生理活性の明らかな相違を示す研究発表も多く，魚油あるいは n-3 系脂肪酸として DHA と EPA を一括して論ずることはできないことが強く示唆される。

3.4 DHA・EPA の安全性

前述のように，DHA・EPA を主成分とする魚油の長期投与実験において，何ら副作用を及ぼしたという報告は見当たらない。ヒトを対象とした癌の臨床研究は，DHA や EPA の安全性を示しているものと解釈できる。一方，空気中では酸化されやすい DHA や EPA のような高度不飽和脂肪酸は生体内に発生したフリーラジカルにより過酸化脂質となり，これが連鎖反応的にフリーラジカルを増やす結果，各種疾患が発症するという説がごく最近まで受け入れられてきた。このような説に従えば，DHA や EPA のような高度不飽和脂肪酸はとりすぎないようにという栄養指導になってしまう。しかしながら近年の多くの研究から，自動酸化しやすい n-3 系高度不飽和脂肪酸が体内ではいわゆるフリーラジカル傷害（過酸化脂質傷害）を防いでいる，すなわちフリーラジカルのスカベンジャーとなっているとの説が有力になってきている[39,40]。高純度 EPA エチルエステルが医薬品として販売されてから 7 年が経過し，これまで重篤な副作用の報告は聞いていない。筆者らは，高純度 DHA エチルエステル (97%) の急性毒性試験を行ったが，2,000mg/kg 投与（すなわち，50kg のヒトが 100g の DHA を摂取することに相当する）において何らの副作用もみられなかった。どのような栄養素であっても常識を大幅に越えた過剰摂取は，その有用な作用を失うことは言うまでもないことであるが，EPA や DHA は安全性の高い栄養素であると言える。

わが国における魚食離れと生活習慣病の急激な増加とが相関することはよく知られている事実であり，近未来の高齢化社会において各種疾患（生活習慣病）の予防や発症年齢の遅延において，

成人病予防食品の開発

DHA や EPA は重要な栄養素の1つであると考えている。

文　　献

1) J. Dyerberg et al., Lancet, ii, 433 (1979)
2) 平山雄, 中外医薬, 45, 157 (1992)
3) M. L. Burr et al., Lancet, 2, 757 (1989)
4) F. Tato et al., Clin. Investig., 71, 314 (1993)
5) M. L. Mackness et al., Eur. J. Clin. Nutr., 48, 859 (1994)
6) V. Pechierer et al., J. Nutre., 125, 1490 (1995)
7) J. Eritsland et al., Blood Coagul. Fibrinolysis, 6, 17 (1995)
8) F. M. Sacs et al., J. Am. Coll. Cardiol., 25, 1492 (1995)
9) G. E. McVeigh et al., Arterioscler. Thromb., 14, 1425 (1994)
10) L. Axelrod et al., Diabetes Care, 17, 37 (1994)
11) J. M. Kremer, et al.,Arthritism Rheum., 38, 1107 (1995)
12) A. Aslan et al., Am. J. Gastroenterol., 87, 432 (1992)
13) 奥山治美, 現代医療, 26 (増Ⅰ), 789 (1994)
14) 藤本健四郎, 水産油脂—その特性と生理活性(藤本健四郎編), p.111, 恒星社厚生閣 (1993)
15) M. Soderberg et al., Lipids, 26, 421 (1991)
16) A. Lucas et al.,The Lancet, 339, Feb 1, 261 (1992)
17) M. Okada et al., Neuroscience, 71, 17 (1996)
18) 宮永和夫ほか, 臨床医薬, 11, 881 (1995)
19) 寺野隆ほか, 脂質生化学研究, 38, 308 (1996)
20) 井戸田正ほか, 日本小児栄養消化器病学会雑誌, 5, 159 (1991)
21) M. Nishikawa et al., J. Physiol., 475, 83 (1994)
22) S. Yoshida et al., Adv. Polyunsat. Fatty Acid Res. (T. Yasugi et al., eds.), p.265, Elsevier Science Publ. (1993)
23) R. Uauy et al., J. Pediatr., 120, s168 (1992)
24) S. E. Carlson et al., Essential Fatty Acids and Eicosanoids (A. Sinclair, R. Gibson, eds.), p.192, Amer. Oil Chemists Press (1992)
25) S. E. Carlson et al., Proc. Natl. Acad. Sci., 90, 1072 (1993)
26) B. Koletzko, Essential Fatty Acids and Eicosanoids (A. Sinclair, R. Gibson, eds.), p.203, Amer. Oil Chemists Press (1992)
27) M. Takahashi et al., Cancer Research, 53, 2786 (1993)
28) 高橋真美ほか, 消化器癌の発生と進展, 4, 73 (1992)
29) 成沢富雄, 医学のあゆみ, 145, 911 (1988)
30) M. Shikano et al., J. Immunol., 150, 3525 (1993)

31) M. Shikano et al., BBA, 1212, 211 (1994)
32) N. Nakamura, et al., J. Clin. Invest., 92, 1253 (1993)
33) I. Ikeda et al., Nutrition, 124, 1898 (1994)
34) I. Ikeda et al., Adv. Polyun. Fatty Acid Res. (T. Yasugi et al., eds.), p.223 (1993)
35) E. R. Brown et al., Abstract Book of 1st International Congress of the ISSFAL, p.78 (1993)
36) A. Leaf, Abstract Book of 1st International Congress of the ISSFAL, p.75 (1993)
37) G.E. Billman et al., Proc. Natl. Acad. Sci. USA, 91, 4427 (1994)
38) A. Demoz et al., Abstract Book of 1st International Congress of the ISSFAL, p.133 (1993)
39) 奥山治美ほか, 治療学, 26 (5), 21 (1992)
40) 奥山治美, 現代医療, 28 (8), 97 (1996)

4 カキ肉エキス

吉川敏一[*1], 増井康治[*2], 内藤裕二[*3]

4.1 はじめに

虚血性心疾患，炎症性疾患をはじめとした多くの疾患，病態に活性酸素の関与が指摘されている[1]。活性酸素による細胞膜傷害，タンパク傷害，DNA傷害などがこれら疾患，病態の中心をなすものとして研究が進み，近年では活性酸素による傷害を予防あるいは阻止する天然抗酸化物質に興味がもたれている。

種々の炎症性疾患に伴い組織に浸潤する炎症細胞は，サイトカインや補体による活性化を受け，活性酸素やプロテアーゼを産生し，炎症に伴う組織傷害機序における主要な役割を演じていることが明らかとなっている。炎症細胞のなかでも好中球は，急性炎症，慢性活動性炎症において重要な役割を果たし，細胞膜に存在するNADPHオキシダーゼが活性化されることにより，酸素を利用してスーパーオキシドを産生する。スーパーオキシドは酵素的，非酵素的に過酸化水素に還元され，過酸化水素は好中球に由来したミエロペルオキシダーゼによる酵素反応により次亜塩素酸へと代謝される。これら活性酸素種は本来，生体防御反応として産生されるものであるが，過剰な産生は生体組織に酸化ストレスを引き起こし，種々の組織傷害をを引き起こす。そのため，抗酸化物質を利用した酸化ストレスの軽減が，酸化ストレスの関与した疾患に対する新しい治療法として注目されている。天然抗酸化物質はその抗酸化作用だけではなく，その安全性の面からも生体応用に際して注目されている。

本稿では，カキ肉エキスに焦点を当て，その抗酸化作用を中心とした薬理作用について解説したい。

4.2 JCOE (*Crassostera gigas* extract) とは？

カキ（牡蠣）はイタボガキ科の軟体動物で，海のミルク，海のマナ（神から奇跡的に授かった神秘な食物），海の玄米などと呼ばれる。漢方では精神症状の治療薬として配合され，また消化吸収の良好な各種栄養成分を多く含み牛乳に匹敵する栄養食品で，経験的にも消耗性疾患の補助食品として，また一般疲労回復，解毒作用などに有効であることが知られ，古来より洋の東西を問わず人類の貴重な食物として広く用いられてきた。JCOE (*Crassostera gigas* extract) は日本クリニックによって製造された（80℃で1時間加熱した新鮮な生カキから抽出）カキ肉エキスの純

[*1] Toshikazu Yoshikawa　京都府立医科大学　第一内科　助教授

[*2] Yasuharu Masui　京都府立医科大学　第一内科

[*3] Uji Naito　京都府立医科大学　第一内科　助手

正パウダーであるが，その保有する微量栄養素が基礎代謝，血清脂質，血小板凝集能，神経機能に及ぼす影響，そして癌予防やアドリアマイシンによる細胞障害の予防に有効であることを示唆する研究が開始されている。

JCOEの成分は，財団法人日本食品分析センターによると41.0%のグリコーゲン，5.11%のタウリン，18種の無機物を含む灰分16.6%，18種の遊離アミノ酸およびこれらのアミノ酸を含む23.5%のタンパク質，グリコーゲンを含む糖質58.4%，リン脂質およびEPA（エイコサペンタエン酸）を含む0.2%の脂質，水分1.3%となっている。この中でも抗酸化物質として重要であるタウリン，グルタミン酸，およびグリシンを多く含み，特にタウリンがタンパク質全体の5分の1以上も含有していることが特徴的である（表1）。

また，われわれの生体内において，フリーラジカルや活性酸素種のスカベンジャーとして重要な物質の1つであるグルタチオン（GSH）は，基本的には3つのアミノ酸，グルタミン酸，シスチン，およびグリシンから構成されている。GSHの分子構造を構成しているSH基がフリーラジカルのスカベンジ作用を有する。このSH基は，シスチン，ホモシスチン，メチオニンおよびタウリンに含まれており，JCOE中に非常にも多くのタウリンを含有していることが注目される。

表1　カキ肉エキス中の主要成分含量（財団法人日本食品分析センター）

	(%)
Protein	23.50
Amino acid	
Glutamic acid	2.78
Proline	1.33
Alanine	1.23
Aspartic acid	1.20
Glycine	1.10
Lysine	0.54
Arginine	0.53
Threonine	0.51
Leucine	0.45
Serine	0.42
Valine	0.37
Phenylalanine	0.30
Isoleucine	0.30
Histidine	0.28
Taurine	5.11
Suggar	58.40
Lipid	0.20
Water	1.30
Mineral, Vitamine, Fiber etc.	16.60

米国国立ガンセンターのKenneth Tewら[2]は，JCOEが細胞のグルタチオン（GSH）合成を促進する因子になりうるかどうかを検討した。in vitroでHL-60（Human Leukemia cell）を培養して，JCOEの投与による細胞内グルタチオン濃度の変化をみた。GSHの測定はGriffith法を用いた。その結果，JCOEの投与により細胞内GSHは，約2倍に増大することがわかった。JCOE中に非常に多くタウリンが含まれることから，JCOEの純粋な天然タウリンのみを投与してみてもタウリンのみではGSHの増大は顕著ではなかった。JCOEの投与によるGSHの増加はJCOE中の天然タウリンだけの効果ではなく，ほかのいくつかの成分がタウリンと相乗効果となって増加していることが示唆されるとした。Kenneth Tewらの報告を受けて，パリ大学のH. Tapieroら[3]は，アン

成人病予防食品の開発

トラサイクリン系抗癌剤のアドリアマイシン（ADM）の重要な副作用である心毒性に対して、JCOEがどのような影響を及ぼすのか検討した。ADMはフリーラジカルを発生しやすく、心筋はそれによる障害を受けやすいため重篤な心毒性を発現する。そこでADMの投与により心毒性副作用（不整脈）を起こしているマウスの嬰児の細胞にJCOEを併用することにより不整脈が整脈に戻り、副作用が解消される結果を得た。JCOEがもつ抗酸化作用が、直接的に心筋細胞に作用し、ADMの心毒性副作用を解消することを立証した。

われわれも、基礎実験においてJCOEが活性酸素であるスーパーオキシド、ヒドロキシルラジカルを消去する作用があること[4]、活性酸素の胃粘膜上皮細胞障害に対するJCOEの保護作用と細胞内グルタチオンの役割[5]、さらに胃癌培養細胞の増殖に及ぼす影響[6]について検討し、すでに報告しているので紹介する。

4.3 JCOEのフリーラジカル消去作用

スーパーオキシド、ヒドロキシルラジカルの消去作用の測定は電子スピン共鳴法（electron paramagnetic resonance, EPR）を用いて検討した。スーパーオキシドはヒポキサンチン-キサンチンオキシダーゼ酵素系を用いて発生させてスピントラップ剤として 5,5-Dimethyl-1-pyrroline-N-oxide（DMPO）を用いて、スピンアダクトであるDMPO-OOHシグナルを測定した[7]。実際の反応系としては、20mMのPBS（pH7.8）に0.5mMのヒポキサンチン、0.1mMのdiethylenetriaminepenta acetic acid (DETAPAC)、0.1MのDMPOおよび試料を加えて、キサンチンオキシダーゼにより反応を開始し、1分後にシグナルを測定した。測定器機はJEOL-JES-FR80 spectrometer（JEOL, Tokyo, Japan）を用いた。ヒドロキシルラジカルはH_2O_2をフェントン反応を用いて発生させてスピントラップ剤としてDMPOを用いて、スピンアダクトであるDMPO-OHシグナルを測定した[8]。実際の反応系としては50mMのPBS（pH7.8）に 50 μM の$FeSO_4$、0.125mMのDETAPAC、1.0mMのDMPOおよび試料を加えて1mMのH_2O_2により反応を開始し、1分後にシグナルを測定した。JCOEは濃度依存性（0.1, 1, 10mg/ml）にDMPO-OOHシグナル強度、DMPO-OHシグナル強度を抑制した（図1）。JCOEに多く含まれるタウリン、グルタミン酸だけではシグナルの抑制はわずかに認められるのみであった。

以上の結果は、JCOE成分中にスーパーオキシド、ヒドロキシルラジカルを消去する成分が含まれていることを示している。

4.4 活性酸素種による細胞障害に対するJCOEの保護作用

胃粘膜上皮細胞としてラット胃粘膜上皮細胞株RGM-1細胞（RCB-0876、理研細胞銀行）を用い、DMEM/F12混合培地（20％ウシ胎児血清添加）で培養した。細胞を48時間培養後、各種

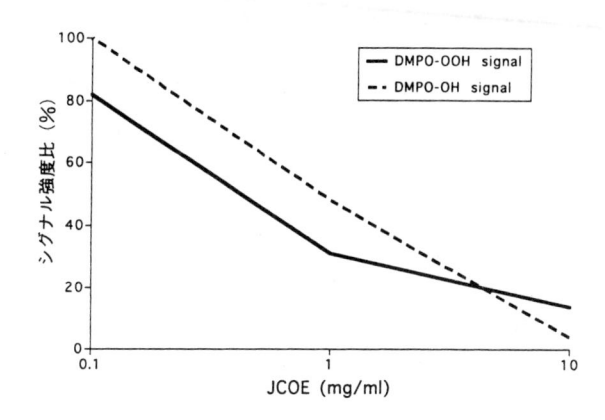

図1 JCOE の DMPO-OOH, DMPO-OH シグナルに及ぼす影響
JCOE は濃度依存性（0.1, 1, 10mg/ml）に DMPO-OOH, DMPO-OH のシグナルを抑制した

　濃度の JCOE を添加した培養液でさらに1あるいは24時間培養，confluent の状態でハンクス液に置換後，活性酸素種（H_2O_2, HClO）を加えて4時間刺激した。細胞障害性については，MTT 変法（WST-1法，DOJIN Co.），細胞生存率はトリパンブルー色素排除試験により評価した。細胞内グルタチオン（GSH）の役割を評価するためにグルタチオン合成の律速酵素である γ-glutamylcysteine synthetase の阻害剤である buthionine sulfoximine（BSO, 100 μ M, 24時間前処置）を用いて検討した。細胞内グルタチオン濃度はグルタチオンリダクターゼ，DTNB 溶液を用いて酵素的リサイクリング法により測定した。JCOE 溶液（1mg/ml）を添加後，1時間ならびに24時間後に RGM-1細胞の生存率を検討したが，JCOE 溶液単独では生存率に影響を与えなかった。過酸化水素，次亜塩素酸を添加し4時間後に生存率を検討すると，濃度依存性（0.1 ～ 1mM）に障害性を認めた。JCOE 溶液（0.1, 0.5, 1mg/ml）による前処置では，0.1M 過酸化水素，次亜塩素酸による細胞障害に1時間の前処置では障害軽減作用を認めなかったが，24時間の前処置では濃度依存性に障害を軽減し，1mg/ml による24時間の前処置では過酸化水素による障害はほぼ完全に抑制された（表2）。JCOE 溶液中（1mg/ml）に含まれるグルタミン酸（27.8 μ g/ml）ならびにタウリン（51.1 μ g/ml）の影響を検討したが，24時間の前処置により過酸化水素，次亜塩素酸による細胞障害に対して軽減作用は認められなかった。BSO（100 μ M）の前処置による細胞内グルタチオンの枯渇だけでは細胞障害性はみられなかったが，グルタチオン枯渇状態では過酸化水素による RGM-1 の細胞障害性は有意に増強し，JCOE の細胞保護作用も BSO の同時投与により完全に消失した。JCOE 溶液による前処置により細胞内グルタチオン濃度は増加し（43％），過酸化水

表2 過酸化水素水，次亜塩素酸による細胞障害に対する JCOE の効果

(# : $p < 0.05$ vs H_2O_2 単独群)

	Cell viability (% to control)	
	$200\,\mu M\ H_2O_2$	$200\,\mu M\ HOCl$
Reactive oxygen species alone	13.5 ± 2.0	9.4 ± 1.9
+JCOE (100 μg/ml, 1h)	6.4 ± 0.9	7.1 ± 2.3
+JCOE (500 μg/ml, 1h)	6.5 ± 0.5	8.7 ± 2.1
+JCOE (1000 μg/ml, 1h)	6.5 ± 0.8	5.2 ± 1.0
+JCOE (100 μg/ml, 24h)	22.5 ± 2.6	8.9 ± 1.6
+JCOE (500 μg/ml, 24h)	71.1 ± 5.4#	36.2 ± 7.0#
+JCOE (1000 μg/ml, 24h)	88.4 ± 5.4#	40.6 ± 2.9#

素を添加することにより細胞内グルタチオン濃度は減少した。

　以上の結果により，JCOEが過酸化水素，次亜塩素酸による細胞障害に対して，抑制効果を示すことが明らかとなった。その細胞保護作用は，JCOEの1時間の前処置ではほとんどみられず，24時間の前処置で著明に観察されたことから，JCOEそのものが有する直接的なスーパーオキシド，ヒドロキシルラジカルの活性酸素消去作用による可能性は低いと考えられる。また，グルタチオン合成酵素阻害剤によりJCOEの細胞保護作用が消失し，実際にJCOEによって細胞内グルタチオン濃度は増加し，過酸化水素を添加することにより細胞内グルタチオンが消費されたことから，その作用は細胞内グルタチオンの合成を介した作用であると考えられた。この際，細胞内グルタチオンが細胞保護作用を有し，JCOEは細胞内グルタチオン濃度を増加させることにより活性酸素種による胃粘膜の障害に対し保護的に働くことが示唆された。今後，JCOEによりいかなる機序でもって細胞内グルタチオンが増加するのか分子遺伝子レベルでの検討が必要である。

4.5　胃癌培養細胞の増殖に及ぼす JCOE の影響

　胃癌培養細胞はMKN-28, 45細胞（ヒト胃癌細胞株）を用い，RPMI1640（10％ウシ胎児血清添加）中で培養した。細胞を48時間培養後，各種濃度のJCOEを添加しさらに72時間培養した。細胞生存率については，トリパンブルー色素排除試験により評価した。細胞の形態学的な変化（viable, necrosis, or apoptosis）についてはDNA結合性蛍光2重染色法（Hoechst 33342-Propidium iodide染色）を用いて蛍光顕微鏡により検討した。さらに，細胞周期の変化についてはPropidium iodideで染色した核の量をFACScan（Becton Dickinson, Rutherford）を用いて分析し検討した。JCOE溶液（0.1, 0.25, 0.5, 1mg/ml）で細胞を培養してもMKN-28, 45細胞ともに細胞障害は認められなかった。JCOE溶液で細胞を培養することによりMKN-45細胞は濃度依存性にその細胞増

殖を抑制されたが，MKN-28細胞は影響を受けなかった。JCOE溶液（1mg/ml）で細胞を培養することにより細胞内の核のクロマチンの凝集および細分化がみられ，いわゆるアポトーシス細胞がMKN-45細胞で認められた。JCOE溶液で細胞を培養することによりMKN-45細胞の細胞周期はS期の比率が増加（コントロール群：42％，JCOE群：52％）したが，MKN-28細胞の細胞周期については変化が認められなかった。

以上の結果によりMKN-45細胞においてJCOEは，ネクローシスではなくアポトーシスを誘導し，晩期S期あるいは早期G2/M期において細胞周期を停止させることによりその細胞増殖を抑制すると考えられた。MKN-28細胞とMKN-45細胞の結果が異なることに関しては，今後の検討が必要であるが，癌抑制遺伝子である*p53*遺伝子がMKN-28細胞では変異型であるのに対し，MKN-45細胞では野生型であることについても注目し，今後詳細に検討したい。

4.6 おわりに

生体内グルタチオンは，活性酸素・フリーラジカルをすみやかに消去し，また，細胞内過酸化水素，過酸化脂質の消去にグルタチオンペルオキシダーゼの基質として重要な役割を果たす。したがって，細胞内グルタチオンの増加とその維持が酸化ストレスから細胞を防御し，種々の疾患予防，発癌予防に寄与することになる。JCOEは細胞内グルタチオンを増加させることから，JCOEが抗酸化食品として，あるいは癌予防食品として適している可能性があるが，詳細な検討と今後のさらなる研究が期待される。

文　　献

1) 吉川敏一，内藤祐二，近藤元治，活性酸素の基礎と臨床，日内誌，**84**, 1186-1191(1995)
2) H. Tapiero, K. D. Tew, Increased glutathione expression in cells induced by Crassostera gigas extract (JCOE), *Biomed. Pharmacother.*, **50**, 149-153(1996)
3) H. Tapiero, J. N. Munck A. Fourcade, T. J. Lampidis, Cross-resistance to rhodamine 123 in Adriamycin and oaunorubicin-resistant friend leukemia cell variants, *Cancer Res.*, **44**, 5544-5549(1984)
4) T. Yoshikawa, Y. Naito, Y. Masui, T. Fujii, Y. Boku, S. Nakagawa, N. Yoshida, M. Kondo, Free radical scavenging activity of Crassostera gigas extract (JCOE), *Biomed. Pharmacother.* **51**, 328-332(1997)
5) 吉川敏一，内藤祐二，増井康治，朴義男，藤井貴章，吉田憲正，近藤元治，Crassostera gigas extract (JCOE)による胃粘膜上皮細胞保護作用と細胞内グルタチオンの役割，微量栄養素研究，**14**, 119-121(1997)
6) Y. Masui, T. Yoshikawa, Y. Naito, Y. Boku, T. Fujii, H. Manabe, N. Yoshida, M. Kondo, Effect of

Crassostera gigas Extract (JCOE) on Cell Growth in Gastric Cascinoma Cell Lines, American Chemistry Society Books, in press (1998)

7) H. Miyagawa, T. Yoshikawa, T. Tanigawa, Measurement of serum superoxide dismutase activity by electron spin resonance, *J. Clin. Biochem. Nutr.*, **5**, 1-7 (1988)

8) T. Tanigawa, Determination of hydroxyl radical scavenging activity by electron spin resonance, *J. Kyoto Pref. Univ. Med.*, **99**, 133-143 (1990)

5 コラーゲン

藤本大三郎[*]

5.1 はじめに

近年わが国ではコラーゲン（あるいはその熱変性物であるゼラチン）が，いわゆる健康食品として注目を集めている。効能としては「腰痛やひざ痛が治る」，「シミ・シワが消える」，「若返り栄養素である」などがうたわれている。

一方，ドイツ，チェコなどでは，コラーゲン（ゼラチン）を骨関節炎に対する治療薬として応用する研究が進められており，特許も出願されている。

しかし，実は人類は大昔からコラーゲンを食べてきた。と言うのは，ウシやブタやニワトリの肉を食べても，臓物を食べても，あるいは魚を食べても，それらの中には相当量のコラーゲンが含まれているからである。

5.2 コラーゲンとは[1)]

コラーゲンは人間をはじめいろいろな動物の体の中にある繊維状のタンパク質である。全身のあらゆる臓器中に存在しているが，特に皮膚，骨，軟骨，腱，血管壁などに大量に存在している。たとえば，皮膚や腱では，有機物質の70～85％はコラーゲンである。骨や歯では有機成分の約90％がコラーゲンである。高等動物の全タンパク質のおよそ30％はコラーゲンであるという。動物体に存在するタンパク質の中で，量が最も多いのがコラーゲンとされている。

体の中でのコラーゲンの第1の役割は，いろいろな臓器あるいは体全体の形の枠組を作ったり，支えたり，結合したり，境界を作ることである。

体の中でのコラーゲンのもう1つの役割は，細胞の足場になっていることである。人間などの細胞は，特殊なものを除くと，生きるためには足場が必要で（足場依存性），コラーゲンがその役を担っている。

近年，コラーゲンには十数種類の分子種があることがわかってきた。皮膚，腱，骨などの主成分はⅠ型コラーゲンで，食品などに利用するのはこのⅠ型コラーゲンである。Ⅰ型コラーゲンは，体の中では繊維の状態で存在している。熱水で抽出すると，コラーゲンの立体構造が壊れ，溶け出してくる。これがゼラチンである。食品として利用されるときは，ほとんどがゼラチンの状態であるが，以下の文ではコラーゲンとゼラチンの区別をせず，コラーゲンと呼ぶことにする。

コラーゲンは病気や老化と深い関わりがある。コラーゲンが不足する病気（骨形成不全症，壊血病など）や，コラーゲンが多すぎる病気（肝硬変，肺繊維症など）がある。老化に伴っても，

---

[*] Daisaburo Fujimoto　東京農工大学　農学部　教授

コラーゲンが不足したり，変質したりする。これが，皮膚がたるんでしわができたり，骨がもろくなったり，血管の壁がかたくなったりする原因の1つと考えられる。

5.3 コラーゲンの組成と栄養価

コラーゲンを食べたときは，他のタンパク質と同じように消化管内で酵素によって分解され，大部分はアミノ酸の形で吸収される。それゆえ，栄養価という点からはアミノ酸の組成が重要である。

コラーゲンのアミノ酸組成は表1に示すようである。グリシンが全体の1/3を占める。次いで，プロリン，ヒドロキシプロリン，アラニンが多く，この3つでやはり全アミノ酸のおよそ1/3を占める。残りのアミノ酸はすべて合わせても1/3にすぎない。

表1 ウシのコラーゲンのアミノ酸組成

アミノ酸	%	アミノ酸	%
グリシン	32.4	バリン	2.3
プロリン	12.4	トレオニン	1.9
アラニン	11.3	フェニルアラニン	1.2
ヒドロキシプロリン	9.4	イソロイシン	1.2
グルタミン酸	7.4	ヒドロキシリジン	0.9
アルギニン	5.0	メチオニン	0.6
アスパラギン酸	4.5	ヒスチジン	0.6
セリン	3.8	チロシン	0.1
リジン	2.6	システイン	0.0
ロイシン	2.3	トリプトファン	0.0

ヒドロキシプロリンはコラーゲンとその近縁のタンパク質にしか存在しない特殊なアミノ酸である。

グリシン，プロリン，アラニン，ヒドロキシプロリンはいずれも必須アミノ酸ではない。一方，必須アミノ酸であるトリプトファンはコラーゲンには全く存在しない。メチオニン，ヒスチジンはごく少量しか含まれていない。リジン，フェニルアラニン，イソロイシン，ロイシン，トレオニン，バリンも多く含まれているとは言えない。つまり，必須アミノ酸の含量の点からは，コラーゲンは良質のタンパク質食品ではない。

実際にコラーゲンのみをタンパク源としてラットを飼育すると，ただちにタンパク質欠乏の症状が現れ，毛並の乱れから始まって，神経性の歩行障害が出現したという。

ところが，近年になって，他のタンパク質と合わせてコラーゲンを食べると，いろいろな効用

があることがわかってきた。

5.4 骨・関節疾患への効果

年をとると非常に多くの人が骨関節炎にかかり，手足の関節がこわばったり，痛みに悩まされるようになる。

ドイツやチェコなどヨーロッパの国々の研究者から，コラーゲン(実際にはゼラチンの酵素分解物)を骨関節炎の患者に投与すると，症状が軽減されることが報告された。

たとえば，チェコのAdamらは次のような報告をしている[2]。52人の患者(男性28人，女性24人)に，1日10gのコラーゲンを2ヵ月間投与した。二重盲検法を採用し，プラシーボにはニワトリの卵のタンパク質を用いている。関節炎のさまざまな症状——こわばり，動かすときの痛み，夜間の痛みなど，たくさんの項目について，3段階評価で患者に評価してもらい，スコアの変化をみた。

表2に示すように，プラシーボを与えられた人の中には実験中に症状が悪化した人がかなりいるが，コラーゲン投与群にはいない。一方症状が著しく改善された人(スコアが50％以上減少した人)の数は，コラーゲン投与群のほうがプラシーボ投与群よりもずっと多い。

また，コラーゲン投与が骨粗鬆症にも有効であるという報告もある。骨粗鬆症においては，骨の吸収が合成を上回り，骨量が減少する。治療には骨吸収を抑制するカルチトニンが用いられる。カルチトニンを投与している骨粗鬆症患者に，コラーゲンを1日10gずつ24週間投与したところ，カルチトニンのみを投与した患者に比べて骨コラーゲンの分解速度が有意に低下した。

表2 コラーゲン投与の関節炎に対する効果[2]

痛みのスコア	コラーゲン投与	プラシーボ投与
増加した	0人	21人
減少した		
26％以下	10	19
26～50％	18	7
50％以上	24	5

5.5 毛髪への効果

アメリカのScalaらは，51人にコラーゲンを1日14gずつ，62日間にわたって投与し，毛髪の成長を測定した。季節の影響を考え，5月～9月と1月～4月の2回，実験を行った[3]。

結果は表3のようで，コラーゲンを投与した人の毛髪の直径は，2回の実験とも，約10％増加

表3 コラーゲン投与の毛髪への影響[3]

	毛髪の直径（μm）		増加率 (%)
	対照	コラーゲン投与	
実験1	62.1	67.9	+ 9.3
実験2	60.0	66.8	+11.3

した。ただし，毛髪の長さの伸びる速度には，コラーゲン投与は影響を与えなかった。

実験には21～58歳の人が参加したが，コラーゲン投与の効果の大きさは，年齢とは関係がなかった。はじめから毛髪の細い人ほど，大きな効果がみられたという。

コラーゲン投与をやめたところ，6カ月以内に毛髪の太さは元に戻ってしまったそうである。

5.6 皮膚への効果

イタリアのMorgantiとRandazzoは，コラーゲン食の表皮の保水能力に対する効果を調べた[4]。コラーゲン約1.7gとグリシン0.8gを毎日，2カ月間投与したところ，保水能力に向上がみられたという。

一方，日大薬学部の高橋らは，ラットを用いて実験を行った。ラットを低タンパク食で飼育すると，疑似老化の状態になる。すなわち，皮膚のコラーゲン合成速度は低下するし，表皮の角質層のターンオーバー速度も低下する。

このような疑似老化ラットにコラーゲンを投与したところ，コラーゲンの合成能力(図1)も[5]，

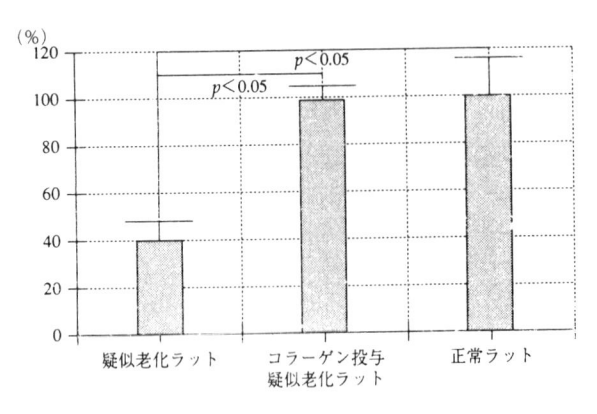

図1 コラーゲン投与がコラーゲン合成に及ぼす効果[5]

があることがわかってきた。

5.4 骨・関節疾患への効果

年をとると非常に多くの人が骨関節炎にかかり、手足の関節がこわばったり、痛みに悩まされるようになる。

ドイツやチェコなどヨーロッパの国々の研究者から、コラーゲン(実際にはゼラチンの酵素分解物)を骨関節炎の患者に投与すると、症状が軽減されることが報告された。

たとえば、チェコのAdamらは次のような報告をしている[2]。52人の患者(男性28人、女性24人)に、1日10gのコラーゲンを2カ月間投与した。二重盲検法を採用し、プラシーボにはニワトリの卵のタンパク質を用いている。関節炎のさまざまな症状――こわばり、動かすときの痛み、夜間の痛みなど、たくさんの項目について、3段階評価で患者に評価してもらい、スコアの変化をみた。

表2に示すように、プラシーボを与えられた人の中には実験中に症状が悪化した人がかなりいるが、コラーゲン投与群にはいない。一方症状が著しく改善された人(スコアが50%以上減少した人)の数は、コラーゲン投与群のほうがプラシーボ投与群よりもずっと多い。

また、コラーゲン投与が骨粗鬆症にも有効であるという報告もある。骨粗鬆症においては、骨の吸収が合成を上回り、骨量が減少する。治療には骨吸収を抑制するカルチトニンが用いられる。カルチトニンを投与している骨粗鬆症患者に、コラーゲンを1日10gずつ24週間投与したところ、カルチトニンのみを投与した患者に比べて骨コラーゲンの分解速度が有意に低下した。

表2 コラーゲン投与の関節炎に対する効果[2]

痛みのスコア	コラーゲン投与	プラシーボ投与
増加した	0人	21人
減少した		
26%以下	10	19
26〜50%	18	7
50%以上	24	5

5.5 毛髪への効果

アメリカのScalaらは、51人にコラーゲンを1日14gずつ、62日間にわたって投与し、毛髪の成長を測定した。季節の影響を考え、5月〜9月と1月〜4月の2回、実験を行った[3]。

結果は表3のようで、コラーゲンを投与した人の毛髪の直径は、2回の実験とも、約10%増加

表3 コラーゲン投与の毛髪への影響[3]

	毛髪の直径（μm）		増加率 (%)
	対照	コラーゲン投与	
実験1	62.1	67.9	+ 9.3
実験2	60.0	66.8	+11.3

した。ただし，毛髪の長さの伸びる速度には，コラーゲン投与は影響を与えなかった。

実験には21～58歳の人が参加したが，コラーゲン投与の効果の大きさは，年齢とは関係がなかった。はじめから毛髪の細い人ほど，大きな効果がみられたという。

コラーゲン投与をやめたところ，6カ月以内に毛髪の太さは元に戻ってしまったそうである。

5.6 皮膚への効果

イタリアのMorgantiとRandazzoは，コラーゲン食の表皮の保水能力に対する効果を調べた[4]。コラーゲン約1.7gとグリシン0.8gを毎日，2カ月間投与したところ，保水能力に向上がみられたという。

一方，日大薬学部の高橋らは，ラットを用いて実験を行った。ラットを低タンパク食で飼育すると，疑似老化の状態になる。すなわち，皮膚のコラーゲン合成速度は低下するし，表皮の角質層のターンオーバー速度も低下する。

このような疑似老化ラットにコラーゲンを投与したところ，コラーゲンの合成能力（図1）も[5]，

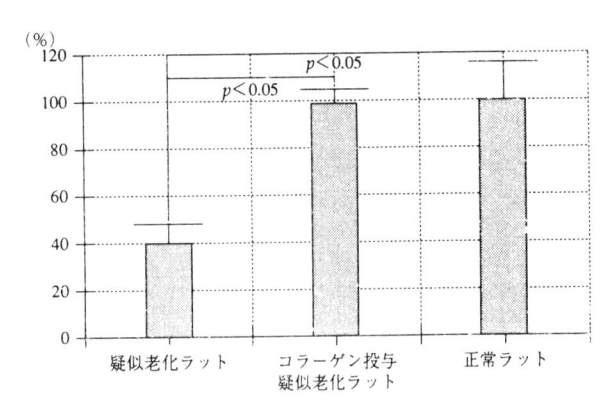

図1　コラーゲン投与がコラーゲン合成に及ぼす効果[5]

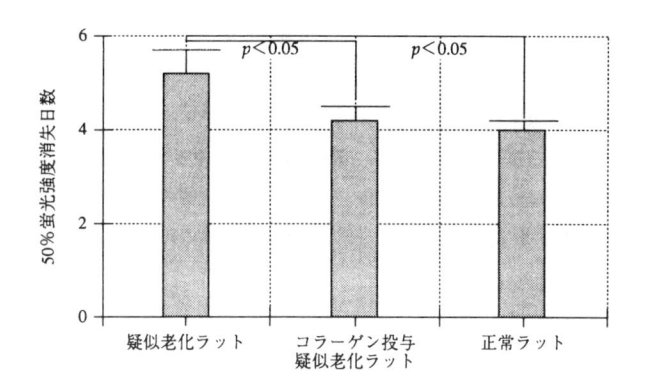

図2 コラーゲン投与が角質層代謝回転に及ぼす効果[6]

角質の代謝回転速度（図2）も[6]，正常なラットのレベルに回復した。

5.7 その他の効果

コラーゲンを唯一のタンパク質源としてラットを飼うと，良好な成長はみられず，障害が起こることは前に述べた。

新田ゼラチンの梶原らは，コラーゲンをカゼインと組み合わせてラットに与えると，ラットが良好に成長することを観察している[7]。

また，アスピリンをラットに投与して胃に潰瘍を起こさせる実験において，コラーゲンを投与すると，びらんや潰瘍をかなり防ぐことができたという[7]。

さらに，高血圧自然発症ラットにコラーゲンを投与することにより，血圧上昇が抑制されることも観察されている[7]。

5.8 投与コラーゲンの作用メカニズム

体の中のコラーゲンは年をとると変質し，また骨や真皮などでは量が減少してくることは前に述べた。それゆえか，健康食品の解説書などに，「コラーゲンを食べると，体の中に吸収され，体の中のコラーゲンの補給になる」というような文章がしばしばみられる。

しかし，こんなことはありそうもない。コラーゲンを食べると，消化管の中で分解され，大部分はアミノ酸の形として吸収されるからである。たとえ，わずかな量がコラーゲンのまま体内に入ったとしても，それは食品アレルギーのもとになり，体にとって好ましい存在ではない。

成人病予防食品の開発

　食べたコラーゲンが分解してできたアミノ酸が，体の中でコラーゲンを合成する「材料」として役に立つことはあるが，それほど重要なこととは思えない。コラーゲンは確かに体の中に大量に存在するタンパク質であるが，代謝回転は非常に遅いタンパク質である。成人の場合，1日に分解されるコラーゲンの量は1〜2gと推定される。体の中のタンパク質全体では1日に200〜300gが分解されるという。分解して生じたアミノ酸の大部分はリサイクルされ，目減り分の約70gが食物から補給される。このような体全体のタンパク質とアミノ酸の流れからみると，コラーゲンの合成・分解の量はわずかで，特別にコラーゲンの合成のための材料を食べる必要はありそうもない。

　コラーゲンにしかないアミノ酸——ヒドロキシプロリンなどを供給する意味があるのではと考える人がいるかもしれないが，コラーゲンの中のヒドロキシプロリンは遊離のヒドロキシプロリンが取り込まれるのではなく，ペプチド鎖に組み込まれたプロリンが酵素によって水酸化されて生成するので，食べる必要はない。

　それでは，なぜコラーゲンを与えると，さまざまな効用があるのだろうか。結論から言うと，まだわからない。

　筆者は2つの可能性があると考えている[8]。

　1つの可能性は，コラーゲンが分解されて生じたペプチドの作用である。食品中のタンパク質は基本的にはアミノ酸にまで分解されて体内に吸収されるが，短いペプチドも体内に吸収されるという。量からいうとペプチドの形で吸収されるものは少量で，「栄養素」としては問題にならない。しかし，ペプチドは少量でも強い生理活性を示す例はたくさん知られており，食品由来のペプチドの生理活性はたいへん注目されているところである。

　コラーゲン由来のペプチドについても，線維芽細胞の遊走活性をもつものなどが報告されている。未知の生理活性ペプチドがコラーゲン分解物中に存在する可能性は十分にある。

　抗酸化作用をもつペプチドもあるかもしれない。

　投与されたコラーゲンの作用メカニズムのもう1つの可能性は，コラーゲンの分解により生じたアミノ酸の作用である。

　コラーゲンのアミノ酸組成はたいへん偏っている。必須アミノ酸は少ないが，グリシン，アラニン，プロリンなどの非必須アミノ酸を大量に含んでいる。特にグリシンはコラーゲンの全構成アミノ酸の1/3を占めている。

　コラーゲンを投与すると，分解されて大量のグリシンなどが生成し，体内に吸収され，体内のグリシンなどの濃度が高くなる可能性が考えられる。

　最近，いくつかのアミノ酸が，直接細胞に作用して細胞の活動に影響を及ぼすことがわかってきた。たとえば，ロイシンは筋肉細胞のタンパク質合成を促進する作用がある。グリシンはある

第2編　動・植物化学成分の有効成分と素材開発

種のがん細胞の浸潤を抑止する作用があるという。細胞膜に存在するアミノ酸のトランスポーターを通じて，細胞内に情報が送り込まれるという仮説が提唱されている[9]。

　コラーゲンを大量に投与したことにより，体内のグリシンなど特定のアミノ酸の濃度が高くなり，種々の細胞の活動に影響を与える可能性がある。

　このように，投与されたコラーゲンの作用メカニズムはまだ明らかでない。また，どのくらいの量を投与するのが適切なのかについても，十分な研究が行われていない。今後解明するべき問題が多く残されているのが現状である。

文　　　献

1) 藤本大三郎，コラーゲン，共立出版(1994)
2) M.Adam, *Therapiewoche*, 38, 2456(1991)
3) J.Scala et al., *Nutr.Rep.Int.*, 13, 579(1976)
4) P.Morganti et al., *J.Appl.Cosmetol.*, 5, 105(1987)
5) 目鳥幸一ほか，第48回日本栄養食糧学会総会，1994.5，福岡
6) 目鳥幸一ほか，日本薬学会第115年会，1995.3，仙台
7) 梶原葉子，フレグランスジャーナル，1997年7月号，p.58
8) 藤本大三郎，暮しの中のコラーゲン，裳華房，印刷中
9) R.K.Singh et al., *Medical Hypothesis*, 44, 195(1995)

6　魚類発酵物質

石川行弘[*]

6.1　魚類発酵製品

　魚介類は体表面や内臓に細菌などの微生物が多く存在しており，内臓では自己消化を促進する酵素活性も強く品質劣化しやすい。そのため，塩蔵，乾燥，缶詰，発酵(食塩を添加して腐敗を防止しつつ)などを行って加工品として保存性を高めている。

　本節では魚介中の内臓酵素や微生物の生産する酵素によるペプチド，アミノ酸の生成と食用微生物の代謝産物の有効利用が主になるが，その代表的なものについて述べる。

6.1.1　鰹節と鰹節菌

　鰹節は現在では純粋分離した菌株(*Eurotium herbariorum* など；旧来の名称は *Aspergillus glaucus*)を用いて製造されるのが一般的である。鰹節菌はリパーゼによる筋肉中の微量油脂の分解，乾燥硬化，風味づけに役立っている[1]。その他に有用なものとして代謝産物と酵素作用がある。図1に示すように，*Eurotium*属の菌株はflavoglaucinおよびその関連物質を菌体内に多量に生産する[2]。これらの物質は分子内にフェノール性水酸基をもっており，油脂の酸化に対して比較的強い抗酸化性を示し，またトコフェロールとの相乗効果も示す[3]。

　イワシの鮮度が低下するとプロパナールなどのアルデヒド化合物が生成して生臭くなり風味が低下するが，鰹節菌はイワシの生臭さの発生を著しく抑えて臭気を改善することができる。生臭さの発生に伴って1-penten-3-olが特異的に生成することから，イワシ筋肉中のリポキシゲナーゼ(LOX)が関わっていることがわかる[4]。FlavoglaucinはLOX作用を顕著に阻害する。さらに，菌株はアルコールデヒドロゲナーゼやアルデヒドデヒドロゲナーゼ活性を有し，閾値の低いアルデヒドを相当する閾値の高いアルコールと酸に速やかに変換し，風味の改善にも寄与していると考えられる。

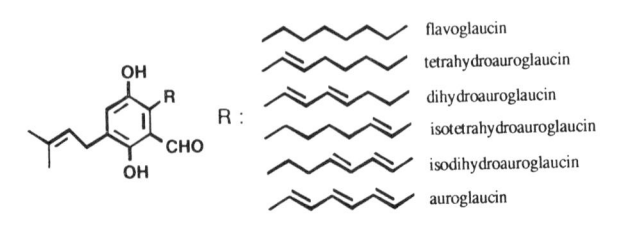

図1　Flavoglaucinおよびその類縁物質

---

[*]　Yukihiro Ishikawa　鳥取大学　教育学部　教授

第2編　動・植物化学成分の有効成分と素材開発

6.1.2　魚醤油

　魚介類の保存を兼ねた調味料の製造が魚醤油を生んだと言える。現在，日本の家庭料理において「だし」を作ることが少なくなり，各種の調味料が製造され消費されている。その「隠し味」として魚醤油の需要が増加し，輸入量も増えている。利用に際して比較的臭いの弱い魚醤油を用いたり，輸入品を加熱して悪臭成分を揮散させたりしている。

　魚醤油製造において，魚自体の酵素と微生物作用を利用したのが伝統的な魚醤油で，味が良い。これに対して，独特の臭気を弱め，製造期間の短縮と食塩濃度の低下を狙って製造されているのが微生物の酵素を利用した新式の魚醤油であるが，味はやや劣る。製品を温湯で10倍程度に希釈して味見すると，はっきりとした差異が認められる。

(1)　伝統的魚醤油

　魚介類のタンパク質が内在性酵素や微生物作用によって分解されて生成するアミノ酸やペプチドに富む。旨味が強く，希釈しても深みのあるコク味がのびるため，現在，隠し味としての需要が伸びている。欠点としては，食塩濃度が高すぎること (25～27%) と，独特の臭気が一般の日本人の食嗜好になじまないことである。そのままで料理に使われるのが一部の地域に限定されているが，郷土料理にはなくてはならない醤油である。日本では，石川県能登のいしる（いしり；富山湾側では主にイカ内臓を，西の日本海側ではイワシを原料としている）や秋田県のしょっつる（本来の原料はハタハタで，いしるとは製造法がやや異なる）が有名であるが，生産量はきわめて少ない。

　日本で加工用に用いられている魚醤油の多くは東南アジアからの輸入品で，ベトナム (nuoc mam)，フィリピン (patis)，タイ (nam pla) などの製品がある。原料にはそれぞれの地のものを用いるため，海水魚や淡水魚がある。

　魚醤油の独特な臭気は何によるのか特定できていないが，多くの臭気成分の分析がなされている。その中で，アルデヒド類は分岐鎖のものが多く，油脂の酸化によるものではなく，アミノ酸から誘導されたものと考えられる。これらのアルデヒド類も鰹節菌によってアルコールと酸に変換され，独特の臭気がやわらぐ。魚醤油を製造するときリジンを添加し，タンパク質栄養価向上の試みと風味評価がされている[7]。

(2)　新式魚醤油

　イワシを原料とし，耐塩性細菌を培養して得られた微生物粉末を添加して酵素分解したものがある（M社製品）。魚醤油は塩濃度が高いため，一般の穀醤に近い濃度にするためにとられた方法であるが，旨味に欠けるきらいがある。しかし，魚醤油の独特の風味をやわらげ日本人向きになっているのが特長で，大きなシェアをもっている。また，プロテアーゼを用いて発酵期間を早めているものもある[5]。

市販の魚醤油の中には無塩のものがある。製法は明らかでないが，イワシなどの魚体ないしはフィレーを除いた残渣に市販の耐熱性プロテアーゼを作用させ，腐敗菌の増殖を抑えながら酵素分解させたものと思われる（濃縮するとブリックス10相当程度になる）。その後に，好みの濃度の食塩を添加することも可能であるが，旨味に欠けるものの淡色であり，添加用には都合が良い。

穀醤と類似した方法で魚醤油を製造する試みもなされている[6]。フィッシュミール（乾燥魚粉）を原料として，魚臭のない，食塩含量の少ない魚醤油を比較的短期間に製造することを目指しており，プロテアーゼ生産菌として黄麹菌と鰹節菌を用い，雑菌汚染を避けるため低水分で製麹している。トリメチルアミン臭も低減しており，現在は工場規模で生産しているという（タウリン含量72mg/100ml）。イワシタンパク質からヘキサンで油脂を除去した原料を用いて調製した魚醤油が市販されているが，著しく旨味に欠ける。旨味に関与する内在性酵素の解明，微量油脂の旨味への関与，微生物の存在意義などについて詳細な研究が必要と思われる。

6.1.3 塩辛

東南アジア（タイなど）では，魚の塩漬けを行い，発酵・保存し，調理のときの塩分添加と味付けに用いられている。イカ内臓の醤油を調製するときも，発酵の初期は塩辛の臭いと全く同じである。味は内臓酵素の関与が，香気は微生物の関与が大きいと言われている[8]。

魚の塩干品でも塩分の少ない柔らかいものへの嗜好が強まっているが，保存性を犠牲にしていることになる。塩辛においても同様で，塩分濃度を4～7%に下げ，腐敗を防止するために食品添加物を用いて水分活性を下げる努力が必要になり，本来の製品とは品質と内容の異なったものになっている。塩分摂取を控えるという消費者の要求が伝統的製法を置き換える方向にある。

6.2 魚類由来の生理活性物質

魚介類を原料とした発酵製品は多種類あるが，伝統的にはもっぱらその嗜好性によって，その土地土地で得られる産物を原料にしてきた。その旨味の主体はアミノ酸とペプチドである。しかし，これらの中に，生理的に有用な物質が存在していることが最近，特にACE阻害活性物質を中心に進められている。生活習慣病にとって魚加工品の食塩が望ましくない成分として考えられているが，生理的に重要な物質の供給源としての日常食品であり，より良い形態での製造方法の確立や有効成分の抽出によって健康食品としての地位が確保されるものと期待される。

6.2.1 タウリン taurine（Tau；2-aminoethanesulfonic acid）

魚にはかなりの量が含まれており，一般に赤身より白身に多い。イカとイワシの醤油には，それぞれ650mg，200mg/100ml程度含まれている。非必須のアミノ酸類縁物質であるが，多様な疾患と密接に関連した機能を有する。その構造を図2に示す。Tauは心筋，中枢神経系，網膜，脳などに多く含まれ，制御物質として重要である。日本では貧血性心疾患の治療に用いられ，特に

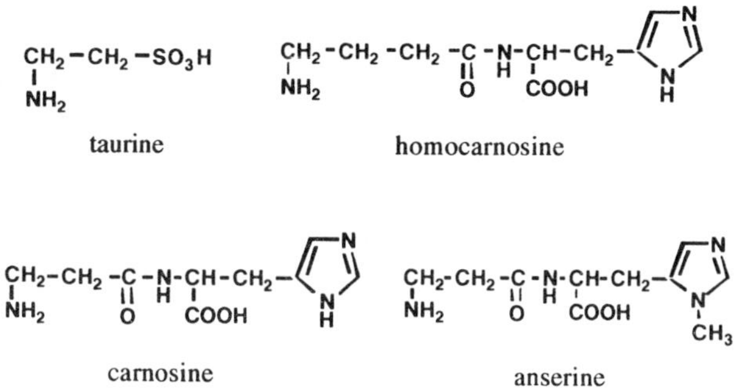

第2編　動・植物化学成分の有効成分と素材開発

図2　魚類中の生理活性物質

不整脈の措置に効くと言われ，細胞膜の安定化，抗酸化性，解毒作用などに寄与している。
　血漿および肝臓中のコレステロールレベルの減少作用がある。コレステロール含有のカゼインをラットに与えたとき，高レベルのTauを一緒に投与すると効果が認められた[9]。Tauの効果は，肝臓中のTau濃度が増加して胆汁酸との結合体であるタウロコール酸が増加し，排泄物中への排出量の増加と関連がある[10]。このとき，Tau投与によって胆汁酸合成の律速酵素である肝臓のcholesterol 7α-hydroxylase活性が促進され，コレステロールから胆汁酸への転換が増大すると考えられている[11]。
　活性酸素の1つ，次亜塩素酸（HClO）の捕捉作用がある。アミノ酸と次亜塩素酸が反応すると相当するアルデヒドが生成するが，Tauは次亜塩素酸と反応して安定なモノクロロタウリンを形成し，この物質が次亜塩素酸の生成に関与するペルオキシダーゼを阻害するという[12]。リポ多糖類の抗酸化剤として作用して肝細胞障害を抑制するが，一酸化窒素（NO）のような活性酸素を阻止するためと言われる[13]。
　正常な成長に必須である。システインとメチオニンからの生合成のみでは不足するため，食餌からの摂取も必要となる。サルにTau無添加の餌を与えると成長が抑制される。母乳で育った小児に比較して，人工乳で育った小児はTauが不足している。また，不足は網膜の退化を引き起こすため，Tauの投与は目の障害（白内障など）に効くという。
　中枢神経系に鎮静効果を及ぼし，てんかんや顔面神経痛治療に経口投与して効くという。また，抗発作用や抗けいれん作用もある。

6.2.2　カルノシン carnosine
　われわれは食品から非必須の抗酸化剤を多く摂取しているが，ジペプチドのカルノシン（β-alanyl-L-histidine），アンセリン（anserine；β-alanyl-L-1-methylhistidine），ホモカルノシン

(homocarnosine；γ-aminobutyryl-L-histidine）などが報告されている（図2）。一般に，動物の筋肉に多く含まれる。カルノシンはウナギに特異的に多く，イカ，タコなどの無脊椎動物には含まれない[14]。サケにはアンセリンがあるが，カルノシンは含まれないように，動物種によって存在比は異なる[15]。

生体内では無酸素状態で蓄積する乳酸の緩衝作用とともに，多面的な抗酸化作用によって酸化ストレスとたたかう生理的機構があると考えられている。運動選手にはdeoxyguanosineの酸化的水酸化反応によって8-hydroxydeoxyguanosineが顕著に増加するが，カルノシンは抗酸化性を示して，その生成を阻害して酸化ストレスを抑える。カルノシンの抗酸化性は，銅イオンとの特異的なキレート作用による[16]。鉄イオンとはキレートしないにもかかわらず鉄触媒による脂質酸化を防止するのは，ヒドロキシラジカルのスカベンジャー作用によると考えられ[17,18]，ヒドロキシラジカルとの反応速度定数も求められている[19,20]。カルノシンの性質，機能，応用については総説を参考にしてほしい[21]。

最近では免疫調整作用を有するとも言われるカルノシンを，通常の魚や魚加工品から安価に摂取できれば効果も期待できる。また，抽出物中に酸化促進剤が少なければ，天然抗酸化剤としての利用が考えられ[22]，肉製品の酸化安定作用や色調安定作用も期待できる[23,24]。

6.2.3 ACE阻害ペプチド

高血圧は加齢に伴って発症する病態の1つであるが，遺伝的要因以外に栄養条件によっても影響を受ける。高血圧患者の血圧低下のためには降圧剤が使用されるが，食品成分中には天然系の降圧剤（ACE阻害活性）成分が含まれていることが種々の食品から見出されている。魚介類のタンパク質自体は降圧剤として作用するわけではなく，そのタンパク質中に情報が含まれているため，魚類発酵品のように筋肉や内臓が自己消化したものや種々のプロテアーゼ分解物から多くのペプチド性の有効成分が単離同定されている（表1）。

同定された長鎖のペプチドには，有効な短鎖のペプチドが含まれている場合がある。長鎖のペプチドでは人間に投与された後に分解されることもあり，短鎖のペプチドのほうが吸収が早く本来的に有効であるかもしれない。また，ペプチド組成からその由来タンパク質も確認されている[26,32]。多くの研究を重ねることで，安全性の高い新たな健康食品の素材開発に寄与できるものと期待される[36〜38]。

第2編　動・植物化学成分の有効成分と素材開発

表1　魚介類由来のACE阻害ペプチド

ペプチド組成	起源	ペプチド組成	起源
Pro-Thr-His-Ile-Lys-Trp-Gly-Asp [25]	マグロ筋肉	Gly-Trp [30]	イワシ筋肉
Val-Lys-Ala-Gly-Phe [26]	イワシ筋肉	Ile-Arg-Pro [31]	カツオ塩辛
Lys-Val-Leu-Ala-Gly-Met [26]		Tyr-Arg-Pro-Tyr [31]	
Leu-Lys-Leu [26]		Gly-His-Phe [31]	
Tyr-Pro [27]	イワシ筋肉	Val-Arg-Pro [31]	
Val-Phe [27]		Ile-Lys-Pro [31]	
Ile-Phe [27]		Leu-Arg-Pro [31]	
Trp-Ile [27]		Ile-Arg-Pro-Val-Gln [32]	カツオ内臓
Trp-Leu [27]		Ser-Val-Ala-Lys-Leu-Glu-Lys [32]	
Ile-Lys-Pro-Leu-Asn-Tyr [28]	鰹節	Ala-Leu-Pro-His-Ala [32]	
Ile-Val-Gly-Arg-Pro-Arg-His-Gln-Gly [28]		Gly-Val-Tyr-Pro-His-Lys [32]	
Ile-Trp-His-His-Thr [28]		Leu-Phe [33]	オイスター
Ala-Leu-Pro-His-Ala [28]		Cys-Trp-Leu-Pro-Val-Tyr [34]	カツオ塩干品
Phe-Gln-Pro [28]		Trp-Ser-Lys-Val-Val-Leu [34]	
Leu-Lys-Pro-Asn-Met [28]		Ser-Lys-Val-Pro-Pro [34]	
Ile-Tyr [27]		Val-Ala-Trp-Lys-Leu [34]	
Asp-Tyr-Gly-Leu-Tyr-Pro [28]		Tyr-Ala-Leu-Pro-His-Ala [35]	イカ塩辛
Leu-Lys-Tyr [29]	南極オキアミ	Gly-Tyr-Ala-Leu-Pro-His-Ala [35]	
Thr-Tyr [30]	イワシ筋肉		

文　献

1) M. Doi *et al., Biosci. Biotech. Biochem.*, 56, 958 (1992)
2) Y. Ishikawa *et al., J. Food Sci.*, 50, 1742, 1747 (1985)
3) Y. Ishikawa *et al., J. Am. Oil Chem. Soc.*, 61, 1864 (1984)
4) 吉和哲朗ほか，日水誌，58, 2105 (1992)
5) R. Chaveesuk *et al., J. Aqua. Food Prod. Tech.*, 2, 59 (1993)
6) 早川潔，食品工業，37(1), 39 (1994)
7) N. G. Sanceda *et al., J. Food Sci.*, 55, 983 (1990)
8) 藤井建夫，魚の科学，p.168, 朝倉書店 (1994)
9) K. Sugiyama *et al., Agric. Biol. Chem.*, 48, 2897 (1984)
10) K. Sugiyama *et al., Agric. Biol. Chem.*, 53, 1647 (1989)
11) A. Kibe *et al., Lipids*, 15, 224 (1980)
12) 福家眞也，魚の科学，p.102, 朝倉書店 (1994)
13) H. P. Redmond, *Arch. Surg.*, 131, 1280 (1996)
14) 渡辺勝子，魚の科学，p.53, 朝倉書店 (1994)
15) E. A. Decker, *Nutr. Review*, 53, 49 (1995)
16) R. Kohen *et al., Proc. Natl. Acad. Sci. USA*, 85, 3175 (1988)

17) E. A. Decker et al., *J. Agric. Food Chem.*, 40, 756 (1992)
18) W. K. M. Chan et al., *J. Agric. Food Chem.*, 42, 1407 (1994)
19) O. I. Aruoma et al., *Biochem. J.*, 264 (3), 863 (1989)
20) A. R. Pavlov et al., *Biochim. Biophys. Acta*, 1157 (3), 304 (1993)
21) P. J. Quinn et al., *Molec. Aspects Med.*, 13, 379 (1992)
22) K. M. Chan et al., *J. Food Sci.*, 58, 1 (1993)
23) B. J. Lee, D. G. Hendricks, *J. Food Sci.*, 62, 931 (1997)
24) E. A. Decker et al., *J. Food Sci.*, 60, 1201 (1995)
25) Y. Kohama et al., *Biochem. Biophys. Res. Comm.*, 155, 332 (1988)
26) 受田浩之ほか, 日農化, 66, 25 (1992)
27) 松田秀喜ほか, 食品工誌, 39, 678 (1992)
28) K. Yokoyama et al., *Biosci. Biotech. Biochem.*, 56, 1541 (1992)
29) 川上晃, 茅原紘, 栄食誌, 46, 425 (1993)
30) 関英治ほか, 食品工誌, 40, 783 (1993)
31) N. Matsumura et al., *Biosci. Biotech. Biochem.*, 57, 695 (1993)
32) N. Matsumura et al., *Biosci. Biotech. Biochem.*, 57, 1743 (1993)
33) 松本清ほか, 食品工誌, 41, 589 (1994)
34) M. Astawan et al., *Biosci. Biotech. Biochem.*, 59, 425 (1995)
35) Y. Wako et al., *Biosci. Biotech. Biochem.*, 60, 1353 (1996)
36) 木村修一, 食品機能, p.246, 学会出版センター (1988)
37) M. Fujii et al., *Biosci. Biotech. Biochem.*, 57, 2186 (1993)
38) 筬島克裕ほか, 食品工誌, 40, 568 (1993)

第3編　フリーラジカル理論と予防医学の今後

第1章　今後のフリーラジカルの理論の発展と諸課題

二木鋭雄*

　1900年,Gombergによりフリーラジカルが発見されてから100年がたとうとしている。1970年代に入って,生体におけるフリーラジカルや活性酸素種による酸化傷害が注目されるようになった。PryorがFree Radicals in Biologyのシリーズ（Academic Press社）を編集し,スーパーオキサイド,スーパーオキサイドディスムターゼ（SOD）や酸素ラジカルの国際会議も開催されるようになった。SlaterやDianzaniらがアルコール性肝障害にラジカルが関与していると考えたのも70年に入ったときである。日本でも当時名古屋大学の八木教授が1980年に脂質過酸化物の国際会議を開催した。日本ではまたビタミンEの国際会議も開催されていた。このように世界各地で起こり始めた酸素ラジカルと生体に関する研究が1つのまとまった動きとなったのが,1981年に始まったOxygen Radicals in BiologyというGordon会議と,それからしばらくして発足したSociety for Free Radical Research（SFRR）Internationalである。これらは多くの研究者に大きなインパクトを与えた。今年（1998年）のOxygen Radicalsに関する第10回Gordon会議での講演を聞き,この間の発展をみて感慨深いものがあった。ちょうどこの会議が終わったところで,今後について少し展望してみたい。

1　酸素ラジカル

　酸素ラジカルというものの生体における重要性は,さらに広い面で認められている。粥状動脈硬化をはじめとする疾病の発症に原因的な要因として関与するという考えだけでなく,酸化生成物のもつ多種多様な生理作用が明らかになるにつれ,より広い分野で注目されている。以前のGordon会議でカリフォルニア大学のSteinberg教授が,"アメリカ心臓学会で「酸素ラジカル」というと皆が笑い出した"と言っていたのを聞いたが,これは1939年,アメリカ化学会でWallingがラジカルの話をしたとき,最前列にいたのが政治部の記者だった,という話とoverlapした（今年のGordon会議に,今は引退しているWalling博士がゲストとして顔を見せたのには嬉しく思っ

---

*　Etsuo Niki　東京大学　先端科学技術研究センター　教授

た)。現在では「活性酸素, フリーラジカル」という言葉がむしろ過剰と思えるほどよく聞かれるようになった。

多くの研究により新しい事実, 現象が見出されてきた。しかし多くの問題が依然として残されているのも事実である。たとえば, 炭素ラジカル, 酸素ラジカルについての理解が進んだのに対して (脂質の酸化反応メカニズムはほぼ解明された), 窒素ラジカル, 硫黄ラジカルなどについては不明のことが多い。近年話題の一酸化窒素NOについても, それとスーパーオキサイドの反応により生成するペルオキシナイトライト$ONOO^-$がヒドロキシルラジカルを与えるのかどうか, 依然としてはっきりしない。Koppenolは熱力学的に起こりえないと言い, 一方, その計算の根拠 (エントロピー) に誤りがあるという意見もある。硫黄ラジカルの反応はタンパク質の変性とも関連して重要であるが, 多くの競争反応があり, それぞれについてのパラメーター, 重要性がよく理解されていない。

生体においてどのようにして酸化傷害が始まるのか, その活性種が何か依然としてわからない。状況は20年前と同じである。金属イオンに加えて, NO, ミエロペルオキシダーゼ, 15-リポキシゲナーゼなどが候補としてあがっている。以前から述べているように, 多くの活性種が可能であり, 時と場によって異なるのであろう。

通常「ラジカル」と「フリーラジカル」とは同一のものとして扱っているが, 本当にどれだけ「フリー」なのか興味のあるところである。リポキシゲナーゼの酸化は, 位置, 立体, 光学的に特異的に進行することが知られている。たとえば15-リポキシゲナーゼはアラキドン酸の15位, リノール酸の13-位だけを酸化し, シス, トランス型でかつS体だけを選択的に与える。一方, たとえばリノール酸をフリーラジカル連鎖反応で酸化すると13位だけでなく9位にも, シス, トランス型に加えてトランス, トランス型も, かつS体とR体の両方を与える, ランダムな酸化である。これは11位のビスアリル水素が引き抜かれて生成するペンタジエニルラジカルと酸素が反応するとき, 9位と13位に同じ割合で付加するためである。

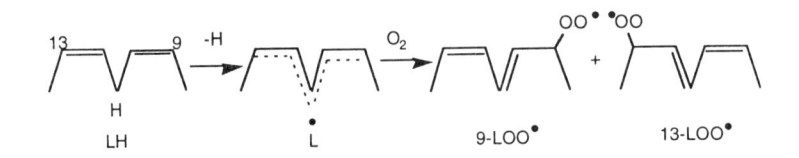

ところが15-リポキシゲナーゼでは13位にしか酸素が入らない。リポキシゲナーゼの反応では, リノール酸からラジカルが生成したとしても, それは本当に「フリー」ではない, と考える。15-リポキシゲナーゼについては, 低比重リポタンパク質 (LDL) の中心のコア部にあると考えられるコレステロールエステルをも位置, 立体, 光学特異的に酸化することが認められており, それ

第3編　フリーラジカル理論と予防医学の今後

がどのようにして進行しうるのかも不明で，興味深い．一方，これについては，そのようには進まないという報告もある．

今後の1つの課題として，酸素濃度の影響を考慮することがあげられる．*in vitro*の実験は通常大気圧下で行うことが多いが，実際の生体内では酸素濃度はもっと低い．これが酸化反応および抗酸化反応にどう影響を与えるのか，明らかにする必要がある．

酸素ラジカル，酸化生成物の生理作用，情報伝達，アポトーシス，細胞増殖などに対する影響も，研究は顕著に増えてはいるが，真の解明はこれからであろう．

2　抗酸化物質

フリーラジカルや活性酸素種が種々の疾病を引き起こすのであれば，その重要な帰結の1つは，それを抑える，いわゆる抗酸化物の役割，有用性である．これらに関する研究成果も着実に伸展している．かつてはビタミンEやビタミンCについても全くといっていいほど反応論的なアプローチがなされていなかったが，物理化学的な研究もなされ，現在ではかなり分子レベル，反応レベルでよく理解されるようになった．しかし残された問題も多い．

近年の「抗酸化物」ブームにより，天然抗酸化物や新規合成抗酸化物が着目されている．フレンチパラドックスに関連して赤ワインに含まれるポリフェノールが人気を博している．これら種々の抗酸化物の活性を評価するということが必要となる．抗酸化物の活性評価法についてはまだ議論のあるところである．これまでに数多くの方法が提案され，応用されている．重要なことは，用いた方法が何を測定しているのかということ，特に生体内での抗酸化活性は何によって決まるのかということを，よく理解することである．たとえば，安定なラジカルであるガルビノキシルやDPPH（ジフェニルピクリルヒドラジル）との反応性を測定し，抗酸化活性を評価することが以前から行われている．その際，反応初期の反応速度を測るときと，ある一定時間後の反応量（たとえば吸光度の低下）を測る場合がある．まず，前者では反応性（反応速度）を測り，後者では反応量（量論数，すなわち1分子の抗酸化物が何分子のラジカルと反応するか）を求めていることを知る必要がある．反応時間（これはきわめて勝手に決められることが多い）によっては，反応性に大きな差があっても，見かけ上同じと出ることがある．本来なら，両者を区別して，正しく定量的に測らねばならない．次に，たとえこれらを正しく測定しても，もちろん，それは生体での抗酸化活性を示すものではない．それは生体内での抗酸化活性が単にあるラジカルとの反応速度，反応量だけでは決まらないからである．量論数についても，相手のラジカルにより異なる．たとえばビタミンE（α-トコフェロール）はガルビノキシルラジカルとは1:1で反応するのに対して，ペルオキシルラジカルは2分子捕捉することができる．

成人病予防食品の開発

　生体での抗酸化活性は，その化合物のもつ固有の化学的反応性に加えて，次のような因子により決まる。
　① ラジカルに対する反応性（反応速度），反応量（量論数）
　② 抗酸化物の存在する場と濃度
　③ その存在する場での動きやすさ
　④ 抗酸化物由来のラジカルの挙動
　⑤ 他の抗酸化物との相互作用
　⑥ 活性種の種類と存在する場
　⑦ 生体での吸収，取り込み，保持，代謝，安全性
　これらそれぞれの因子がどのように影響するかについてここで述べる余裕はないが，これらをよく理解することはきわめて重要で，そうしなければ正しい実験をすることも，実験データを正しく評価することも難しい。一方，そうすれば，理想的な抗酸化物，抗酸化薬品の設計，開発に一歩近づくことも可能となると思われる。

　上のことに関して，1つ2つ例をあげる。試験管の中でのミセルやリポソーム膜の酸化に対しては，2,2,5,7,8-ペンタメチル-6-クロマノール（ビタミンEの側鎖のないもの）の抗酸化活性はα-トコフェロールよりずっと大きいが，生理活性は小さい。あるいは，尿酸はある系では優れた抗酸化活性を示し，α-トコフェロールをスペアするが，別の系ではそうではない。

　抗酸化物の作用については不明のことも多い。その1つは動物実験における種差の影響である。動脈硬化に対してプロブコールは治療薬としてよく用いられており，その作用の1つに抗酸化作用が考えられている。ところが，動物実験で，ウサギには顕著に有効であるのに対して，ラットには逆に増悪効果が認められるが，この原因はわからない。種の影響は今後の課題である。

　抗酸化物の効果についての近年の疫学研究の結果も解釈が難しいことの1つである。従来肺癌に有効と考えられていたβ-カロチンについて，最近の疫学研究の結果ではむしろ癌の発生を促進するという結果が報告され，物議をかもしている。この結果についていろいろ意見が出されているが真相は不明である。疫学の研究結果については何ら意見をさしはさむことは筆者に到底できるところではないが，反応メカニズムとして，β-カロチンの酸化促進作用を説明するものはまだ提出されていない。

　抗酸化物と考えられているものに酸化促進作用が報告されることがときどきある。ビタミンCについては昔から鉄イオンとの共存下でよく知られ，何にしろ，*in vitro*での酸化実験に酸化開始剤としても使われるほどである。ビタミンEについても従来から油の酸化で認められていた。LDLの酸化に対しても，ビタミンEが酸化促進作用を示すことを近年Stockerらは繰り返し報告している。確かに，酸素と同様に抗酸化物も両刃の剣である。ただ，ここではっきりしておきた

いことは，in vitroにおいて多くの抗酸化物について酸化促進作用を示す系を組み立てることは難しくないこと，一方，in vivoで本当に抗酸化物が酸化を促進している例をきちんと証明したものはないことである。

　これらラジカル捕捉型抗酸化物のラジカル捕捉という作用に加えて，それを越えた作用beyond antioxidantも注目されている。また，過酸化物分解酵素，修復酵素についても新しい発見があり，生体のもつ防御システムの見事さが再認識されている。

　いずれにしろ広い意味での抗酸化物の作用について，今後，反応の場の影響をより深く考慮した研究が望まれる。

3　おわりに

　酸素ラジカルと生体に関して，本書に述べられているように，目覚ましい発展がある。今後は予防ということがさらに重要となると考えられ，その観点からも食品のもつ意味は大きい。

第2章 がん予防・海外の動向

渡辺 昌[*]

　成人病予防,特に疾病にならないことを目指す1次予防は健康を維持するうえで最も望ましい形と言える。日本において脳卒中は血圧低下を目指した減塩食により大幅に減少したが,欧米に多い心虚血性疾患予防のため,禁煙と食事中のコレステロールを低下させる研究がヨーロッパでWHOを軸に展開された[1~3]。WHOの研究では,禁煙やコレステロール制限食により循環器疾患予防効果と同時にがんの予防効果も検討されたが,当初からがん予防のために組まれた研究ではなかったために効果がはっきりしなかった。循環器疾患の場合には血圧や血中コレステロールといった簡便で良い生体指標(バイオマーカー)があったのに対し,がんでは発症までに長期間かかり,罹患あるいは死亡の低下をみるという評価方法しかなく,エンドポイントである診断の正確性も問題になることが多かった。その後,がん予防の可能性と必要性が認識されるにつれ,この分野の研究は大きく進歩してきた[4]。成人病予防食品の効果は最終的にはヒトで観察するほかなく,がん予防を中心にこの方面の海外の動向を伝える。

1 がん予防の最近の動き

　がんのリスクを変えられるであろうということは,1983年にDollとPetoがまとめた"Avoidable risk of cancer"という論文が大きな刺激を与えた[5]。これは米国のがん死亡を疫学的に解析して,がんの原因を列挙し,それを避けることでがん死を低下させることができる,としたものである。彼らの基本的な考えは,世界でがんの最も低い集団の罹患率あるいは死亡率にまで,高い集団のものを下げられるはずである,というものであった。世界のがんの高低,疫学的にわかっているリスク要因のオッズ比あるいは相対危険率から人口寄与危険率を計算し,がんの原因として3分の1がタバコ,3分の1が食事,その他感染や職業性暴露などが3分の1とみなした。

　1980年代はこのようにがんのリスクを避けてがんを予防しようという考えが主流であったが,1990年代に入ってすっかり様変わりしてきた。生活習慣ががんや他の成人病の発症に密接に関係していることは,世界に先駆けて1965年から行われた平山らの6府県コホート研究により,示さ

---

[*] Sho Watanabe　東京農業大学　応用生物科学部　栄養科学科　教授

第3編　フリーラジカル理論と予防医学の今後

表1　疫学研究による食品のがん予防効果とリスク効果を示した研究数

	口腔・咽頭がん			食道がん			胃がん			結腸がん			直腸がん			膵がん			肺がん			乳がん			膀胱がん		
	n	%*1	%*2	n	%*1	%*2	n	%*1	%*2	n	%*1	%*2	n	%*1	%*2	n	%*1	%*2	n	%*1	%*2	n	%*1	%*2	n	%*1	%*2
野　菜	7	71	0	3	100	0	11	100	0	9	89	11	4	50	50	6	83	0	7	100	0						
果　物	8	75	13	8	63	13	17	82	0	8	63	13	4	75	25	7	86	0	8	100	0	4	75	25	3	33	0
生野菜	3	67	0	4	75	25	10	100	0	4	75	25				3	67	0				6	83	0	3	100	0
アブラナ科	5	40	0							12	67	8	5	100	0												
ネギ				3	0	0	11	82	9	6	67	17	3	67	33												
豆	3	0	33				9	78	22	5	20	40															
緑黄色野菜	6	83	17	5	100	0	8	100	0	5	80	0							9	100	0						
ニンジン	3	100	0				9	78	11	7	57	29	5	80	20				7	86	0	4	75	0	3	100	0
トマト	3	67	33	3	100	0	11	82	9	6	67	33	6	50	17				4	10	0						
柑橘類	5	80	0	4	100	0	12	92	0	6	33	50	5	80	0	3	33	0				3	33	67			

＊1：予防効果を示した研究数，＊2：リスクを示した研究数

れていた。特に肉食はたまで，緑黄色野菜を毎日よく食べる人は胃がんや大腸がんなど多くのがんが，そうでない人に比べ半分以下しか発生しなかったのである[6]。その後，世界でさまざまな疫学研究が行われ，各種がんの予防効果が野菜や果実摂取と関連づけられた(表1)。緑黄色野菜の何ががん予防効果をもっているのかが調べられ，ビタミンCやβ-カロチン，お茶のカテキンなどが候補にあがった(表2)。これはフリーラジカルからDNA障害，遺伝子異常につながるがん化の前段階を，これら物質の抗酸化作用により消滅させるという仮説とよく合った。その後の研究でさまざまな段階でのがん抑制機序がわかってきた(表3)。

1980年代に入り，発がんの仕組みが明らかになるにつれ，生体指標の利用が普及し，分子疫学なる分野も現れた。食事摂取とがんの関係は当初リスク要因として研究されたが，多くのコホート研究や症例対照研究で野菜のがん予防効果が示唆されることから，食品中のがん予防効果のある物質探しが始まった。大々的に行われたのは1990年から1993年にかけて米国国立がん研究所によって展開されたデザイナーズフード計画である[7]。これは食品中のがん予防効果のある物質を探しだし，その物質をさらに修飾することによってさらに機能を高めようというものである。この研究は非常に多数の物質を抽出し，薬理・生理機能を調べるきっかけになった。現在600種類以上の物質が同定されている。しかし，これら疾病予防因子についての用語については，国際的な合意がまだない。日本では食品因子food factorsという用語が使われているが，それはかならずしも良い方向ばかりに効く物質ばかりではないのではないか，という配慮が加えられた結果である。米国，ヨーロッパではfunctional foodという用語が普通になってきた。functional foodに含まれる物質は植物に由来するものであればphytochemicalsと呼称される。フィトケミカルは非栄

表2　がん予防食品因子を含む野菜・果物

ネギ（Allium compounds）	リグナン
diallyl sufphide	葉　酸
allyl methyl trisulphide	インドール3カルビノール
カロチノイド	イノシトール6リン酸
α-carotene, β-carotene	イソチオシアネート
cryptoxanthin	sulphorophane
lutein, lycopene	その他
その他	D-リモネン
クマリン（coumarins）	フィトステロール
食物繊維	プロテアーゼインヒビター
短鎖脂肪酸	サポニン
Dithiolthiones	ビタミンC
フラボノイド	ビタミンE
quercetin	セレン
kaempherol	
イソフラボノイド	
genistein, daidzein	
biochanin A	
その他	

表3　野菜・果物中の食品因子の抗がん機序

抗酸化効果：細胞膜脂質，DNA等
がん細胞分化誘導
発がん物質無毒化酵素の活性化
ニトロサミン合成阻止
エストロゲン代謝の変容
腸管内環境の変化（腸内細菌，胆汁酸組成，pHなど）
細胞内基質の安定化
DNAメチル化
DNA修復維持
がん細胞のアポトーシス誘導
細胞分裂の低下

養素で，微量で何らかの薬理・生理作用があり，普通の食品のように多量にとらないもの，という概念はほぼ共通のものになったと言える。

2　化学予防

発がんは何十年もかかってゆっくりと段階的に進む(図1)。発がんはいくつかの異なった刺激

第3編　フリーラジカル理論と予防医学の今後

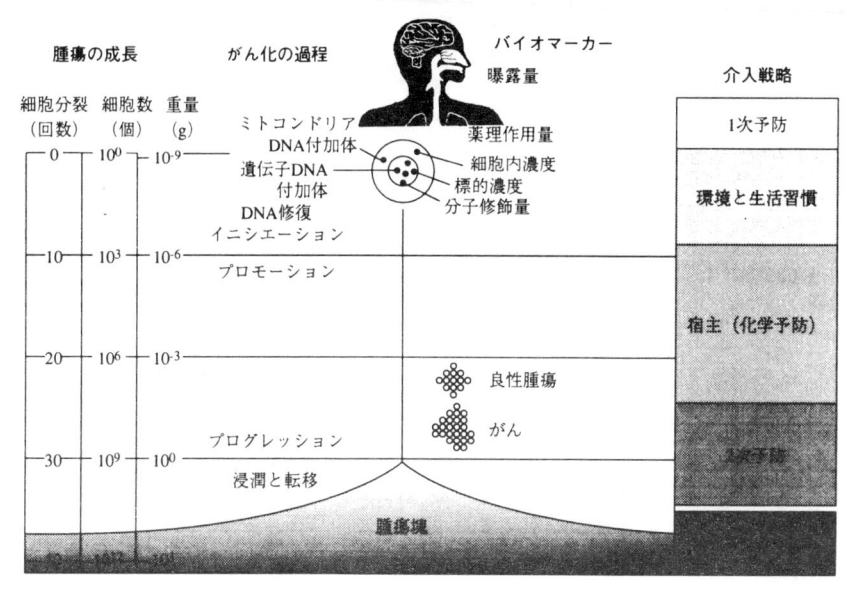

図1

が，細胞内で遺伝子の傷や生化学的変化として生じ，それが生物学的レベルで長期間蓄積することによって進行する．この過程のそれぞれのレベルで健康な細胞から悪性へのゆっくりとした進行を介入によって遅くしたり，全く止めてしまう機会がある．

　ある種の食品，野菜や果物，穀類はさまざまながんに対して防護的に働くので，がんを予防したり発育を止める食品の構成成分あるいは薬物を発見しようという試みが多くなった．この努力は1950年代の半ばに始められた．このがん予防のアプローチを1970年代半ばにがん予防の発案者であるミカエル・スポーンが「化学予防」と名づけた．化学予防はこれらの物質を錠剤あるいは加工した食品として，高リスクにある人々のがん予防戦略に使おうというものである．これは高コレステロール，高血圧，あるいは血液凝固の高い人に薬剤を与えて，心臓病や心臓発作の予防を目指すのと同じと言える．何百もの潜在的化学予防物質が動物実験やがん疫学，時には治療経験から同定され，そのうち20以上の物質が今までにヒトでテストされている．主なものを表4に示す．介入試験でも第Ⅰ相，第Ⅱ相，第Ⅲ相と臨床試験に準じた手順で進められる．がんのみならず循環器疾患の予防も包括的に対象にした大規模な介入研究もいくつか行われた（表5）．しかし，最初に行われたβ-カロチンとビタミンE投与により肺がん予防効果をみようとしたATBC研究は予期せぬ結果をもたらした[8]．

331

表4 介入研究の対象となった食品因子とがん

投与物質	がん部位	研究数 報告済	研究数 進行中	研究数 計	投与量
ビタミンA	口腔	2	1	3	50～60mg/週
	肺	1	3	4	25～5,000 IU/日
	皮膚	—	3	3	25,000 IU/日
ビタミンC	結腸	1	—	1	3g/日
	胃	—	2	2	2g/日
合成レチノイド	口腔	2	1	3	0.25～2mg/日
	子宮頸部	—	1	1	Topical
	肺	—	1	1	
	皮膚	2	3	5	5～70mg/日
	頭頸部	1	2	3	50～100mg/m^2
	乳	—	1	1	200mg/日
β-カロチン	結腸	—	2	2	30mg/日
	口腔	3	1	4	15～40mg/日
	子宮頸部	—	1	1	18mg/日
	肺	1	5	6	20～50mg/日
	皮膚	1	1	2	50mg/日
	胃	—	1	1	
他のビタミン	口腔	—	1	1	
	子宮頸部	1	1	2	
	肺	1	1	2	
混合ビタミン	結腸	1	3	4	
	口腔	2	2	4	
	食道	1	1	2	
	子宮頸部	—	1	1	
	肺	—	3	3	
	胃	—	2	2	
食物繊維	結腸	1	3	4	10～13.5g/日
セレン	肺	1	—	1	300 μg/日
	皮膚	—	2	2	200～400 μg/日
	肝	2	—	2	200 μg/日
カルシウム	結腸	2	8	10	1.2～3g/日
	食道	1	2	3	0.6～1.2g/日
ビタミン・ミネラル	結腸	—	1	1	
	口腔	1	—	1	
	食道	1	2	3	
	肺	1	1	2	
NSAID	結腸	—	2	2	10mg/日
タモキシフェン	乳	—	4	4	10～20mg/日
自然食品	口腔	—	1	1	
	食道	—	1	1	
	肝	—	1	1	
				92	

表5 がん・循環器疾患予防を目指した介入研究

研　究	対象者	介入方法	追跡期間	対象者数	評　価
ATBC（フィンランド）	男性喫煙者 50〜69歳	β-カロチン（20mg/日） ビタミンE（50mg/日）	8年	29,133	肺がん,心臓死増加
CARET（米国）	喫煙者 アスベスト労働者	β-カロチン（30mg/日）	4〜13年	18,314	肺がん,他のがん
Physicians' Health Study（米国）	医師	β-カロチン（50mg 1日おき） アスピリン		22,000	がん罹患 心筋梗塞
Womens' Health Initiative（米国）	看護婦	脂肪＜カロリーの20%以下 果物野菜を多く Ca+Vit. D	9年	68,000	心血管病 がん 骨粗鬆症
SUVIMAX（米国）（フランス）	ボランティア	β-カロチン（6mg/日） ビタミンC（120mg/日） ビタミンE（15mg/日） セレン（100μg/日） 亜鉛（20mg/日）	8年	15,000	心血管病 がん

ATBC The alpha-tocopheral, beta-carotene cancer prevention study

3　β-カロチン介入試験の反省

　何百もの植物成分が化学予防の候補にあげられ，系統的に実験的データから疫学データまで注意深く評価され，どの化合物が役立つかということが決められた。その中でβ-カロチンはすべての条件を満足する物質で，中国の林県研究でも成果をあげたため，米国国立がん研究所の支援でいくつかの大規模な介入試験が組まれた。「α-トコフェロール，β-カロチン肺がん予防試験（ATBC）」，「β-カロチンとレチノール有効性試験」などである。食事由来のβ-カロチンの量ががんのリスクを減らすという疫学的証拠はこの研究の仮説を強く支持するものであったため，この栄養素を与えることで肺がんを予防できるであろう，という仮説をもとに，肺がんリスクの高い何万人もの人がβ-カロチン，ビタミンE（α-トコフェロール），あるいはビタミンA（レチノール）を毎日，数年間にわたって服用した。

　しかし，両方の試験とも，喫煙者がβ-カロチンをとると肺癌，心臓死の割合が有意に増えたのである。米国国立がん研究所ではこれら結果から，1996年1月にβ-カロチンを用いた介入試験の中止を勧告した。もっとも米国の医師22,000名を対象にした長期の研究ではβ-カロチン摂取が害も利益ももたらさなかった。β-カロチンがなぜ障害的に働いたのかということについて現在も研究が進められている。多くの抗酸化物がプロオキシダントとしても働くので，フリーラ

表6 臨床試験と介入試験の比較

	臨床試験	介入試験
対象人口	病人	健康人
最終評価	多くは単一	多様
投与期間	短期	長期
追跡期間	短期	長期
リスクの低下	急	緩慢
副作用	いろいろ	少ない
対象数	少人数	多人数
コンプライアンス	高い	低い
費用	安い	高い
疾病予防効果	低い	高い

＊：multigene families

ジカルでいる時間とフリーラジカルのプールの大きさが細胞障害性に関係するのであろうと考えられる。野菜中にはフラボノイドやさまざまな化学的物質が含まれるので，β-カロチンが緑黄色野菜中の本当に有効な物資であったのかという根元的疑問も残る。

β-カロチンの大規模な臨床試験が予期せぬ結果となり，中断されたが，なぜという機序がわからないのに過剰反応だとする意見もあった。米国ではFDA主導のもとに薬剤の臨床試験と同じように，第Ⅰ相，第Ⅱ相，第Ⅲ相と進めるべきだという意見が主流である。Investigational New Drug (IND) なる枠で審査が行われることになるが，あまりに厳しいとのことで，現在NCIとFDAの話し合いがもたれている。

ATBC研究でビタミンEをとった男性は肺がんには差がなかったが，34％も前立腺がんが減り，結腸・直腸がんが16％も減った。しかし，前立腺と結腸・直腸がんの低下はビタミンEによる利益とも言えるが，単に偶然起きた現象とも言える。この関係を明らかにするためにはさらに試験が必要である。この2つのβ-カロチン試験の結果は，できあがった仮説を検定するためにも，また新しい物質の試験をするのにもヒトでの介入試験が重要だということを示した（表6）。

ウイレットらによる看護婦コホート研究のデータをもとにがん以外のリスクをみると，心筋梗塞の寄与危険率はタバコが50％で，食事もω3ω6比や脂肪酸組成，ホモシステインの高いのがリスクになることが示された。葉酸がホモシステインレベルを下げるので，葉酸とビタミンB6を与える予防試験が行われたが，リスクは0.9と有意な低下を示していない（Willet, 私信）。

4 今後の試験計画

今後10年間に，化学予防の可能性をもつ物質の作用機序や実際的利益のために多数の薬品が試

第3編　フリーラジカル理論と予防医学の今後

表7　臨床試験が検討されている物質

N-acetyl-l-cystine	N-4-hydroxyphenyl retinamide（4-HPR）
アスピリン	Ibuprofen
カルシウム	Oltipraz
β-カロチン	Piroxicam
DHEA analogue 8354	Sulindac
2-difluoromethylornithine（DFMO）	タモキシフェン
Finasteride Proscar	ビタミンD3および類縁体
18b-Glycyrrhetinic acid	ビタミンE

Kelloff et al.

験されるであろう（表7）。一例として，合成された化合物であるジフルオロメチルオルニシン（DFMO）は乳がん，子宮頸部がん，膀胱がん，結腸がん，皮膚がんといった多くの異なった型のがんを予防するために，40人から120人のグループに与えられている。DFMOは細胞増殖に必要なオルニシンデカルボキシラーゼという酵素活性を妨げる。アスピリンやイブプロフェンのような非ステロイドの抗炎症剤（NSAID）も同じ酵素を阻害するので，結腸がんの予防試験に使われている。一般的に言って，これらの抗炎症剤は細胞増殖を抑えるような機序によってさまざまな方法で私たちの身体を病気から護っている。しかしNSAIDの長期の使用は消化器系に出血や潰瘍といった副作用を起こす。

　いまでも化学予防のゴールドスタンダード（絶対的基準）は，大勢の高危険の人であっても普通の人であっても，将来発生してくる病気をモニターするという前向き研究prospective studyである。この試験では実験に使う化合物は何年も投与される必要があり，さらに効果を完全に評価するために数年間の追跡調査が必要になる。フィナステライドは良性の前立腺肥大の治療に使われているが，前立腺がんの予防効果をみるのに前向きな研究が計画されている。この物質は前立腺においてテストステロンががん化を進めるより強力な男性ホルモンに転換するのを抑制する。「前立腺がん予防試験」ではフィナステライドあるいはプラセボが1,800人の男性に毎日，数年間与えられ，追跡が10年かもう少し長期に行われる。ゲニスタインのようなフィトエストロゲンも5'α還元酵素の抑制作用により前立腺がん予防の可能性のあることを指摘したが，豆乳の摂取による介入試験が米国で始まった。β-カロチン投与試験の失敗から，もう一度生薬に近い形に戻ろうとする動きもみられ，米国国立がん研究所では中国で熟成ニンニクと緑茶抽出物による介入試験を始めた。

　前向きの化学介入試験の結果をより早く得るために，化合物の効果をみるのに指標となるスクリーニング方法が工夫されている（表8）。またDNA付加体や膜タンパクの変化など，がん化に伴って起きる生理学的変化の現れをバイオマーカーの変化として捉えようという努力も続けられ

335

ている.介入試験によって対象集団のこれらマーカーの発現が減るならば,その物質ががんの頻度も減らすチャンスも大きくなると言える.現在進行中のカルシウムとNSAIDS, あるいは他の化合物を用いた結腸がんに対する化学予防試験では,良性の前がん病変と考えられる腸管のポリープ発生ががんの発生に変わる指標に用いられている.他のバイオマーカーとして特別の遺伝子変化,血中や尿中のある種のタンパクの量や構造の変化,前癌病変のような病理組織変化もあげられる.

バイオマーカーはさらに個人のがんになるリスクを評価するためにも使える.それは血清脂質レベルが心臓病のリスクをモニターするのに標準的検査として使われるのに似ている.抗酸化能全体を血液で診断するシステムも米国で開発された.このような評価方法は将来の化学予防計画に組み入れうるであろう.

表8 がん予防物質のスクリーニング法

アポトーシス誘導
アロマターゼ抑制
細胞増殖阻止
cyclo-oxygenase (COX-1/COX-2) 抑制
細胞分化増強
DNA 付加抑制
farnesyl-protein transferase 抑制
GSH　誘導
GST　誘導
Lipoxygenase 抑制
ODC 抑制
NAD(P)H : quinone reductase 活性化
過酸化物産生抑制
tyrosine kinase (EGFR-特異的) 抑制

EGFR ; epidermalgrowth factor receptor

5　新たな成人病予防薬の開発

ホモシステインは虚血性心疾患のレベルを下げることが報告され,アミノ酸やペプタイドの成人病予防効果に新しい可能性が開けた.必須アミノ酸のグルタミン,チロシン,シスチンは生体内で重要な働きをしているにもかかわらず,溶解度が低いため臨床的には使いにくい.ジペプチドにすることによって安定になるとともに溶解性が増し,ドイツのホーエンハイム大学のフィルスト教授の研究では,術後患者や外傷患者に使用することにより25～30%も死亡率を下げることができた.グルタミンは細胞培養に必須の添加物であるが,生体内では免疫を増強し,肝グルタチオンの合成にも必要である.ジペプチドはこれら機能にも役立つ.システインもグリシルシステインのジペプチドにすることにより,肝,腎の治療に役立つが,AIDSの治療にも効果のあることが示された.

このような生化学的革命を食品・栄養分野に持ち込むことによって,新しい分野の研究や商品開発が進められる.脂肪もグリセロールに付く脂肪酸を中鎖脂肪酸に変えたり,逆に長鎖脂肪酸に変えたりすることによって,病気の予防に役立つ性質を備えるようになるかもしれない.このようにして作られる Structured lipid は,脂肪の栄養学を変える可能性がある.

しかし，新規に開発した食品は安全性や摂取量，他の栄養素や生体高分子との相互作用など，解決せねばならない問題も多い。調和のとれた栄養素摂取が大事ということになる。栄養におけるadaptationとaccomodationの定義は，前者が「食品や栄養の変化により，さまざまな過程により異なった安定した状態になること」，後者は「食事の変化により生存するために変化する過程だが，そのためにいくつかの重要な機能が障害されることが多い」と区別されている。必要栄養量も集団対象と個別対象をどうするか，食品摂取量の安全範囲を示せるか，という問題がある。中国人はカルシウムを200～300mgくらいしかとっていないのに，骨粗鬆症は白人の半分以下というような人種差の問題もある。数年前からWHOなどが中心となって，栄養必要量が栄養素主体の考え方から食品重視に変わり，Food based guideline（食品に基礎をおいたベースライン）が作られようとしている背景には，一般の人に栄養指導する際にはそのほうがやりやすいということもある。もっとも栄養素と機能がリンクしなければガイドラインには入れないという考えがある。機能性食品因子については，栄養素として認知されているわけではないので，むしろ食品単位で摂取のガイドラインが決まるほうがよい。

6 成人病予防食品の評価と食品表示

この問題は医薬品と食品のはざま的な食品因子，機能性食品にあっては困難な点が多い。近年の遺伝子導入野菜に対する表示の有無に関する論争は，問題をますます複雑にしている。1996年3月に米国政府はNational Policy Dialogue on Food, Nutrition and Healthを作成したが，それには健康効果，開発時間，税制，健康効果の特許，研究資源，遺伝子保存などが盛り込まれた。食品，薬品，食品添加物の各企業の市場参入の意欲を調査した結果では，機能性食品の定義は政府に作ってほしいという意見が薬品会社では73％，食品会社は66％，添加物製造会社でも57％と大半を占めた。開発の障害となるのに臨床試験をあげたのは，いずれの企業も50％を超えた。しかし，研究開発コストと答えたのは食品会社が一番高かった。規制方法が不明確というのも開発意欲をそぐ部分になっている。しかし，どの会社もこの分野は高い収益を生む（52％），成長の分け前にあずかれる（50％）と考えている一方，マーケットの成長が得られるという答えは少ない（16％）。消費者と製造者，両方への教育，宣伝がまだまだ必要のようだ。その点に関して表示方法が問題となるが，日本に比べると米国のほうが健康表示に前向きのようである。ヨーロッパではFood Therapyがあり，民間療法的なものも許される。1998年中に一定のガイドラインをECとして作成する計画が進行中である。

7 成人病予防への行動変容

最近,「がん予防15カ条」が米国がん研究財団とロンドンのがん研究基金から発表された（表9）。これは Diet and Cancer として刊行された本のエッセンスと言える[9]。日本でがん予防12カ条が提唱されたのは1980年であったが，このような指針を出して一般人の行動変容を促すことが大事と英米でも考えられるようになったのだろう。1次予防のほうが早期発見，早期治療に勝る。もっと明らかなことは，予防は病気を診断され，治療されるというショックと痛みを避けさせる。規則正しい運動，気をくばった食事といったがん予防の方法は，心血管病や糖尿病など他の病気をも予防するという利益をもたらし，費用効果比は治療と比べて比較にならないほど大きい。実際，単一の食品因子が多くの生活習慣病の予防に関係している[10]。

がん予防はこれらの利点から，がんに対する防御として力になるのだが，大勢の人が続けている不健康な習慣を理解程度の指標とするならば，一般の人に十分評価されているとは思えない。

運動と食事を修飾することの利益が何十年も前から知られていたにもかかわらず，体重過多のアメリカ人は増加している。1980年と1991年の間に肥満者の割合は米国で33％も増えた。しかし，高い教育と収入のある人々は年齢に依存した肥満を避けるにはどうするかを学び，効果をあ

表9 がん予防15カ条

1	食事：主に植物性の食物を選ぶ
2	体重維持：BMI（注）を18.5〜25に維持し，成人になって5kg以上体重を増やさない
3	運動の維持：1日1時間の活発な歩行と，週最低1時間の激しい運動
4	野菜・果物：豊富な種類の野菜・果物を1日400〜800g食べる
5	他の植物性食品：豊富な種類の穀物，豆類，根菜類を1日600〜800g食べる
6	アルコール飲料：勧められない。飲むならば，男性は1日2杯以下，女性は1杯以下に控える。1杯はビール250mℓ，ワイン100mℓ，ウイスキーなどは25mℓ相当
7	肉（牛・豚・羊肉）：1日80g以下。魚肉・鶏肉の方がいい
8	全脂肪：動物性脂肪食品の摂取を控え，植物性脂肪を適度に摂取する
9	食塩：成人は1日6g以下。調味料にはハーブやスパイスを使う
10	貯蔵：カビ毒汚染の可能性のある長期貯蔵の食品は食べない
11	保存：腐敗しやすい食品は冷凍保存する
12	添加物・残留物：適切な規制下では問題ない
13	料理：焦げた食品は食べない
14	栄養補助食品：勧告の他項目に従えば摂取不要
15	タバコ：吸わない

注）BMI：肥満度を表す指数。体重（kg）を身長（m）の2乗で割った数字。22が標準

げている。集団レベルでより健康な習慣に切り替えることは可能なはずである[11]。もし大部分の人が毎日20分激しく運動するとか，毎日葉野菜を一皿増やす，あるいは赤身肉は週1回にとどめるというような2つか3つの賢明な変更をしたなら，食事あるいは生活習慣に関連したがん死亡を4分の1は減らせると予測される。同じ手段が心血管病も防ぐはずで，これもさらに幾多の命を救う。

大部分のがん予防の行動は個人によってなされねばならないから，悪い習慣を止める支援，他の行動変容の支援とともに，正確な情報の開示が決定的に重要である。しかし，効果的ながん予防は他のレベルでの活動をも必要としている。それはカウンセリングや保健担当者による健康診査などである。このレベルで担当者への科学的で健全な情報の伝達が必須である。

8 おわりに

特定の疾病予防のための介入と一般的な健康増進のための介入とでは性格がかなり異なる。前者はより薬品としての形のものが使用可能となるが，後者は食品という形で摂取されるのが望ましい。さらに，生活習慣全体の変容という問題も背景にある。これらの課題をめぐる海外の活動を，筆者の考えを交えて総説した。

文　献

1) Multiple Risk Factor Intervention Trial Research Group, Multiple risk factor intervention trial. Risk factor changes and mortality results, *JAMA*, 248, 1465-1477 (1982)
2) WHO Collaborative Group, European collaborative trial of multifactorial prevention of coronary heart disease: final report on the 6-year's result, *Lancet*, I, 869-872 (1986)
3) M.Hakama, U. Beral, J. Cullen, M. Parkin (Eds.), Evaluating effectiveness of primary prevention for cancer, IARC, Lyon (1990)
4) B. W. Stewart, D. McGregor, P. Kleihues (Eds.), Principles of Chemoprevention, IARC, Lyon (1996)
5) R.Doll, R. Peto, The causes of cancer: quantitative avoidable risk of cancer in the United States today, *JNCI*, 66, 1191-1308 (1981)
6) T. Hirayama, Life style and mortality, A large scale census, based cohort study in Japan, Krugen, Basel (1990)
7) 大澤俊彦，がんを予防する52の野菜，法研，東京 (1995)
8) The alpha-tochopherol, beta-carotene Cancer Prevention Study Group, The effect of vitamin E and beta-carotene on the incidence of lung cancer and other cancers in male smokers, *New Engl. J. Med.*, 330,

1029-1035(1994)
9) World Cancer Research Fund, Food, Nutrition and the Prevention of Cancer: a Global Perspective, Washington DC(1997)
10) 渡辺昌, がん予防と食事, 日経メディカル, 27(2), 139-144(1993)
11) M. A. Boyle, D. H. Morris, Community Nutrition in Action: An entrepreneurial approach, West Pub. Co. MN(1994)

第3章　わが国における成人病予防の今後

吉川敏一[*1], 谷川　徹[*2]

1　はじめに

　わが国において過去数十年にわたり，三大死因は悪性新生物(がん)，心臓病，脳血管疾患(脳卒中)であり，今後もそのまま推移すると予想される[1]（図1）。これら直接死の原因となる可能性のある疾患とその危険因子となる糖尿病，高血圧，高脂血症，高尿酸血症，肥満などの疾患を予防し，コントロールすることが公衆衛生上の最大課題であり，医療費抑制の戦略であることは先進工業国共通の事情である。またアルツハイマー病やパーキンソン病などの神経変性疾患，骨粗鬆症の予防も老年者の生活の質と介護の面から重要な課題である。

　これらの疾患の多くが食生活を中心とする生活習慣により引き起こされることも共通認識となるに至っている。1997年に公衆衛生審議会が従来の成人病に代わり，生活習慣病という言葉を新たに作った[2]。これには三大成人病とインスリン非依存型糖尿病，高尿酸血症，大腸がん，肺偏平上皮がん，慢性気管支炎，肺気腫，アルコール性肝障害，歯周病が含まれている。

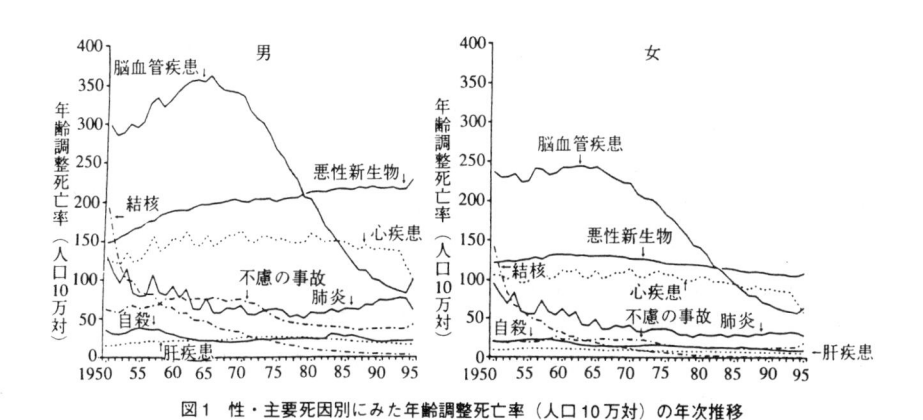

図1　性・主要死因別にみた年齢調整死亡率（人口10万対）の年次推移
（1997年「国民衛生の動向」）

---

* 1　Toshikazu Yoshikawa　京都府立医科大学　第一内科　助教授
* 2　Toru Tanikawa　京都府立医科大学　第一内科

これらの疾患は成人になってから発症することが多いが，前提となる病変は小児期から青年期にすでに起こり，その時期に身につけた生活習慣がその後も継続しやすいことに着目し，成人の名をはずした。成人病を早期に発見して治療しようという2次予防重視の考えから，発生，進展を未然に防止することに重点をおいた1次予防重視の考えにシフトしたわけである。

生活習慣病と呼ばれるものは何らかの形で慢性の酸素ストレスの関与で説明される疾患が多い。また正常老化も生活習慣病と共通の要因が作用すると考えられる点が多い[3,4]。酸素ストレスの発生をいかに少なくし，酸素ストレスに対する防御機構をいかに補強していくかが成人病対策の基礎理論となってきている。わが国の成人病の状況は他の先進国と共通する部分も多いが，いくつかの特徴もあり，長所を失わず，短所を改めるべく今後の方向を模索していかなければならない。

2 成人病予防優等国日本

日本人の平均寿命が世界一長いといわれて久しい。阪神大震災の影響を除いた第18回生命表(1995)では，男性76.5歳，女性83.0歳になっている[5]。その過程では，まず，衛生水準，食料事情，医療サービスの向上による感染症死亡率の低下や新生児乳児死亡率の低下が貢献し，最近の伸びは高齢者の死亡率低下によってもたらされている。

今後の成人病予防を考えるうえでは，この高齢者死亡率の低下の要因を認識する必要がある。わが国の循環器疾患死亡の特徴は心臓疾患死が少なく，脳卒中死亡率が高いことであるが，1965年以降の脳卒中死亡率の著しい減少が成人の死亡率を引き下げるのに大きく貢献した。循環器疾患全体でも死亡率は低下している。がんの死亡率も他の先進工業国に比べると7～8割と低いほうである[1]。がんの種類には大きな違いがあり，日本では大腸がん，乳がん，前立腺がんによる死亡が少ないのが特徴である。肺がんも比較的少なかったが，これは残念ながらすでに過去のこととなりつつある[1]（図2）。

脳血管死亡率の減少要因はまず脳出血の減少があり，続いて脳梗塞死亡の減少が合わせて起こった[1]。これは後進国的要因，すなわちタンパク摂取の不足がちの食事，強度の肉体労働，住環境の貧弱な温度管理などの要因が除かれてきたこと，食塩摂取過多の日本食が部分的に是正されたこと，高血圧管理医療の進歩などの結果と考えられる。

心臓疾患死，特に冠動脈疾患死亡の少ないのは動物性脂肪の摂取が少ないこと，穀物によるエネルギー摂取が多く，したがって食物繊維摂も多いこと，海藻，魚の消費が多いことなどが複合した結果と考えられる。脂肪エネルギー率が増したとはいえ，1995年で26.4％と30％を目指している欧米に比べればまだ低い[6]。脂肪の内容も S/P 比が約1[7]，ω-6/ω-3比が約4[8] ともまずま

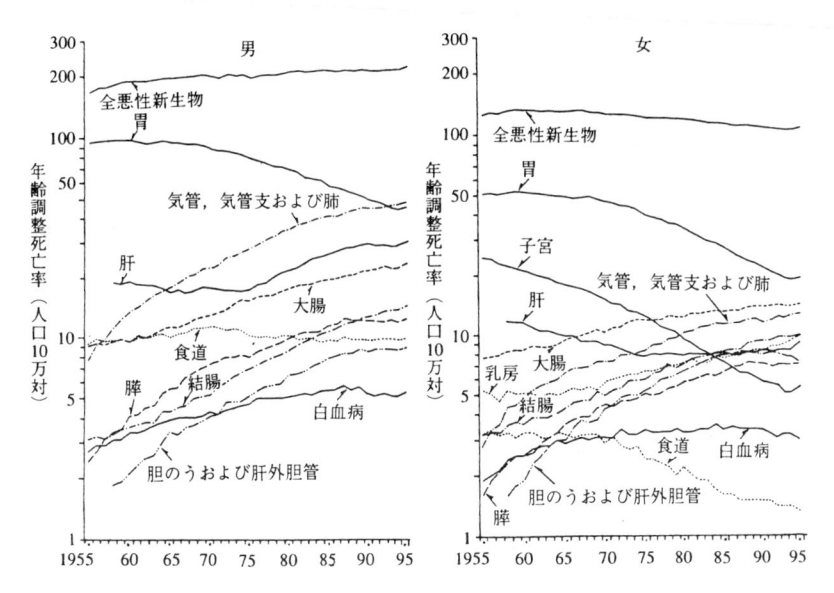

第3編　フリーラジカル理論と予防医学の今後

図2　部位別にみた悪性新生物の年齢調整死亡率（人口10万対）の年次推移
(1997年「国民衛生の動向」)

ずである。

　前立腺がんや乳がんが少ないのは，脂肪摂取が少ない以外に味噌，豆腐など大豆製品のイソフラボンなどのフィトエストロゲンの摂取が多いことと関係すると推定されている[9]。肺がん死亡が低かったのは，主に紙巻タバコの消費がかつては少なかったためと考えられる。

　これらの疾患分布の違いは食習慣を中心とした生活習慣の違いによると推定されており，生活習慣を最適化させることで罹患率死亡率を最小化させることができるものと考えられる。食生活でのわが国の地史的特徴をあげれば，産業革命に入って100年あまりで，それ以前は農業国であったこと，仏教の影響もあり肉食が普及したのも比較的最近であること，周囲を海に囲まれた島国のため海産食品の消費が多いこと，菜食でのタンパク源として古くより大豆タンパクの利用が進んでいたことなどをあげることができる。

3 成人病予防の日本的問題

3.1 従来の問題の残存

　脳卒中死亡は減少傾向にあるが，米国との比較ではいまだ1.5倍以上[1]であり，さらなる減少が必要である。脳出血や細動脈硬化は高血圧を大きなリスク要因としている。過去25年に日本での30代男性の収縮期血圧が4.1mmHg低下し，脳卒中死亡率が58％低下し，60歳代男性の収縮期血圧が15mmHg低下し脳卒中死亡率が83％低下した[10]。軽症高血圧患者で果物野菜に富む食事と飽和脂肪酸摂取制限で収縮期血圧で11.4mmHg，拡張期血圧で5.5mmHgの低下がみられたという報告があり[11]，食事によりかなり大きな脳卒中予防効果が期待される。食塩の摂取量は国民栄養調査の結果をみても下げ止まりにあり，1995年では13.2gと1987年の11.7gを底にむしろ増加しており，食塩のさらなる摂取減少が望まれる[6]。脂肪摂取エネルギー率の増加より予想されるアテローム硬化性の動脈病変の増加より生じる脳梗塞については，今後増加する可能性もあると考えられる。

　がん死亡を押し上げていた胃がんが男女とも著明な減少をみせている。検診や医療の充実も若干の助けになっているが，発生そのものの減少要因が大きい。食塩摂取の多かったころは米国でも胃がん死亡が多かったことなどより，日本における現象も一部食塩摂取量の減少で説明されると思われる。食塩は粘膜炎症を起こし，プロモーター活性をもつといわれるからである。他の因子としては，近年増え，現在も増え続けている緑黄色野菜の摂取，成分ではβ-カロチンやビタミンCの摂取増加などが抑制因子として働いている可能性がある。ヘリコバクター・ピロリ感染が日本人では高いことが知られている。この細菌感染が発がん危険因子の可能性があり，今後感染率の推移と胃がん発生との関係が注目される。食塩にしてもヘリコバクター・ピロリにしても直接遺伝子毒性をもつとは考えられておらず，引き起こされる慢性反復性の粘膜炎症によるプロモーションが問題となる。この場合プロモーター分子種としては，各種の炎症細胞由来の活性酸素と考えられる。

3.2 新たなる問題点

　心臓疾患について特に虚血性心疾患死亡の動向をみると，戦後1965年ころまで増加し，その後横ばいで推移している。冠動脈病変はアテローム硬化であり，その危険因子としては高脂血症や糖尿病が最も重要である。食生活の欧米化により総脂肪摂取量は増加してきており，その他糖尿病も増加傾向にあるといわれる[12]。この中で横ばいの変化を示したのは増加因子の作用と抑制因子の作用が拮抗していたためと考えられる。抑制因子として血圧コントロールの改善や緑黄色野菜摂取増加が考えられる。今後脂肪エネルギー率，糖尿病が増加すればやがて増加に転じる可

第3編　フリーラジカル理論と予防医学の今後

能性が高い。摂取エネルギーは必ずしも増えていないのに肥満や糖尿病が増えているのは，食事以外に運動不足やストレスなどインスリン感受性を落とす要因が増えているためであろう。

悪性新生物では男女での肺がん，大腸がんの増加，男性での肝がんの増加が目立ち，胃がん，子宮がん死亡の減少を相殺し，男性では総がん死亡率を押し上げている[1]（図2）。大腸がん，乳がんは脂肪摂取量増加と食物繊維摂取の減少が関与していると考えられる。日本の肝がんはその9割がB型またはC型肝炎ウイルスに関係している。血液製剤の安全性改善と母子感染の抑制による感染対策により肝がんは減少が期待されるが，女性での肝がん死亡は減少しているのに男性ではいまだ増加傾向にある。性差はテストステロンによるプロモーション作用やアルコール摂取の増加が考えられている。前立腺がん，乳がんの予防には適正脂肪摂取と大豆製品摂取の工夫が必要であろう。

肺がんの急増は戦後の紙巻タバコ消費の急増効果が数十年のラグをおいて顕在化してきたもので，累積喫煙量と肺がん死亡率はきわめて高い相関を示している[13]。日本では喫煙率が米国の約2倍で，1995年の国民栄養調査では男性52.3%，女性10.6%が喫煙している[6,14]。男性での喫煙率低下速度が小さく，女性ではむしろ増加傾向にあること，喫煙年齢の低年齢化がある。喫煙率でこそ低下傾向にあるが，消費量は減少していない。喫煙率がのきなみ低下し，すでに肺がん死亡が低下しつつある欧米諸国に比し，わが国独特の問題となってきている。

タバコ煙中には多くのフリーラジカルが存在し，気道粘膜や肺胞でレドックス反応を起こし長時間活性酸素を産生し続ける。ベンツピレンなどの発がん物質を含むことも知られている。尿中の8ヒドロキシデオキシグアノシンが喫煙者で倍増しており，遺伝子傷害の増加がうかがえる。これほどはっきりと単一の要因でがんの危険因子となるものは他に例をみない[14]。

4　成人病予防のケモプリベンション—その夢と現状

4.1　ケモプリベンションとは

化学予防ケモプリベンション（chemoprevention）は，がんにおいてはがん細胞に直接毒性のない物質，食品成分や薬剤により臨床がんの発生を抑制することである。発がんのイニシエーション，プロモーション，プログレッションの諸過程に対する作用を包括しており，発がん物質の活性化の抑制，DNAとの結合の抑制，細胞増殖抑制，分化誘導，浸潤や転移の抑制などが考えられる。抗がん剤による化学療法とは直接細胞毒性をもたない点で区別される[15]。

がんはイニシエーションから発症までに20～30年を経ていると考えられている。同様に脳卒中や虚血性心疾患などの疾患においても動脈硬化病変は若年者にもみられ，無症状に経過する。これに対する治療はケモプリベンションに含めてもよいと考えられる。また，アルツハイマー病

やパーキンソン病においても発症に先立ち，神経細胞の脱落が進んでおり，より遅い速度では発病しない健常者でも起こっている。これを予防する物質が得られればケモプリベンションの範囲をさらに広げられる。

4.2 クリニカルケモプリベンション

臨床の場で薬剤投与として行われているがんケモプリベンションがすでにいくつかある。抗エストロゲン剤タモキシフェンは乳がん予防に用いられている。高脂血症，特に高コレステロール血症とアテローム硬化との関係は疫学的に古くから知られ，最近になり因果関係が分子細胞レベルで説明できるようになってきた。脂質代謝の改善薬剤は動脈硬化の進展を抑制したり改善したりするものと考えられている。パーキンソン病の治療薬のうち，ドーパミンアゴニストに属する薬では神経細胞保護作用をもつとされるものがある。ドーパミン作動性ニューロンの消失に対し抑制作用を本当にもつならば，ケモプリベンションと呼ぶことができる。

4.3 医食同源・薬食同源

人類は何千年にもわたって，植物を中心とする天然材料を漢方やハーブなどの形で薬として用いてきた。薬膳といわれるように，食品として摂取する場合にも何らかの薬理効果を期待することも古くから行われ，医食同源ともいわれる。食物中のタンパク質，脂質糖質以外の微量成分の働きを期待しており，そのうち種々のビタミン，ミネラル，食物繊維については比較的早くから研究されてきた。これらの成分についても初期には不足症の解消に重点があったのに比べ，最近ではその薬理効果を積極的に利用する方向で捉えられている。

種々の成分が作用するには生体内で酵素や受容体に結合してその作用を活性化したり，抑制したりすることで効果を発揮するほか抗酸化物質として働き，酸化的分子傷害を抑制したり，生体の酸化ストレスを制御したりすることが期待される。また腸内環境に変化を与え，有害物質の産生，吸収をコントロールすることも含まれる。

4.4 抗酸化的ケモプリベンション

血漿のビタミンE，ビタミンC，β-カロチンと狭心症との間に負の相関があり，喫煙の影響を除いてもビタミンEとの負の相関は強く残ったと報告され[16]，実際にビタミンEを投与することで非致死的な心筋梗塞の発生が抑制されたと報告されている[17]。

多くの食品成分に抗酸化的性質が確かめられ，また食品の抗酸化性より新たな食品成分が発見されたりしている。成人病や老化を酸素ストレスの結果と捉えると，これらの食品を多くとったり，その成分を直接とれば疾病予防が可能ではないかと考えられている。試験管内での抗酸化性

に加え，それぞれの物質特有の吸収，代謝，分布があるため，ある病気にはある成分が特に良いということが起こってくるであろうから，多くの物質に可能性があることになる。

しかし，個々の物質の作用についてわれわれの知っていることはまだまだ限られている。代表的な脂溶性抗酸化ビタミンのビタミンEは，ビタミンC欠乏状態で多く摂取すると酸化促進物質となってしまう。またα-トコフェロールのみを多く摂取すると，心筋防御に有用なγ-トコフェロールが減少してしまう。鉄の過剰な状態やフリーな鉄の増加する病態でビタミンCを投与すると，重篤な副作用を引き起こすことなどが知られている。これらは比較的最近知られてきたことである。いろいろな抗酸化食品成分について同様のことが今後明らかとなってくるだろう。したがって，どのような成分もより純粋な形でとるときは危険が伴うということであろう。

4.5 β-カロチンの夢

β-カロチンを多く含む黄緑色野菜を多くとる人には肺がんなどのがんが少ないこと，肺がん患者では血清β-カロチンレベルが低いことは多くの疫学的研究により示されている。しかしβ-カロチンのみを積極的に投与した場合は，逆に肺がんを増やしてしまったと複数の研究で報告され，多くの研究者を失望させた[18,19]。この結果の原因は不明である。β-カロチンそのものにはがん予防効果がないためか，投与された量が適当でなかったためかはわからない。β-カロチン単独を多くとれば他のカロチノイドの吸収が抑えられることが知られている。緑黄色野菜中のβ-カロチン以外の成分が，よりがん予防に効いていたのかもしれない。

4.6 食品の副作用というもの

医食同源の思想から引き出される有用な考えの1つは，食品が副作用をもつというものである。キノコ，フグ，青梅などの毒性は急性であり知られやすいが，塩の毒性，脂肪の毒性は人の一生の経験を超えた疫学研究によって初めて知られた。したがって，ある種の食品を推奨するには程度の差はあるものの，医師が医薬を処方するに相同の責任がかかってくる。

小柴胡湯による間質性肺臓炎なども一般に知られ，今はそのようなことを思う人もないが，かつては俗説的に漢方薬には副作用がないといわれていた。薬ではなく食品成分だから安全だというのは，これに類似した考えである。

4.7 酸化ストレスと抗酸化防御のモニター

β-カロチンの経験などからも食品成分投与の大規模介入研究は非常に困難と考えられる。患者などのよりハイリスクな対象に絞っての研究を先行せざるをえないかもしれない。分子疫学の発展により，各種がんの遺伝的ハイリスクグループが容易に特定できれば大いに助けとなろう。

もう1つは，より得やすいエンドポイントとして，酸素ストレス傷害の定常レベルや抗酸化的防御能力をモニターすることである．食生活の変化，特定食品や食品成分の摂取の疾病発生や死亡率に与える変化をみる前段階として，これらの指標に与える影響をみれば有用性の予測が可能かも知れない．in vivoでのこれらの評価方法の確立が待たれる[20]．

5 おわりに

食品成分（フードファクター）の人体機能への影響や疾病予防効果は，今後大きく期待される研究分野である．特に成人病や老化とフリーラジカルの関係より，抗酸化物質が重要である．一方，生体内で生じるラジカルのほとんどは生体自らの代謝で出てくるものであり，その余分な生成を抑制することがまず重要である．そのためには適正カロリー，適正脂肪の摂取，適正体重とインスリン感受性の維持が重要ある．さらに外因性ラジカル源としてタバコを排除しなければならない．これが満たされた条件では，抗酸化物質の付加的な防御効果は案外小さいかもしれない．逆に抗酸化物質の補充が大きな効果を出すような生活習慣には問題があるのかもしれない．

文　　献

1) 厚生統計協会，国民衛生の動向・厚生の指標臨時増刊44, p.48-61 (1997)
2) 厚生省公衆衛生審議会，生活習慣に着目した疾病対策の基本的方向について (1996)
3) 吉川敏一，フリーラジカルの科学，講談社サイエンティフィック (1997)
4) 吉川敏一，フリーラジカルの医学，診断と治療社 (1997)
5) 厚生統計協会，国民衛生の動向・厚生の指標臨時増刊44, p.77-82 (1997)
6) 厚生省保健医療局健康増進栄養課，平成9年版 国民栄養の現状（平成7年国民栄養調査成績），第一出版 (1997)
7) 石川俊次，n-9系一価不飽和脂肪酸量と健康，医学のあゆみ，184, 193-197 (1998)
8) 池田郁男，n-3系多価不飽和脂肪酸量と健康，医学のあゆみ，184, 199-202 (1998)
9) H. Adlercreutz, H. Markkanen, S. Watanabe, Plasma concentrations of phyto-oestrogens in Japanese men, *Lancet*, 342, 1209-1210 (1993)
10) H. Ueshima, A. Okayama, Y. Kita, Choudhury-SR Current epidemiology of hypertension in Japan, *Nippon-Rinsho*, 55, 2028-2033 (1997)
11) L. J. Appel, T. J. Moore, E. Obarzanek, W. M. Vollmer, L. P. Svetkey, F. M. Sacks, G. A. Bray, T. M. Vogt, J. A. Cutler, M. M. Windhauser, P. H. Lin, N. Karanja, A clinical trial of the effects of dietary patterns on blood pressure. DASH Collaborative Research Group, *N. Engl. J. Med.*, 336, 1117-1124 (1997)

12) T. Ohmura, K. Ueda, Y. Kiyohara, I. Kato, H. Iwamoto, K. Nakayama, K. Nomiyama, S. Ohmori, T. Yoshitake, A. Shinkawu *et al.*, Prevalence of type 2 (non-insulin-dependent) diabetes mellitus and impaired glucose tolerance in the Japanese general population: the Hisayama Study, *Diabetologia.*, 36, 1198-1203
13) N. Yamaguchi, Basic strategies of cancer prevention, *Saishin Igaku*, 53, 45-50(1998)
14) R. Dole, R. Peto, The causes of cancer, Quantitative estimates of avoidable risks of cancer in the United States today, *J. Natl. Cancer Inst.*, 66, 1191-1308(1981)
15) M. B. Sporn, Chemoprevention of cancer, *Lancet*, 342, 1211-1213(1993)
16) R. A. Riemersma, D. A. Wood, C. C. Macintyre, R. A. Elton, K. F. Gey, M. F. Oliver, Risk of angina pectoris and plasma concentrations of vitamins A, C, and E and carotene, *Lancet*, 337, 1-5(1991)
17) N. G. Stephens, A. Parsons, P. M. Schofield, F. Kelly, K. Cheeseman, M. J. Mitchinson, Randomised controlled trial of vitamin E in patients with coronary disease: Cambridge Heart Antioxidant Study (CHAOS), *Lancet*, 347, 781-786(1996)
18) The Alpha-Tocopherol Beta Carotene Cancer Prevention Study Group, The effect of vitamin E and beta carotene on the incidence of lung cancer and other cancers in male smokers, *N. Engl. J. Med.*, 330, 1029-1035(1994)
19) C. H. Hennekens, J. E. Buring, J. E. Manson, M. Stampfer, B. Rosner, N. R. Cook, C. Belanger, F. LaMotte, J. M. Gaziano, P. M. Ridker, W. Willett, R. Peto, Lack of effect of long-term supplementation with beta carotene on the incidence of malignant neoplasms and cardiovascular disease, *N. Engl. J. Med.*, 334, 1145-1149(1996)
20) B. Halliwell, Oxidative stress, nutrition and health, Experimental strategies for optimization of nutritional antioxidant intake in humans, *Free Radic. Res.*, 25, 57-74(1996)

《CMC テクニカルライブラリー》発行にあたって

弊社は、1961年創立以来、多くの技術レポートを発行してまいりました。これらの多くは、その時代の最先端情報を企業や研究機関などの法人に提供することを目的としたもので、価格も一般の理工書に比べて遙かに高価なものでした。

一方、ある時代に最先端であった技術も、実用化され、応用展開されるにあたって普及期、成熟期を迎えていきます。ところが、最先端の時代に一流の研究者によって書かれたレポートの内容は、時代を経ても当該技術を学ぶ技術書、理工書としていささかも遜色のないことを、多くの方々が指摘されています。

弊社では過去に発行した技術レポートを個人向けの廉価な普及版《CMC テクニカルライブラリー》として発行することとしました。このシリーズが、21世紀の科学技術の発展にいささかでも貢献できれば幸いです。

2000年12月

株式会社 シーエムシー出版

成人病予防食品　(B0757)

1998年 5月 8日 初　版　第1刷発行
2005年10月25日 普及版　第1刷発行

編　集　二木鋭雄, 吉川敏一, 大澤俊彦　　Printed in Korea
発行者　島 健太郎
発行所　株式会社 シーエムシー出版
　　　　東京都千代田区内神田1-13-1　豊島屋ビル
　　　　電話03(3293)2061

〔印刷　株式会社高成HI-TECH〕　© E. Niki, T. Yoshikawa, T. Osawa, 2005

定価は表紙に表示してあります。
落丁・乱丁本はお取替えいたします。

ISBN4-88231-864-4　C3047　¥4200E

☆本書の無断転載・複写複製(コピー)による配布は、著者および出版社の権利の侵害になりますので、小社あて事前に承諾を求めて下さい。

CMCテクニカルライブラリーのご案内

食品素材と機能
ISBN4-88231-847-4　　　　　　　　B740
A5判・284頁　本体3,800円＋税（〒380円）
初版1997年6月　普及版2005年1月

構成および内容：[総論編]食品新素材の利用状況／食品抗酸化物と活性酸素代謝[食品素材と機能編]ゴマ抽出物と抗酸化機能／グリセロ糖脂質と発ガンプロモーション抑制作用／活性ヘミセルロースと免疫賦活作用／茶抽出テアニンと興奮抑制作用／マグネシウムと降圧効果／植物由来物質と抗ウイルス活性／CCMとカルシウム吸収機能　他
執筆者：澤岡昌樹／田仲健一／伊東祐四　他38名

動物忌避剤の開発
編集／赤松　清／藤井昭治／林　陽
ISBN4-88231-846-6　　　　　　　　B739
A5判・236頁　本体3,600円＋税（〒380円）
初版1999年7月　普及版2004年12月

構成および内容：総論／植物の防御反応とそれに対応する動物の反応／忌避剤、侵入防御システム／動物侵入防御システム（害虫忌避処理技術／繊維への防ダニ加工　他）／文献に見る動物忌避剤の開発と研究／市販されている忌避剤商品（各動物に対する防除方法と忌避剤／忌避剤と殺虫剤／天然忌避剤）他
執筆者：赤松清／藤井昭治／林晃史　他13名

低アレルギー食品の開発
編集／池澤善郎
ISBN4-88231-820-2　　　　　　　　B713
A5判・294頁　本体4,400円＋税（〒380円）
初版1995年11月　普及版2004年3月

構成および内容：低アレルギー食品の開発の背景およびその基礎理論と基礎技術の発展（わが国の食物アレルギーの研究と食品対策／分泌型IgA抗体によるアレルギーの予防／食物アレルゲンのエピトープ解析とその基礎技術の進歩　他）低アレルギー食品の開発とその動向／アレルギー性疾患別の対策とその研究開発動向／他
執筆者：池澤善郎／小倉英郎／上野川修一　他37名

植物のクローン増殖技術
監修／田中隆荘
ISBN4-88231-817-2　　　　　　　　B710
A5判・277頁　本体3,800円＋税（〒380円）
初版1985年12月　普及版2004年1月

構成および内容：クローン増殖技術と遺伝的安定性／無菌培養の確立法／人工種子／苗化・馴化・移植技術／クローン増殖技術と変異の発生／各種植物のクローン増殖法（花き・野菜・穀類　他）／育種とクローン増殖技術／クローン植物生産設備・機器／クローン植物大量生産および関連分野の開発／クローン植物大量生産事業の現状／他
執筆者：田中隆荘／谷口研至／森寛一　他29名

人工酵素と生体膜
編集／戸田　不二緒
ISBN4-88231-807-5　　　　　　　　B700
A5判・251頁　本体3,200円＋税（〒380円）
初版1985年9月　普及版2003年8月

構成および内容：人工膜・人工酵素デザインの基本戦略と具体的戦術／生物法による酵素設計／人工酵素を構築する素材／人工酵素の機能／応用開発の展望／人工生体膜／リポソームによる細胞機能の再構築／リポソームの診断への応用／人工光合成／合成二分子膜／単分子膜・薄膜／バイオセンサーとその応用／生体膜と情報処理／展望／他
執筆者：田伏岩夫／大淵薫／海老原成圭　他22名

バイオ診断薬の開発・評価と企業
ISBN4-88231-799-0　　　　　　　　B692
A5判・197頁　本体2,900円＋税（〒380円）
初版1990年8月　普及版2003年5月

構成および内容：新しいバイオ診断薬／組換えDNA技術を用いたモノクローナル抗体およびキメラ抗体作製法／遺伝子組換え抗原を用いる診断薬／DNAプローブ（核酸ハイブリダイゼーション感染症の迅速診断）レセプターアッセイ他／開発メーカー動向／実態とニーズ／診断薬市場（X線造影剤　他）／新しいバイオ診断薬の展望　他
執筆者：黒澤良和／笠原靖／高橋豊三　他6名

プロテインエンジニアリングの基礎
ISBN4-88231-797-4　　　　　　　　B690
A5判・350頁　本体4,500円＋税（〒380円）
初版1985年6月　普及版2003年5月

構成および内容：総論／タンパク質の構造解析と分子設計／コンピュータグラフィクスとプロテインデザイン／プロテインデータバンクとデータベース／タンパク質の高次構造の予測／ワクチンの分子設計／タンパク質の生産／タンパク質の機能変換／新機能タンパク質の創製／バイオエレクトロニクスとプロテインエンジニアリング／他
執筆者：京極好正／磯晃二郎／大井龍夫　他31名

細胞質雄性不稔と育種技術
監修／山口彦之
ISBN4-88231-792-3　　　　　　　　B685
A5判・236頁　本体3,200円＋税（〒380円）
初版1985年1月　普及版2003年3月

構成および内容：[雑種強勢／組み合わせ能力／花器の構造と受精／雄性不稔／花粉媒介昆虫の利用／不稔因子のDNA／突然変異と細胞質置換による誘発／遺伝的雄性不稔の育種的利用／各作物の細胞質雄性不稔とその利用（イネ・コムギ・オオムギ・トウモロコシ・タマネギ・ピーマン・アブラナ科作物・牧草・花弁におけるF_1種子　他）
執筆者：山口彦之／山田実／鈴木茂　他18名

※書籍をご購入の際は、最寄りの書店にご注文いただくか、㈱シーエムシー出版のホームページ（http://www.cmcbooks.co.jp/）にてお申し込み下さい。

CMCテクニカルライブラリー のご案内

バイオレメディエーションの基礎と実際
監修／児玉 徹
ISBN4-88231-789-3　　　　　B682
A5判・270頁　本体3,800円＋税（〒380円）
初版1996年11月　普及版2003年2月

構成および内容：[微生物利用の現状と世界の動向] 環境浄化・保全と微生物の利用／米国におけるバイオレメディエーションの現状／[微生物による修復・利用における基礎技術] 光合成微生物／炭酸固形微生物の利用／油汚染のバイオプロセシング／[微生物による環境修復・改善の実際技術] トリクロロエチレン／PCB／油汚染土 他

執筆者：児玉 徹／矢木修身／宮下清貴 他27名

種苗工場システム
編集／高山眞策
ISBN4-88231-778-8　　　　　B671
A5判・214頁　本体2,900円＋税（〒380円）
初版1992年3月　普及版2002年11月

構成および内容：種苗生産技術の現状と種苗工場の展望／種苗工場開発の社会的・技術的背景／種苗生産の基礎（組織培養による分化発育の制御・さし木接ぎ木の生理）／種苗工場技術システム／バイオテクノロジーによる種苗工場のプロセス化／種苗工場と対象植物／地球環境問題と種苗工場／種苗の法的保護の現状（特許法の保護対象）他

執筆者：高山眞策／塚田元尚／原田久 他13名

海洋生物資源の有効利用
編集／内藤 敦
ISBN4-88231-775-3　　　　　B668
A5判・260頁　本体3,600円＋税（〒380円）
初版1986年3月　普及版2002年10月

構成および内容：海洋生物資源の有効活用（海洋生物由来の生理活性物質他）／海洋微生物（海生菌の探索・分離・培養他）／海洋酵母／海洋放線菌他／海洋植物と生理活性物質（多彩な海の植物・海藻由来の生理活性物質）／海洋動物由来の生理活性物質（海産プロスタノイドと抗腫瘍活性）／深層水利用技術 他

執筆者：多賀信夫／平田義正／中山大樹 他20名

植物遺伝子工学と育種技術
監修／山口彦之
ISBN4-88231-773-7　　　　　B666
A5判・270頁　本体3,800円＋税（〒380円）
初版1986年2月　普及版2002年9月

構成および内容：植物の形質転換と育種への応用／植物の形質転換の基礎技術（プロトプラストの調整法・細胞融合法・遺伝子組換え）／形質転換細胞の育種応用技術（培養法・選抜法・特性同定法）／細胞融合による育種研究の実際（タバコ・トマト 他）／植物ベクターによる遺伝子導入の実際／植物遺伝子のクローニング／植物育種の将来

執筆者：山口彦之／長尾照義／熊谷義博 他31名

動物細胞培養技術と物質生産
監修／大石道夫
ISBN4-88231-772-9　　　　　B665
A5判・265頁　本体3,400円＋税（〒380円）
初版1986年1月　普及版2002年9月

構成および内容：培養動物細胞による物質生産の現状と将来／動物培養細胞の育種技術／大量培養技術／生産有用物質の分離精製における問題点／有用物質生産の現状（ウロキナーゼ・モノクローナル抗体・α型インターフェロン・β型インターフェロン・γ型インターフェロン・インターロイキン2・B型肝炎ワクチン・OH-1・CSF・TNF）他

執筆者：大石道夫／岡本宏之／羽倉明 他29名

バイオセンサー
監修／軽部征夫
ISBN4-88231-759-1　　　　　B652
A5判・264頁　本体3,400円＋税（〒380円）
初版1987年8月　普及版2002年5月

構成および内容：バイオセンサーの原理／酵素センサー／微生物センサー／免疫センサー／電極センサー／FETセンサー／フォトバイオセンサー／マイクロバイオセンサー／圧電素子バイオセンサー／医療・発酵工業・食品・工業プロセス・環境計測／海外の研究開発・市場 他

執筆者：久保いずみ／鈴木博ム／佐野恵一 他16名

プロテインエンジニアリングの応用
編集／渡辺公綱／熊谷 泉
ISBN4-88231-753-2　　　　　B646
A5判・232頁　本体3,200円＋税（〒380円）
初版1990年3月　普及版2002年2月

構成および内容：タンパク質改変諸例／酵素の機能改変／抗体とタンパク質工学／キメラ抗体／医薬と合成ワクチン／プロテアーゼ・インヒビター／新しいタンパク質作成技術とアロプロテイン／生体外タンパク質合成の現状／タンパク質工学におけるデータベース

執筆者：太田由己／榎本淳／上野川修一 他13名

バイオセパレーションの応用

ISBN4-88231-749-4　　　　　B642
A5判・296頁　本体4,000円＋税（〒380円）
初版1988年8月　普及版2001年12月

構成および内容：食品・化学品分野（サイクロデキストリン／甘味料／アミノ酸／核酸／油脂精製／γ-リノレン酸／フレーバー／果汁濃縮・清澄化 他）／医薬品分野（抗生物質／漢方薬効成分／ステロイド発酵の工業化）／生化学・バイオ医薬分野 他

執筆者：中村信之／菊池啓明／宗像豊哲 他26名

※ 書籍をご購入の際は、最寄りの書店にご注文いただくか、㈱シーエムシー出版のホームページ（http://www.cmcbooks.co.jp/）にてお申し込み下さい。

CMCテクニカルライブラリーのご案内

バイオセパレーションの技術
ISBN4-88231-748-6　　　　　　　　　B641
A5判・265頁　本体3,600円+税（〒380円）
初版1988年8月　普及版2001年12月

構成および内容：膜分離（総説／精密濾過膜／限外濾過法／イオン交換膜／逆浸透膜）／クロマトグラフィー（高性能液体／タンパク質のHPLC／ゲル濾過／イオン交換／疎水性／分配吸着　他）／電気泳動／遠心分離／真空・加圧濾過／エバポレーション／超臨界流体抽出　他
◆執筆者：仲川勤／水野高志／大野省太郎　他19名

バイオリアクター技術
ISBN4-88231-745-1　　　　　　　　　B638
A5判・212頁　本体3,400円+税（〒380円）
初版1988年8月　普及版2001年12月

構成および内容：固定化生体触媒の最新進歩／新しい固定化法（光硬化性樹脂／多孔質セラミックス／絹フィブロイン）／新しいバイオリアクター（酵素固定化分離機能膜／生成物分離／多段式不均一系／固定化植物細胞／固定化ハイブリドーマ）／応用（食品／化学品／その他）
◆執筆者：田中康夫／飯田高三／牧島亮男　他28名

宇宙環境と材料・バイオ開発
編集／栗林一彦
ISBN4-88231-735-4　　　　　　　　　B628
A5判・163頁　本体2,600円+税（〒380円）
初版1987年5月　普及版2001年8月

構成および内容：宇宙開発と宇宙利用／生命科学／生命工学〈宇宙材料実験〉融液の凝固におよぼす微少重力の影響／単相合金の凝固／多相合金の凝固／高品位半導体単結晶の育成と微少重力の利用／表面張力誘起対流実験〈SL-1の実験結果〉半導体の結晶成長／金属凝固／流体運動　他
◆執筆者：長友信人／佐藤温重／大島泰郎　他7名

機能性食品の開発
編集／亀和田光男
ISBN4-88231-734-6　　　　　　　　　B627
A5判・309頁　本体3,800円+税（〒380円）
初版1988年11月　普及版2001年9月

構成および内容：機能性食品に対する各省庁の方針と対応／学界と民間の動き／機能性食品への発展が予想される素材／フラクトオリゴ糖／大豆オリゴ糖／イノシトール／高機能性健康飲料／ギムネム・シルベスタ／企業化する問題点と対策／機能性食品に期待するもの　他
◆執筆者：大山超／稲葉博／岩元睦夫／太田明一　他21名

植物工場システム
編集／高辻正基
ISBN4-88231-733-8　　　　　　　　　B626
A5判・281頁　本体3,100円+税（〒380円）
初版1987年11月　普及版2001年6月

構成および内容：栽培作物別工場生産の可能性／野菜／花き／薬草／穀物／養液栽培システム／カネコのシステム／クローン増殖システム／人工種子／馴化装置／キノコ栽培技術／種菌生産／栽培装置とシステム／施設園芸の高度化／コンピュータ利用　他
◆執筆者：阿部芳巳／渡辺光男／中山繁樹　他23名

ヒット食品の開発手法
監修／太田静行・亀和田光男・中山正夫
ISBN4-88231-726-5　　　　　　　　　B619
A5判・278頁　本体3,800円+税（〒380円）
初版1991年12月　普及版2001年6月

構成および内容：新製品の開発戦略／消費者の嗜好／アイデア開発／食品調味／食品包装／官能検査／開発のためのデータバンク〈ヒット食品の具体例〉果汁グミ／スーパードライ〈ロングヒット食品開発の秘密〉カップヌードル／エバラ焼き肉のたれ／減塩醤油　他
◆執筆者：小杉直輝／大形進／川合信行　他21名

バイオマテリアルの開発
監修／筏義人
ISBN4-88231-725-8　　　　　　　　　B618
A5判・539頁　本体4,900円+税（〒380円）
初版1989年9月　普及版2001年5月

構成および内容：〈素材〉金属／セラミックス／合成高分子／生体高分子〈特性・機能〉力学特性／細胞接着性／血液適合性／骨組織結合性／光屈折・酸素透過能〈試験・認可〉滅菌法／表面分析法〈応用〉臨床検査系／歯科系／心臓外科系／代謝系　他
◆執筆者：立石哲也／藤沢章／澄田政俊　他51名

トランスジェニック動物の開発
著者／結城惇
ISBN4-88231-723-0　　　　　　　　　B616
A5判・264頁　本体3,000円+税（〒380円）
初版1990年2月　普及版2001年7月

構成および内容：誕生と変遷／利用価値〈開発技術〉マイクロインジェクション法／ウイルスベクター法／ES細胞法／精子ベクター法／トランスジーンの発現／発現制御系〈応用〉遺伝子解析／病態モデル／欠損症動物／遺伝子治療モデル／分泌物利用／組織、臓器利用／家畜／課題〈動向・資料〉研究開発企業／特許／実験ガイドライン　他

※ 書籍をご購入の際は、最寄りの書店にご注文いただくか、㈱シーエムシー出版のホームページ（http://www.cmcbooks.co.jp/）にてお申し込み下さい。

CMCテクニカルライブラリー のご案内

廃棄物処理・再資源化技術

ISBN4-88231-848-2　　　　　　　　B741
A5判・272頁　本体3,800円＋税（〒380円）
初版1999年11月　普及版2005年1月

構成および内容：〈Ⅰ有害廃棄物の無害化〉超臨界流体による有害物質の分解と廃プラスチックのケミカル・リサイクル〈Ⅱ土壌・水処理技術〉光酸化法による排水処理〈Ⅲ排ガス処理技術〉〈Ⅳ分離・選別技術〉〈Ⅴ廃プラ再資源化技術〉〈Ⅵ生ごみの再資源化技術〉〈Ⅶ無機系廃棄物の再資源化技術〉〈Ⅷ廃棄物発電技術〉小規模廃棄物発電 他
執筆者：佐古猛／横山千昭／蛯名武雄 他43名

水性コーティング
監修／桐生春雄
ISBN4-88231-841-5　　　　　　　　B734
A5判・261頁　本体3,600円＋税（〒380円）
初版1998年12月　普及版2004年10月

構成および内容：総論─水性コーティングの新しい技術と開発［塗料用樹脂編］アクリル系樹脂／アルキド・ポリエステル系樹脂 他［塗料の処方化編］ポリウレタン系塗料／エポキシ系塗料／水性塗料の流動特性とコントロール［応用編］自動車用塗料／建築用塗料／缶用コーティング 他［廃水処理編］廃水処理対策の基本／水質管理 他
執筆者：桐生春雄／池林信彦／桐原修 他13名

機能性顔料の技術

ISBN4-88231-840-7　　　　　　　　B733
A5判・271頁　本体3,800円＋税（〒380円）
初版1998年11月　普及版2004年9月

構成および内容：［無機顔料の研究開発動向］超微粒子酸化チタンの特性と応用技術／複合酸化物系顔料／蛍光顔料と蓄光顔料 他［有機顔料の研究開発動向］溶性アゾ顔料（アゾレーキ）／不溶性アゾ顔料／フタロシアニン系顔料 他［用途展開の現状と将来展望］印刷インキ／塗料／プラスチック／繊維／化粧品／絵の具 他／付表 顔料一覧
執筆者：坂井章人／寺田裕美／堀石七生 他24名

石油製品添加剤の開発
監修／岡部平八郎／大勝靖一
ISBN4-88231-837-7　　　　　　　　B730
A5判・174頁　本体3,000円＋税（〒380円）
初版1998年3月　普及版2004年8月

構成および内容：［Ⅰ 技術編］石油製品と添加剤（石油製品の高級化と添加剤技術／添加剤開発の技術的問題点 他）／酸化防止剤／オクタン価向上剤／清浄剤／金属不活性化剤／さび止め添加剤／粘度指数向上剤─オレフィンコポリマー／極圧剤／流動点降下剤／消泡剤／添加剤評価法
［Ⅱ 製品編］添加剤の種類およびその機能 他
執筆者：岡部平八郎／大勝靖一／五十嵐仁一 他12名

キラルテクノロジー
監修／中井　武／大橋武久
ISBN4-88231-836-9　　　　　　　　B729
A5判・223頁　本体3,100円＋税（〒380円）
初版1998年1月　普及版2004年7月

構成および内容：序論／総論［第Ⅰ編 不斉合成-生化学的手法］バイオ技術と有機合成を組み合わせた医薬品中間体の合成 他［第Ⅱ編 不斉合成-不斉触媒合成］不斉合成・光学分割技術によるプロスタグランジン類の開発 他［第Ⅲ編 光学分割法］光学活性ピレスロイドの合成法の開発と工業化／ジアステレオマー法による光学活性体の製造 他
執筆者：中井武／大橋武久／長谷川淳三 他20名

乳化技術と乳化剤の開発

ISBN4-88231-831-8　　　　　　　　B724
A5判・259頁　本体3,800円＋税（〒380円）
初版1998年5月　普及版2004年6月

構成および内容：［機能性乳化剤の開発と基礎理論の発展］［乳化技術の応用］化粧品における乳化技術／食品／農薬／エマルション塗料／乳化剤の接着剤への応用／文具類／感光・電子記録材料分野への応用／紙加工／印刷インキ［将来展望］乳化剤の機能と役割の将来展望を探る／乳化・分散装置の現状と将来の展望を探る
執筆者：堀内照夫／鈴木敏幸／髙橋康之 他9名

超臨界流体反応法の基礎と応用
監修／碇屋隆雄
ISBN4-88231-829-6　　　　　　　　B722
A5判・256頁　本体3,800円＋税（〒380円）
初版1998年8月　普及版2004年5月

構成および内容：超臨界流体の基礎（超臨界流体中の溶媒和と反応の物理化学／超臨界流体の構造・物性の理論化学 他）／超臨界流体反応法（ジェネリックテクノロジーとしての超臨界流体技術／超臨界水酸化反応の速度と機構 他）／超臨界流体利用・分析（超臨界流体の分光分析 他）／応用展開（水熱プロセス 他）
執筆者：梶本興亜／生島豊／中西浩一郎 他23名

分子協調材料の基礎と応用
監修／市村國宏
ISBN4-88231-828-8　　　　　　　　B721
A5判・273頁　本体4,000円＋税（〒380円）
初版1998年3月　普及版2004年5月

構成および内容：［序章］分子協調材料とは［基礎編］自己組織化膜（多環状両親媒性単分子膜 他）／自己組織化による構造発現（粒子配列による新機能材料の創製 他）／メソフェーズ材料 他／新たな視点［応用編］自己組織化膜の応用／分子協調効果と光電材料・デバイス（フォトリフラクティブ材料 他）／ナノ空間制御材料の応用 他
執筆者：市村國宏／玉置敬／玉田薫 他25名

※ 書籍をご購入の際は、最寄りの書店にご注文いただくか、
㈱シーエムシー出版のホームページ（http://www.cmcbooks.co.jp/）にてお申し込み下さい。

CMCテクニカルライブラリーのご案内

食品素材の開発
監修／亀和田光男
ISBN4-88231-721-4　　　　　　B614
A5判・334頁　本体 3,900円＋税（〒380円）
初版 1987年10月　普及版 2001年5月

構成および内容：〈タンパク系〉大豆タンパクフィルム／卵タンパク〈デンプン系と畜血液〉プルラン／サイクロデキストリン〈新甘味料〉フラクトオリゴ糖／ステビア〈健食新素材〉ＥＰＡ／レシチン／ハーブエキス／コラーゲン／キチン・キトサン 他
◆執筆者：中島庸介／花岡譲一／坂井和夫 他22名

バイオ検査薬と機器・装置
監修／山本重夫
ISBN4-88231-709-5　　　　　　B602
A5判・322頁　本体 4,000円＋税（〒380円）
初版 1996年10月　普及版 2001年1月

構成および内容：〈DNAプローブ法-最近の進歩〉〈生化学検査試薬の液状化-技術的背景〉〈蛍光プローブと細胞内環境の測定〉〈臨床検査用遺伝子組み換え酵素〉〈イムノアッセイ装置の現状と今後〉〈染色体ソーティングとDNA診断〉〈アレルギー検査薬の最新動向〉〈食品の遺伝子検査〉 他
◆執筆者：寺岡 宏／高橋豊三／小路武彦 他33名

食品加工の新技術
監修／木村 進・亀和田光男
ISBN4-88231-090-2　　　　　　B587
A5判・288頁　本体 3,200円＋税（〒380円）
初版 1990年6月　普及版 2000年11月

構成および内容：'90年代における食品加工技術の課題と展望／バイオテクノロジーの応用とその展望／21世紀に向けてのバイオリアクター関連技術と装置／食品における乾燥技術の動向／マイクロカプセル製造および利用技術／微粉砕技術／高圧による食品の物性と微生物の制御 他
◆執筆者：木村進／貝沼圭二／播磨幹夫 他20名

バイオ検査薬の開発
監修／山本 重夫
ISBN4-88231-085-6　　　　　　B583
A5判・217頁　本体 3,000円＋税（〒380円）
初版 1992年4月　普及版 2000年9月

構成および内容：〈総論〉臨床検査薬の技術／臨床検査機器の技術〈検査薬と検査機器〉バイオ検査薬用の素材／測定系の最近の進歩／検出系と機器
◆執筆者：片山善章／星野忠／河野均也／縄荘和子／藤巻道男／小栗豊子／猪狩淳／渡辺文夫／磯部和正／中井利昭／高橋豊三／中島憲一郎／長谷川明／舟根真一 他9名

DNAプローブの開発技術
著者／高橋 豊三
ISBN4-88231-070-8　　　　　　B567
A5判・398頁　本体 4,600円＋税（〒380円）
初版 1990年4月　普及版 2000年5月

◆構成および内容：〈核酸ハイブリダイゼーション技術の応用〉研究分野、遺伝病診断、感染症、法医学、がん研究・診断他への応用〈試料DNAの調製〉濃縮・精製の効率化他〈プローブの作成と分類〉〈プローブの標識〉放射性、非放射性標識他〈新しいハイブリダイゼーションのストラテジー〉〈診断用DNAプローブと臨床微生物検査〉他

植物細胞培養と有用物質
監修／駒嶺 穆
ISBN4-88231-068-6　　　　　　B565
A5判・243頁　本体 2,800円＋税（〒380円）
初版 1990年3月　普及版 2000年5月

◆構成および内容：有用物質生産のための大量培養-遺伝子操作による物質生産／トランスジェニック植物による物質生産／ストレスを利用した二次代謝物質の生産／各種有用物質の生産-抗腫瘍物質／ビンカアルカロイド／ベルベリン／ビオチン／シコニン／アルブチン／チクル／色素他
◆執筆者：高山眞策／作田正明／西荒介／岡崎光雄他21名

DNAプローブの応用技術
著者／高橋 豊三
ISBN4-88231-062-7　　　　　　B559
A5判・407頁　本体 4,600円＋税（〒380円）
初版 1988年2月　普及版 2000年3月

◆構成および内容：〈感染症の診断〉細菌感染症／ウイルス感染症／寄生虫感染症〈ヒトの遺伝子診断〉出生前の診断／遺伝病の治療〈ガン診断の可能性〉リンパ系新生物のDNA再編成〈諸技術〉フローサイトメトリーの利用／酵素的増幅法を利用した特異的塩基配列の遺伝子解析〈合成オリゴヌクレオチド〉他

※ 書籍をご購入の際は、最寄りの書店にご注文いただくか、
㈱シーエムシー出版のホームページ（http://www.cmcbooks.co.jp/）にてお申し込み下さい。